U0187279

海洋文明研究

Maritime Civilizations Research

（第五辑）

苏智良 主编
薛理禹 执行主编

中西書局

图书在版编目(CIP)数据

海洋文明研究. 第五辑 / 苏智良主编. —上海：中西书局，2020
ISBN 978-7-5475-1749-9

Ⅰ. ①海… Ⅱ. ①苏… Ⅲ. ①海洋—文化史—研究—中国 Ⅳ. ①P7-092

中国版本图书馆CIP数据核字（2020）第170135号

海洋文明研究(第五辑)

苏智良 主编 薛理禹 执行主编

责任编辑	伍珺涵
装帧设计	黄 骏
出版发行	上海世纪出版集团 中西書局(www.zxpress.com.cn)
地 址	上海市陕西北路457号(邮编 200040)
印 刷	上海天地海设计印刷有限公司
开 本	787×1092毫米 1/16
印 张	14.5
字 数	353 000
版 次	2020年10月第1版 2020年10月第1次印刷
书 号	ISBN 978-7-5475-1749-9/P·008
定 价	58.00元

本书如有质量问题，请与承印厂联系。电话：021-64366274

目　　录

乾隆年《奉使琉球图卷》浅析*

谢 忱 谢必震**

摘 要： 清乾隆年间，中国册封琉球的活动被画师们绘制在《奉使琉球图卷》中，全图有二十景，描绘了册封琉球航海往返的全过程。图卷详细绘制了航海中祭拜海神、过黑水沟、牵舟过洋等细节，也刻画了中国使者在琉球国册封琉球国王等一系列活动，是我们了解古代中国航海和对外关系极具史料价值的历史画卷。

关键词： 乾隆时期 出使琉球 画卷

清乾隆年间画师朱鹤年绘制了《奉使琉球图卷》，全图有二十景，描绘了册封琉球航海往返的全过程。图长 1 256 厘米，高 32.5 厘米，现收藏在日本冲绳县立博物馆。

《奉使琉球图卷》是中国历史上罕见的一幅完整描绘中国册封周边国家的图画，使我们看到与文字描述相对应而又不能替代的历史场景，为我们了解古代中国对外关系中许多重要的细节提供了真实生动的画面，弥足珍贵。本文拟一一解析画卷的二十幅图画，以探讨其深刻的历史内涵和价值。

一、福州登舟

图 1 福州登舟

向来册封琉球，去以夏至，乘西南风，归以冬至，乘东北风。风有信也。登舟之日，使臣们早早起床，随从们即将使臣等人的生活起居用品搬上册封舟。选好时辰，通常是午时，册封使命众人将奉放诏书的龙彩亭、一应仪仗用具搬进封舟的中舱。册封使臣即到福州南台的驿馆，点验兵役，尽令登舟。乘潮起碇，直驶闽江出海口罗星塔方向。

---

* 本文为 2019 年国家社科基金青年项目“来华琉球留学生与中琉宗藩体制之嬗变研究”(项目编号：19CZS075)的阶段性成果。

** 谢忱，硕士，福建师范大学图书馆馆员。
谢必震，福建师范大学闽台区域研究中心教授。

二、罗 星 取 水

图2 罗星取水

位于福州出海口的马尾罗星塔历来是过往船只的航海标识。在册封琉球的航海中,保证用水和饮水安全是十分重要的。涉洋过海,淡水弥足珍贵。因"海水咸,不可食"①,所以册封舟上必须准备大量的淡水。舟上专门设有放置淡水的水舱。如徐葆光《中山传信录》记载:"一号船,水舱四、水柜四、水桶十二,共受水七百石。二号船,水舱二、水柜四、水桶十二,共受水六百石。"②但是即使装备了大量淡水出航,水源还是十分珍贵。所以舟上"勺水不以惠人:多备以防久泊也"③,平时"舟中仅二使盥漱,余止限给与饮食"④,或"命亲丁司启闭,人置名签,验签给水,日二次,涓滴不妄费也"⑤,都是惧水尽也。历次册封琉球,行至罗星塔,都要举行取水仪式,即向罗星塔附近的龙潭投掷银两,焚香拜祭后,将船上的水柜装满淡水。嘉庆年使琉球的李鼎元《使琉球记》是这样记载的:"亥刻起碇,乘潮至罗星塔,投银龙潭,祭,取淡水满四井止。"⑥

三、谕 祭 海 神

图3 谕祭海神

通常在册封琉球出发之前,必须准备好两道谕祭祈报海神文,这一先例是由嘉靖十三年(1534)使琉球的陈侃开创的。陈侃使琉球时饱尝了海上风涛之惊恐,愈感海神庇佑之威德,故向朝廷题奏《为乞祠典以报神功事》,其在奏疏中写道:"臣等感其功,不敢不厚其报,……伏望圣慈悯念,下之礼部详议可否。万一其功当报,令福建布政司与祭一坛,庶天恩浩荡而幽冥有光矣。"后礼部议复:"看得给事中陈侃等奉使海外,屡遭风涛之险,幸获保全。海神效职,不可谓无,赐之以祭礼

① 夏子阳:《使琉球录》,《使琉球录三种》,"台湾文献丛刊"第287种,台北:台湾银行经济研究室,1970年,第235页。
② 徐葆光:《中山传信录》,"台湾文献丛刊"第306种,台北:台湾银行,1971年,第5—6页。
③ 陈侃:《使琉球录》,《使琉球录三种》,"台湾文献丛刊"第287种,第10页。
④ 夏子阳:《使琉球录》,《使琉球录三种》,"台湾文献丛刊"第287种,第235页。
⑤ 汪楫:《使琉球杂录》,《国家图书馆藏琉球资料汇编》上册,北京图书馆出版社,2000年,第692页。
⑥ 李鼎元:《使琉球记》卷三,陕西师范大学出版社,1992年,第68页。

亦有据。随移翰林院撰祭文一道，行令福建布政司备办祭物、香帛，仍委本司堂上官致祭，以答神庥。”从此，册封琉球事先需准备祈报海神文，“行令福建布政司于广石海神庙备祭二坛：一举于启行之时而为之祈，一举于回还之日而为之报。使后来继今者，永著为例。免致临时惑乱，事后张皇。而神之听之，亦必有和平之庆矣”。

谕祭祈报海神文通常在确定册封琉球使人选后，即由礼部移文翰林院撰文。明清两代谕祭祈报海神文的内容大致相同。以下是康熙年间使琉球的谕祭海神文祈、报二道：

（一）

维康熙五十八年岁次己亥五月癸酉朔，越祭日癸巳，皇帝遣册封琉球国正使翰林院检讨海宝、副使翰林院编修徐葆光致祭于神曰：惟神显异风涛，效灵瀛海。扶危脱险，每著神功，捍恶御灾，允符祀典。兹因册封殊域，取道重溟。爰命使臣洁将禋祀，尚其默佑津途，安流利涉，克将成命，惟神之休。谨告。

（二）

维康熙五十九年岁次庚子二月戊戌朔，越祭日丁卯，皇帝遣册封琉球国正使翰林院检讨海宝、副使翰林院编修徐葆光致祭于海神曰：惟神诞昭灵贶，阴翊昌图，引使节以遄征，越洪波而利济。殊邦往复，成事无愆；克畅国威，实惟神佑。聿申昭报，重荐苾芬；神其鉴歆，永有光烈。谨告。①

四、闽 安 观 兵

图4　闽安观兵

福州闽江临近出海口处设有闽安镇，巡检司衙门就在这里，其作用在于护送封舟出海，以及管理进港的外国船只，主要是琉球国来华的船只。封舟通常在附近的怡山院驻泊，闽安镇巡检司衙门派人出海打探海域安全后，再通知册封使团放洋。实际上，册封舟到此停泊，通常是等候季风，祭祀天妃，因为怡山院既是册封使团的驻泊场所，亦是航海祭拜天妃的天后宫所在地。册封使团在这里，不仅可以观看闽安镇将士们操练，同时也严明纪律，整饬队伍。

五、五 虎 放 洋

福州闽江入海口处，有五座礁石，形如五只猛虎，它们蹲守在闽江口，注视着浩瀚的大海，这

① 徐葆光：《中山传信录》，“台湾文献丛刊”第306种，第29页。

图5　五虎放洋

就是闻名海内外的名胜古迹"五虎守门",实际上也是中外海上航行的航标。尤其是中琉航路,经过漫长的航海历程,当看到五虎礁时,人们就知道已安抵福州城了。同样,当册封舟驶经五虎礁,驶出闽江口后,大家都知道,册封舟已向茫茫大海驶去,一段攸关生死的航程开始了。

六、午夜过沟

图6　午夜过沟

中琉航路上,有一条黑水沟,时人视其为中琉之间的分界。每到黑水沟,册封使团即投生猪、活羊,奠酒以祭。康熙二十二年(1683)使琉球的册封使者汪楫在其著述《使琉球杂录》中记载了其过赤尾屿时对"郊"的表述:"薄暮过郊(沟)……问'郊'之义何取,曰:中外之界也。"[①]福建方言,"郊"与"沟"同音。当时的福建船工明白无误地回答了汪楫的疑问,琉球海沟乃当时的"中外之界"。乾隆年间出使琉球的周煌在《琉球国志略》中亦记道:琉球"环岛皆海也,海面西距黑水沟与闽海界"[②]。

七、顺风千里

图7　顺风千里

古代航海,完全依靠季风为动力,海流也是影响航海的重要因素。册封琉球,过了黑水沟后,海潮由台湾海峡向日本海流去,旧时册封舟在顺风顺水的情况下,有一日千里的感觉。通常从福州往琉球,行船要十余日,遇到波折要一个月。而顺风顺水,康熙年间汪楫使团仅用三日即入琉球国,真是不可思议。因此古人将这一奇迹归功于天妃的神力。

---

① 汪楫:《使琉球杂录》卷五,清康熙二十三年刊本。

② 周煌:《琉球国志略》卷五,清乾隆二十二年刊本,《国家图书馆藏琉球资料汇编》中册,北京图书馆出版社,2000年,第899页。

八、姑 米 牵 舟

图 8 姑米牵舟

姑米指的是琉球最西南的岛屿，亦称姑米山，今名久米岛。在中琉航海的历史上，许多文献都有记述，琉球人一见姑米岛就鼓舞于舟，喜达于家。姑米岛周边多暗礁，因此过往船只若在夜晚抵达姑米岛也不敢贸然靠近，非得等到天明才敢靠前。《奉使琉球图卷》描述的是乾隆年间周煌等册封琉球，据史料记述，那次册封遇风夜入姑米岛，封舟触礁搁浅，故请姑米岛的琉球人帮助牵舟过洋。

九、候 风 十 日

封舟过洋常因为风向不对而停泊候风。有时封舟还会迷失方向，过了琉球，驶向日本方向，这就需要调整，等候风向的变化再重新驶回琉球。

图 9 候风十日

图 10 履险如夷

十、履 险 如 夷

纵观历次册封琉球的航海可知，中琉间的航路极为险阻，“浪大如山，波迅如矢，风涛汹涌，极目连天”，册封琉球的使臣出使时大都做好了牺牲的准备。他们在封舟上“设桴翼，造水带至载棺，而亟银牌于棺首，书云某使臣棺，令见者收而瘗之”①。使团人员都“随带耕种之具”，以防

① 李廷机：《乞罢使琉球疏》，《明经世文编》卷四六〇，中华书局，1962 年。

“飘流别岛不能复回”,还“虑员役损失,后事具备”①。然而,历次册封琉球都在福建造船,招募有经验的航海人员,因此,中琉航路虽然险恶,但每次封舟遇险都能化险为夷。

十一、姑米开帆

册封使团终于在姑米等来了有利于航行的季风,鼓帆起棹,继续前行。

图11 姑米开帆

图12 入境登岸

十二、入境登岸

封舟抵达琉球国那霸港,倾国人士聚观于路。琉球世孙率百官前来迎接。册封使登岸时,琉球官员依次进谒。法司官、王舅、紫巾官、紫金大夫为一班,皆戴紫帽,立而揖答之。耳目官、正议大夫、中议大夫、遏阙理官为一班,皆戴黄绫帽,立而拱手答之。那霸官、都通事、长史为一班,皆戴黄绸帽,坐而抗手答之。宾主客套一番,册封使一行前往天使馆安歇。

十三、谕祭先王

图13 谕祭先王

中国封建统治者认为,“封其生者而又祭其毙者,厚也,所以劝天下忠也。祭先于封者,尊也,所以劝天下之孝也。忠孝之道行于四夷,胡越其一家矣”②。故中国册封使团在琉球要先举行祭礼后再举行册封。祭礼一般在寝庙中举行,而不在远葬的王墓前举行。

① 张学礼:《使琉球记》,“台湾文献丛刊”第292种,台北:台湾银行经济研究室,1971年,第9页。
② 陈侃:《使琉球录》,《丛书集成初编》本,第14—15页。

十四、册 封 宣 诏

图 14　册封宣诏

祭礼行毕，又择日举行册封大典。册封之日，世子一大早就率各官在天使馆或去宫城途中的“守礼之邦”坊门下迎候册封使节。至中山正殿“行大封拜礼，国王升降、进退、舞蹈、祝呼肃然如式”①。册封之日，“倾国聚观，不啻数万，欢声若雷”②。是日维良，“受天子新命与一国正始”③。大典既竣，各员役宿馆中，候风回舟。“旧例，过海以夏至前后两三日，归以冬至前后两三日”④，皆因等候季风的转换。

十五、重 阳 竞 渡

图 15　重阳竞渡

按照惯例，册封使在琉球逗留期间，必须接受琉球国王的七宴款待，即迎风宴、事竣宴、中秋宴、重阳宴、冬至宴、饯别宴和登舟宴。他们还常常得到琉球国王的邀请，游历名寺古迹。两国各界人士还就文化、艺术、医学及手工业生产技术等方面的问题进行交流，加强了相互的了解和友谊。

重阳竞渡，就是描述琉球王府将中国传统的端午节划龙舟项目，移植到重阳节，表演给册封使观赏。

十六、事 竣 登 舟

册封琉球使臣回国，先将天后、尚书诸神像请上封舟，登舟之日，琉球国王率百官相送，依依不舍。宾主对拜，挥泪告别，封舟渐远。

---

① 陈侃：《使琉球录》，《丛书集成初编》本，第 16 页。
② 张学礼：《使琉球记》，“台湾文献丛刊”第 292 种，第 6 页。
③ 陈侃：《使琉球录》，《丛书集成初编》本，第 16 页。
④ 张学礼：《使琉球记》，“台湾文献丛刊”第 292 种，第 7 页。

图16　事竣登舟

图17　山岛避风

十七、山岛避风

册封琉球返棹亦是艰险的航程,有时遇到风浪,桅杆被吹折、船舵漂走是常有的事,有时还会遇到海盗的袭扰。册封琉球虽然艰险,但由于册封使者们勇于献身的精神,使中琉友好关系得到长足的发展。

十八、大雾停舟

图18　大雾停舟

中琉航路十分险恶,虽有准确的针路图,有经验丰富的舟师,理论上而言,在大雾中是能够识别航向,从而在茫茫大海中航行的。但《奉使琉球图卷》却告诉我们,册封琉球航海遇到大雾时分,为了慎重起见,为了船上几百号人的性命安危,封舟采取了降落风帆、停止前进的措施。

十九、返棹进口

图19　返棹进口

图中所绘是封舟进入闽江口的情景。通常封舟离开那霸港,由于海流的原因,会进入浙江海域。封舟再沿岸南下,入连江定海湾,稍作歇息,在福建水师的护卫下,进入闽江口。《奉使琉球图卷》返棹进口图,描绘的是封舟抵达闽江最窄处,龟、蛇二岛尽收眼中。

二十、舟抵福州

图 20 舟抵福州

经过了长达半年之久的册封琉球，册封使团回到福州。事实上，在册封使返回的日子里，福建水师就派员天天出海打探，一旦得到册封使团的消息，即快报京城。册封使们到福州后，稍作休整，还要一路风尘赶往京城复命，这一去又要两个月之久。

余 论

《奉使琉球图卷》真实地描绘了清代中国册封琉球的全过程。它不仅仅是一幅优美的绘画作品，亦是非常珍贵的历史资料。作者朱鹤年是江苏泰州人。朱鹤年生于 1760 年，卒于 1830 年。虽然他在世期间曾有两次册封琉球的活动，一次是 1800 年赵文楷、李鼎元使琉球，一次是 1808 年齐鲲、费锡章使琉球，但没有资料表明他曾参加了册封琉球的活动或到过琉球。然而在他绘制的《奉使琉球图卷》中，所描绘的使琉球活动的情景和场景都与历史记载吻合，人们不禁怀疑甚至认为朱鹤年曾到过琉球。迄今多数学者认为，朱鹤年所绘制的画卷内容与 1756 年册封尚穆王的册封使全魁、周煌的使琉球活动高度一致，但 1760 年才出生的朱鹤年不可能参与这次使琉球的活动，那么朱鹤年是如何绘制出这幅画卷的呢？唯有一种可能，就是历次册封琉球基本上都有画师跟随，这些画师的速写资料，为朱鹤年提供了绘画的基本素材，加上使者们撰写的《使琉球录》和《使琉球记》，朱鹤年便根据这些文献史料绘制出了流传至今的《奉使琉球图卷》。

清代方志海图的方向选择

——以《嘉兴府志·海防图》及《平湖县志·洋汛图》为例*

何沛东**

摘　要：清代以陆地为主要描绘对象的方志舆图，其方向选择较多受理学和皇权等因素影响，而方志海图的方向选择则多以实用为导向。这从一定程度上反映了清代统治者“重陆轻海”的思想：因重视陆地而加强对陆地的管控，在描述陆地的文本上，意识形态意味较浓，对于其方向选择几乎形成了一套“固定模式”和“理论依据”；对于海洋的忽视，反而使得描绘海洋的文本具有较高的灵活性和实用性。

关键词：方志海图　方向　《嘉兴府志·海防图》《平湖县志·洋汛图》

绘制地图首先需要明确其布局和方向，如“《释名》曰：南北为经，东西为纬。地图必先明经纬”①。地图方向是指“地图所表现的地域或景观的东西南北等各个方向与地图图幅的上下左右各个方位的对应”②。中国古代舆图的方向不尽相同，从可能性上讲，有“上南下北”“上北下南”“上东下西”“上西下东”及兼具四者的“旋转式”五种，③但较为普遍的是“上南下北”和“上北下南”两种。喻沧认为中国古代舆图采用“上南下北”方向的原因有凸显王权、方便使用和印刷等，并推测张衡的浑天说、裴秀的“制图六体”、利玛窦西方制图方法的传入、康熙《皇舆全览图》的绘制都可能是中国古代舆图方向转向“上北下南”的起点。④

方志舆图是中国古代舆图的重要组成部分，它们具有中国古代舆图的一般特性。阙维民认为中国古代方志舆图的方位取向具有多样性的特征，这种特征在方志舆图的图符、图注上也有表现，其原因和目的较为复杂，其方位确定的规律有待探索。⑤ 如《长安志图》地图的方位有两种，“上北下南”十三幅，“上南下北”六幅，杨文衡认为地图方向不统一的原因可能有二：其一是

---

* 本文系中国博士后科学基金项目“清代浙闽粤三省地方志中海洋史料的整理与研究”（项目编号：2019M653256）的阶段性成果。

** 何沛东，中山大学历史学系（珠海）博士后。

① 光绪《定远厅志》卷一《舆地志》，清光绪十八年刻本。

② 于风军、董文旭：《方志舆图制作中方向处理的个案研究——以道光〈紫阳县志〉的舆图为例》，《唐都学刊》2006年第5期。

③ 李零：《说早期地图的方向》，《中国方术续考》，东方出版社，2000年，第270—280页。

④ 喻沧：《古地图上的方向》，《地图》2003年第3期。

⑤ 阙维民：《中国古代志书地图绘制准则初探》，《自然科学史研究》1996年第4期。

受早期地图多使用"上南下北"传统的影响,其二是为了看图方便而随意改变地图的方向。① 再如,道光《紫阳县志》的三十一幅舆图就有"上北下南""上南下北""上西下东"三种不同的方向,于风军、董文旭认为此种现象出现的原因是绘制者遵循了"高为上或山为上"的舆图方向处理原则,但这种情况较少,不具有普遍性。②

李孝聪指出"中国地图采用不同的方位,是中国制图工匠从使用目的出发的方位观",并以中国传统的沿海图为例,长卷式的《郑和航海图》《七省沿海图》等,陆地总是在画卷上方,其视角是从海面向陆地视望,主要服务沿海岸航行的船只;而沿海各省的海防军事营汛图,一般多采取从陆地望向海洋的视角,其主要服务陆地驻防军队。③ 海图是以海洋及毗邻的陆地为主要描绘对象的舆图,④旧方志中的海疆图、海防图、港口海道图、海运图等均属于海图的范畴,即所谓的"方志海图"。方志海图的方向选择较多带有这种"实用性"导向,清代三幅《嘉兴府志·海防图》与两幅《平湖县志·洋汛图》即是典型个案,两种图的绘法、构图和内容相似,但方向却完全相反,本文试以此为例,分析清代方志海图的方向选择。

一、徘徊于"上南下北"和"上北下南"两种方向之间的清代方志舆图

方志舆图的方向选择具有多样性,但"上南下北"和"上北下南"无疑是清代方志舆图使用最多的两种方向。

清代方志舆图采用"上南下北"的方向,或是受易学"先天卦图"的影响:

《浙江通志》各图屋宇而外,凡山川形势悉用南上北下之法,此亦自有所本,考先天卦图,乾南居上,坤北居下。近来宗汉学者据虞氏易注谓:卦有上下而无南北,议邵子图位之非。华亭黄氏则又执定卦图,谓凡图皆宜南上而北下,此说但就绘事而论,已有不可通者。今县志所列各图仍旧式者什之六,姑兼用二法以免纷更,特申明其义,列图于左。⑤

当然,人们逐渐认识到南上北下的方向"殊非画地所宜",既而开始采用北上南下的方向并为之寻找了新的依据:

左图右史犹人面之有眉目,不可不了然分列第。旧时绘者皆依先后天卦图,南上北下,殊非画地所宜。今遵皇舆图式,京师据上游而以南方居下承流,凡峰峦皆向上,城郭宫室不致左右倒卧,斯为大顺之规也。⑥

---

① 杨文衡:《〈长安志图〉的特点与水平》,曹婉如等编《中国古代地图集(战国—元)》,文物出版社,1990 年,第 91—95 页。

② 于风军、董文旭:《方志舆图制作中方向处理的个案研究——以道光〈紫阳县志〉的舆图为例》,《唐都学刊》2006 年第 5 期。

③ 李孝聪:《古代中国地图的启示》,《读书》1997 年第 7 期。

④ 中国海军百科全书编审委员会编:《中国海军百科全书》,海潮出版社,1998 年,第 756 页;楼锡淳、朱鉴秋:《海图学概论》,测绘出版社,1993 年,第 1 页。

⑤ 嘉庆《山阴县志》卷二《土地志第一之二》,清嘉庆八年刻本。

⑥ 乾隆《狄道州志》卷首《凡例》,清宣统元年刻本。

古人以北面为尊,"圣人南面而听天下"①,后背北面南又引申为帝王之位,而京师位于当时清朝国土的偏北方位,所以要以北为尊,图以"北上南下"的方向,乃"尊卑"之序的体现:

地学有图,元和已然。南宋人装点景物适形鄙陋,陈府志所载识者哂之,吕志湔剔垢蔑,其见卓矣。顾其所为图,南上北下,既昧圣人南面而立之谊,又甚疏脱,不足备观览。②

凡图北上南下,首趾尊卑之定位也。旧志所绘城图县署图、镇署图、学宫图、书院图北上南下,而形势图、防哨图、五迁图、沙图、河渠图皆南上北下,虽崇明相沿自西为首,自南为首,而方向则自有定位,今均改为北上南下。③

当然此种方向也仅适用于京师以南的地方,京师以北的东北、蒙古等地区则不适用。

有人将边疆少数民族"上南下北"方向的舆图亦解释为面向(环绕)北方尊位,以显拱卫皇帝(京师)之意,如黄沛翘对《西招原图》的评述:

文清公取怀柔之义,左东右西;取拱极之义,上南下北。方向与古法异,人颇惜之,然其形势之熟悉,险要之详明,棋布星罗,粲然大备,自来西藏专图无有逾此者。④

章学诚等则认为"南上北下"的方向是人们对易学知识的误解,"北上南下"才是"自然之理势",绘图者应遵循:

邵子曰:"天道见乎南,而潜乎北;是以人知其前,而昧其后也。"夫万物之情,多背北而向南。故绘图者,必南下而北上焉。山川之向背,地理之广袤,列之于图,犹可北下而南上,然而已失向背之宜矣。庙祠衙廨之建置,若取北下而南上,则檐额门扉,不复有所安处矣。华亭黄氏之隽,执八卦之图,乾南居上,坤北居下,因谓凡图俱宜南上者,是不知河洛、《先、后天图》,至宋始著,误认为古物也。且理数之本质,从无形而立象体,当适如其本位也。山川宫室,以及一切有形之物,皆从有象而入图,必当作对面观而始肖也。且如绘人观八卦图,其人南面而坐,观者当北面矣。是八卦图,则必南下北上,此则物情之极致也。无形之理,如日临檐,分寸不可逾也。有形之物,如鉴照影,对面则互易也,是图绘必然之势也。彼好言尚古,而不知情理之安,则亦不可以论著述矣。⑤

近世舆图往往即楮幅之广狭,为图体之舒缩,又或标举名胜,摹缋八景,非史裁也。今仿晋裴秀遗意,用开方计里法,使阅者按格而稽,不爽铢黍,庶得古图经之义欤。邵子云:天道见乎南而潜乎北,是以人知其前而昧其后也,夫万物之情多背北而向南,故绘图者必南下而北上焉,此又自然之理势也。⑥

由上可知,决定我国旧方志舆图方向"上北下南"与"上南下北"的内在因素或许并非绘图技术本身,支撑封建统治的思想基础——理学及其外在表现——尊卑之序在其中发挥着重要作用。明清两代是中国封建统治和文化专制最严格的时期之一,对于理学文献不同的解读和对封

① 郭彧译注:《周易》"说卦",中华书局,2006年,第403页。
② 同治《续纂江宁府志》卷一《舆图》,清光绪六年刊本。
③ 光绪《崇明县志》卷首《凡例》,清光绪七年刻本。
④ (清)黄沛翘辑:《西藏图考》卷一《西招原图》,清光绪甲午堂刊本。
⑤ (清)章学诚:《文史通义》卷七《永清县志建置图序例》,中华书局,1985年,第736页。
⑥ 光绪《定远厅志》卷一《舆地志》,清光绪五年刻本。

建统治的维护也就成为方志舆图方向摇摆于“上南下北”与“上北下南”之间的根本原因。

二、清代《嘉兴府志·海防图》及《平湖县志·洋汛图》的方向

“志乘因地为体裁，近边者详障塞，居海者悉海防。”①康熙《台州府志》论及所附《海防图》时亦言“沿海首重边防”②。中国古代沿海各地区编纂有成百上千部方志，海防图是沿海方志中最为常见的海图之一，这些“简单”“粗糙”的海防图中包含着丰富的信息。

（一）清代《嘉兴府志·海防图》

嘉兴府位于杭嘉湖平原的中心地带，连接着明清经济发达的杭州、苏州、松江地区，陆路、水路、海陆交通便利，海防位置重要。现存明代的三部嘉兴府志未见海防图，清代嘉兴先后修过五部府志，其中四部附有海防图。吴永芳等修纂、康熙六十年刊《嘉兴府志》所附舆图的第一幅即为《海防总图》，图的内容较为简单，延续了《筹海图编·海防图》的风格，方向为上东下西、左北右南，即海洋在上而陆地在下。伊汤安等修纂、嘉庆五年刊《嘉兴府志》附有《海防图》一幅，图右上角标有“海防图”三字，图的上、下、左、右的正中位置分别标有“南”“北”“东”“西”字样，可知该图的方向为上南下北、左东右西，即以嘉兴府东南沿海的视角，观察北至江浙交界、南至宁波招宝山的杭州湾及其相邻的近海海域，图采用形象示意画法，陆地山峰和海中岛礁以中国传统山水画形式表现，河流以双线条曲线表示，沿海州县、卫所、寨台等各有相应的图例表示，某些海区标有“内洋”“外洋”字样，部分岛礁附近以文字注明其所属州县或水师辖区，海洋部分绘有两条曲线。于尚龄等修纂、道光二十年刊《嘉兴府志》及许瑶光等修纂、光绪三年刊《嘉兴府志》所附的《海防图》在伊志《海防图》基础上稍有改动，伊志图中的“西钱塘水师营管界”在于志图中为“钱塘水师营管界”，其他内容未有改动，疑为传抄时将“西”字遗漏；而许志图仅在长墙山黄道关、天后宫汛、陈山寨附近增加了三处“新筑炮台”的标注，其余未变。

康熙志《海防图》内容简单，带有较深明代版刻海防图的烙印，暂不讨论。另外三幅《嘉兴府志·海防图》以形象示意画法绘出了嘉兴府所属海域乃至整个杭州湾的海防态势。图中的内容大致可以分为两类，即岸防设施和海中的洋汛、岛礁。海中绘出的两条曲线表示乍浦水师营的巡防界限及内外洋界限，我们将它们称为“独树寨—澉浦”线和“独树寨—巫子山”线。图以上南下北、左东右西的方向布局，“从平湖县、海盐县陆地的视角，能够更为清晰地看出嘉兴府由陆至海海防势态的三个层次：第一层为嘉兴府东南沿海的墩汛寨台等州县、水师所属的岸防设施；第二层为‘独树寨—巫子山’线以北至海塘的洋面及重要岛礁，为嘉兴府近海的内洋区域，由乍浦水师营与海盐县、平湖县共同巡防、管辖；最后为‘独树寨—澉浦’线以北、‘独树寨—巫子山’线以南的海域及海中重要岛礁，是乍浦水师营单独巡防区域。则此海防图所绘的主要内容和意图清晰可见，即首先标出沿海卫所墩汛等岸防设施和重要岛屿，以显示嘉兴府海防体系的

---

① 同治《淡水厅志》卷首《凡例》，清同治十年刻本。

② 康熙《台州府志》卷首《凡例》，清康熙六十一年刻本。

主要依托;再次标出内、外洋和乍浦水师营的巡防海域,区分乍浦水师营、州县管辖范围,以明确州县、水师的责任划分,以及赏罚依据等。如此,光绪《嘉兴府志》海防图就全面体现了岸防为主、海陆相维的海防体系,巡洋会哨制度,内、外洋制度等清代海洋管理和海防的主要政策和制度”①。

(二)清代《平湖县志·洋汛图》

王恒修纂的乾隆《平湖县志》卷三《海防》所附的《洋汛图》,是现存清代嘉兴地区方志中最早的一幅与上述三种《嘉兴府志·海防图》类似的海图。图以上北下南、左西右东的方向,用形象示意画法绘出了平湖县陆汛、洋汛的分布情况,图中海区亦绘出了两条曲线表示内外洋等的界线。

彭润章修光绪《平湖县志》中附有《洋汛图》一幅。图目后标注有“旧制”两个小字,说明此两幅图或是延续了王恒《平湖县志·洋汛图》。彭志《洋汛图》与王志《洋汛图》相比,两者司城、大小营的图例有所改变;王志图中的“彩旗门”在彭志图中标注为“菜荠门”,而“彩旗”“菜荠”两者同音,史料中经常混用,菜荠门“即彩旗门”②;彭志图中未标“西山嘴”;乾隆三十八年,海宁县升为海宁州,因此彭志图中亦标为“海宁州”;还有海中的分界线由王志图的实线变成了彭志图的虚线。除此,两者几乎没有其他的变化。

(三)两种图的差异及方向的选择

三幅《嘉兴府志·海防图》和两幅《平湖县志·洋汛图》表现的主要内容均是嘉兴府近海的洋汛、陆汛及内外洋分界等海防信息,两种图的绘法、构图和表现形式等是相同的,应属同系海图。但是它们也存在着一些差异。

首先,图名不同。两种图,一曰“海防图”,一曰“洋汛图”。图名不同表明两者表现的侧重点和绘制的目的不同。

其次,描绘的范围和内容不同。由于绘图者分别处于嘉兴府和平湖县的视角,两种图所绘的范围和内容是有差异的,嘉庆《嘉兴府志·海防图》绘有卫所十一、陆汛三十、洋汛二十八,乾隆《平湖县志·洋汛图》绘有卫所六、陆汛二十八、洋汛十六。乾隆《平湖县志·洋汛图》所绘的陆地范围是从江浙交界处至海宁县南,海洋的最南端绘至鱼山以南海域;嘉庆《嘉兴府志·海防图》所绘的陆地范围从江浙交界处至宁波府镇海县招宝山、大浃江附近(但也仅仅绘出沿海的县城、卫所,未绘出汛寨),海洋的最南端绘至岑港以南海域。乾隆《平湖县志·洋汛图》的侧重点在平湖县(乍浦卫)辖境,其视野仅限于乍浦卫所属的洋汛及洋汛附近平湖、海盐两县沿海的陆汛等。而《嘉兴府志·海防图》则不同,其立足于嘉兴府海防的高度,浙东海防以乍浦、镇海、定海为要,且海贼随波流突,居无定所,海防注重各区联防,因而其海防图不仅仅表现嘉兴府海域的洋汛(主要属乍浦水师营)及其周围平湖、海盐两县沿海的陆汛等海防设施,而展现的是整个杭州湾乃至浙东海域的海防态势,图中的海岛洋汛等表现得更加详细。

---

① 何沛东:《清代方志海图的海防描绘——以〈嘉兴府志·海防图〉为例》,《海洋史研究》第12辑,社科文献出版社,2018年,第234—249页。

② 乾隆《平湖县志》卷三《海防》,清乾隆五十五年刻本。

三幅《嘉兴府志·海防图》海区部分均绘有两条曲线，分别为“独树寨—澉浦”线和“独树寨—巫子山”线。乾隆《平湖县志·洋汛图》的两条线与之稍有不同，较短的一条连接茅竹寨和舜山，我们暂且称之为“茅竹寨—舜山”线；较长的一条从金山始，连接小羊山、大羊山、黄盘四屿山、七姊妹山、筊杯山、舜山，到青山止，我们暂且称之为“金山—青山”线。两种图中，两条曲线的起始点稍有不同，且嘉庆《嘉兴府志·海防图》中的内外洋标示有九处：“独树寨—巫子山”线以北有三处“内洋”标示，白塔山、巫子山、舜山附近各一处“内洋”标示，“独树寨—巫子山”线以南有一处“外洋”标示，野黄盘、海山附近各一处“外洋”标示。乾隆《平湖县志·洋汛图》仅“茅竹寨—舜山”线以南有一处“外洋”标示。

乾隆《平湖县志·洋汛图》前有一段按语：“按高志洋汛营辖略而不详，张志始采《乍浦志》，注明内外洋，究嫌其未备，兹查核海洋图所载补入。”①嘉庆《嘉兴府志》对于“洋汛”的记载后标有“《乍浦志》参平湖王志、《浙江通志》”字样，②显然乾隆《平湖县志·洋汛图》与嘉庆《嘉兴府志》关于“洋汛”的记载皆本于乾隆《乍浦志》。对比乾隆《乍浦志》、乾隆《平湖县志》(王恒)、嘉庆《嘉兴府志》关于“洋汛”的记载，乾隆《乍浦志》未载西霍山、七姊妹山，乾隆《平湖县志》(王恒)与嘉庆《嘉兴府志》的记载几乎完全一致，如表1所示。换言之，乾隆《平湖县志·洋汛图》、嘉庆《嘉兴府志·海防图》两图中，洋汛、内外洋界的绘制所依据的材料是相同的。那么，《平湖县志·洋汛图》与《嘉兴府志·海防图》对于乍浦营所辖洋面界线和内外洋的标示存在着较大的差别，或许是因为不同的绘图人对于同样的材料以及内外洋等制度理解有所偏差造成的。另外他们所处的立场不同亦可能造成舆图的不同，如乾隆《平湖县志·洋汛图》将原本属于乍浦营管辖却位于海盐县境的“白塔山”“巫子山”画在界外。③

表1 三志“洋汛”记载对照表

志书 内容	乾隆《乍浦志》④	乾隆《平湖县志》(王恒)⑤	嘉庆《嘉兴府志》⑥
内洋	金山、菜茅门、白塔山、巫子山、舜山(镇海营、钱塘水师营、乍浦营界)、筊杯山	金山、彩旗门、白塔山、巫子山、舜山(镇海营、钱塘水师营、乍浦营界)、筊杯山(镇海营、乍浦营界)、西霍山(镇海营、乍浦营界)、七姊妹山(镇海营、乍浦营界)	金山、菜茅门、白塔山、巫子山、舜山(镇海营、钱塘水师营、乍浦营界)、筊杯山(镇海营、乍浦营界)、西霍山(镇海营、乍浦营界)、七姊妹山(镇海营、乍浦营界)
外洋	大羊山、小羊山、滩山、浒山、鱼腥脑、黄盘四屿山、野黄盘山	大羊山、小羊山、滩山、浒山、鱼腥脑、黄盘四屿山、野黄盘山	大羊山、小羊山、滩山、浒山、鱼腥脑、黄盘四屿山、野黄盘山
总计	内洋六，外洋七	内洋八，外洋七	内洋八，外洋七

① 乾隆《平湖县志》卷三《海防》。
② 嘉庆《嘉兴府志》卷三一《武备》，清嘉庆五年刻本。
③ 筊杯山、西霍山、七姊妹山虽然也在平湖县界外，但它们是分界线的重要节点，或因此得以保留。
④ 乾隆《乍浦志》卷三《武备》，清乾隆五十七年刻本。
⑤ 乾隆《平湖县志》卷三《海防》。
⑥ 嘉庆《嘉兴府志》卷三一《武备》。

最后,两种图最明显、最直观的不同即它们的方向是完全相反的。

郑若曾曾言:"作海图成或曰:子之用心则勤矣,但以海居上地居下亦有说欤。若曾曰:有图画家原有二种,有海上而地下者,有地上而海下者,其是非莫辨。若曾以义断之,中国在内,近也,四裔在外,远也。古今画法皆以远景为上,近景为下;外境为上,内境为下。内上外下,万古不易之大分也,必当以我身立于中国而经略夫外裔,则可;若置海于下,则先立于海中,自列于外裔矣,倒视中国,可乎?或又曰:以图作屏,立而观之,若嫌乎登于华。若曾曰:图之作,岂专为屏用哉。录之书册,置之几案,但见远近,不见上下矣。"①郑若曾的说法是从阅图者的视角来审视地图的方向,方志舆图几乎全部都是置之几案而观之,"但见远近,不见上下"。

中国古代绘画中常用的空间表现方法——"上下关系法",能够合理地解释图画中"近者在下,远者在上"的现象。使用这种方法的画作,"物与物之间虽没有因上下远近之距离而起大小变化,亦无重叠现象",却明显表现出"远者在上近者在下的距离感"。② 古代的绘画和地图之间并没有清晰的界限,中国古代很多地图都是由画家或士绅完成,绘画技法较多地被运用到地图的绘制中。

一幅方志舆图,在下的"近者"是阅读者能够最先注意到的信息,也就是地图要传达的最重要的信息,而在上的"远者"则是地图要传达的次要信息。《嘉兴府志·海防图》与《平湖县志·洋汛图》,它们的方向在图名和图的性质确定之时已经"被选定"了:若以图名和绘图的直接目的论之,《平湖县志·洋汛图》需要表现的重点是海中的"洋汛",上北下南的方向使阅图者如立于海中,"洋汛"处于图幅的中下方,是为"阅图者"之近者,表现力也更强,可近距离观察"洋汛"信息,与其"洋汛图"的图名和目的相符;③而三幅《嘉兴府志·海防图》主要服务于立足于陆地而面向海洋防守的官员,需要表现出嘉兴府近海的海陆防卫设施等海防情况,"重防其出""以陆制海"是清代海防的基本策略,也就是沿岸的墩汛寨台等防卫设施才是当时海防的重点,因而上南下北的画法可以从近到远依次突出岸防设施和海中的洋汛、岛礁的重要性,更接近于当时海防的需求,与"海防图"的图名和性质相符合。故而,两种相似海图的不同方向选择,即是站在阅图者的立场上,为了方便向读图者传输海图要表现的最重要的信息(展现这些内容也就是海图绘制的主要目的)。

清代方志海图与其他方志舆图一样,都受到方志纸张图幅的限制。描绘陆地的方志舆图一般情况下"甘愿"以牺牲内容和精度等为代价,努力在一页书纸上绘出某地的境域、山川、市镇等信息。而方志海图则不同,以牺牲精度"扭曲""压缩"的图面有时也难以表现狭长的海域及海岸带,因此清代一些方志海图开始以长卷图为蓝本,分多页描绘。一般情况下,长卷海图的方向以海洋在上陆地在下或者海洋在下陆地在上两种情况为准,然后将海岸带压缩到同一水平面上,这样才能符合刻本书籍的形式,保证沿海区域处于图幅的重要位置。若海洋与陆地的位置关系是"左右—西东"的话,它们多以上东下西或上西下东的方向;若海洋与陆地的位置关系是"上下—北南"的话,它们多以上南下北或上北下南的方向。此种做法也是为了方便读者阅图,这就

① (明)郑若曾:《郑开阳杂著》卷八《图式辨》,《钦定四库全》本。

② 袁金塔:《中西绘画构图的比较研究》,台北:设计家文化出版事业有限公司,1982年,第190—191页。

③ 乾隆《平湖县志·洋汛图》与嘉庆《乍浦备志·洋汛图》的图名、绘画目的、内容都一致,但是两者的方向却不一样,其意图不明。

决定了此种方志海图必须按照海岸线的走向和图的性质来选择上南下北/上北下南或上东下西/上西下东，而不是由意识形态决定上南下北或上北下南。

类似《嘉兴府志·海防图》与《平湖县志·洋汛图》的例子还有很多，说明清代多数方志海图方向的确定具有实用性导向，以将方志海图最主要的内容展现给阅图者为目的。同时，一些技术上的原因也会影响到其方向的选择。

结　语

姜道章先生认为"中国地图的定位自古以来就是多向的"，其原因"一部分可能与中国文化中的民族中心主义有关，同时也有功能上的目的"，这种以使用者为中心的地图定位（即多方向定位），是传统中国地图的主要特征之一。[①] 清代方志中，陆地舆图的方向大部分是在"上南下北"和"上北下南"两者之间选择，这或许是当时统治阶级"大陆中心意识"的显著表现，受到理学或皇权象征意义的影响较多，如唐晓峰先生所讲的那样："中国古代地理学的主干大宗，或说被儒家化的地理学，主要是围绕巩固王朝与建立政治大一统的王朝地理，强调人神分、等级秩序、教化天下、中央一统、和谐无疆等等。"[②]陆地舆图的方向选择就是中国古代地理学这种特征的表现之一。

随着时代的发展、科技的进步及西方文化知识的传入，人们开始更加深入地探索和利用海洋，海洋知识的积累为清代方志海图的绘制提供了丰富的素材，此时，方志海图所描绘的海洋信息是明清时人探索海洋和认知海洋的初步成果。同时，清朝专制主义中央集权达到了顶峰，统治者强化皇权，利用科举八股、文字狱等控制言论与学术，作为地方"官书"的方志，亦是清政府笼络文人、强化统治的手段之一。清朝统治者继续遵循"以农为本"的理念，将农民束缚在土地之上收取贡赋并使之付出徭役、兵役，这仍是其统治的重心。如此的经济基础也决定了清代对于大陆文化传统的继承甚至强化，这就造成了官府对于方志中以陆地为主要描绘对象的舆图和文字的形式、内容、标准等有较多的"关注"，而对于被统治阶级所忽视的海洋的记录，尚未形成一套相对固定的范式。因而相较于描绘陆地的方志舆图，方志海图在样式和内容等方面的选择上就显得灵活多变。人们对于海洋的探索和认知并没有达到对陆地认知的阶段，此时的方志中所附的海图也并不像陆地舆图那样显得"敷衍"，而是具有较强的实用性导向。

从制图者的角度看，地图方向不仅是对现实地表空间的一种反映，更是对其自身意识形态的"艺术性"表达，及对制图技术和地图内容折中的"创造性"选择。清代方志海图的制图者通过对地图方向的"合理"选择，在符合版刻方志地图特性的前提下，向读图者传达海图需要表现的最重要的内容，基本上达到了技术和内容的平衡。

---

① 姜道章：《论传统中国地图学的特征》，《自然科学史研究》1998年第3期。

② 唐晓峰：《中国古代的王朝地理学》，《人文地理学随笔》，生活·读书·新知三联书店，2005年，第259页。

晚清华南沿海地志图像初探

莫小也[*]

摘　要： 大航海时代出现的地志画最初是一种以客观世界为依据、为满足科学考察需求、带有情报性质的图像。随着专业画家的参与、人类新地域的发现，它们逐渐变成一类记录或描绘自然地理变迁和人文建筑、风情习俗变化的特殊画种。当然，地志图像的演进既是以地理科学进步为重要动力，又是与欧洲文艺复兴时期美术的革新密切相关的。本文从“华南沿海地志图像的出现”“地志绘画题材的创新及组合特色”“地志图像所见西洋画技的输入”三部分叙述中国近代地志图像的特征。

关键词： 地志图像　西洋画技入华　中国近代美术　中外艺术交流

在以往中国美术史研究中，近代我国华南沿海地区出现的地志画并没有得到重视。直到港澳回归祖国之际，由于海外各国及我国港澳地区的专题展览与出版的增多，才使这一情况开始转变。21世纪初，广东艺术博物院、中山大学等专业机构不仅逐渐收藏与展示地志画，也多次召开研讨会议，出版专著。本文将对华南区域地志图像就题材与技法等问题作一探讨，敬请诸位指教。

一、华南沿海地志图像的出现

15世纪以降，在人类最初进行环球探险的艰难岁月，航海家与人类学家依靠科学绘图的方法，在发现的原始地区，作了大量的图像记录，西方人逐渐绘制成熟的这类图像称作“地志画”(Topographical Paintings)。早期地志画不仅提供了自然地理的特征，也显现了一个地区的人类状况与民俗风貌，其中有些图像成为新型地图的周边插图，以具体说明与该图相关的重要族群及事件。在汉语中，“地志”阐释为“记载舆地的书”，笔者将宋代以来地方志、图志中的木版插图理解为东方的地志画，它们往往记录了一个城镇、一个区域的自然概貌，而其中出现的人物只起点缀效果。西文对译“地志”的术语是Topography，形式上分成“地图绘制”(Mapping)与“描绘艺术”(Descriptive Art)两种类型：前者是对某一限定地区的绘图或制图，尤其是指那些强调自

* 莫小也，浙江理工大学艺术与设计学院美术系教授。

然的或人工的地形、地势特征的大地图，虽然有些地理学家在图中仅表现出地貌特征；后者则指以素描、版画或油画描绘的特定山水与城镇景观，也带有若干地图功能。[1] 其实，两种类型的图像在发展中并非有明确的界限，其制作目的与技法也是互相借用的。

当代我国澳门地区学者认为，地志画是大航海时代产生的一种以“描绘乡土风物、地理形势”[2]为重点的图画。由于澳门是近代西方人进入中国内陆的必经要道，也是葡萄牙人最初的居留地点，自 17 世纪初开始，葡萄牙、荷兰等国东来者分别绘制过各种地图、地志图。当我们仔细观察明末清初中外画家绘制的各种澳门地形地图时就会发现，上述“地志”的两层功能往往会在一幅图像中交叉体现。例如从《澳门早期全景》[3]（图 1）可以看到，它首先有标明澳门的海陆方位与地势的特性，如上方外港三桅大型海上帆船的行驶与下方内港船舶正在休整的区分，左边狭地是通向内地的沙茎，半岛多巨大石头，有葡萄牙特色的多边体石头建筑、数座大型教堂，有在农耕、放牧与做买卖的中国人，奴仆撑着洋伞紧跟在葡国主人后边，一切都在方寸之间表现出来了。与此图相近的是 1635 年出现的水彩画《澳门地图》，这类图形甚至成为《1626 年中华帝国》地图的局部插图之一。而现存中国第一历史档案馆的一幅《17 世纪末澳门地图》[4]也将六座炮台及城内建筑清晰绘出，但同时夸大了妈阁庙、关闸等标志建筑，还把周围的山海描绘得颇有东方韵味。作为全面显示方位的《澳门全图》[5]（约 1724 年）（图 2），它反映了早期地图的新变化。它以俯瞰地图方式标示明显的事物，澳门城内以宽阔的道路分割了大片建筑物，教堂、炮台及城墙全部被精细准确地刻画出来。作为设色铜版画，它具有一定的艺术性，海平线上设立消失点，使天空云彩、海面渔帆都有了近大远小的透视变化。利用阴影概括处理近景的山冈，突出

图 1　Theodore de Bry：《澳门早期全景》（约 1598 年，25.8 cm×33.3 cm，铜版画）

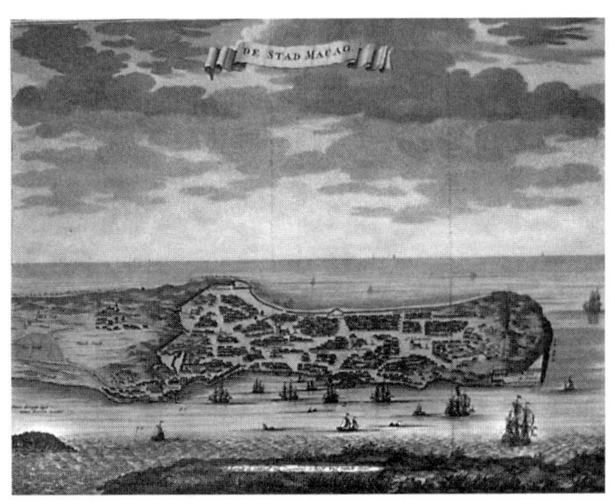

图 2　Francois Valentyn：《澳门全图》（约 1725 年，35 cm×27 cm，铜版线刻）

---

① *The Dictionary of Art*, Vol.31, Macmillan, 1983, pp.151 - 157.

② 陈继春：《钱纳利与澳门》，澳门：澳门基金会，1995 年，《引言》。

③ 香港艺术馆：《历史绘画》，1993 年第 3 版，第 52 页。此画可能是根据文字记载或他人素材制作的。

④ 《宣宗道光实录》卷二六二曰：“拣查旧存图籍，造办处现存乾隆初年洋画《澳门图》一幅，朕详加披阅。其门户墙垣，宛然在目，并有高台数处，俱设有炮具，其三巴门等名目，俱系清书标识，与卿等所奏大同小异。”可能即指该图。图据澳门《文化杂志》第 36、37 期插页。

⑤ 图见 1995 年澳门市政厅举办的“昔日乡情”展图录。作者佚名，一般推测是荷兰人绘制的。总体上强调了城市建筑的客观性、完整性与精确度，出于第一手收集的资料。

半岛的位置。海上碧波万顷,帆船倒影清晰,丰富了地图的观赏效果。同一时期乾隆年间《澳门记略》有木版地志插图 21 幅,其中《正面澳门图》《侧面澳门图》①(图 3)也是既能识别地理方位与地势,又能具体地看到某一教堂、寺庙、炮台等建筑特色,葡萄牙人修筑的城墙在此一目了然,但此图从纪实性而言略为逊色。

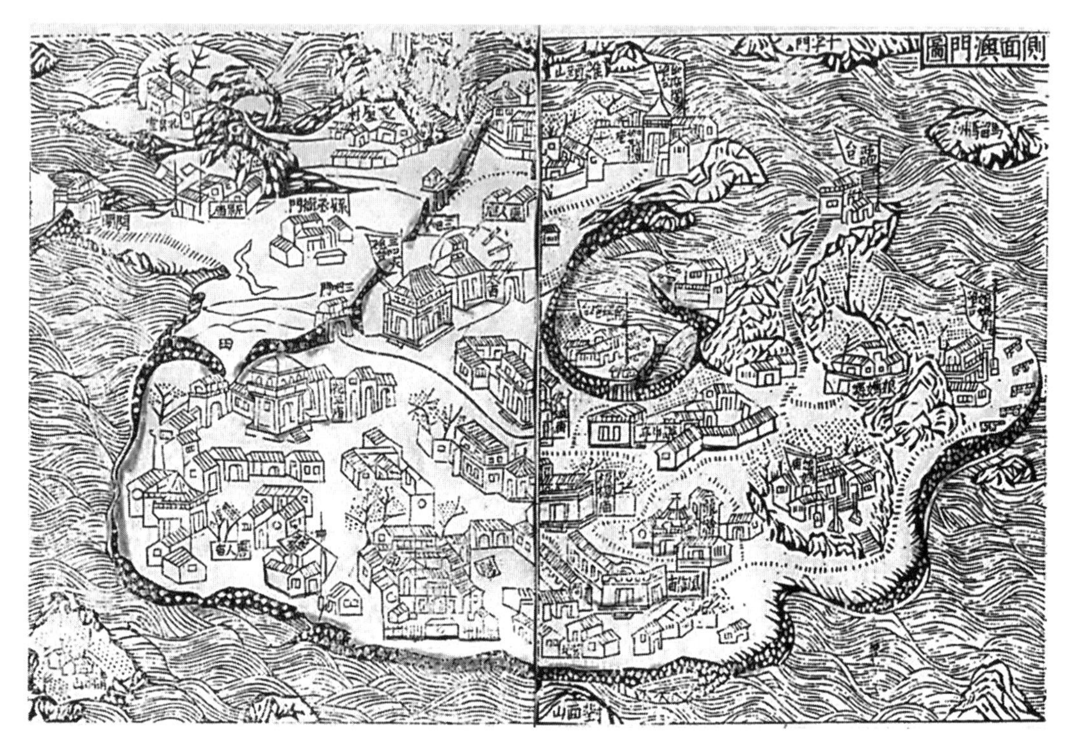

图 3 《侧面澳门图》(清代中期,印光任、张汝霖编撰《澳门记略》木版插图)

下面我们重点讨论:晚清华南沿海在受到开埠背景影响下出现的各种地志图像。本文在此先将"晚清美术"的时段设定在 1780 年至 1910 年,然后又以 1850 年为界分两个阶段。②笔者认为,第一阶段的征兆是乾隆王朝(1736—1795)走向衰弱,清代宫廷中的西洋耶稣会画家逐渐绝迹。另一方面,西洋地志画家由途经澳门转入寓居澳门的阶段,并在珠江三角洲一带写生,华南沿海以西洋画家为主创作的地志绘画初步形成。到了 1850 年代即第二次鸦片战争以后,来华外国画家锐减,而以中国民间画工为主的地志作品基本成熟,并由华南沿岸城镇扩大到更加广泛的地域范围,它们因受到西方画技影响而形成显著的洋风特征。③ 迄今为止,晚清以华南沿海城镇为主题的地志画大约有近千幅,它们主要留存在澳门、香港及广州等城市的各大博物

① 清印光任与张汝霖的《澳门记略》附图共 21 幅,包括地志图 11 幅、人物像 6 幅、其他图 4 幅。据清乾隆五十六年修、嘉庆五年重刊本。

② "晚清"通常指鸦片战争(1840)以后,另有清代"后期"与"晚期"之说。广义而言,"晚清"实指乾隆、嘉庆以至宣统这一阶段,"近代"则指 1840 年至 1911 年期间。参见李铸晋、万青力《中国现代绘画史・晚清之部》之《导论》,文汇出版社,2003 年。

③ 详见拙文《明清之际来华传教士与中国美术》,孔令伟主编《回忆与陈述》第 2 卷,湖南美术出版社,2017 年。

馆与艺术馆。除了各地公家的收藏，如番禺、佛山等地民间收藏者也有丰富藏品。在海外，葡萄牙东方开拓档案馆、日本东洋文库、美国皮博迪博物馆、英国马丁画廊等单位以及私人爱好者也都有收藏。

认识晚清华南地志图像时应该注意：首先，从题材与风格而论，它们总体采用了一种纪实形式，使之“成为时代的见证，为此段时期的历史研究提供了活生生及清晰具体的图像资料，胜过千言万语的文字描述”①。笔者认为，珠江三角洲地区作为近代西洋画逐步本土化之地，“纪实”是其绘画演变过程中具有典型意义的一种样式。画家面对亲临的景物，使作品具有显著的原创性。其次，这些画作的描绘方式丰富多样，形成一种兼容东西方绘画技巧的样式。具体说，许多图像是以线条来表现物体外形特色，运用铅笔、钢笔兼用淡彩墨水等工具完成的。画家将目光投于乡土风情、民俗活动，具有浓重的华南沿海地方色彩，在取景时会以特殊的人文建筑为重点，将其融入自然风光之中。其三，就命名而言，地志画与风情画及外销画具有联系性与互通性。地志作品侧重于自然形势的完整，表述人类活动亦是其中的精华。风情画或称民俗画以记录人文风貌为多，但对于环境与道具也全面展示。而作为具有商品特色的外销画基本上是模仿前两种作品的，但是它的数量远远超过前两者，而画面水准与质量又明显不如它们。总之，包含纪实性及传递信息作用的类似画面是“研究历史、地志学或风俗学的重要实物”②，常常被后来的研究者归入地志画范畴。

本文下面举例的作品原则上为本土民间画家所作。其中有一些画的作者佚名，在以往研究中一般也认定是华人所作。当然西方人曾经在华南沿海制作了不少地志画，文中也会涉及一些被借鉴或被模仿的西洋人作品。

二、地志绘画题材的创新及组合特色

本节围绕上述“以油画、素描或水彩描绘的世俗的山水与城镇景观”的地志图像概念，重点就华南画工笔下的题材作扼要归纳。他们所描绘的对象是随着开埠城市近代化的变化而不断丰富的，也是随着时代的变迁而更加充实、充满情趣的。

地志绘画的首要题材是广州、澳门等开埠城镇及周边乡村景观。1688 年，清政府以“澳门为夷人聚集重地，稽查澳夷船往回贸易，盘诘奸宄出没，均关重要”③为由，在澳门设立粤海关澳门总税口，又在澳门设置关部行台与四个税馆（内港码头、南环、娘妈阁、关闸），当时不少外国商旅及随从而来的西洋画家均寓居澳门，发生巨大变化的港口建筑与民俗成为人们关注的焦点。有一组画确切地展现了四个实景：“澳门”是外国商人们长途跋涉来到中国的第一个落脚点；“虎门(Bocca Tigris)”是通向珠江一条河的关口；“黄埔”是那些来华商船的停泊处；“广州”则是西

① 引自香港艺术馆《历史绘画：香港艺术馆藏品选粹》，香港：香港市政局，1991 年，《前言》（曾柱昭撰）。

② 引自《珠江十九世纪风貌》，香港：香港艺术馆出版，1981 年，《序》（谭志成撰）。20 世纪末，港澳新建的艺术博物馆均设“历史绘画”专馆，周期性地展示地志画。曾任馆长的谭志成强调：“殷切希望这缅怀十九世纪的艺术旅程能唤起老一辈本港市民对孩提时代的回忆，及增加他们与青年一代闲聊的话题。”

③ 梁廷枏：《粤海关志》卷七《设官》。

洋人最早的目的地。①典型的城市与自然结合的地志图,是画家集中精力记录一些能够令人记忆或辨认的事物后所创作的。它们既有一个城市或乡镇的典型景色,也有对同一个景物采用相异手段的反复描绘。这类对象大抵是某个区域的象征标志,能够反映某地在一个时期的风貌,因此更带有艺术欣赏趣味。例如,《黄埔泊地》②(图4)的黄埔,其得名源于黄埔村,明代广州的外港移于琵琶洲、黄埔洲一带,始称黄埔港。该港位于广州市东南郊2.5千米的珠江口内。根据两广总督李侍尧1759年颁布的《防范外夷规条五事》,外国船只必须在黄埔附近停泊,或停在黄埔下游的小岛旁。本图地平线在二分之一偏下,远景为群山,中间为黄埔岛,岛上有二塔(赤岗塔、琶洲塔)和三座临时仓库及船码头。前景即长洲岛,也有码头。江面上停有悬挂英国、美国、荷兰等国国旗的各国船只。这类画顺应了西方各国强烈地要求了解东方事物的需要,它是由早期地图逐渐过渡而成的新型图像,它们展现的"有些信息是以地图形式,有些是鸟瞰角度,也有一些是从侧面轮廓,还有一些是风景,使人们对城市周围的环境有个印象,就像作为一个旅行家看到的那样"③。其实描绘开埠城市的组画有多种组合,澳门海事博物馆也曾经出版《中国海的港口》组画明信片共6幅。它的题材不仅限于珠江口岸一带,还远至上海、新加坡等地方。如《厦门海港》④是从鼓浪屿眺望厦门港的景色。16世纪至17世纪,葡萄牙人、西班牙人及荷兰人在此经商,1676年,东印度公司在厦门建立基地。1842年《南京条约》中议定的通商五

图4 煜呱:《黄埔泊地》(油彩,约1850年,68.6 cm×111.8 cm,布本)

---

① Malcolm Andrews, *Landscape and Western Art*, Oxford University Press, 1999, p.83.

② 《珠江风貌:澳门、广州及香港》,香港:香港艺术馆出版,2002年第2版,第132、133页。

③ "William Shang: Drawings from Macartney's Embassy to China 1792 - 1794", *Arts of Asia*, May-June 1998, p.75.

④ 本图藏于澳门艺术博物馆,藏号为Q17—F2,佚名,约绘于1850—1880年间,70.7 cm×45.2 cm,油画布面。见载于《海贸珍流——中国外销品的风貌》,香港:香港大学美术博物馆,2003年,第120页。香港思源堂也藏有相近的《厦门海港》。

口，厦门港是最繁荣的港口之一，外国商人先后在厦门设立洋行分行。画面左侧的高楼建筑即为包括怡和洋行等的外国商贸区，可以看见英国、法国、荷兰等国国旗在飘扬。建筑后方的山势显示了厦门港的自然环境，海堤用木桩修筑并形成一定的填海区域，海面上往来及停靠在岸边的红色渔船具有地方特色，另有英国帆船与大小渡船，暗示与鼓浪屿的交通条件。又有《上海外滩商馆区》，描绘了大片的黄浦江江滨西洋建筑，其中包括怡和洋行、仁记洋行、宝顺洋行、会德丰洋行等，左方建筑前有美国国旗，右方建筑前有丹麦国旗，中部一幢中式建筑前有两根中式旗杆，为清政府税关；江面上有挂英国、法国国旗的船各一艘，余者为中国帆船、舢板或渡船。① 作者可能是初学的画徒，此图技术水平较低，且画得比较简单。

其次，这类地志图像描绘了中国近代南方商业经济的繁荣，是与中外贸易历程直接相关的商品流通题材。当中国人通过广东将产品出售给西洋人后，后者关注到商品的生产与贸易流程。地志图像中不仅有大场景的城镇商业区，也有具民俗特色的各种专业店铺，那里经营着西方人感兴趣的专项物品，比如瓷器、丝绸、茶叶、鞋帽等。有文献记载，西方人到达广州之后，看到珠江沿岸忙碌的商人、技工、理发匠、小贩以及搬运工沿街而行，兴奋地将视线从水上船民转向繁华的商业街：“街道两边店铺林立，橱窗向外延伸，上面摆着当地土特产、家具，以及各种商品，琳琅满目，……外国顾客踏进店铺，店主会携合伙人或伙计，以形形色色的问候来欢迎，有时会迎上前来握手，竭尽其能地用有限的英语致意。”②如《永泰兴通画店》③（图 5）十分细腻地表现了西洋人购买“通草水彩画册”的过程，有专人引领顾客来店铺，然后由学童拿出架上各式各样的画册，由店员与对方商讨、挑选画册，旁边有一位学徒正在临摹作品。

图 5 《永泰兴通画店》（水彩，约 1875 年，31.5 cm×19 cm，通草纸本）

当时由于外国人行动受限制，这些店铺所出售的商品便成为他们了解中国的渠道。这些商业活动就在外国商馆区，《广州十三行商馆》④（图 6）描绘了 1822 年被大火烧毁之前的广州西洋人十三行商馆的建筑，前边广场上的旗杆分别悬挂法、美、英、荷等国国旗，这些国家为当时从事中外贸易的主要国家。房子是清代十三行（也称公行）商人伍浩官及潘启官的财产，由洋行租下来，因为正好十三家，故又称“十三夷馆”。如西方人所热捧的《茶叶铺》，画中人物极具特色：清朝的穿着，长袍马褂，留着长辫子。店铺的伙计正在店里等生意，店铺里放着各种茶叶，并且放茶叶的容器已经用标签标好了茶叶的种类和价位，这反映了明码标价的经营理念。又如《西式家具铺》所绘的是当地人接受西方习俗之后所需的店铺，师傅正在忙着打制各种带有西方风格

① 1843 年上海开埠，英、美、法等国先后开辟租界，建筑房屋，发展贸易，黄浦江的江滨成为外商聚集之地。1876 年前后，该地已经设有洋行二百余家。本图藏于澳门艺术博物馆，藏号为 Q18—F1，作于 1850—1880 年间，78 cm×45 cm，油画布面。见载于《十八及十九世纪中国沿海商埠风貌》，香港：香港市政局，1987 年，第 8 页。

② ［美］施美夫著、温时幸译：《五口通商城市游记》，北京图书馆出版社，2007 年，第 17 页。

③ 广州博物馆收藏此图，载程存洁《十九世纪中国外销通草水彩画研究》，上海古籍出版社，2008 年。

④ 此画藏于澳门艺术博物馆，藏号为 Q19—F2，参考论文《广州十三行商馆区的历史地理》《广州十三行商贸概况》，两篇文章分别载于《广州十三行沧桑》（广东省地图出版社，2002 年）第 23 页、第 41 页。

图6 《广州十三行商馆》(水彩上胶、墨色勾线,约1820年,85 cm×56 cm,纸本)

的家具,店铺摆设着西式的座椅和躺椅,还有沙发和书橱。《洋表铺》更是具有西洋特色,表明南粤民众对西方事物极感兴趣,钟表商品进入华南专营商店说明它们已经对人们日常的生活方式产生影响。

另一个常常表现的题材与西风东渐之际的南粤生产与民俗有关,它表明西方人渴望了解中国社会生产与风俗的需要。清代茶叶和丝绸是中西贸易交易额最大的商品,当年这些有关商品生产的组画中,由于许多西洋人是贸易活动的参与者,他们作为新鲜事物而成了绘画中的角色。如民间画家吴俊的作品《制丝》共16幅,大多与以往传统绘画内容相同,但是最后却有4幅出新,《装运》《丝商》《入仓》《洋行》分别表现了丝厂、丝行、洋房与外商等细节,展现了对外贸易的主题。组画《制瓷》中展现了珠江海贸景象与专设货仓的有特色的瓷器店。组画《制茶》共12幅,每一幅都有各类建筑物、庭院与田野,地平线都处于画面下方,设有准确的焦点,所有物体都按近大远小的透视规律描绘,有了较好的空间感,其中的人物也能够按比例点缀。而仅有的室内景《行商》①(图7)出现了行商与外国人在装箱仓库会面的情节:一幅以正中为灭点的平行透视图,左右建筑结构与人物基本对称,但严格的透视效果令画面产生明显的深度空间,而前边站立的对话中的中外行商、坐着的华人监管又使画面

图7 《行商》(水彩上胶,约1820年,40 cm×54 cm,纸本)

① 《制丝》《制茶》组画载刘明倩等编《18—19世纪羊城风物:英国维多利亚阿伯特博物院藏广州外销画》,上海古籍出版社,2003年,第80—131页,其中《行商》载此书第131页。

打破了僵硬的构图，总体上比较成功。

19世纪广州一带的富有商人，大多构建以中式为主兼有西式特色的庭院，而此时富商的室内、园林建筑，不仅突出建筑构成与环境层次的来龙去脉，更将人物有机地契入一个具有礼仪特色的人际交流场面。如5幅组合作品中，《大堂迎宾》显示穿戴严整的主宾之间作礼节性揖让，而女性留在后院张望不能出场的情景；《偏厅闲谈》显示男主人读书清谈，家仆照顾女主人与小孩的场景；另有《闲轩小息》等场景中建筑的西洋化，也显现了清末一代富商的豪华生活。要之，他们愿将这种现实的变更张扬出去。有更多绘在草纸上的家居民俗小品被装订成册，如通过主仆或数人组合的生活场面来表现人们的尊长敬老等礼仪的小品，其中有下级禀报、童子请安、仆人递茶的场景，下人们有的跪拜，有的伫候，主人则端坐正中，背后的屏风与其他道具都有几分威严，明确地显示当年人们的地位差异。上述题材不仅满足了西方人对中国物产以及其制作方法的好奇心理，同时也具有认识区域风俗民情的作用，这些作品均属于带有人类学、地志学价值的视觉文献。

三、地志图像所见西洋画技的输入

中国古代的木版地志图像主要以线条及单色来表现，虽然其内容也是对客观对象的描绘，但是表现手法比较单纯。尽管至乾隆年间，苏州的风景版画接受了西洋绘画的要素，已经出现一定的技法改进，但是这类创作的比例仍限于少数。18世纪晚期，来华的西洋画家及其画风对中国南方沿海的画风形成起了一定作用。南京画家张宝自嘉庆二十三年(1818)起旅居广东，画了一批南粤景观作品，一幅题为“澳门远岛”(图8)的全景画呈现出19世纪初澳门的繁荣景象，既有瓦顶重檐的妈祖庙，又有不少窗前布满鲜花盆景的西洋楼房。画中将东起东望洋山、西至十字门海面的澳门半岛景色一揽眼底，画面布局缜密，构图饱满，线条准确，造型严谨，还采用了一些西洋透视手法描绘建筑物，略见西洋地志画的影子。至1825年，以英国画家钱纳利来澳门、广州为始，由于他对当地画工的指导与影响，民间地志画作品不仅数量增多，质量也大大提高。早期以接近地图地形面貌出现的地志画，逐步向着开埠城市风光画，特定的建筑与自然景观画的方向发展。从最初的摹仿西洋绘画作品，到独立地寻找题材，以独特的形式，如纸本的水彩与水粉画合订本，纸本或布上木版印刷的墙纸画，平板玻璃反面作画的玻璃画等来展现。笔者认为，华南在将近代西洋画逐步本土化的过程中，“纪实”是其中具有典型意义的特征。具体来说是通过以下变革，将中土原有的地志绘画发展到一种中西融合的新形式。

南方沿海地志画的魅力，首先是取景方式的根本变化。其实，这是接受西方科学透视方法来观察与处理图像的结果。在民间画工的笔下，最常见的景观画面呈三段式构图：海平线(或地平线)在全图靠下三分之一处，描绘海滨及建筑的“立面”处于图中部，约三分之一的上边为天空。所谓“立面”，本指西洋建筑正面受到特殊装饰后的效果，这里是指一组海景、天空与建筑有机结合后形成的特殊风貌。内容相对复杂而丰富的艺术构成，见证了画家对乡土风貌的一种高度热情。这类图像可能参照了《里斯本》之类欧洲地志画的构图，即简单地以两条水平线分割处理海面、天空与城市空间。有数幅参合中西画法绘南湾的作品，有异曲同工之感。其中油画《从东面眺望澳门南湾》(图9)绘大炮台山、主教山、岗顶与西望洋山一脉相连，小道、树木与建筑物

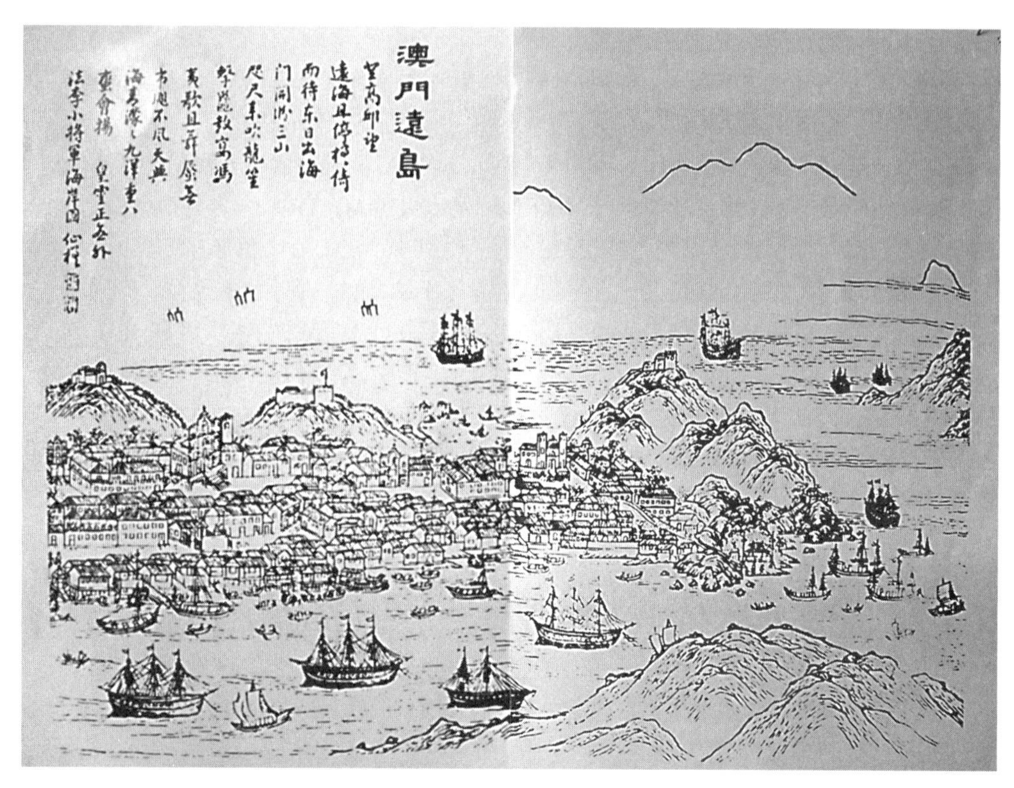

图 8　张宝:《澳门远岛》(1818 年,木版插图)

图 9　《从东面眺望澳门南湾》(油画,约 1880 年,45 cm×60 cm,布本)

均为写实笔法，清晰可见。所见南湾大街树木成排，无数中国大小船舶航行或停泊于海面，英国火轮与美国帆船在海上游弋，可认为属于1850年后南湾实景，此画已经带有中西融通的装饰性。油画《澳门内港》反映曾经的繁荣景象，建筑更为密集并形成颇有特色的骑楼景象；北侧有福隆新街及中式拱廊，南边有街道司打口，楼群下层一定跨度的弧形廊柱结构、屋顶装饰的透空女墙显示了欧洲地中海城市的影响。这类"立面图"虽然以实景为基础，但为了画面构成需要及获得欣赏者喜好，作者会夸大比例或增添想象的成分。另一种"鸟瞰的"城市全景图通常展现从高处延展到远方的巨大场景，从而让观者从这一切感受到知识和快乐。有从空中俯瞰效果的《广州》，让观者对城市的自然面貌与人文特色一目了然，如城市的二道城墙、市内的六榕塔与寺庙、山上的镇海楼，尤其是将城外沙面的外国人使馆区也描绘得一清二楚。佚名油画《从西望洋山俯瞰澳门中部》(图10)，画家通过俯瞰视点，从南边妈阁山向北描绘眺望澳门全景，城墙与城门、教堂与炮台、道路与山脉都一一可辨；无论内港的曲折海岸，还是外港浸在水中的小炮台，都反映了18世纪中期到19世纪初澳门城市的发展状况。另有油画《澳门的南湾与内港》(约1830年)与水粉画《从主教山俯瞰澳门全景》(约1880年)，对由南向北、由北向南的大片景观作整体地形与地势的描绘，增强了地志绘画综合的景观效果。

图10 《从西望洋山俯瞰澳门中部》(油画，18世纪晚期，35.5 cm×54.3 cm，布本)

其次，华南地志图像吸收了西洋透视与明暗画法。前述《广州十三行商馆》(图6)呈现了广州作为清代对外贸易重要城市的繁忙景象，技法上也有引人入胜的特色。此画特点是用焦点透视法画了一组特定的建筑群。在英国商馆前有花园，种植了大片树木，前边有大片广场伸展到珠江边上；靠近中央的港湾建有中国海关税馆；岸边一批停靠江边的小船的构造很特别，船沿和舱板呈圆形，状似西瓜，被称为"西瓜船"。此画焦点位于美国旗后的白色建筑中部，可能与该画向美国出口或由美国客人购买相关。其中有几幢建筑利用游廊外廓的明暗对比,成为画面活跃之处,加上建筑细部装饰,使画面十分耐看。广场上点缀的中外人物与道具均依据写实而来。此外,各幢建筑透视线比较正确,又利用阳光阴影绘出树木、房屋的暗部,使画面呈现很好的深度效果。水彩胶画《黄埔泊地》即以丰富的细节将黄埔岛及远近二塔、江面上停泊的英美各国船只悉数描绘清楚。远处的山冈与树木、房屋,近处的花草,均采用西洋光影画法,极力刻画重点物体的立体化效果,希望寻求一种新的趣味,也包括商业上的利益寻求。从这个角度讲,这一时期的水彩、墨色并用的画风是具有艺术与文献双重价值的。知名的画工啉呱及其画室曾经绘制了一系列地志画,如《澳门南湾金斯曼宅院外景》《澳门南湾金斯曼宅邸走廊》两幅油画也具有此类特点。啉呱的弟弟廷呱活跃于1840—1870年间,他经营的画店,作品以水粉或水彩组画装订本为主,那些画中的人物与景色也讲究明暗与立体手法,都依靠一定的暗部渲染突出人物与建筑的立体效果。如水粉纸本《河岸茶寮》[①]虽然是以纤细的毛笔为主绘制的淡彩画,有中国传统水墨的味道,然而借鉴了西洋技法后大为增色。此外,并非刻意画的阳光似乎是从顶上照射下来的,令树林、房子均有了暗部,而且画者在房屋的侧面投下了适度的阴暗面,所以讲,中国画工的地志图像常常具有中西艺术融合的风格。

值得一提的是,由于各种西洋材料掺和到传统绘画技法中,华南地志画逐渐出现十分丰富且有显著创新的表现手法。笔者认为地志绘画与水彩画在发展过程中有着相互促进的关系。例如,以水调和水彩颜料绘成的水彩画法极为普遍并逐步发展到水粉性质的粘胶画法。一方面,借助水的灵活性与白纸的渗透性,可以表现特殊的透明轻巧、淋漓尽致的效果;另一方面,水彩工具的便携有助于画家在任何时间与地点作画。一些水彩画以蛋胶调和,暗部适当调入墨色,绘出的效果发亮且易于保存,表面与水粉画的效果大抵相同。因此,早年赴华西洋画家及画工学习者都喜欢运用水彩工具。澳门艺术博物馆现存《澳门内港码头》(图11)、《澳门南湾》均为佚名画家绘制的水彩粘胶画,以写实为主,使用毛笔勾勒建筑外形,均见建筑局部的精心刻画。通草纸也称米纸,价格便宜。通草纸水彩画曾经是外销画种类之一,适合运色着墨。通草纸画的特色在于小巧玲珑、色泽夺目,水彩运用到质感丰富的通草纸上,往往呈现出一种亮丽的效果,可媲美漆器或刺绣。[②] 当时佚名中国人所绘的《澳门南湾》以U字形海滨道路表现强烈透视效果,天空中白云飘浮,水面上渔船点点,以强烈的明暗构成的建筑物高低错落,将整个南湾景色尽收眼底。这类画的手法虽然借鉴西洋水彩道具,但是以毛笔小心翼翼点缀的边缘痕迹又使得它们具有传统线描的情趣。此外,19世纪中期的地志画还有以水粉厚画法的形式来表现的。由于水粉颜料不透明,具有较强的覆盖力,能作大面积的涂绘与精细的刻画,因此才能制作像《从主教山俯瞰澳门全景》[③]那样的大画。作者以水粉颜色绘建筑、地面的亮部及天空中的白云,使之比水彩效果厚重;建筑阴暗的局部则以水彩绘出,使得画面近观非常透气。此画构成非常严密,所有建筑几乎都能对号入座,有可能是画家在室内依据写生材料合笔绘成,但是这样的画作至少得花十天半个月。

---

① 香港艺术馆编:《东西共融——从学师到大师》,2011年,第57页。

② [英]伊凡·威廉斯:《浅论十九世纪广州外销通草纸水彩画》,中山大学历史系、广州博物馆编《西方人眼里的中国情调》,中华书局,2001年,第17页。

③ 该画载《历史绘画》第70页,作者佚名,1870年,49.5 cm×113.5 cm,此图是否依据照片创作值得研究。

图 11 《澳门内港码头》(水彩上胶、墨色勾线,约 1820 年,42.2 cm×74 cm,纸本)

1850 年前后,欧洲新的摄影技术迅速传播到东方。然而,在照相尚未普及且价格昂贵的情况下,地志画成为出版物插图及室内装饰画的首选。同时,这一时期大量地志画成为海外研究东方风物的视觉文献。随着印刷术的发展,所有图像又以商业出版为目的被多次印刷或重版。西方有些优秀的画家虽然本人并没到过中国,仅参考中外画家所绘素材进行重新创作,画面效果依然不错。例如,英国托马斯·阿罗姆(Thomas Allom)等人借着他人素材创作了 128 幅套色版画,其描绘中华大地的地志图像可以认为是中国近代社会重要的记录。① 而东方画工又依据这类图像反复摹仿,将画作作为旅游纪念品扩散、传播。

笔者认为,晚清地志图像曾经丰富了中国绘画技法的拓展,使纪实性的画风在 18 世纪晚期开始兴盛,人们使用的绘画工具也发生重大变化。它们是近代历史研究的重要文献,有不可取代的价值。地志图像的收藏与研究能够直接对中国城市的规划、建筑遗产的保护发挥重大作用。人们通过重温近代各类地志画,能更多地理解中国海港开埠与对外贸易发展的特殊历史及多元性质的文化,也能更好地保护环境,尊重数百年形成的历史文化遗产。中国南方沿海的城市以及周围乡村应该不断延续自己的文脉,让生活在那里的民众持续尊重数百年来共同酝酿出来的温情、淳朴品质,保持相互交融的区域文化特色。

---

① 原书名:*China, The Scenery, Architecture, and Social Habits of That Ancient Empire*(《中国:一个古老帝国的景色、建筑与社会习俗》),19 世纪曾多次再版。参见李天纲编著《大清帝国城市印象——19 世纪铜版画》,上海古籍出版社,2002 年。

清代帆船的日本长崎贸易与其图像

[日]松浦章[*] 著
冯军南[**] 译

摘 要： 在东亚各国中，日本是唯一没有向清朝朝贡的国家。两国之间通过清代帆船进行通商。这种贸易将中国产的砂糖、中药、书籍等带到日本。同时，也从日本将被中国称为“洋铜”的日本产的铜、晒干的海产品、海参、鱼翅、鲍鱼等带到中国。这样的帆船贸易持续进行了两百年以上。本论文对上述清代帆船的长崎贸易形态及帆船的图像予以论述。

关键词： 清代帆船 长崎贸易 帆船图像 乍浦 洋铜

绪 言

如清张之洞撰《张文襄公奏议》卷三六《布置江南防务折》中所载：“浙江之乍浦，相接距松江、苏州甚近，尤关紧要。”[①]通过水运，乍浦与清代最大商品市场之一的苏州距离较近，是一个适合商品集散的港市。

浙江省的乍浦在清代沿海贸易中崭露头角。众所周知，乾隆二十二年(1757)《乍浦志》、乾隆五十七年(1792)《乍浦志续纂》、道光二十三年(1843)补刻本《乍浦备志》[②]等乡镇志中，存留着有关乍浦的记录。然而，没有关于沿海贸易或对日贸易实际成果的详细记录。但是，大约从雍正年间(1723—1735)开始，乍浦代替宁波成为对日贸易的中心贸易港。其主要原因不仅因为乍浦是一个大型帆船容易靠岸的港口，也因为乍浦拥有便利的地理条件，即可以利用内陆河流，由水运连接清代前期的最大商品市场苏州。

乍浦不仅是对日贸易基地，亦是中国大陆沿海贸易中的优良港口。这是由于江户时代长崎进口的商品中存在大量基本不在乍浦近郊生产的砂糖。许多砂糖产品是在福建南部至广东一带生产的。这些地区产出的砂糖产品经过沿海的贸易船被带至乍浦，装入对日贸易船后被带到日本。

---

* 松浦章，日本关西大学东西学术研究所客座研究员，日本关西大学名誉教授。
** 冯军南，中国社会科学院中国边疆研究所助理研究员。

① (清)张之洞：《张文襄公奏议》卷三六《奏议三十六》，光绪二十一年(1895)二月初四。

② 均收录于《中国地方志集成・乡镇志专辑 20》，江苏古籍出版社、上海书店、巴蜀书社，1992 年。

在清代对外贸易中，乍浦发挥了连接长崎贸易和沿岸贸易的港市功能。乍浦作为海外贸易帆船的出港地而成为海外交流的据点。同时，其亦是沿海帆船进行国内沿岸贸易而停泊的国内交流的一个基点。本文试从此角度对乍浦的港市功能予以考察。

一、浙江海关口岸之一的乍浦

在清中、后期，浙江省嘉兴府平湖县乍浦镇是日本贸易的中心港。关于乍浦，乾隆《乍浦志》卷一《海关税口》中作如下记载：

> 在吊桥南赁民房为之。顺治十二年奉旨禁海。……康熙八年奉旨，撤去前立边界，许民照旧居住。十一年少弛海禁，准令沿海渔民乘筏采捕。十三年闽省变乱禁海。二十二年复禁，乘筏插扦。二十三年台湾既入版图，海氛尽殄，乃遣巡海大人，弛各处海禁，通市贸易。二十四年部议覆，准浙江照福建广东例，许用五百石以下船只，出海贸易，地方官登记人数船头烙号，给发印票，令防守海口，官员验票放行，建海关于宁波府镇海县之南薰门外，凡为口址十五，乍浦其一也。离关署七百二十里，海关监督不分满汉。自二十五年后，俱差部员。六十一年始，命巡抚兼理。雍正元年以后，题委道府监收乍浦旧系，海关遥领，近以本处海防同知兼摄海关。初设税无定额，嗣回洋舶日增，梁头货税，岁额定三万二千余两，鲜贮藩库，每年赢余无多。……凡商船进口，牙行具报单，将县照赴海防同知署，呈验照上开明船户舵行水手各姓名、年貌、籍贯，次日领出赴嘉协右营守备署登簿讫。续报明水陆二口址。然后运货过塘，将部牌并红单，赴海关税口，报验红单，载明某商某货在关某口，报税若干，有各关口钤记。自闽广来者，隔省道远，虽已向关口纳税，到乍仍遵则例额征。其自浙东来者，止验票不更征收税，及内地货出口于税口纳税。领部牌红单讫。牙行仍具报单，先赴守备署，次赴同知署，将县照各呈验，用印领出，又赴任水陆二口址挂号放行。①

清顺治十二年(1655)，顺治帝颁布上谕，宣布实施海禁令。之后，虽缓和与紧张期并存，但因台湾郑氏政权的反清活动而严格实施海禁。郑氏政权降清后，康熙二十四年(1685)停止海禁，允许海外贸易。因此，在乍浦也设置了相当于海上贸易海关的口岸。②

虽然乍浦设置了海关，但以清代里数计算，乍浦相距设置于宁波的浙海关大关720里，约400千米。因此，清朝政府派遣官吏驻任。康熙二十五年(1686)之后，从户部派遣官吏。康熙六十一年(1722)，规定由浙江巡抚兼任。雍正元年(1723)以降，规定乍浦海防同知负责海关业务。③

乍浦是浙江海关中的15个口岸之一。参与入港、出港商船贸易的牙行，即船行存在于乍浦。船行是经营帆船入港后货物的卸载、贩卖以及出港之际货物的集装等业务的专门从业者。

道光二十三年(1843)补刻本《乍浦备志》记载了乍浦和日本的关系。其中卷一四《前明倭变》中有关从乍浦至长崎的唐船航行目的，作如下记载：

---

① 《中国地方志集成・乡镇志专辑20》，第11页。

② [日]松浦章：《清代海外贸易史の研究》，京都：朋友书店，2002年，第98—106、599—603页。

③ 同上。

以彼国铜斤,足佐中土铸钱之用,给发帑银,俾官商设局,备船由乍浦出口,放洋采办。①

清代的货币经济因称量货物的银和铸造货币的铜钱而发达。但自明后期开始,从海外流入中国的银泛滥,而平民百姓日常使用的铜钱则不足。因此,在银和铜钱的比价上,银相对铜钱较低。为了补充原材料铜,日本产的铜即“洋铜”成为中国国内铸造的必需之物。清政府为购入日本铜而设置官商。此外,民间商人雇用清代帆船,从乍浦向东奔赴日本。

关于船舶的航运,该书中记载:

寻分官、民二局,局各三船,每岁夏至后小暑前,六船装载闽、广糖货,及倭人所需中土杂物,东抵彼国。②

在乍浦设置官局和民局。每年夏至后至小暑前,各局派遣3艘船,共6艘,装载福建或广东产的砂糖、日本人所需的各种中国商品前往日本。清代帆船向日本航行的时期是从夏至到小暑,即今6月20日前后至7月上旬,在此间的20日内,从乍浦向日本航行。关于航行的日程,该书中记载:

西风顺利,四五日即可抵彼。否则十余日三四十日不等。③

若西风顺利的话,4日或5日即可到达日本。但若不顺利的话,则需要10余日至三四十日不等。关于这些帆船的归航,该书中记载:

九月中,从彼国装载铜斤,及海带、海参、洋菜等物回乍浦。④

如上所述,帆船经常于阴历九月中,装载日本产的铜、海带、干海参等返回。

同时,该书中记载再次奔赴日本之事如下:

起货过塘讫,仍复装载糖货等物,至小雪后大雪前,放洋抵彼,明年四、五月间,又从彼国装载铜斤及杂物回乍。通年一年两次,官办铜斤共以一百二十万斤为额,每一次各船分载十万斤。⑤

从日本回航卸载完货物后,再次装载砂糖等货物,于大雪前,即今11月下旬开始至12月上旬的约20日内向日本出发,翌年四、五月再次返回乍浦。

在这种情况下,帆船也会将铜等各种物品带至乍浦。如上所述,清代帆船是一年两次的帆船航运形态。从日本带至中国的铜,一年是120万斤,1艘船相当于带回10万斤。

那么,清代帆船怎样来到长崎呢?日本方面存留有具体的记录。这里试以江户时代后期,即清道光六、七年(1826、1827)航行至长崎的20艘中国商船为例,探讨这些商船的入港日、归港日及停留天数等。

---

① 《中国地方志集成·乡镇志专辑20》,第229页。
② 同上,第229—230页。
③ 同上,第230页。
④ 同上,第230页。
⑤ 同上,第230页。

表 1　文政九至十年(道光六至七年,1826—1827)入港长崎中国商船、停留天数

文政九、十年	船　　主	入港日・阴历	西历・月日	归港日・阴历	西历・月日	停留天数
戌 1 号南京船	夏雨村　在留 江芸阁　财副	文政九年 0419 夕	1826 年 0525	文政九年 0828	1826 年 0929	128
戌 2 号宁波船	周蔼亭	0505	0610	0828	0929	112
戌 3 号南京船	颜雪帆 顾少虎　胁船主	0702	0805	0900	1002—1030	59—87
戌 4 号宁波船	刘景筠 朱开圻　胁船主	0702 夕	0805	0900	1002—1030	59—87
戌 5 号南京船	沈绮泉　在留 钮梧亭　财副	0715	0818	0900	1002—1030	46—74
戌 6 号南京船	金琴江	1216	1827 年 0113	文政十年 0506	1827 年 0531	139
戌 7 号南京船	杨西亭	1224	0121	0506	0531	131
戌 8 号南京船	沈绮泉　在留 钮梧亭　财副	文政十年 0103	0129	0506	0531	123
戌 9 号宁波船	夏雨村	0121	0216	0506	0531	105
戌 10 号厦门船	周蔼亭　在留 朱开圻　胁船主	0121 夕	0216	0506	0531	105
亥 1 号宁波船	杨西亭　在留 顾少虎　胁船主	闰 603	0726	0900	1021—1118	88—137
亥 2 号宁波船	江芸阁 金琴江	闰 603 夕	0726	0900	1021—1118	88—137
亥 3 号宁波船	周蔼亭	闰 604	0227	0900	1021—1118	87—137
亥 4 号南京船	夏雨村　在留 颜远山	闰 615	0807	0900	1021—1118	76—104
亥 5 号南京船	金琴江 孙渔村　在留胁	1204 夕	0120	0419	0601	133
亥 6 号南京船	刘景筠	1204 夕	0120	0419	0601	133
亥 7 号南京船	朱开圻 杨启堂	1206	0122	0419	0601	131
亥 8 号南京船	周蔼亭　在留 顾少虎　胁船主	1206	0122	0419	0601	131
亥 9 号宁波船	沈绮泉	1206	0122	0419	0601	131
亥 10 号南京船	江芸阁　在留 钮梧亭　财副	1208 夜	0124	0419	0601	129

备注：本表参照大庭脩编著《唐船进港回棹录・岛原本唐人风说书・割符留帐》(日本关西大学东西学术研究所,1974 年,第 11、186—194 页)作成。月日全部采用阴历,在本表中用 4 位数字表示,如四月十九日记录为 0419。

从表 1 可以看出,清代帆船航行长崎的日期,每年大约 2 期,最初是西历 5 月至 8 月之间。这相当于前述《乍浦备志》中的“夏帮”;然后,从 1 月至 2 月间来航,这是“冬帮”。这与前述《乍浦备志》中“每岁夏至后小暑前”“小雪后大雪前”的记载基本一致。如此,清代帆船每年历经

2期来到长崎。

表1所记20艘船在长崎的停留天数中,可以明断的13艘船的总天数合计1 631日,平均每艘船是125.5日。若加上不能明断的其他7艘船的各自停留日期,按照最少计算的话,则共计2 134日,平均每艘船是106.7日;若按照最多计算,20艘是2 394日,平均每艘是119.7日。由此可知,道光期间(1821—1850)航行至长崎的清代帆船从入港到归港,停留日从最少120日至最多126日,大约4个月。

《丰利船日记备查》①是目前唯一所知的类似航海日志的书籍。该书中详细记载了清代帆船对日贸易的具体日程。据此记录,丰利船于咸丰元年十一月二十日(1852年1月10日)从乍浦出发,二十七日(1月17日)看到五岛列岛,十二月六日(1月26日)入港长崎。丰利船至长崎的航海天数是15日。入港后,十三日(2月2日)开始卸载货物,二十日(2月9日)卸载结束。虽然在此期间下了大雪,但是实际劳动了7日。② 之后,于咸丰二年四月十九日(1852年6月6日)归航。丰利船在长崎港停留天数是133日。大概同一时期,与丰利船一起来航的得宝船于咸丰元年十一月二十八日(1852年1月18日)入港,咸丰二年四月十九日(1852年6月6日)归港,在长崎停留了141日。③

同丰利船的来日时期相比,约在此25年前的文政九、十年的时期是120—126日。与此相对,虽然丰利船停留天数延长了10日左右,但是基本可以视为一致。

文化、文政时期的清代帆船,除装载日本所需货物及归航时的货物外,可搭乘90人以上,最多120人。停留在长崎的中国人分为夏季、冬季2期搭乘。若1艘船约搭乘100名,夏季5艘船是500名,冬季5艘船是500名。这可以看作他们停留在唐人屋敷的情况。

表1船主一栏中"在留"指已经来航长崎而停留在唐人屋敷(即唐馆)中的船主。文政九年戌1号船船主夏雨村,乘坐文政八年酉1号船,于六月六日(1825年7月21日)来航,文政九年八月二十八日(1826年9月29日)回国,在长崎停留了1年2个月。沈绮泉搭乘文政九年正月九日(1826年2月15日)酉6号船来航,文政十年五月六日(1827年5月31日)回国,他停留了1年3个多月。周蔼亭于文政九年五月五日(1826年6月10日)来航,文政十年五月十日(1827年5月31日)回国,停留了356日。杨西亭自文政九年十二月二十四日(1827年1月21日)至同年九月,停留了约9个月。④ 由此可见,一部分船主在长崎的唐人屋敷中停留了1年有余。一些船主和长崎丸山游女之间育有孩子。⑤

二、清代的海港乍浦和日本

那么,史料中是怎样记载清代的乍浦的呢?

---

① [日]松浦章《清代海外贸易史の研究》(第328页)对此有详细介绍;该文献全文收录于[日]松浦章编著、卞凤奎编译《清代帆船东亚航运史料汇编》,台北:乐学书局,2007年,第189—215页。

② [日]松浦章:《清代海外贸易史の研究》,第335页。

③ 同上,第333页。

④ 参照[日]大庭脩编著《唐船进港回棹录·岛原本唐人风说书·割符留帐》,大阪:关西大学东西学术研究所,1974年,第11、186—194页。

⑤ [日]松浦章:《清代海外贸易史の研究》,第251—254页。

《圣祖实录》卷二〇一"康熙三十九年(1700)九月丙午(17日)"条中:

户部议覆,江南江西总督阿山,会同江苏巡抚宋荦疏言,臣等率监督舒胡德等,阅看金山卫南青龙港等处,自该卫海塘外四十里,有金山头,凡商船皆聚此处。候潮往西,则至浙江平湖县之乍浦。往东北,则至漴缺与上海县之吴淞江。虽据舒胡德疏称,于金山卫青龙港地方挑河,商船可以就近驻泊,税额可以加增。①

金山卫附近的近海被指定为最宜商船聚集之地。从浙江乍浦至上海吴淞口附近最为合适。乍浦也因属于适合商船停泊的海域而为人所知

《圣祖实录》卷二三二"康熙四十七年(1708)正月己巳(21日)"条中可见康熙帝的上谕:

上谕大学士等曰,闻内地之米贩往外洋者甚多,劳之辨条陈甚善,但未有禁之之法。其出海商船,何必禁止洋船行走,俱有一定之路,当严守上海、乍浦及南通州等处海口。如查获私贩之米,姑免治罪,米俱入官,则贩米出洋者自少矣。②

许多商船将中国国内所产的米运往海外。因为没有禁止运出谷米的法律,所以为了禁止向海外贩卖谷米,需监管一些主要港口。乍浦被列为其中之一。

《圣祖实录》卷二六九"康熙五十五年(1716)九月甲申(28日)"条如下所记:

前张伯行曾奏,江南之米,出海船只,带去者甚多。若果如此亦有关系。洋船必由乍浦、松江等口出海,稽查亦易,闻台湾之米,尚运至福建粜卖。由此观之,海上无甚用米之处。朕理事五十余年,无日不以民生为念。直隶今年米价稍昂,朕发仓粮二十万石,分遣大臣巡视散赈。米价即平,小民均沾实惠。若内而九卿科道外而督抚提镇悉体朕轸念苍生至意,则天下无不理之事矣。③

由此可知,江南产的谷米由商船运出。特别是通过航行海外的外国贸易船从乍浦、松江等港口运出。

《圣祖实录》卷二七九"康熙五十七年(1718)六月丁未(30日)"条称:

吏部议覆,福建浙江总督觉罗满保疏言,沿海各处口岸各派弁兵防守,拨文官查验。独浙江嘉兴府属乍浦地方,为各处商渔船只聚泊之区,虽设有守备、千总,而文职止一巡检,不足以资弹压。请移嘉兴府同知,驻扎乍浦,协同武职盘验船只,严拿奸匪。应如所请。从之。④

乍浦作为商船、渔船出入不断的港口,亦是海防重要之桥。因而有必要配置专门的武官。

作为港口,乍浦最大的功能是卸下、装载各地形形色色的物资。对此,道光二十三年(1843)补刻本《乍浦备志》卷六《关梁・海关税口》中记载如下:

各船所带之货,自日本、琉球、安南、暹罗、爪哇、吕宋、文郎、马神等处来者,则有金、银、铜、锡、铅、珠、珊瑚、玛瑙……自闽广隔省来者,则有松、杉、楠、靛青、兰……自浙东本处来

① 《清实录》第6册,中华书局,1985年,第45页。
② 同上,第318页。
③ 同上,第644页。
④ 同上,第737页。

者,则有竹、水、炭、铁、鱼盐。①

在乍浦港卸下的货物的产地有日本、琉球、安南、暹罗、爪哇、吕宋、文郎、马神等,涵盖了日本、琉球、越南以及东南亚各地;亦有从国内的福建、广东等地带至浙江省内者。这样,乍浦不仅连接海外,而且不限于省内,帆船从沿海地区带来各种各样的物品。在该书中可见与乍浦连接的沿海地域或港市的详细记录:

浙江巡抚帅承瀛有记 乍浦距平湖邑城三十里。北达禾郡,南滨巨海,商贾辐辏,人民殷轸,为浙西一巨镇焉。②

乍浦位于距离其上级城市平湖县 30 里处。北接江南的经济圈,南朝大海。商人云集,人声鼎沸,是浙西的大城镇。据道光《乍浦备志》卷一二《兵制·满洲水师》:

查浙省沿海之地,惟嘉兴府属平湖县之乍浦地方,系江浙接壤,东与江南松江之提臣海道遥远,南隔宁波提臣海道四百余里,此地间于二处之中与省城海口之鳖子门甚近。③

这明示了乍浦的地理位置。乍浦距离江苏省松江府很近,隔着杭州湾,南经海上,距离宁波也很近。

关于带到乍浦的沿海各地物资,道光《乍浦备志》卷六《关梁》中记载如下:

笋干来自福建,靛及炭有来自福建者,有来自本省温台者,冰鲜腌货蕃茹等类,则来自本省宁波居多。④

如上所述,福建省,浙江省温州、台州及宁波等,这些都是与乍浦在地域上相接连、拥有最紧密连接关系的沿海港市。

乍浦亦是一个海外贸易港口。与其关系最深的海外港市是日本的长崎。

在江户时代来航长崎的中国船中,明确可知由乍浦出发的商船出现于享保年间(康熙五十五年至雍正十三年,1716—1735)以降。以下从入港长崎的中国船中,列举从乍浦出发的商船加以说明。

享保十年(雍正三年,1725)5 号东京船“从宁波管辖之下的乍浦出帆”⑤。此外,15 号广南船“从宁波管辖之下的乍浦出帆”⑥,与此相同的 17 号东京船亦“从宁波管辖之下的乍浦出帆”⑦。享保十一年(雍正四年,1726)40 号厦门船“在宁波管辖之下的乍浦装载厦门产货物,唐人船员四十六人”⑧,这是指在乍浦装载厦门产的货物后出发。关于同年的 42 号广东船:

在宁波管辖之下的乍浦装载广东产货物,唐人船员五十人。⑨

---

① 《中国地方志集成·乡镇志专辑 20》,第 148 页。
② 同上,第 186 页。
③ 同上,第 200 页。
④ 同上,第 149 页。
⑤ [日]大庭脩编著:《唐船进港回棹录·岛原本唐人风说书·割符留帐》,第 106 页。
⑥ 同上,第 111 页。
⑦ 同上,第 112 页。
⑧ 同上,第 123 页。
⑨ 同上,第 124 页。

如上所述,乍浦被视为宁波的一个地区。可以明确认为这里的宁波的含义与浙江省的含义基本相同。42号广东船在乍浦装载广东的货物来航长崎。此外,享保十三年(雍正六年,1728)11号宁波船"从宁波管辖之下的乍浦出帆"①,这说明船不是从宁波,而是从乍浦出发至长崎。

此后,来航长崎的中国商船多从乍浦出发。在18世纪中期至幕末的约100年间,乍浦成为对日贸易的中心地。② 道光《乍浦备志》卷一四《前明倭变》中明确记载了乍浦和日本的关系:

> 以彼国铜斤,足佐中土铸钱之用,给发帑银,俾官商设局,备船由乍浦出口,放洋采办。③

日本产的铜成为中国国内铸造的必要之物。朝廷为了购入日本铜而设置官商,从乍浦向东前往日本。关于船舶的航运,本文第一节已有详细论述,此不赘述。

《丰利船日记备查》中留有清末从乍浦前往日本贸易的中国帆船丰利船的船员记录。在咸丰二年(嘉永五年,1852)末的记载中,记录了4艘中国商船丰利船、得宝船、源宝船、吉利船④从乍浦前往长崎的情景。

> [咸丰二年]十二月……(唐山作十一日)初十日,晴。辰刻外面有信,云一艘在羊角峙,一艘在米澳,两艘在五岛,但王府尚皆未报。至戌正,丰利船有信写来矣。

<table>
<tr><td>丰利补船</td><td>杨少棠</td><td>陶梅江
杨亦樵</td><td>颜心如
周少亭
陈吉人</td><td>医生</td><td>沈寄梅</td></tr>
<tr><td></td><td>伙长</td><td>傅全使</td><td></td><td>买办</td><td>毛五</td></tr>
<tr><td></td><td>舵工</td><td>傅鞍使
陈强使</td><td></td><td>总哺</td><td>蒋顺</td></tr>
<tr><td></td><td>总管</td><td>郑行攀</td><td></td><td>剃头</td><td>周文才</td></tr>
<tr><td></td><td colspan="5">十一月廿八,乍开。</td></tr>
<tr><td>得宝船</td><td>项挹珊
顾子英</td><td>颜亮生
徐熙梅</td><td>杨友樵
居廷璋
项慎甫</td><td></td><td></td></tr>
<tr><td></td><td>伙长</td><td>高炜第</td><td></td><td>买办</td><td>周长生</td></tr>
<tr><td></td><td>舵工</td><td>傅俊使
傅治使</td><td></td><td>总哺</td><td>邹双</td></tr>
<tr><td></td><td>总管</td><td>林德奇</td><td></td><td>剃头</td><td>蒋喜</td></tr>
<tr><td></td><td colspan="5">十一月廿八日,乍开。</td></tr>
<tr><td>源宝船</td><td>江星畲
钱少虎</td><td>戴莱山
王安槎</td><td>江吟舫</td><td></td><td></td></tr>
<tr><td></td><td>伙长</td><td>陈九系</td><td></td><td>总管</td><td>林莪辉</td></tr>
<tr><td></td><td colspan="5">十二月初四,乍开。</td></tr>
<tr><td>吉利船</td><td>江星畲
钮春杉</td><td>汪松坪
王兰亭</td><td></td><td></td><td></td></tr>
<tr><td></td><td>伙长</td><td>陈凤池</td><td></td><td>总管</td><td>林莪灿</td></tr>
<tr><td></td><td colspan="5">十二月初四日,乍开。</td></tr>
</table>

---

① [日]大庭脩编著:《唐船进港回棹录・岛原本唐人风说书・割符留帐》,第139页。

② [日]松浦章:《清代海外贸易史の研究》,第98—117页。

③ 《中国地方志集成・乡镇志专辑20》,第229页。

④ 吉利船:嘉永四年亥3号船、嘉永五年子5号船。官商王氏派遣了商船。

> 春帮四艘回棹,吉利船于五月初二日首先进港,其余三船于初八日衔尾平顺抵乍。
>
> (唐山十五日)十四日,晴。巳刻馆内各殿拈香。①

该记录中的“乍开”是从乍浦开船的意思,贸易船从乍浦向长崎出发。丰利船、得宝船、源宝船、吉利船入港长崎后分别成为嘉永五年的子2号船、子3号船、子4号船、子5号船。②

如前所述,从清雍正年间开始,乍浦作为前往长崎贸易的帆船出发港而备受瞩目。乾隆年间(1736—1795)以降,其中心地位不可动摇。

从乍浦出发回航的中国帆船带回了1828年长崎遭遇暴风雨的信息。此消息刊登于广州发行的英文报纸 *The Canton Register*。③ 由此可知,乍浦和日本的关系极其密切。

乍浦的重要性亦体现于乍浦与海防问题的密切关系。这需追溯至雍正时期,《世宗实录》卷七二“雍正六年(1728)八月乙未(17日)”条记载如下:

> 查平湖县乍浦地方,系江浙海口要路,通达外洋诸国。且离杭州,止有二百余里,易于照应。请挑选水师兵丁二千名,驻扎乍浦。杭州八旗满洲蒙古内,挑选余丁八百名;或于京城江南,挑选八百名;再于浙省沿海水师各营兵丁内,选谙练水性船务者四百名,为捕盗头舵水手之用。共合二千名之数,分为左、右二营……④

乍浦是江浙的重要海港。同时,其作为向海外,特别是前往日本的港口而备受重视。因此,朝廷从杭州八旗中选拔800名士兵常驻乍浦,委任其海防的工作。

乍浦因沿海贸易繁荣,不仅中国,外国船也十分重视。《宣宗实录》卷三三六“道光二十年(1840)七月癸巳(5日)”条中记载:

> 据长喜驰奏,夷船直逼乍浦海口,该副都统率兵堵御,互相轰击伤毙兵丁十余名等语。该处夷船,现在虽只一只,难保不陆续而至乍浦,兵力较单,亟须拨兵赴援。该将军现在省城防守,不可轻动,着即遴委将弁,选派兵丁,星夜赴乍浦海口接应,相机堵逐,毋稍延误,将此由四百里谕令知之。又谕,本日据长喜由驿驰奏,夷船直逼乍浦海口情形一折……⑤

因鸦片战争,事态已经发展至英国军舰攻击乍浦,可见这里备受关注。

《宣宗实录》卷三三六“道光二十年(1840)七月甲午(6日)”条:

> 本日奇明保驿驰奏,乍浦海口有夷匪船只,现经带兵驰往查办一折……⑥

这表明在乍浦出现了“夷匪船只”即英国军舰。

《宣宗实录》卷三五六“道光二十一年(1841)八月己亥(18日)”条:

> 谕,本日据刘韵珂奏,逆夷分扰各岙,业已击退,现在拨兵防堵要口,及筹卫省垣一折,

---

① [日]松浦章编著、卞凤奎编译:《清代帆船东亚航运史料汇编》,第214—215页。

② [日]松浦章:《清代海外贸易史の研究》,第326、332—334页。

③ [日]松浦章:《*The Canton Register*に掲載された1828年长崎暴风雨》,《アジア文化交流研究》第2号,2007年3月,第73—89页;[日]松浦章:《海外情报からみる东アジア 唐船风说书の世界》,大阪:清文堂出版,2009年,第275—299页。

④ 《清实录》第7册,中华书局,1985年,第1080页。

⑤ 《清实录》第38册,中华书局,1986年,第102页。

⑥ 同上,第103页。

> 览奏均悉。此次逆夷在浙洋盛岙石浦地方，分船滋扰，虽经该处文武督兵击退，尚未大加惩创，难保不伺隙复来。昨据裕谦奏到，已有旨饬令严加防范，兹复据该抚奏称，逆船现在各洋游奕，诚恐窜入乍浦，亟须豫为筹备。该处本系通商马头，闽省游民，聚集甚多，其中之强壮驯良者，固可挑募以资捍卫，而犷悍之徒，既难全行收养，恐不免别生事端。该抚请添兵弹压，及令该道挑充乡勇之处，均着照所议办理。至尖山口为省垣门户，该处水陆既无可以堵截，现经该抚团练乡里勇，预备陆战，尤以多多为善，如该夷一经登岸，即行奋力痛剿，务歼丑类而靖海氛，将此由四百里，谕令知之。①

英国军舰入侵乍浦。虽然是临时的，但是朝廷仍想要利用集聚在乍浦的众多福建游民的战斗力击退英舰。

《宣宗实录》卷三六二“道光二十一年(1841)十一月丁丑(27日)”条：

> 谕军机大臣等，据刘韵珂奏，海口封闭日久，商民失业，请照旧开港，并酌定稽查章程等语。浙江省乍浦等处各海口，商船出入，货物流通，贫民得资糊口，既据该抚奏称，该处舵水人等，屡次吁求开港，自宜俯顺舆情，所有乍浦及温台等处商渔船只，均着准其照旧出入……②

可见，乍浦作为沿海贸易港口，许多商人出入该地。此时因遭受英军的攻击，港口被封锁，以至于依靠海上运输等生活的人们已经青黄不接。

砂糖作为贸易帆船从乍浦运往日本的基本货物而备受注目。道光《乍浦备志》卷六《关梁》中记载：

> 进口各货，……乾隆朝，广东糖约居三之二。比来多泛至江南之上海县收口，其收口乍浦者比较之福建糖转少，其半广东糖商，皆潮州人，终年坐庄乍浦。糖船进口之时，各照包头斤两，经过塘行家，报关输税。③

如上所述，乾隆年间，广东省产砂糖的三分之二是在乍浦卸货。然而，至道光年间则大多在上海卸载，但仍有福建产砂糖在乍浦起货。经营广东产砂糖的商人基本是潮州人，通年留在乍浦。装载砂糖的商船入港后，过塘行征收进口税。在乍浦，存在专门经营砂糖的“糖商”，多数是砂糖产地潮州的商人，他们常年居住在乍浦从事贸易活动。

三、清代帆船与其图像

本节对有关来航日本长崎的清代帆船图像史料予以介绍。

京都大学附属图书馆所藏田边春房《长崎游览图绘》④的题签中记有《长崎杂览》，应该是田边春房在长崎的观光图录。虽尚不明田边春房的身份，但可知其于文化四年(丁卯，1807)秋，即

① 《清实录》第38册，第423页。

② 同上，第533页。

③ 《中国地方志集成·乡镇志专辑20》，第149页。

④ 京都大学附属图书馆所藏古典籍《长崎游览图绘：长崎杂览》(001/105)。

阴历七月至九月间,从江户出发前往长崎游览。翌年文化五年长月阴历九月回到故乡。这是他在岩原,即被称为岩原乡(今长崎市立山)的旅馆留宿时所画的长崎市所见图。

京都大学附属图书馆所藏田边春房《长崎游览图绘》被认为是昭和五年(1930)《长崎纪闻》被复刻时的草稿本。① 山鹿诚之助撰写的《长崎纪闻解说》中指出,京都大学附属图书馆所藏《长崎游览图绘》是作者春房本人亲自书写的稿本,即草稿本。②

《长崎纪闻》的出版与文化元年(1804)九月到达长崎的俄罗斯使节列沙诺夫有关。其与荷兰关系一起被收录到乾卷中。这是田边春房前往长崎之前的事情。③ 因此,有与经常到访日本的荷兰船和中国船一起,宣传未知外国的俄国信息而将其收录其中之意。

京都大学附属图书馆所藏《长崎游览图绘》收录了描绘金全胜号船舶的《唐船卸货图》。同时,此处对《长崎纪闻》坤卷的唐船关系图亦予以介绍。

《长崎游览图绘》描绘的内容从荷兰船开始,包括唐船、唐船船员、其身边的物品以及长崎贸易关系者等。有关唐船的记载如下:

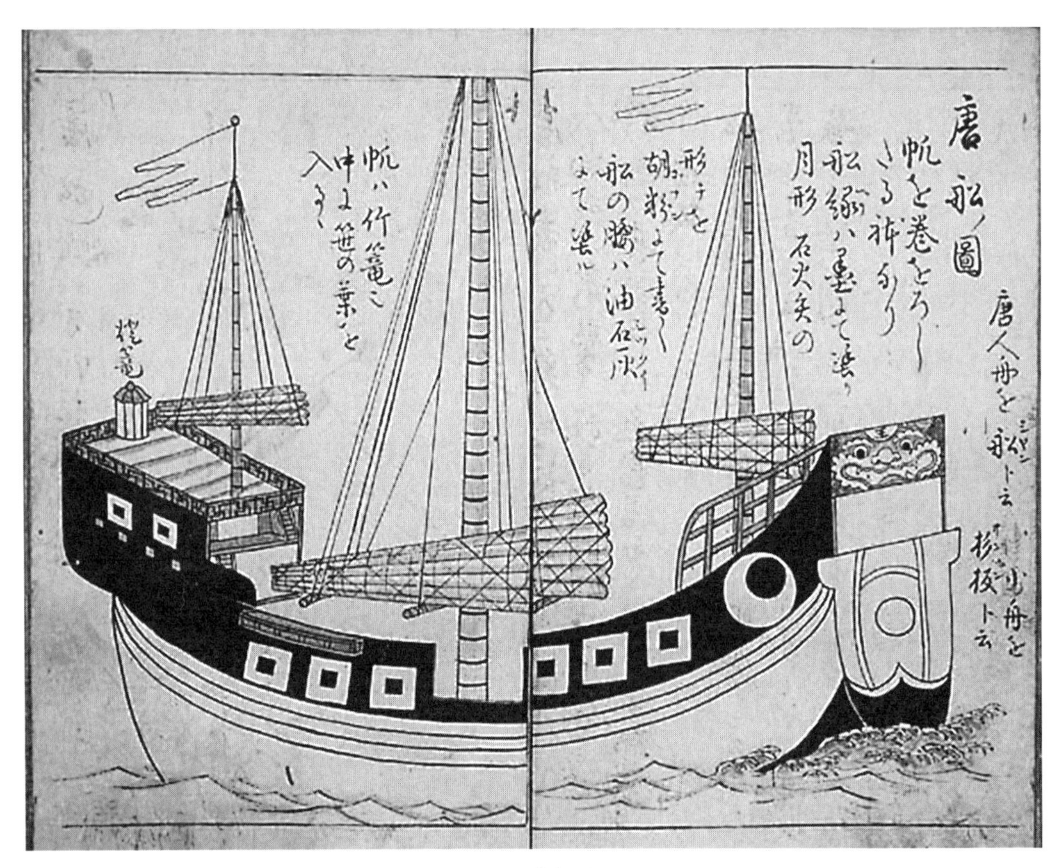

图 1 《唐船图》

① [日]山鹿诚之助:《长崎纪闻解说》,第 1 页。《长崎纪闻》乾、坤二册,京都:贵重图书影本刊行会,1930 年。

② [日]山鹿诚之助:《长崎纪闻解说》,第 2 页。山鹿氏在解说中视作《长崎观览图绘》。

③ [日]山鹿诚之助:《长崎纪闻解说》,第 5 页。

唐船图：

唐船船尾的帆柱和旗帜图；

唐船船尾全图；

唐船船尾正面图(船名“大万安”)：

“这是唐船船尾描绘的关羽图。”

唐船帆之图(唐船的帆柱同前所画)；

“唐人图”；

唐人货物、杂货图；

唐人卸货图(在唐船中祭祀妈祖之图)；

唐人馆(唐馆)；

唐船卸货图(船名“金全胜”)：

“唐船卸货之际，长崎奉行的部下官员到场检查。”

新地唐人货物藏；

长崎凑之图；

长崎氏来历；

从文化四年冬至文化五年，来航长崎唐船船主、财副(副船主)的姓名。

图 2 《唐船船尾正面图》

图 3 《唐船卸货图》

《长崎游览图绘》中，唐船船尾处所记船名如下：

大万安　金得胜　日新万　金全胜　永兴　永茂　永宝鹢　永泰

这与日本的“○○丸”意思相同。

唐船中左右有祭祀妈祖的匾额，其上所记如下：

天后圣母　海不扬波　海天共济

浪静浪括欣海晏　风平日丽庆春和

图 4 《唐船卸货图》船尾部分

文化四年冬至文化五年，来航唐船船主、财副之名如下：

卯八番船	公局	船主沈九霞　陆秋宁	财副谭子戈　沈绮泉
同九番船	王局	船主王兰谷　夏雨村	财副戈象胆　王楚三
同拾番船	郑局	船主刘培原　沈竹坪	财副蒋宝庵
辰壹番船	同	船主任端嗒　庞星齐	财副潘润德
同二番船	公局	船主张秋琴	财副陆桐轩　杨西亭
同三番船	同	船主米鉴把	财副程南冈　钱位吉
同四番船	十二家	船主程赤城	
同五番船	同	船主杨覆亭	

同六番船　　同　　　船主孙吴云

上述是文化四年至文化五年秋季,入港长崎唐船船主的姓名。

此外,《长崎游览图绘》还载有:

唐人舞蹈台伴奏图;
唐人舞蹈、狂言图;
田边春房　文;
唐人衣服;
西泊、户町值勤地;
"唐船来日……"
卸载唐船货物人员名单;
唐船宿町附町轮班表;
长崎诹访社;
长崎崇福寺。

以上列出的主要条目中可见"金全胜"号的卸货图。

结　语

如上所述,海港乍浦作为清雍正年间(1723—1735)商船往日本长崎航线出港的港口之一而为人所知。乾隆年间(1736—1795)以降,成为对日贸易基地。从中国沿海各地聚集的货物在这里卸载,转装至对日贸易船。《岛原本唐人风说书》中可见该事记载:"在宁波管辖之下的乍浦装载厦门产货物,唐人船员四十六人"[①]"在宁波管辖之下的乍浦装载广东产货物,唐人船员五十人"[②]。如在长崎的中国商船船员报告所示,沿海,特别是从乍浦以南海域来航的福建、广东的商船,其装载的砂糖多被带往日本。《乍浦备志》中"装载闽、广糖货,及倭人所需中土杂物,东抵彼国"的记载亦可证明。进而,通过江南的运河,这些货物可从乍浦被运送至内陆大市场苏州等腹地,同时也向这些地方带去日本的物资。

清代乍浦是中国沿海物流中的据点之一,同时,亦是对日贸易中的贸易基地。乍浦是沿海贸易和海外贸易的中转站。通过乍浦,连接沿海贸易和海外贸易的典型货物是产自福建、广东的砂糖。

清代帆船装载这些中国物产航行至长崎。关于这些帆船的图像,日本留下的记录多于中国。

---

① [日]大庭脩编著:《唐船进港回棹录·岛原本唐人风说书·割符留帐》,第123页。

② 同上,第124页。

《兽谱》中的“异国兽”与清代博物画新传统

邹振环*

摘　要：中国绘画史多讨论山水画、文人画的写意传统，以鸟兽虫鱼为主题的博物画未受到学界的足够重视。乾隆二十六年(1761)完成的《兽谱》系以内容知识性与多样性而非艺术性取胜的博物画，为宫廷画家余省和张为邦所作，乾隆皇帝敕命大学士傅恒等八位重臣，对其中的每一种动物加以汉文和满文的注释。清宫《兽谱》共分6册，每册30幅，共180幅，其中有12幅系外来异国兽，分别为“利未亚狮子”“独角兽”“鼻角”(犀牛)、“加默良”(避役)、“印度国山羊”“般第狗”(河狸)、“获落”(貂熊)、“撒辣漫大辣”(蝾螈)、“狸猴兽”(负鼠)、“意夜纳”(鬣狗)、“恶那西约”(长颈鹿)、“苏兽”(出现在美洲的一种想象的动物)。本文分析了这些异国兽与《坤舆图说》的“异物图说”以及之前《坤舆全图》图文的关联，指出《兽谱》中的外来“异国兽”所显示出的异域影响，这种影响不仅表现在绘画的题材和内容上，也显示在吸收并融入西洋绘画光影的技巧上。以《兽谱》为代表，清代开创了将动物作为绘画主题的博物画，不仅融合了古今中西的多元样式，也为中国博物画开拓了汲取包括文艺复兴以来欧洲新知识的多种文化的新传统。

关键词：《兽谱》　异国兽　清代博物画　西洋画法

中国绘画艺术有着悠久的历史传统。我们现在所说的绘画，大多是从艺术层面上去理解的，即利用艺术性的构图及其他美学方法来表达绘画者希望表现的概念和思想。其实，“绘画”还有一个最基本的意思，即在技术层面上是一个以表面作为支撑面，在其之上添加图形、进行线条和颜色的操作。这些表面可以是石板、木材、布帛、漆器和玻璃等，添加线条和颜色的可以是画笔，也可以是刀具、手指，甚至油漆喷具。同样，艺术还是一个多义词：在古代中国是指“六艺”以及术数、方技等各种技能，特指经术；①其次指用一种间接的方式来表达现实生活中典型性的社会意识形态；再者指富有创造性的方式、方法，如将形象独特优美、内容丰富多彩者，视为艺术性。

在相当长的时期里，学界讨论绘画史，都是在说比较狭义的绘画艺术史，即大多是说采用富有创造性的方式、方法表达形象独特优美的作品，而存量巨大、内容丰富多彩的古籍文献中的动

---

* 邹振环，复旦大学历史学系教授。

① 语出《后汉书·伏湛传》：“永和元年，诏无忌与议郎黄景校定中书五经、诸子百家、艺术。”李贤注：“艺谓书、数、射、御，术谓医、方、卜、筮。”《晋书·艺术传序》：“艺术之兴，由来尚矣。先王以是决犹豫，定吉凶，审存亡，省祸福。”(宋)孙奕《履斋示儿编·文说·史体因革》：“后汉为方术，魏为方伎，晋艺术焉。”(清)袁枚《随园随笔·梁陈遗事出〈广异记〉》：“庾肩吾少事陶先生，颇多艺术，尝盛夏会客向空大嘘，气尽成雪。”生活也属于艺术的一种。

物、植物、矿物插图，地方志中的地图、地志画，各种物品上出现的动物、植物、山水、天文等内容的设计、雕刻与绘画等，都没有进入绘画史研究者的视野。著名绘画史家聂崇正在其论文集《清宫绘画与西画东渐》一书中将历代宫廷绘画分为：1. 纪实画，2. 历史画，3. 道释画，4. 花鸟画，5. 山水画。并称清代宫廷绘画也不出以上范围。① 聂氏忽略未谈博物画。确实，以往一般讲中国绘画史都不离谈山水画、文人画的传统，类似元朝谢楚芳 1321 年绘制的"草虫"画《乾坤生意图》②，我们几乎完全陌生。据刘华杰称，他读到伦敦大学艺术史与考古学教授韦陀（Roderick Whitfield）的评论，《乾坤生意图》为大英博物馆收藏之十大最珍贵中国文物之一，画面有蜻蜓、蟾蜍、蚂蚱、螳螂、蝴蝶、蜜蜂（包括蜂窝）、鸡冠花、牛皮菜、车前、竹、牵牛等生物，生动展现了大自然食物链的细节和生物的多样性，仅蝴蝶就绘有约 7 个品种。

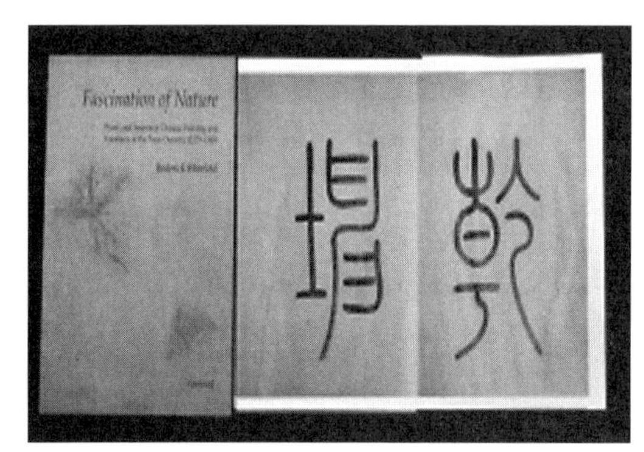

图 1　元代谢楚芳《乾坤生意图》系大英博物馆收藏的十大珍贵中国文物之一

图 2　《乾坤生意图》可分六个部分，每一组皆以数丛花草相互交错为中心，有多种小动物穿梭其中，看似生机勃勃，此为该图局部

博物画改变了以往读者对中国古代绘画的印象，即以为中国古代画家画出的自然对象都不够真实，都是属于抽象作品，在大自然中不能找到对应物。实际上，中国古代绘画也是多样性的，有写意也有写实。③ 这一类以强调内容知识性与多样性而以非艺术性取胜的绘画，可以称为"博物画"，刘华杰指出此类博物画还可上溯到唐代韦銮的《芦雁图》、戴嵩的《斗牛图》卷，宋代李迪的《红白芙蓉》、黄筌的《写生珍禽图》、佚名作者的《桐实修翎图》轴等。④ 但此类博物画，从富有独特艺术风格的角度去衡量，大多可能排不上名次，作者的知名度较低，通常不为世人知晓，甚至不署名，流传通常也不广，而以鸟兽虫鱼作为主题的画册更是难寻踪迹。

---

① 聂崇正：《清宫绘画与西画东渐》，紫禁城出版社，2008 年，第 9 页。

② "生意"系"生机"之意，"乾坤生意"即大地的生机盎然。该画卷的丝质封套内写有"W.Butler"的签名和 1797 年，是最早被英国人收藏的中国画作，很可能是通过中国与东印度公司的贸易或作为礼物送给外交使者而流传到英国。19 世纪时，这幅画曾为托马斯·菲利浦斯爵士（Sir Thomas Phillipps，1792—1872）所有；1964 年，著名的书画收藏爱好者莱昂内尔·罗宾森和菲利普·罗宾森从菲利浦斯爵士的手中购得此画。

③ 刘华杰：《博物学文化与编史》，上海交通大学出版社，2014 年，第 163 页。

④ 现藏波士顿博物馆的宋徽宗赵佶（1082—1135）的《五色鹦鹉图》堪称博物画的精品，该图表现御花园内所见一只贡自岭表的别致鹦鹉飞鸣于杏枝间，姿态煞是可爱，鹦鹉比例适当，眼睛、羽毛、爪子表现得都非常准确。赵佶绘制的《芙蓉锦鸡图》亦属于富有很高艺术水平的博物画，画面左下角为一秋菊，主画面为约呈 60 度夹角的两枝木芙蓉，右上角是翩翩戏飞的双蝶；前景中锦鸡依枝，是此画的主体；右边空白处用瘦金体题诗："秋劲拒霜盛，峨冠锦羽鸡；已知全五德，安逸胜凫鹥。"参见刘华杰《博物学文化与编史》，第 164 页。

本文所要讨论的清代《兽谱》，属于以内容知识性与多样性而非艺术性取胜的清代宫廷的博物画，清代博物画是个大论题，不是这篇小文章能够处理的。笔者在时贤研究《兽谱》的基础上，①将之放在 17 世纪大航海和西学东渐与知识交流的大背景下，以《兽谱》中的异国兽为例，兼及《坤舆全图》与《古今图书集成》等文献，以之来分析清代博物画传统的演变。

一、博物学视野下的《兽谱》

故宫出版社 2014 年出版故宫博物院编《清宫兽谱》(原谱编纂于乾隆朝)，让读者有幸看到这部深藏于清宫的博物画巨作。《兽谱》共分 6 册，每册 30 幅，共 180 幅。每幅尺寸及装裱形制均相同，纵 40.2 厘米，横 42.6 厘米，绢本，设色。各开背面有裱前编号，按序编排成册，所绘各兽均能独立成幅。图册为蝴蝶装，左右对开，右为兽图，左为配有满、汉两种文字的说明，详细记录了各种瑞兽、异国兽及普通动物的形貌、秉性、产地等。《兽谱》第一幅钤“乾隆鉴赏”“乾隆御览之宝”“三希堂精鉴玺”“宜子孙”“重华宫鉴藏宝”“石渠宝笈”“石渠定鉴”“宝笈重编”“嘉庆御览之宝”“宣统御览之宝”诸印章。每册最末开钤“五福五代堂宝”“八耄念之宝”“太上皇帝之宝”三方朱方玺。图册夹板由金丝楠木制作，纵 52 厘米，横 50.5 厘米。每册的上夹板有隶书阴刻填蓝色字“兽谱”。② 6 册《兽谱》收入的 180 幅兽图大致可以分为瑞兽(包括神兽麒麟等、仁兽果然等、义兽驺虞等)107 种，约占全部种数的 59%；产于中国的现实存在的走兽，如狼、豹、虎、羊等 61 种，约占全部兽种数的 34%；外来异国兽 12 种，约占全部兽种数的 7%，其中有 2 种不属于兽类。③

图 3　袁杰主编《清宫兽谱》(故宫出版社，2014 年)封面

图 4　《兽谱》“麒麟”图

---

① 相关成果主要有袁杰《故宫博物院藏乾隆时期〈兽谱〉》，《文物》2011 年第 7 期，第 65—70 页；赖毓芝《清宫对欧洲自然史图像的再制：以乾隆朝〈兽谱〉为例》，台湾《“中央研究院”近代史研究所集刊》第 80 期，2013 年 6 月，第 1—75 页(以下简称《清宫对欧洲自然史图像的再制：以乾隆朝〈兽谱〉为例》)。故宫出版社 2014 年出版有故宫博物院编、袁杰主编的《清宫兽谱》，该书前有袁杰撰写的前言和王祖望所撰《〈兽谱〉物种考证纪要》两文，对于了解该书的生产过程和资料的来龙去脉，帮助甚大。

② 参见袁杰主编《清宫兽谱》的《前言》，故宫出版社，2014 年，第 6—13 页(下凡引用此书，简称《清宫兽谱》，仅注页码)。

③ 参见王祖望所撰《〈兽谱〉物种考证纪要》，《清宫兽谱》，第 14—21 页。

《兽谱》的作者为余省和张为邦。① 他俩在成功地合绘《仿蒋廷锡鸟谱》后，又按照乾隆皇帝的旨意，依照《古今图书集成》中走兽的形象及典籍记载中兽类的名目，在乾隆朝中期合绘了一套《兽谱》。在中国画题材中，兽作为一门单独的画科，虽在远古时代就以岩画的形式加以表现，但在绘画艺术史上，无论从流存作品数量，还是从创作群体以及艺术成就等方面，都无法与人物、山水、花鸟画相提并论，大多因缺少独立性而逐渐沦为其他表现题材(尤其是人物画)的一种点缀。纵观历代流传下来的数量不多的走兽画，其表现对象往往局限于与人们生活紧密相连的家畜：马、牛、羊、狗等，如唐代韩幹的《照夜白图》《牧马图》以及韩滉的《五牛图》，宋代李公麟的《临韦偃牧放图》等。独立地描绘猛兽的绘画不多。而《兽谱》堪称第一次通过博物画的形式，系统地描绘了从瑞兽到异国奇兽共 180 种动物的形象，除真实地刻画了上述常见的动物外，还描绘了牛、羊、狗、猪、兔、狼、豹、虎等兽类，同时，作者还创造出《山海经》中的诸多幻想出的奇异怪兽，而成为中国画谱中前所未有的兽类绘画集大成者。《兽谱》绘制完成后，乾隆帝没有将之仅仅视为一套纯属观赏性的普通动物画册，而是把它与余省、张为邦所绘《仿蒋廷锡鸟谱》一样，作为供皇室了解各地区动物的物种、名称、生理特征、栖息环境、育雏行为的一种博物图志加以典藏。②

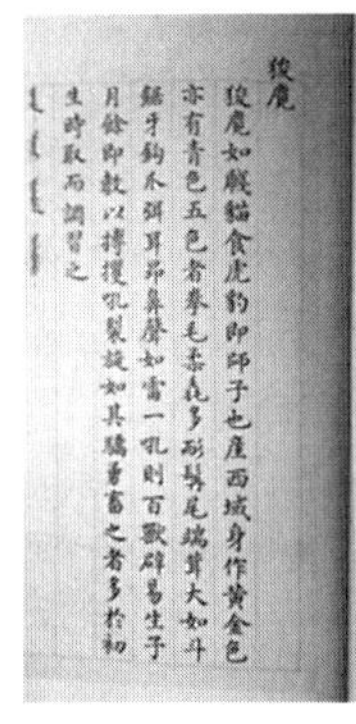

图 5　《兽谱》"狻麑"图

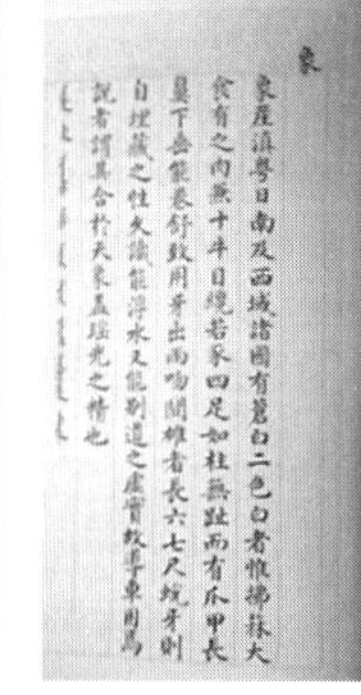

图 6　《兽谱》"象"图

① 余省(1692—约 1767)，字曾三，号鲁亭，江苏常熟人。自幼从父余珣习画，妙于花鸟写生。乾隆二年(1737)被户部尚书并总管内务部的海望等人荐举入宫，在咸安宫画画处供职。他拜同乡蒋廷锡为师，所绘花鸟虫鱼，既承历代写生画传统，又参用西洋笔法，造型准确而富于生趣，成为宫廷画家中最得蒋氏真髓者。他在宫中留有大量的作品，《石渠宝笈》收入其作品多达 37 件，曾在乾隆时画画人中被列为一等。参见袁杰《故宫博物院藏乾隆时期〈兽谱〉》，《文物》2011 年第 7 期，第 65—70 页；聂崇正《清宫廷画家余省、余穉兄弟》，《紫禁城》2011 年第 10 期，第 80—89 页。

张为邦(一作维邦)，生卒年不详，江苏广陵(今扬州)人。雍正初年至乾隆二十六年(约 1723—1761)间在宫中担任宫廷画师，与其父张震、其子张廷彦皆以擅绘而在清廷供职。他工绘人物、楼观、花卉，为启祥宫画画人，在宫廷中供职的时段正是意大利画家郎世宁和法兰西画家王致诚在宫中创作活跃的时期，他们的画风对于中国的宫廷画家有相当大的影响。张为邦曾随郎世宁习西画技艺，乾隆元年九月档案记载："胡世杰传旨：着海望拟赏西洋人郎世宁，画画人戴正、张为邦、丁观鹏、王幼学。钦此。"写明张为邦等四名画家是西洋画师郎世宁的高足之一，从而将西洋画的技法融入创作中。清内务部造办处"各作成做活计清档"中有他"画油画"和"带领颜料进内画讫"的记载。参见袁杰《故宫博物院藏乾隆时期〈兽谱〉》，《文物》2011 年第 7 期，第 65—70 页；聂崇正《清宫廷画家张震、张为邦、张廷彦》，《文物》1987 年第 12 期，第 89—92 页；另参见聂崇正《清宫绘画与西画东渐》，第 142、178 页。

② 清代乾隆、嘉庆年间所编纂的大型著录文献《石渠宝笈》，全书分初编、续编和三编，初编成书于乾隆十年(1745)，共 44 卷；续编成书于乾隆五十八年(1793)，共 40 册；三编成书于嘉庆二十一年(1816)，共 28 函。著录了清廷内府所藏历代书画藏品，收录藏品计数万件之多。分书画卷、轴、册共九类，据其收藏之处，如乾清宫、养心殿、三希堂、重华宫、御书房等各自成编。《石渠宝笈・续编》第五册记有乾隆在紫禁城内重要居所重华宫的《兽谱》："《兽谱》仿《鸟谱》为之，名目形相盖本诸《古今图书集成》。而设色则余省、张为邦奉敕摹写者也。"将之作为清宫收藏之精品加以著录。

清代特别是乾隆时期(1736—1795),宫廷画院非常重视创作图文并茂的以风土人情、历史事件、苑囿风光、飞禽走兽、花卉草虫为题材的绘画作品。绘制《兽谱》即是这一时期的一项浩大的博物画创作工程。它肇始于乾隆十五年(1750),于乾隆二十六年(1761)完成。乾隆皇帝敕命大学士傅恒(约1720—1770)、刘统勋(1700—1773)、内阁中书兆惠(1708—1764)、兵部尚书阿里衮(?—1777)、军机大臣刘纶(1711—1773)、四库全书馆总裁舒赫德(1711—1777)、刑部尚书阿桂(1717—1797)、国史馆兼三通馆总裁于敏中(1714—1780)这八位在军机处担任要职的重臣,对这一知识性的博物画中的每一种动物加以注释,释文不仅要用通行的汉文,还要用被视为“国语”的满文。注释对每一种动物的名称、习性与生活环境等都作了详细的文字说明,故《兽谱》是一部复合图文的动物图志,其中收入的动物数量之多,前所未有,可谓集前人之大成。乾隆将《兽谱》的绘制任务交给军机处负责,可见他对该书的高度重视。该图谱笔致精整工丽,刻画细腻生动,赋色古雅淡逸;同时,借鉴了西洋绘画透视学、解剖学的表现技法,通过对动物外在形态的描绘,表现出它们内在或温顺或凶猛或狡猾的种种习性。它与《仿蒋廷锡鸟谱》一般,均为皇皇巨制,代表了乾隆朝宫廷绘画在博物图谱创作上的高超水平,也是清代博物画新传统的代表。

二、《兽谱》中外来异国兽与《坤舆全图》的“异物图说”

《兽谱》中的外来异国兽共计12种,袁杰认为是采自《古今图书集成》,王祖望进一步指出主要引自《坤舆图说》而非《古今图书集成》。① 其实,《古今图书集成》中的这些异国兽是采自《坤舆图说》的“异物图说”,或可说是来自较之《坤舆图说》之前的《坤舆全图》的图文,②下面以《兽谱》的秩序对12种“异国兽”一一加以讨论。

(一) 利未亚狮子

“利未亚狮子”图文收入《兽谱》第六册第九图:“利未亚州多狮,性猛而傲,遇者亟俯伏,虽饿时不噬。人不见则疾走如风,或众逐之,徐行彳亍弗顾也。惟畏鸡鸣及车声,闻即远遁。当其暴烈难制,掷以球,辄腾跳转弄不息。说者由谓其受德必报,盖毛群之有情者。”③文字改编自《坤舆全图》东半球墨瓦蜡尼加洲“利未亚狮子”。④ 澳门葡萄牙当局对1667年至1670年玛讷·撒

---

① 参见《清宫兽谱》中袁杰所写《前言》和王祖望所撰《〈兽谱〉物种考证纪要》,第6—21页。

② 1674年比利时传教士南怀仁(Ferdinandus Verbiest,1623—1688)绘制了《坤舆全图》,该图是木刻版的着色彩图,分成8条屏幅,左右2条屏幅是关于自然地理知识的四元行之序、地圜、地体之圜、地震、人物、江河、山岳等的文字解说;中间6条屏幅是两个半球图,各占3幅,上下两边也有若干文字解说,如风、海之潮汐、气行、海水之动等。美洲大陆部分为东半球,位于右;欧亚大陆部分为西半球,位于左。两个球采用的是圆球投影。该图中以复合图文之形式描绘了34种海陆动物,其中陆生动物20头,其中的文字部分与《坤舆图说》的“异物图说”大同小异;故《坤舆全图》中的动物图文亦统称“异物图说”。

③ 《清宫兽谱》,第362—363页。

④ 《坤舆全图》东半球“墨瓦蜡尼加洲”:“利未亚洲多狮,为百兽王,诸兽见皆匿影。性最傲,遇者亟俯伏,虽饿时不噬。千人逐之,亦徐行。人不见处,反任性疾行。畏雄鸡、车轮之声,闻则远遁。又最有情,受人德必报。常时病疟,四日则发一度,病时躁暴猛烈,人不能制。掷以球,则腾跳,转弄不息。”([比利时]南怀仁著、河北 [转下页]

图7 《兽谱》“利未亚狮子”图

尔达聂哈葡萄牙使团的北京之行,未能解决葡萄牙人在广东沿海自由贸易的问题很是沮丧,但他们并不甘心,曾经出任玛讷·撒尔达聂哈使团秘书的本多·白垒拉从1672年起就开始积极筹划向康熙皇帝敬献礼物,1674年致函印葡总督,请求提供一头狮子,准备以葡萄牙国王的名义献给康熙。葡萄牙印度总督命令东非莫桑比克城堡司令设法捕捉了公、母两头狮子,并经海路由东非运往果阿,不久公狮死去,剩下的母狮被运到澳门,并在澳门等待了两年之久,才获得清廷批准入京。①据说他们伪造了葡萄牙国王阿丰索六世致康熙皇帝的国书。白垒拉于1678年8月终于将这头母狮辗转运到了北京献给康熙,并在广东官府、朝廷大臣和南怀仁、利类思等耶稣会士的积极游说和帮助下,于康熙十九年(1680)获得有关开放香山至澳门陆路的贸易恩准,该路线成为当时与中国进行贸易的西方国家的重要通道。② 在这一策划过程中,南怀仁完成了《坤舆全图》,这段文字的编写是否与献狮有关,有待考证。③

(二)独角兽

“独角兽”图文收入《兽谱》第六册第二十图:“独角兽,产亚细亚州印度国。形如马,色黄,一角长四五尺,铦锐善触,能与狮斗,角理通明光润,作饮器能辟毒。”④文字改编自《坤舆全图》东

[接上页]大学历史学院整理:《坤舆全图》,河北大学出版社,2018年,第96页[下凡引用《坤舆全图》,均采用该书,简称《坤舆全图》整理本。感谢翟永兴先生惠赠该书,特此鸣谢!])相似的文字最早见于《职方外纪》卷三“利未亚总说”:“地多狮,为百兽之王。凡禽兽见之,皆匿影。性最傲,遇之者若亟俯伏,虽饿时亦不噬也。千人逐之,亦徐行;人不见处,反任性疾行。惟畏雄鸡、车轮之声,闻之则远遁。又最有情,受人德必报之。常时病疟,四日则发一度。其病时躁暴猛烈,人不能制,掷之以球,则腾跳转弄不息。其近水成群处颇为行旅之害。昔国王尝命一官驱之,其官计无所施,惟擒捉几只,断其头足肢体遍挂林中,后稍惊窜。”([意]艾儒略原著、谢方校释:《职方外纪校释》,中华书局,1996年,第105—106页)

① 何新华:《清代贡物制度研究》,社会科学文献出版社,2012年,第419页。

② 黄庆华:《中葡关系史1513—1999》上册,黄山书社,2006年,第386—387页。对此一问题,国外学者的讨论见傅洛叔《康熙年间的两个葡萄牙使华使团》,《通报》第43期,1955年,第75—94页(FuLo-shu, “The Two Portuguese Embassies to China During the K'ang-his Period”, *T'oungpao*, 43[1955], pp.75-94);伯戴克《康熙年间葡萄牙使华使团述评》,《通报》第44期,1956年,第227—241页(Luciano Petech, “Some Remarks on the Portuguese Embassies to China in the K'ang-his Period”, *T'oungpao*, 44[1956], pp.227-241);皮方济(耶稣会士)著,C.R.博克塞、J.M.白乐嘉点校《葡萄牙国王向中国和鞑靼皇帝所派特使玛讷撒尔达聂之旅行报告,1667—1670》,澳门,1942年(F. Pimentel, SJ., Breve Relacăoda Journada que Fez a Corte de Pekim o Senhor Manoel de Saldanha, Embaixador Extraordinário del Rey de Portugal ao Emprador de China, e Tartaria, 1667-1670, ed. C.R. Boxer and J.M. Braga, Macao, 1942)。

③ 参见邹振环《康熙朝贡狮与利类思的〈狮子说〉》,《安徽大学学报》2013年第6期,第1—11页。

④ 《清宫兽谱》,第384—385页。类似的图文还收入《古今图书集成》“博物汇编·禽虫典”卷一二五“异兽部”(《古今图书集成》第525册,叶十六)。王祖望所撰写的《〈兽谱〉物种考证纪要》,称“独角兽”为瑞兽(第18页)。

半球墨瓦蜡尼加洲。[①] 类似麒麟的"独角"兽的记述出现于耶稣会士的文献中可以上溯到利玛窦的《坤舆万国全图》中的一段文字，[②]《职方外纪》卷一"印第亚"中称："有兽名独角，天下最少亦最奇，利未亚亦有之。额间一角，极能解毒。此地恒有毒蛇，蛇饮泉水，水染其毒，人兽饮之必死，百兽在水次，虽渴不敢饮，必俟此兽来以角搅其水，毒遂解，百兽始就饮焉。"[③]此段见诸《坤舆全图》的文字，较之利玛窦关于"独角"兽的描述要更细致，但仍易让人误解为犀牛。[④] 仔细分辨，南怀仁的进一步改写增加了很多内容，"形大如马，极轻快，毛色黄，头有角，长四五尺，其色明"，明显不是指独角犀牛，而且《坤舆全图》东半球上出现的"形大如马"的形象更是毫无疑问地表示，这是欧洲文化中的独角兽(unicorn)，而传说中这一神秘的行动敏捷的动物，其外形类似白牡鹿或骏马，可能是动物界其他角马类动物的生态变异的结果。通常被形容为是修长的白马，额前有一螺旋角。关于其形态，有不同的说法，或说其是有一只角的大马，或是如独角山羊般的动物。古罗马博物学家普林尼将之形容成四肢似大象，狮子尾，上半身像山羊，头上有一黑螺旋纹的角，是极凶猛的怪兽。公元前 380 年，希腊哲学家 Ctessias 称其是印度森林中一种体型较大、类似马的野生动物，其角可以用来制成长笛，或者用其角磨制成的粉末可以作为抵御致死麻醉药的解毒剂。公元 600 年，Seville 的 Isidore 写道：独角兽是残忍的野兽，经常与大象争斗。[⑤] 作为基督教的象征动物性质的"独角兽"，象征着力量和童贞。根据中古时期的传说，独角兽的角是信徒和基督的武器，即福音，也被认为是上帝的剑，能够刺穿所触到的一切。独角兽用其神奇的角画出十字架，把曾被龙下毒的水净化了；因为没有猎手可以用武力捕获它，于是用计谋的猎手让一个童女到独角兽经常出没的地方，独角兽因为其纯洁而跑向她，躺在她的腿上熟睡，继而被降服。法国画家杜维(Jean Duvet，1485—1561)画过独角兽被擒的题材，画中的独角兽被绑住，头枕在头顶装饰有百合花的童贞女怀里。独角兽的这一习性及其雪白的颜色使之成为纯洁少女贞节的象征。[⑥]

图 8 《兽谱》"独角兽"图

---

① 《坤舆全图》东半球墨瓦蜡尼加洲"独角兽"："亚细亚洲印度国产独角兽。形大如马，极轻快，毛色黄。头有角，约长四五尺，其色明，作饮器能解毒，角锐，能触大狮，狮与之斗，避身树后，若误触树木，狮反啮之。"(《坤舆全图》整理本，第 112 页)

② 关于利玛窦对类似麒麟的"独角"兽的讨论，参见邹振环《利玛窦地图言说的动物》，《文汇学人》2014 年 12 月 26 日；详细讨论参见邹振环《利玛窦世界地图中的动物》，张曙光、戴龙基主编《驶向东方：全球地图中的澳门》(第一卷中英双语版)，社会科学文献出版社，2015 年，第 261—294 页；邹振环《殊方异兽与中西对话：〈坤舆万国全图〉中的动物图文》，李庆新主编《海洋史研究》第 7 辑，社会科学文献出版社，2015 年。

③ [意]艾儒略原著、谢方校释：《职方外纪校释》，第 40—41 页。

④ 谢方就认为此一描述即印度独角犀牛，产于非洲及亚洲热带地区。犀的嘴部上表面生有一个或两个角，角不是真角，是由蛋白组成，有凉血、解毒、清热作用。同上，第 43 页注。

⑤ 美国汉学家劳费尔(Berthold Laufer)著有《独角兽考》(*History of the Rhinoceros*，1914)、《麒麟：历史与艺术》(*The Giraffe in History and Art*，1928)：http://baike.baidu.com/view/35999.htm[2014-06-16]。

⑥ 参见邓海超主编《神禽异兽》，香港：香港艺术馆，2012 年，第 114—117 页；丁光训、金鲁贤主编，张庆熊执行主编《基督教大辞典》，上海辞书出版社，2010 年，第 141 页。

(三) 鼻角

图9　《兽谱》“鼻角”图

“鼻角”图文见诸《兽谱》第六册第二十一图:“鼻角兽,状如象而足短,身有斑文、鳞介,矢不能入。一角出鼻端,坚利如铁,将与象斗,先于山石间砺其角以触。印度国刚霸亚地所产也。”①文字改编自《坤舆全图》东半球墨瓦蜡尼加洲和《坤舆图说》的“异物图说”。②《职方外纪》卷一“印第亚”也有关于“罢达”,即双角犀牛的描述,③但两者有明显不同,南怀仁这一段不是《职方外纪》的改写,赖毓芝认为《坤舆全图》其中的“鼻角”的造型源自德国艺术家丢勒(Albrecht Dürer,1471—1528,又译杜勒)1515年所绘的犀牛,并进一步指出《坤舆全图》上关于犀牛的文字可能来自格斯纳的《动物志》。④“刚霸亚”,《坤舆全图》标注在今印度古吉拉特邦的坎贝(Cambay),系音译词。“鼻角”即犀牛,是最大的奇蹄目动物,也是体型仅次于大象的陆地动物。分布在印度、尼泊尔和孟加拉的印度犀牛是亚洲最大的独角犀。所有的犀类基本上是腿

---

① 《清宫兽谱》,第386—387页。王祖望《〈兽谱〉物种考证纪要》一文称“鼻角兽”为“印度的独角犀牛”。

② 《坤舆全图》东半球墨瓦蜡尼加洲“鼻角”:“印度国刚霸亚地产兽名‘鼻角’。身长如象,足稍短,遍体皆红黄斑点,有鳞介,矢不能透。鼻上一角,坚如钢铁,将与象斗时,则于山石磨其角,触象腹而毙之。”(《坤舆全图》整理本,第96页)

③ 《职方外纪》卷一“印第亚”称:“勿搦祭亚(今译威尼斯)国库云有两角,称为国宝。有兽形如牛,身大如象而少低,有两角,一在鼻上,一在顶背间,全身皮甲甚坚,铳箭不能入,其甲交接处比次如铠甲,甲面荦确如鲨皮,头大尾短,居水中可数十日,从小豢之亦可驭,百兽俱慑伏,尤憎象与马,偶值必逐杀之,其骨肉皮角牙蹄粪皆药也,西洋俱贵重之,名为‘罢达’,或中国所谓麒麟、天禄、辟邪之类。”参见[意]艾儒略原著、谢方校释《职方外纪校释》,第41页。

④ 赖毓芝:《从杜勒到清宫——以犀牛为中心的全球史观察》,《故宫文物月刊》第344期,2011年11月,第68—80页。16世纪前,欧洲几乎尚无具有近代自然史意义上的动植物专著,稍微可称系统的记述主要是亚里士多德的《动物学》和普林尼的《自然志》(*Naturalis Historia*),16世纪中叶才有了包括有各式各样的文献、观察、写作和图版的《动物志》(*Historia Animalium*),该书是瑞士苏黎世医生及自然史学者康拉德·格斯纳(Conrad Gesner,或作Konrad Cessner,1516—1565,又译葛斯纳)于1551—1558年间完成出版的一套包括了4卷文字、3卷图谱的动物志巨著。该书第一卷以插图的形式描述了可怀孕的四足动物(哺乳动物);第二卷是关于产卵四足类(鳄鱼和蜥蜴);第三卷是关于鸟类;第四卷是关于鱼类和其他水生动物。第五卷类蛇动物(蛇和蝎子)出版于1587年。该书试图将古代的动物世界的知识与文艺复兴的科学进展联系在一起,他结合了古代博物学家亚里士多德、普林尼和伊良(Aelian)等传承下来的知识,其中有关于神话动物的部分,也借鉴了民间故事、神话和传奇,其中有些资料来自关于动物传说的中世纪寓言集《生理论》(*Physiologus*),该书来自公元2世纪的亚历山大城,后被译成叙利亚语、阿拉伯语、亚美尼亚语、埃塞俄比亚语、拉丁语、德语、法语等。《动物志》中的插图画家包括法国斯特拉斯堡的艺术家卢卡斯·斯敞(Lucas Schan),以及奥拉乌斯·马格努斯(Olaus Magnus)、纪尧姆·龙德莱(Guillaume Rondelet)、皮埃尔·贝隆(Pierre Belon)、乌利塞·阿尔德罗万迪(Ulisse Aldrovandi)和阿尔布雷特·丢勒(Albrechr Dürer)等。

格斯纳还是瑞士博物学家、文献学家和医学家,是西方近代书目的创始人之一。早年曾先后入布尔日、巴黎、巴塞尔大学学习。1537年出版《希腊—拉丁语词典》,同年开始在洛桑一所大学教授希腊语。[转下页]

短、体粗壮：体肥笨拙，皮厚粗糙，并于肩腰等处成褶皱排列；毛被稀少而硬，甚或大部无毛；耳呈卵圆形，头大而长，颈短粗，长唇延长伸出；头部有实心的独角或双角（有的雌性无角），起源于真皮，角脱落仍能复生；无犬齿；尾细短，身体呈黄褐、褐、黑或灰色。① 犀牛有很多种，《兽谱》中描绘的主要是印度犀牛（Rhinoceros unicornis），又称大独角犀，有一个鼻角，身上的皮肤似甲胄，是仅次于白犀的大型犀牛和亚洲现存的第二大陆地动物（仅次于亚洲象），性情介乎白犀和黑犀之间。印度犀牛现分布于印度北部和尼泊尔等地，宋朝赵汝适的《诸蕃志》就有记述：“犀状如黄牛，只有一角，皮黑毛稀，舌如栗壳，其性鸷捍，其走如飞，专食竹木等刺，人不敢近。猎人以硬箭自远射之，遂取其角，谓之生角。或有自毙者，谓之倒山角。角之纹如泡，以白多黑少者为上。”杨博文在校释中还指出，古代的《异物志》也有类似记述，《中国印度闻见录》称：这种特殊之独角兽（Vichân），前额正中有一独角，角面有一标记，乃花纹，犹如人之肤纹；角系全黑，花纹在正中，白色；身躯较象小，色似黑，体形如水牛，力大无比，与象斗，能置象于死；皮坚似铁，能为战甲，又可制带，角能造饰玩物。② 而之前随郑和下西洋的马欢可能目睹过犀牛。③ 作为《兽谱》来源的《坤舆全图》可能参考过多种中西文著述，熟悉中国古籍的南怀仁何以不用“犀”这一名称，令人不解，“鼻角”也有可能是犀牛的马来语 Badak 的译音，待考。

（四）加默良

“加默良”图文见诸《兽谱》第六册第二十二图：“加默良，状似鱼而有耳，鼍尾兽足，皮如澄水明莹，能随物变色，行迟缓，常匿草木土石间，令人不能辨识。出如德亚国。”④文字改编自《坤舆全图》西半球墨瓦蜡尼加洲与《坤舆图说》“异物图说”。⑤ “加默良”，即变色龙，学名“避役”，利

［接上页］1541 年在巴塞尔大学获医学博士学位。此后一直在苏黎世行医和教授自然科学，直至去世。生前共出版著作 72 部。1545 年出版有《通用书目》（*Bibliotheca Universalis*），收罗印刷术百年之内出版的所有拉丁语、希腊语和希伯来语的著作 1 万种；1548 年出版收罗 3 万条的《图书总览》（*Pandectae*），该书分 19 个大类，是西方第一部检索系统较为完备、著录详尽的综合性大型书目。《动物志》一书使其赢得“动物学之父”的声誉。

参见［美］伊丽莎白·爱森斯坦著、何道宽译《作为变革动因的印刷机：早期近代欧洲的传播与文化变革》，北京大学出版社，2010 年，第 43、57 页；［美］汤姆·拜恩（Tom Baione）编著、傅临春译《自然的历史》，重庆大学出版社，2014 年，第 1—5 页。

① 《中国大百科全书·生物学》“犀类”，中国大百科全书出版社，1992 年，第 1786 页。

② （宋）赵汝适著、杨博文校释：《诸蕃志校释》，中华书局，2000 年，第 208—209 页。

③ 《瀛涯胜览》一书的“占城国”条：“其犀牛如水牛之形，大者有七八百斤，满身无毛，黑色，俱生麟甲，纹癞厚皮，蹄有三跲，头有一角，生于鼻梁之中，长有一尺四五寸。不食草料，惟食刺树刺叶并指大干木，抛粪如染坊芦黄色。”参见（明）马欢原著、万明校注《明钞本〈瀛涯胜览〉校注》，海洋出版社，2005 年，第 11 页。马欢对占城犀牛的描述，虽不足百字，却系亲眼所见，否则不可能如此确切。参见陈信雄《万明〈明钞本瀛涯胜览校注〉读后》。《瀛涯胜览》初稿成书于永乐十四年（1416），经多次修改后，定稿于景泰二年（1451）。参见《郑和研究与活动简讯》第 23 期，2005 年 9 月，第 5 页。

④ 《清宫兽谱》，第 388—389 页。类似的文字还收入《古今图书集成》“博物汇编·禽虫典”卷一二五“异兽部”（《古今图书集成》第 525 册，叶十六）。王祖望《〈兽谱〉物种考证纪要》一文称“加默良”为爬行动物，属爬行纲蜥蜴目避役科的动物，非兽类（第 18—19 页）。

⑤ 《坤舆全图》西半球墨瓦蜡尼加洲“加默良”：“亚细亚洲如德亚国产兽名加默良。皮如水气明亮，随物变色，性行最漫，藏于草木、土石间，令人难以别识。”（《坤舆全图》整理本，第 52 页）

图10 《兽谱》"加默良"图

玛窦《坤舆万国全图》中译为"革马良",①西班牙文作"Camaleón"或"Camaleones",葡萄牙语作"Chameleons"。"革马良"和"加默良"显然是上述西文的音译。该兽因能根据不同的亮度、温度和湿度等因素变化体色,俗称"变色龙"。该兽适于树栖生活,尾巴长,能缠卷树枝。舌长且舌尖宽,具腺体,分泌物能黏住昆虫取食。主要分布在非洲、欧洲及亚洲的叙利亚、印度南方和斯里兰卡、小亚细亚等地。"变色龙"的主要特点是其体色的变化多端,有些甚至是随环境的变化时时刻刻变化。变色既有利于隐藏自己,又有利于捕捉猎物。变色这种生理变化是因其皮肤真皮内藏有大量精细且具强烈折光的颗粒细胞,组成白色层和黄色层,通过中枢神经支配下色素细胞和颗粒细胞的收缩和伸展,体色便能够迅速变化,并在几个小时内就能够完成脱皮。② 中国人也通常把蜥蜴称为"变色龙",在中西方,它并非特别珍奇的动物,早在古希腊的亚里士多德的《动物学》中就有蜥蜴的记述:"避役全身一般形态有似石龙子(蜥蜴)。"③"避役"或"变色龙"在段成式的《酉阳杂俎》中已经被提及,该书称其是南方一种神奇生物,名叫"避役",会应十二时辰发生变化,又叫"十二辰虫"。④ 利玛窦、南怀仁两位都对中国传统博物学文献相当熟悉,此处介绍"变色龙"何以采用音译词呢?我想他们或许是把不准"革马良"和"加默良"在汉文中究竟应该采用"避役"还是"十二辰虫"。

(五)印度国山羊

"印度国山羊"图文见诸《兽谱》第六册第二十三图:"山羊产亚细亚州南印度国。体肥腯项,垂两乳如悬橐,其目灵明。角锐长而椭,髯鬣毛,尾与羊略同。"⑤文字改编自《坤舆全图》西半球墨瓦蜡尼加洲与《坤舆图说》"异物图说"。⑥ 两者文字对比,与《兽谱》收入的其他异国兽不同,以往基本都是作简化处理,而这里是明显进行了增补:"角

图11 《兽谱》"印度国山羊"图

① "避役"在利玛窦《坤舆万国全图》的"小西洋"条中称:"此处有革马良兽,不饮不食,身无定色,遇色借映为光,但不能变红、白色。"

② 司徒雅:《避役》,《生物学通报》第6期,1963年6月30日;参见《中国大百科全书·生物学》"避役科",第67页。

③ [古希腊]亚里士多德著、吴寿彭译:《动物志》,商务印书馆,2010年,第70页。

④ (唐)段成式《酉阳杂俎》前集卷一七"虫篇":"南中有虫名避役,一曰十二辰虫。状似蛇医,脚长,色青赤,肉鬣。暑月时见于篱壁间,俗云见者多称意事。其首倏忽更变,为十二辰状。"

⑤ 参见《清宫兽谱》,第390—391页。

⑥ 《坤舆全图》西半球墨瓦蜡尼加洲"印度国山羊":"亚细亚洲南印度国产山羊。项生两乳下垂,乳极肥壮,眼甚灵明。"(《坤舆全图》整理本,第52页)

锐长而椭,髯鬣毛,尾与羊略同"一句,系《兽谱》的编者所加,这样略微细致的描述,可见编纂者似乎亲眼见过这种山羊。《职方外纪》卷一"马路古"亦有:"又产异羊,牝牡皆有乳。"[①]从艾儒略、南怀仁到《兽谱》编纂者的描述,明显突出的就是奇异性,即雌雄山羊都有"两乳下垂","牝牡皆有乳"且"乳极肥壮",总是让人们感到新奇。

(六) 般第狗

"般第狗"图文见诸《兽谱》第六册第二十四图:"般第狗,出欧逻巴州意大理亚国,其地有河,名'巴铎'河,入海处是兽生焉。昼潜于水,夜卧岸侧,锯牙啮树,其利如刀。毛色不一,黑者不易得也。"[②]文字改编自《坤舆全图》西半球墨瓦蜡尼加洲。[③] 金国平援引《坤舆图说》,认为"般第狗"即水獭。[④] 王祖望则认为"般第狗"今名河狸(海狸、海骡、水狸)。[⑤] 意大利有四条河流的发音与"巴铎"的发音比较接近:布伦塔河(Brenta)、比蒂耶河(Buthier)、皮奥塔河(Piota)、普拉塔尼河(Platani),而其中唯有河道全长 174 千米的布伦塔河(Brenta)位于意大利北部,发源自特伦托东南面,最终注入亚得里亚海,符合"入海"之说,故"巴铎"可能是意大利语"Brenta"的音译。笔者判断该兽可能是一种栖息在注入亚得里亚海的布伦塔河河口的河狸(beaver;Castoridae),河狸曾在欧洲各地广泛分布。栖息在寒温带针叶林和针阔混交林林缘的河边,穴居。河狸体型肥大,身体覆致密的绒毛,能耐寒,前肢短宽,后肢粗壮,后足趾间直到爪生有全蹼,适于划水,眼小、耳孔小,门齿异常粗大,呈凿状,能咬断粗大树木,臼齿咀嚼面宽阔而具有较深的齿沟。营半水栖生活,夜间和晨昏活动,毛皮很珍贵。[⑥]

图 12 《兽谱》"般第狗"图

(七) 获落

"获落"图文收入《兽谱》第六册第二十五图:"获落,大如狼,贪食无厌,饱则走入密树间,夹

① [意]艾儒略原著、谢方校释:《职方外纪校释》,第 63 页。

② 《清宫兽谱》,第 392—393 页。类似的图文还收入《古今图书集成》"博物汇编·禽虫典"卷一二五"异兽部"(《古今图书集成》第 525 册,叶十六)。

③ 《坤舆全图》西半球墨瓦蜡尼加洲"般第狗":"意大理亚国有河,名'巴铎',入海,河口产般第狗。昼潜身于水,夜卧旱地,毛色不一,以黑为贵,能啮树木,其利如刀。"(《坤舆全图》整理本,第 52 页)

④ 参见金国平译《澳门记略》(Rui Manuel Loureiro, *Breve Monografia de Macau*),第 220 页。金氏还补充提供了魏汉茂(Hartmut Walravens)《德国知识:南怀仁神父〈坤舆图说〉一书中所载外国动物的附录》(科隆,1972)一文中的考证,认为该词是对拉丁文 canis ponticus 的翻译(《澳门记略》,第 276 页,注释 502)。感谢金国平先生惠赐信息,特此鸣谢!

⑤ 参见王祖望《〈兽谱〉物种考证纪要》,《清宫兽谱》,第 19 页。

⑥ 《中国大百科全书·生物学》"河狸科",第 522 页。清朝《香山乡土志》卷一四亦有类似记载:"般第狗亦蕃种,昼潜于水,夜卧地,能啮树木,牙利如刀。"这段话亦出自《坤舆全图》。

图 13　《兽谱》“获落”图

其腹以消之。复出觅食。产欧逻巴东北里都瓦你亚国。毛黑而泽，彼土珍之。”①文字改编自《坤舆全图》东半球墨瓦蜡尼加洲。② “里都瓦你亚国”，指今“立陶宛”。③ “获落”或以为是猞猁，④但没有展开论证，估计是根据猞猁皮毛密、绒丰、十分珍贵这一条来确定的。赖毓芝依据格斯纳《动物志》的记述，指出应是貂熊。不仅“获落”图像取自该书的插图，文字也有来自该书的叙述。⑤ 貂熊别称“狼獾”“月熊”“飞熊”“熊貂”“山狗子”，拉丁文学名为“Gulogulo Linnaeus”，“获落”应该是“Gulo”的音译。其身形介于貂与熊之间。貂熊栖息于亚寒带针叶林和冻土草原地带，非繁殖季节无固定的巢穴，栖于岩缝或其他动物遗弃的洞穴中。貂熊生性贪吃，其拉丁学名的原意即“贪吃”。其食物很杂，喜食大型兽的尸肉或盗食猎人的猎物，包括驯鹿、马鹿一类大型食草动物的雌兽和幼仔，还捕捉狐狸、野猫、狍子、麝、小驼鹿、水獭、松鸡、鼠类

图 14　格斯纳《动物志》中的貂熊，《兽谱》“获落”的图文来源

图 15　朗世宁(Giuseppe Castiglione, 1688—1766)《花底仙龙图》，图中描绘一枣红色小狗徘徊在桃花盛开的树下，《兽谱》中“般第狗”“获落”的画法，与朗世宁采用的“海西法”画狗类动物非常接近

① 《清宫兽谱》，第 394—395 页；类似的图文还收入《古今图书集成》“博物汇编・禽虫典”卷一二五“异兽部”(《古今图书集成》第 525 册，叶十六)。王祖望《〈兽谱〉物种考证纪要》一文称“获落”为“与实物相距较远的一种野生犬类”(第 19 页)。《职方外纪》卷三“利未亚总说”称：“又有如狼状者，名大布兽。其身人，其手足专穴人墓，食人尸。”谢方认为“大布兽”可能是非洲鬣狗。参见[意]艾儒略原著、谢方校释《职方外纪校释》，第 105 页、第 108 页注。

② 《坤舆全图》东半球墨瓦蜡尼加洲“获落”：“欧逻巴东北里都瓦你亚国，产兽名‘获落’。身大如狼，毛黑光润，皮甚贵。性嗜死尸，贪食无厌，饱则走入稠密树林，夹其腹令空，仍觅他食。”(《坤舆全图》整理本，第 112 页)

③ [澳]王省吾：《澳大利亚国家图书馆所藏彩绘本——南怀仁〈坤舆全图〉》，《历史地理》第 14 辑，上海人民出版社，1998 年，第 211—224 页。(下简称《澳大利亚国家图书馆所藏彩绘本——南怀仁〈坤舆全图〉》)

④ 卢雪燕：《南怀仁〈坤舆全图〉与世界地图在中国的传播》，故宫博物院编《第一届清宫典籍国际研讨会论文集》，故宫出版社，2014 年，第 87—96 页。

⑤ 《清宫对欧洲自然史图像的再制：以乾隆朝〈兽谱〉为例》。

等大大小小的动物，也吃蘑菇、松子或各种浆果等植物性食物。① 貂熊皮毛珍贵，小貂熊皮光毛滑，貂熊皮至今仍是不允许非法买卖的野生动物皮毛。

（八）撒辣漫大辣

“撒辣漫大辣”图文收入《兽谱》第六册第二十六图：“撒辣漫大辣，短足，长身，色黄黑错，毛文斑斑，自首贯尾。产阴湿之地，故其性寒皮厚，力能灭火。热尔玛尼亚国中有之。”②文字改编自《坤舆全图》西半球墨瓦蜡尼加洲。③ “热尔玛尼亚”，意大利语为 Germania，拉丁语为 Alemaña，今译日耳曼，即今德意志。“撒辣漫大辣”应为西文“蝾螈”的音译，拉丁语为 Salamander，葡萄牙语、西班牙语和意大利语均为 salamandra，又称“火蜥蜴”。蝾螈是有尾两栖动物，一般身体短小，有 4 条腿，体长在 15—61 厘米，霸王蝾螈体型最大，体长可达 2.3 米。蝾螈体形和蜥蜴相似，头躯略扁平，皮肤裸露，背部黑色或灰黑色，皮肤上分布着稍微凸起的痣粒，腹部有不规则的橘红色斑块。将具有华美色斑的腹部对着天空，是一种警戒。有些种类在繁殖季节期间，雄性的背脊稜皮膜显著隆起，四肢较发达，陆栖类的尾略呈圆柱形；有些种类在冬眠期间，上陆地蛰伏，夏季多数时间在水中觅食，或在水中和岸边的潮湿地带繁殖，需要潮湿的生活环境，大部分栖息在淡水和沼泽地区。蝾螈绝大多数属种的分泌物具毒素，当遭受攻击时，会立即分泌这种致命的神经毒素。由于藏身在枯木缝隙中，当枯木被人拿来生火时，它们往往惊逃而出，有如从火焰中诞生，因而得名。所谓“皮厚，力能灭火”可能就是人们见到这些蝾螈从火中逃出来，误认为这些动物能灭火。④

图 16 《兽谱》“撒辣漫大辣”图

（九）狸猴兽

“狸猴兽”图文收入《兽谱》第六册第二十七图：“狸猴兽，出利未亚州额第约必牙国。其体前似狸，后似猴，因以名之。毛色苍白，腹有重革如囊。猎人逐之急，则纳其子于囊而走，亦如猴之有嗛以藏食也。多窟大树中，树有径三尺余者。”⑤此段文字依据《坤舆全图》西半球墨瓦蜡尼加洲和《坤舆图说》“异物图说”。⑥ 不过有一些重要的改动，如“亦如猴之有嗛以藏食也”是增补的文字，而将原来“其树径约三丈余”改成“树有径三尺余者”，显然编者觉得“三丈”粗的“树径”不

---

① http://baike.baidu.com/link? url[2013 - 01 - 27].

② 《清宫兽谱》，第 396—397 页。

③ 《坤舆全图》西半球墨瓦蜡尼加洲“撒辣漫大辣”：“欧逻巴洲热尔玛尼亚国兽名‘撒辣漫大辣’。产于冷湿之地，性甚寒，皮厚，力能灭火。毛色黑黄间杂，背脊黑，长至尾，有班[斑]点。”（《坤舆全图》整理本，第 67 页）王祖望《〈兽谱〉物种考证纪要》一文称“撒辣漫大辣”属两栖类动物蝾螈类，而非兽类（第 19 页）。

④ 《中国大百科全书 · 生物学》“蝾螈科”之“蝾螈属”，第 1225—1226 页。

⑤ 《清宫兽谱》，第 398—399 页。

⑥ 《坤舆全图》西半球墨瓦蜡尼加洲“狸猴兽”：“利未亚洲额第约必牙国有‘狸猴兽’。身上截如狸，下截如猴，色如瓦灰，重腹如皮囊。遇猎人逐之，则藏其子于皮囊内，窟于树木中。其树径约三丈余。”（《坤舆全图》整理本，第 40 页）

图17　《兽谱》“狸猴兽”图

可信。“额第约必牙国”,即今尼日利亚。①《坤舆万国全图》在位于南美洲属于巴西一部分的“峨勿大葛特”上有注文:“此地有兽,上半类狸,下半类猴,人足枭耳,腹下有皮,可张可合,容其所产之子休息于中。”②相似的文字也见于《职方外纪》,均未正式提出“狸猴兽”一名。王祖望称该兽是一种有袋类动物。③ 谢方认为这种“半类狸”“半类狐”的动物是指“负鼠”(Opossum),腹有育儿袋,为凶猛的食肉动物。④ 赖毓芝据格斯纳《动物志》等文献,进一步确认“狸猴兽”为负鼠,由于欧洲没有有袋动物,因此,负鼠传到欧洲后冲击了欧洲人的知识边界与想象。⑤

(十)意夜纳

“意夜纳”图文收入《兽谱》第六册第二十八图:“意夜纳,状似狼而大,毛质亦如之。睛无定色,能夜作人声,诱人而啖。出利未亚州。”⑥文字改编自《坤舆全图》西半球墨瓦蜡尼加洲和《坤舆图说》“异物图说”。⑦ 王祖望称“意夜纳”,依据英文(hyena)之译音,判断为非洲鬣狗,⑧然当时西方来华耶稣会士依据的原本多非英文原本。鬣狗,拉丁文为 Hyena,西班牙语和葡萄牙语均为 hiena,“意夜纳”可能是 Hyena 或 hiena 的不准确音译。鬣狗是一种哺乳动物,体形似犬,躯体较短,是生活在非洲、阿拉伯半岛、亚洲和印度次大陆的陆生肉食性动物。颈肩部背面长有鬃毛,尾毛也很长。体毛稀且粗糙,毛淡黄褐色,衬有棕黑色

图18　《兽谱》“意夜纳”图

① 《澳大利亚国家图书馆所藏彩绘本——南怀仁〈坤舆全图〉》。

② 参见朱维铮主编《利玛窦中文著译集》,复旦大学出版社,2007年,第202页。

③ 参见《清宫兽谱》,第19页。

④ 《职方外纪》卷四“南亚墨利加”称:“苏木国有一兽名‘懒面’,甚猛,爪如人指,有鬃如马,腹垂着地,不能行,尽一月不逾百步。喜食树叶,缘树取之,亦须两日,下树亦然,决无法可使之速。又有兽,前半类狸,后半类狐,人足枭耳,腹下有房,可张可合,恒纳其子于中,欲乳方出之。”谢方认为文中的所谓“懒面”应该为树懒(Sloth),前肢比后肢长,很少下树,行动迟缓;“半类狸”“半类狐”的动物指负鼠,腹有育儿袋,为凶猛的食肉动物。参见[意]艾儒略原著、谢方校释《职方外纪校释》,第126页、第128页注。

⑤ 《清宫对欧洲自然史图像的再制:以乾隆朝〈兽谱〉为例》。

⑥ 参见《清宫兽谱》,第400—401页。类似的文字还被收入《古今图书集成》“博物汇编·禽虫典”卷一二五“异兽部”(《古今图书集成》第525册,叶十六)。

⑦ 《坤舆全图》西半球墨瓦蜡尼加洲“意夜纳”:“利未亚洲有兽名‘意夜纳’。形色皆如大狼,目睛能变各色,夜间学人声音,唤诱人而啖之。”(《坤舆全图》整理本,第96页)

⑧ 王祖望:《〈兽谱〉物种考证纪要》,《清宫兽谱》,第19页。

的斑点和花纹，成群活动，食用兽类尸体腐肉为生。其超强的咬力甚至能咬碎骨头吸取骨髓，是非洲大草原上最凶悍的清道夫。① 有一种斑鬣狗经常会不停地高声咆哮，或爽朗地大笑，或低声哼哼，声音可传到几千米外，夜深人静时让人毛骨悚然。

(十一) 恶那西约

“恶那西约”图文收入《兽谱》第六册第二十九图：“恶那西约者，亚毗心域国之兽也。具马形而长颈，前足极高，自蹄至首高二丈五尺余，后足不及其半。尾如牛，毛备五色。刍畜囿中，人或视之，则从容旋转，若以华采自炫焉。”②文字改编自《坤舆全图》西半球墨瓦蜡尼加洲。③ 与《坤舆全图》中的文字相比，《兽谱》加上“后足不及其半。尾如牛”，似乎编纂者曾亲眼见过长颈鹿，但图绘形象距长颈鹿甚远，原因不详。“亚毗心域”在利玛窦《坤舆万国全图》中坐落于尼罗河源头一带，西方文献里通常作 Abyssinian Empire 或 The Kingdom of Abyssinia，可能与古埃塞俄比亚(antique Ethiopia)同位，今译“阿比西尼亚”，王省吾称即“埃塞俄比亚”。④ 这一描述显然是指长颈鹿，一种生长在非洲的大型有蹄类动物，也是世界上现存最高的动物，站立时高达 6—8 米，体态优雅，花纹美丽，主要分布在非洲。不过出现在《坤舆全图》的却是一头长脖子的马，同时画有一位牵兽人。至 1558 年间，格斯纳的《动物志》应该有其他的来源。⑤

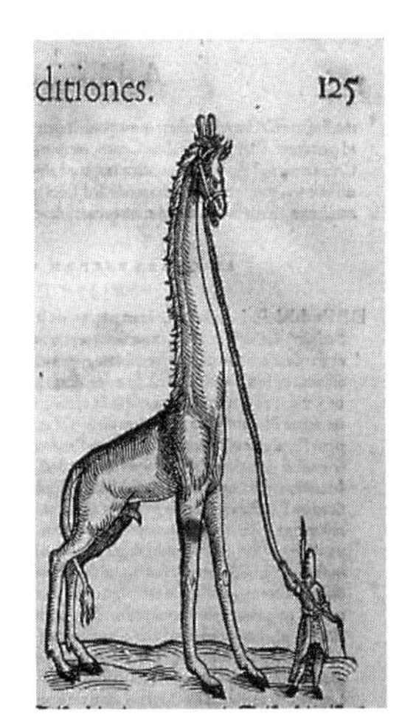

图 19 左一为格斯纳《动物志》中的画像；左二为沈度画作；左三为明宣宗朱瞻基亲自画的《瑞应麒麟颂》，图中长颈鹿形象似乎是参照实物绘制的；右图为清代陈璋的《瑞应麒麟颂》摹本

---

① 《中国大百科全书 · 生物学》“鬣狗科”，第 873 页。

② 《清宫兽谱》，第 402—403 页。类似的图文还被收入《古今图书集成》“博物汇编 · 禽虫典”卷一二五“异兽部”(《古今图书集成》第 525 册，叶十七)。

③ 《坤舆全图》西半球墨瓦蜡尼加洲“恶那西约”：“利未亚洲西亚毗心域国产兽名‘恶那西约’。首如马形，前足长如大马，后足短。长颈，自前蹄至首高二丈五尺余。皮毛五彩，刍畜囿中，凡人视之，则从容转身，若示人以华彩之状。”(《坤舆全图》整理本，第 82 页)

④ 《澳大利亚国家图书馆所藏彩绘本——南怀仁〈坤舆全图〉》；据徐继畬《瀛寰志略》记载，所谓“亚毗心域”是非洲阿比西尼亚(Abyssinia)的别名，参见《瀛寰志略》，上海书店出版社，2001 年，第 248 页。

⑤ 参见《中国大百科全书 · 生物学》“长颈鹿”，第 125—126 页。

图 20 《兽谱》"恶那西约"图

其中长颈鹿形象颇类今藏台北故宫博物院的《瑞应麒麟图》,该图是由明代儒林郎翰林院修撰沈度[①]作于永乐十二年(1414),描绘1414年郑和下西洋时榜葛剌国进贡的麒麟。原画上部有《瑞应麒麟颂序》,从左边缘写满到右边缘,共24行。沈度的画作早于1551—1558年间格斯纳的《动物志》,应该有其他的来源。

长颈鹿(Giraffa Camelopardlis),波斯语为Zurapa,阿拉伯语为Zarafa,索马里语为giri,杨博文认为《瀛涯胜览》作"麒麟",为索马里语之对音。《星槎胜览》"阿丹国"作"祖剌法,乃'徂蜡'之异译也"[②]。长颈鹿的拉丁文、波斯语和阿拉伯语发音,都无法与"恶那西约"对应,赖毓芝据格斯纳《动物志》的叙述,确认"恶那西约"是"Orasius"的音译。[③] 长颈鹿实际上就是明朝永乐以来榜葛剌国、阿丹国、麻林国、忽鲁谟斯等向明朝进贡的"麒麟",《明史》《名山藏》《明一统志》《明四夷考》《殊域周咨录》《咸宾录》《罪惟录》等记载都称这一动物为"麒麟",[④]熟悉中国古籍的南怀仁不可能不知道这些文献的记述,他显然认为之前明代文献将长颈鹿译为"麒麟",易引起误解,因此特别用了Orasius的音译。格斯纳《动物志》中的Orasius可见雄性生殖器,而进入中国之后,无论是沈度笔下的麒麟,还是南怀仁《坤舆全图》中的"恶那西约",一直到《兽谱》中无驯兽人的非鹿非马的形象,都失去了这一特征,或以为这是为了适应国人伦理观念而使异域图像中国化的一个例证。

(十二) 苏兽

"苏兽"图文见诸《兽谱》第六册第三十图:"苏兽,茸毛尾与身等,遇人追逐则负其子于背,以尾蔽之。急则大吼,令人怖恐。产南亚墨利加州智勒国。"[⑤]文字改编自《坤舆全图》西半球墨瓦蜡尼加洲和《坤舆图说》的"异物图说"。[⑥] "智勒国",即今智利。赖毓芝称"苏"(the Su)这一动物出现在格斯纳1553年初版的《四足动物图谱》一书中,书中说这是一种出现在"新世界"某地区的"巨人"。格斯纳的信息来自法国皇家科学院的地方志作家Andreas Theutus(1502—1590),Theutus在其著作中称自己目击了"苏"。《四足动物图谱》增订版中还收有"苏"的图像,

---

① 沈度(1357—1434),字民则,号自乐。松江华亭(今属上海)人,曾任翰林侍讲学士。擅篆、隶、楷、行等书体,与弟沈粲皆擅长书法,其作品见藏于秘府,被称为"馆阁体"。他与弟沈炙并称"二先生"。《明史》卷二八六《文苑》有传。其楷书工整匀称,婉丽端庄,最适合撰写公文、诏书,故上自帝王,下至一般文人莫不效法。沈度虽入画史,但画却少见。

② (宋)赵汝适著、杨博文校释:《诸蕃志校释》,第103—104页。

③ 《清宫对欧洲自然史图像的再制:以乾隆朝〈兽谱〉为例》。

④ 参见王祖望《〈兽谱〉物种考证纪要》,《清宫兽谱》,第20页。

⑤ 《清宫兽谱》,第404—405页。类似的图文还被收入《古今图书集成》"博物汇编·禽虫典"卷一二五"异兽部"(《古今图书集成》第525册,叶十七)。王祖望《〈兽谱〉物种考证纪要》一文称"苏兽"有很大的想象成分,近似的物种中有负子习性的只有负鼠,但形态差异较大(第20—21页)。

⑥ 《坤舆全图》西半球墨瓦蜡尼加洲"苏兽":"南亚墨利加洲智勒国产异兽名'苏'。其尾长大与身相等,凡猎人逐之,则负其子于背,以尾蔽之。急则吼声洪大,令人震恐。"(《坤舆全图》整理本,第66页)

以后这一来自新世界的动物又在欧洲自然史著作中广泛传播，从 Andreas Theutus、格斯纳到南怀仁的图文，其所呈现出的“苏”兽，都着意强调一种充满想象与鬼怪之感。①

图 21 《兽谱》“苏兽”图

《兽谱》中收入的 12 种外来异国兽，绘制的基本思路是强调其知识性，其中“独角兽”和“苏”属于某种想象的动物，所有异国兽与之前《坤舆全图》和《坤舆图说》上的文字相比，大体是作简化处理，但明显变得较为典雅。在图像表达方面，笔触和色彩都更加细腻，背景带有中国传统山水的特色。随着 16、17 世纪东西方博物学背后的社会语境和自然观念的变化，使用博物画来观察、描述和记录动物知识的手段，也发生着变化。《兽谱》既反映出大航海时代与西方博物学知识一起传入的格斯纳《动物志》一书所包含的西方博物学的影响（该书系所有文艺复兴博物学作品中最广为人知的著作），《兽谱》也显示了作为地方性知识的中国传统博物学与西方动物学知识在清代已有某种互动。可以说，《兽谱》中的外来异国兽，是本土化的博物学知识开始与西方知识进行对话的典型实例之一。

三、西学东渐与清代博物画发展中的多元传统

中国绘画发展历程中交互发展出了多种传统，有以宫廷为核心、文人画为主体的大传统，这些绘画以山水、人物为主要内容；还有与之相对应的以民间文化为主体的小传统，这些绘画多表现在民间的版画、年画等。其间交合着的是文人传统和工匠传统两种表达方式。中国博物画的多元性即表现在，其中既有中国古代花鸟画、山水画的悠久的文人传统，同时也包含着可以上溯到《诗经》《山海经》《博物志》等早期著作中动物、植物、山川的各种插图所融合的民间绘画的某些要素。而早在宋代就出现的博物画，被称为“杂画”的一种，其中既有装饰性的民间传统，又有博古通今、崇尚儒雅之文人意识。这些将图画在器物上形成的工艺品，泛称“博古”。北宋徽宗命大臣编绘宣和殿所藏古器，修成《宣和博古图》30 卷。后人因此将绘有瓷、铜、玉、石等古代器物的图画，叫做“博古图”，有时以花卉、果品等装饰点缀。② 传统博物画持续发展到明清两代，

---

① 《清宫对欧洲自然史图像的再制：以乾隆朝〈兽谱〉为例》。

② 《宣和博古图》，宋代金石学著作，王黼编纂，简称《博古图》。著录当时皇室在宣和殿所藏的自商至唐的铜器 839 件，集中了宋代所藏青铜器的精华。该图录自大观初年（1107）开始编纂，成于宣和五年（1123）之后。全书共 30 卷，细分为鼎、尊、罍、舟、卣、瓶、壶、爵、斝、觶、敦、簠、簋、鬲及盘、匜、钟磬錞于、杂器、镜鉴等，凡 20 类。每类有总说，每器皆摹绘图像，勾勒铭文，并记录器物的尺寸、容量、重量等，或附有考证。所绘图形较精，图旁器名下注“依元样制”或“减小样制”等以标明图像比例（明代缩刻本始删去比例）。书中每能根据实物形制以订正《三礼图》之失，考订精审。其所定器名，如鼎、尊、罍、爵等，多沿用至今。对铭文考释、考证，虽多有疏陋之处，但亦有允当者，清代《四库全书总目》评述说：“其书考证虽疏，而形模未失；音释虽谬，而字画俱存。读者尚可因其所绘，以识三代鼎彝之制、款识之文，以重为之核订。当时裒集之功亦不可没。”（四库全书研究所整理《钦定四库全书总目》[上]，中华书局，1997 年，第 1528 页）参见（宋）王黼编纂、牧东整理《重修宣和博古图》，广陵书社，2010 年。

形成了包含许多农具和植物插图的徐光启《农政全书》和吴继志《本草质问》一类的博物学著作;①也引进了西方博物学的插图,如邓玉函口授、王徵译绘的《远西奇器图说录最》:该书收图220多幅,卷一、卷二多为简略的示意图,卷三的54幅多有西国原本为依据,均作了中国风格的改绘处理,丰富了中国博物画的传统。②

清代博物画散见于地图文献(如《坤舆全图》等)、类书插图(如《古今图书集成》等),也有通过专门的画谱(如《海错图》《鹁鸽谱》《仿蒋廷锡鸟谱》《鸽谱》等)来呈现的,从《兽谱》中的异国兽可以见出博物画已开始受到西方博物画的影响。这种影响不仅体现在博物画于技法上继承了传统写实风格,同时吸收并融入西洋绘画光影技巧的某些特点,同时也表现在绘画题材和内容方面,如《兽谱》中出现了外来异国兽,从而使清代博物画在中国古代悠久的花鸟画、山水画文人传统的背景下,融合了民间绘画的某些要素,同时也吸收了西洋博物画内容和技法上的某些特点。

中国历代流传的绘画题材,动物作为绘画主题的并不多见,即使以鸟虫为主体,多是隐喻赞美和喜悦之情或隐含着对现实社会的悲愤之情,那种带有极强知识性的标本式特征的创作,非常有限。清代自康熙皇帝起,开始重视和认可这种知识性的动物博物画的画谱表现形式,特别是雍正、乾隆两朝,受到西方来华传教士画师郎世宁、王致诚、艾启蒙等影响,渐渐将动物作为绘画的主题和中心,于是,清宫中国画师也开始不再仅仅将动物作为人物画和风景画的陪衬。清宫收藏的不仅有地方职业画家或者宫中词臣画家的各类动物画谱,而且,还令宫中的画师专门创作以动物为主题的画谱,如康熙朝的《鹁鸽谱》,乾隆朝的《仿蒋廷锡鸟谱》《兽谱》,以及道光朝的《鸽谱》,用这些表现走兽、飞禽、海洋生物等动物题材的博物画画谱来鉴别物种、保存知识信息和供观赏之用。

小　　结

综上所述,《兽谱》属于以内容知识性与多样性而非艺术性取胜的清代宫廷的博物画,长期以来尚未受到中国绘画史研究者的重视。清代乾隆时期的宫廷画院非常重视以风土人情、历史

① 《农政全书》卷四六至卷六〇的文字和插图,基本上一一抄录朱橚的《救荒本草》,但对13种植物绘图进行了精简、修饰,如羊角苗图、菱角图。撰著于1782年至1784年的《本草质问》,系吴继志关于琉球群岛植物的著作,彩绘本3册,内收各种植物图谱260种。书中各药,每物一图,皆系写生,插图翔实。正文记产地、形态、花果期,后列所质询诸家之说,述其形态、功用、别名等。该书植物绘画属一流水平,如黄精、玉竹、厚朴、淫羊藿、水鸡花、荔枝、使君子、金合欢、番石榴、凤梨等,绘制精致,既科学又艺术。日本冲绳县立图书馆所藏《本草质问》为该书之最早版本,2013年由复旦大学出版社仿真出版;该书和吴其濬(1789—1847)的《植物名实图考》,都显示出中国古代博物学著作的这种特点。

② 张柏春等:《传播与会通——〈奇器图说〉研究与校注》,江苏科技出版社,2008年,第126—153、169—170、176—179页。还有学者将《远西奇器图说录最》的传播与明清传统图谱之学的复兴联系起来加以考察,认为"图学"是一种对于科学、实学大有裨益的新学问。以《远西奇器图说录最》为标志,传统图学开始了缓慢的复兴。当文人学士沉浸于"笔墨"中不能自拔时,在民间则存在着严重的"图像饥饿",这也是海西法绘画能在民间找到有活力的生存空间的原因,民众会从宫廷流行样式和文人画家的趣味偏好中捕捉图像信息,然后按照自己的方式加以理解和改造。参见孔令伟《风尚与思潮》,中国美术学院出版社,2008年,第54—55页。

事件、苑囿风光、飞禽走兽、花卉草虫为题材的博物画创作。肇始于乾隆十五年(1750),于乾隆二十六年(1761)完成的《兽谱》,是这一时期的一项浩大的动物知识汇集和整理的博物学工程。其间乾隆皇帝还敕命傅恒、刘统勋、兆惠、阿里衮、刘纶、舒赫德、阿桂、于敏中八位在军机处担任要职的重臣,对《兽谱》中的每一种动物加以文字注释,使这一收入动物数量之多前所未有的图文并茂的动物图志,成为集前人图绘文献之大成者。这一举措固然有乾隆继承自康熙皇帝的企图通过这一动物博物志来认识和理解域外的一种关怀(这是延续了《古今图书集成》编纂的思路),同时也反映出乾隆皇帝自诩当世为盛世,期望通过这些图册来展示万物来朝的盛景。

晚清西力东侵,中国文化在西化的冲击下不断产生重整和重塑的过程,中西古今互相交流,渐渐组合成一个“复合体”。其实,细细分辨,这种排斥、吸纳的过程,在清中期博物画领域已经初露端倪。在大航海时代全球动物大交流的背景下,清代博物画开始形成与之前博物画不同的、由多种文化趣味组合成的新传统。清代博物画不仅受中国古代悠久的花鸟画、山水画文人传统的影响,融合了民间绘画某些要素,也注重吸收西洋博物画技法上的某些特点。《兽谱》中外来的12种异国兽显示出来自异域的影响,这种影响既表现在绘画的题材和内容上,也显示在吸收并融入西洋绘画光影的技巧上,通过格斯纳《动物志》的Orasius到明宣宗笔下的“麒麟”、《兽谱》的“恶那西约”,亦可见长颈鹿在跨文化图像往复转译中的复杂和变化。中国历代流传的绘画题材,动物作为绘画主题原本就不多见,即使以鸟虫为主体,也多隐喻赞美和喜悦之情或隐含着对现实社会的悲愤之情,这在那种带有极强知识性和标本式特征的博物画之中,则非常有限。而以《兽谱》为代表,更是开创了将动物作为绘画主题的清代博物画新途径,融合了古今中西的多元样式,为清代博物画开创了汲取包括文艺复兴以来欧洲新知识的多种文化趣味的新传统。

(本文初稿曾提交2015年5月16—17日由复旦大学中外现代化进程研究中心主办的“言必有物:近现代中国的物与物质文化”工作坊,修订本提交2019年10月19—20日由上海师范大学都市文化研究中心、上海师范大学人文学院主办的“海洋文明的碰撞与交融:十六世纪以来文本与图像中的环太平洋世界”学术研讨会;本文部分内容曾以《〈兽谱〉中的外来“异国兽”》为题,载《紫禁城》2015年10月号)

“智哉，其区略”：黄省曾对满剌加官厂的评价

时　平*

摘　要：设立满剌加官厂是郑和下西洋时期一项重要举措，被16世纪早期文人黄省曾盛赞“智哉，其区略也”。本文通过整理有关满剌加官厂的历史文献，考辨黄省曾文字记载的史料价值，并结合郑和下西洋的时代背景，分析其评价的时代性及历史价值。黄省曾认为在满剌加设立官厂是一种积极经略海外的智慧，明朝通过宗藩关系的治理，解决郑和船队在海峡要地的布局，肯定郑和下西洋的历史地位，为当时明朝的海洋政策提供了借鉴。黄省曾是明中叶最早反思明朝海洋政策的杰出代表。

关键词：满剌加官厂　文献辨析　区略　海峡治理

明永乐宣德年间，皇帝派遣郑和七次出使西洋各国，进行广泛的交往和贸易活动，出现海上“明初盛事”。① 在大规模持续航海活动中，郑和船队在东印度洋沿岸航海要地满剌加（今马来西亚马六甲市）、苏门答剌（印度尼西亚亚齐特别行政区北部）、榜葛剌（今孟加拉国及印度西孟加拉地区）三国口岸设立官厂，作为下西洋航海的重要基地。其中满剌加官厂，被16世纪早期文人黄省曾赞誉为“智哉，其区略也”②。这一评价，在郑和下西洋的历史文献中独树一帜，不仅是对明初郑和下西洋经略海洋价值的肯定，而且隐含着对明中叶政府采取的海洋政策的批评。本文结合15世纪初期马六甲海峡的地缘情势，试从“区略”视角进一步探讨满剌加官厂的历史价值。

一、《西洋朝贡典录》记载的官厂文献

黄省曾（1490—1540），字勉之，号五岳山人，吴县（今苏州）人，是明代著名学者，历时七年完成《西洋朝贡典录》。③ 该著是明中期唯一系统记录郑和下西洋的著作。他在书中把在满剌加

---

* 时平，上海海事大学海洋文化研究所教授、所长。

① 《明史》卷三〇四《郑和传》，中华书局，1999年，第5201页。

② 向达校注：《西洋番国志》“满剌加国”条，中华书局，2000年，第16页。

③ 贺玉洁在《再论黄省曾〈西洋朝贡典录〉》文中考证《西洋朝贡典录》“最终定稿当在嘉靖四年二月”，即1525年，不是学术界普遍采用的成书于1520年的观点。文载《史学理论研究》2018年第2期，第98页。

设立官厂与"建碑封城"视为"郑和航海中的三大经典事迹"之一。①

在中国历史文献中，迄今发现了五部记录满剌加"官厂"的著作，具体来说，相关记录包括明初期马欢《瀛涯胜览》"满剌加国"条、巩珍《西洋番国志》"满剌加国"条、明中叶黄省曾《西洋朝贡典录》"满剌加国"条、明末茅元仪《武备志》卷二四〇"航海"和张可仕撰《南枢志》卷一一三"西洋海道图"（即"航海图"）。据周运中研究，茅图和张图可能"同源"。② 本文采用学界广为使用的茅图作为研究依据。前三部文献都记述了满剌加"官厂"的形制、功能及一些评论，但文中没有使用"官厂"一词。茅元仪《郑和航海图》图一六在满剌加国马六甲河左岸标注"官厂"位置，并标记郑和船队航行针路。③ 马欢、巩珍和黄省曾三人对满剌加官厂记述最多。黄省曾在书中"自序"中曾说："余乃摭拾译人之言，若《星槎》《瀛涯》《针位》诸篇。"④明确《瀛涯胜览》是他写作的重要依据。

马欢，字宗道，自号会稽山樵，浙江会稽（今绍兴）人，通晓阿拉伯语。他以通事和教谕身份曾随同参与了郑和船队第四次（1413 年）、第六次（1421 年）、第七次（1431 年）出使西洋，到访东南亚和印度洋周边 20 多个国家及地区。回国后，以亲身经历，"采摭诸国人物之妍媸，壤俗之同异，与夫土产之别，疆域之制，编次成帙，名曰《瀛涯胜览》"⑤。其中记录了满剌加官厂，如下：

> 凡中国宝船到彼，则立排栅，城垣设四门更鼓楼，夜则提铃巡警。内又立重栅小城，盖造库藏仓廒，一应钱粮顿在内。去各国船只俱回到此处取齐，打整番货，装载停当，等候南风正顺于五月中旬开洋回还。⑥

马欢先后三次出使西洋，多次亲历官厂，所记属于第一手原始文献，史料价值向来"最为珍贵"。⑦ 他的官厂记述放在"满剌加国"条最后，为客观叙事，没有人为评论。其记录留下四个方面的信息：第一，官厂是郑和率领的"中国宝船"到来后所建。"则立"意味着是船队航海必须做的事项，其中隐含官厂建立时间的信息。第二，记录了官厂的形制。官厂由内外两层木制排栅组成：外层为排栅，建有四座城门、角楼，昼夜有兵士警戒；内层为坚固城垣，形似一座小城，建有大量库仓。第三，官厂主要担负存储货物等功能。马欢和巩珍记载的仓储"完备"，表明其为保障郑和船队中转货物；"钱粮顿在内"，说明官厂提供船队所需的粮饷补给。根据马欢对西洋各国的种植业描述，当时途经的苏门答剌、锡兰山等国均不是盛产粮食的国度，难以提供大量船上粮供。其他存储货物，船队返回时在此整理并装载返航。依据巩珍《西洋番国志》所记，各分䑸"先后迟早不过五七日俱各到齐"满剌加，⑧表明官厂是保障船队返航时货物的中转货栈。第四，准确记载郑和船队从满剌加返航的时间是五月中旬，正值印度洋西南季风刚开始的季节。

---

① 贺玉洁：《再论黄省曾〈西洋朝贡典录〉》，《史学理论研究》2018 年第 2 期，第 102—103 页。

② 周运中：《郑和下西洋新考》，中国社会科学文献出版社，2016 年，第 70—85 页。另外，周运中比较了张可仕撰《南枢志》卷一一三"西洋海道图"（即"航海图"）与茅元仪《武备志》卷二四〇"航海"中标注"官厂"的海图，两者一致。

③ 向达校注：《郑和航海图》，"中外交通史籍丛刊"1，中华书局，2000 年，图 50、图 53。

④ （明）黄省曾著、谢方校注：《西洋朝贡典录校注》"自序"，中华书局，2000 年，第 8 页。

⑤ （明）马欢著、万明校注：《明本〈瀛涯胜览〉校注》"自序"，广东人民出版社，2018 年，第 1 页。

⑥ （明）马欢著、万明校注：《明本〈瀛涯胜览〉校注》"满剌加国"，第 38 页。

⑦ 《明代马欢〈瀛涯胜览〉版本考（代前言）》，（明）马欢著、万明校注《明本〈瀛涯胜览〉校注》，第 1 页。

⑧ 向达校注：《西洋番国志》"满剌加国"条，第 17 页。

每年四月末至九月,印度洋盛行夏季风,五月中旬时,在马来半岛至孟加拉湾南部已生成西南季风,是向东航行的最佳季节。马欢所记与祝允明在《前闻记》记录的第七次下西洋"五月十日"自满剌加返航的时间一致。① 1511年7月初到达马六甲的葡萄牙指挥官阿布奎克评价说:马六甲"成为季候风的起点与终点"②。马欢的记载只是对官厂进行描述,明确官厂在郑和航海活动中的补给、储货、转运和候风的功能。

《西洋朝贡典录》中记载官厂如下:

> 论曰:传云③,海岛邈绝,不可践量,信然矣。况夷心渊险不测,握重货以深往,自非多区略之臣,鲜不败事也。予观马欢所记载满剌加云,郑和至此,乃为城栅鼓角,立府藏仓廪,停贮百物,然后分使通于列夷,归䑸则仍会萃焉。智哉其区略也。满剌加昔无名号,素苦暹罗,永乐初始建碑封城,诏为王焉。其内慕柔服,至率妻子来朝,实若藩宗之亲矣,则和至贮百物于此地,曷有他虑哉!智哉其区略也。④

黄省曾对官厂的记述是依据《瀛涯胜览》的记载,没有像马欢一样保持客观叙事,而是把官厂置于明中叶面临的日趋严峻的海洋时局和明初下西洋经略天下的视域中,分三层逐次评论,带有明中叶有识之士对明初郑和下西洋之举的一种再认识,一定程度上包含对明初以来海洋政策得失的看法。叙事风格与明初郑和下西洋亲历者马欢全然不同。如他序中所说,"稽之宝训",资鉴后世,因此在"满剌加国"条最后有"太史公曰"范式之评论,可见资政经世的用意。

第一层评论,黄省曾从明朝面临的日趋被动的海洋形势,指出海外情势凶险,番国态度复杂不可预测,明朝海上实力已弱,没有善于"区略"海洋的官员,明朝船队不具备携带"重货"远洋各国的能力,感叹明朝经略海外能力的缺失。黄省曾所处的时代,正值从明初到明中叶,明朝海洋形势由盛转弱,海外影响力萎缩,所交往的各国限于周边,不出满剌加。欧洲葡萄牙人沿印度洋占领马六甲,进入南海地区,1517年秋抵达中国沿海珠江口屯门岛,再到达闽浙沿海,海上势力直接影响中国最发达的江南腹地。同时,日本对明朝逐渐采取强硬态度,海盗在中国沿海侵扰猖獗。成化四年(1468)日本使臣麻答二郎在华行凶;嘉靖二年(1523),日本使节宗设谦道在宁波因接待礼遇之争而伤人。⑤ 明朝海上力量日渐削弱。有研究专门指出:"官府丧失了对海上势力的节制。"⑥至嘉靖年间,"浙闽海防久惰"⑦。目睹日益严峻的海洋危机态势,黄省曾以郑和下西洋经略海洋的历史,为明朝现行的海洋政策提供有益的借鉴,所谓"不有记述,恐其事湮坠,后来无闻焉"⑧。

第二层评论,黄省曾认为郑和在满剌加"立府"是"智哉,其区略也"。他肯定官厂在明朝郑

---

① (明)祝允明:《前闻记》"下西洋"条,商务印书馆,1937年,第74页。

② [葡]多默·皮列士著、何高济译:《东方志:从红海到中国》,中国人民大学出版社,2012年,第255页。另还可参见该书第235、237页相关评价。由于翻译的准确性原因,本文采用的译文,转引自张奕善《明代中国与马来亚的关系》,台北:精华印刷馆股份有限公司,1964年,第32页。

③ "传云"指马欢《瀛涯胜览》"满剌加国"传。

④ (明)黄省曾著、谢方校注:《西洋朝贡典录校注》"满剌加国"条,第43页。

⑤ 《明宪宗实录》卷六〇;《明世宗实录》卷二八。

⑥ 王日根:《明清海疆政策与中国社会发展》,福建人民出版社,2006年,第77页。

⑦ 《明史》卷二〇五《朱纨传》。

⑧ (明)黄省曾著、谢方校注:《西洋朝贡典录校注》"自序",第8页。

和船队交往各国中的战略价值,强调满剌加官厂因"停贮百物""分使列夷""归则会萃"的功能成为郑和下西洋船队依托的基地,具有经略海上的战略作用。

第三层评论,黄省曾从宗藩关系与官厂的联系,评价选址满剌加建立官厂的"区略"智慧。明朝通过调整宗藩关系来治理天下秩序。永乐元年(1403)十月,朝廷派正使太监尹庆、副使太监闻良辅携即位诏书前往海外多国,"宣示威德及招徕之意。其酋拜里迷苏剌大喜,遣使随庆入朝贡方物"①。永乐皇帝对此大加赞许,采取"建碑封城,诏为王"的举措,使满剌加从"服属暹罗"的地位转向与明朝建立"藩宗之亲"的王国,②并在那里设立海外官厂,使郑和下西洋"百物于此地,曷有他虑",从而保障了郑和船队的航行和贸易。黄省曾认为明初通过宗藩关系治理,解决了郑和船队在海峡要地的布局,实现了官厂的长期稳定与安全,他称赞这种联动并举的行为是经略海外的一种"区略"。

黄省曾的评价,注重从经略海外角度肯定满剌加官厂的作用。表明郑和下西洋停止九十多年后,面临明朝海洋形势危情,明中叶有学者开始反思明朝的海洋政策,肯定郑和下西洋的战略作用;表现了黄省曾对明朝经略海外的一种思考,开启了对郑和下西洋再认识的风气。观察明中叶历史文献,从明正德以后至明末,介绍郑和事迹的书籍逐渐增多,对郑和下西洋的评价也变得积极。范金民教授认为这"是郑和下西洋评价越来越高的时代"③。当时评价郑和下西洋的意图,明显是为明朝所处的海疆被动形势提供一种经略海洋的历史借鉴和激励。如黄衷(1474—1553)在《海语》中描述:"余尝考洪武、永乐之际,海上朝贡之国四十有一,麒麟再至,名珍异贝,充牣帑藏。"④明万历二十五年(1597)罗懋登以郑和下西洋为题材创作的《三宝太监西洋记通俗演义》(简称《西洋记》)⑤,就是看到当时"今日东事倥偬,何如西戎即叙,不得比西戎即叙,何可令王郑二公见,当事者尚兴抚髀之思乎!"⑥目的是以明初郑和下西洋的海上辉煌,唤醒民族的"郑和记忆",重振晚明衰弱的海疆。⑦ 还有茅元仪、顾起元、茅瑞征等人的著作。

由此可见,黄省曾对满剌加官厂的评价,既是对郑和下西洋经略海洋战略价值的一种肯定,更体现了对明朝海洋政策的一种新的认识,成为明中叶开始反思明朝海洋态度的杰出代表。

二、《西洋朝贡典录》相关记述的史料价值

《西洋朝贡典录》的史料价值,在郑和研究中受重视程度不足。一是该书历史上长期以传抄

---

① 《明史》卷三二五《外国六・满剌加》。

② (明)黄省曾著、谢方校注:《西洋朝贡典录校注》"满剌加国"条,第43页;《明史》卷三二五《外国六・满剌加》。

③ 范金民:《明清时期郑和下西洋评价的几个阶段》,《郑和研究》1989年5月总第8期,第61页。

④ (明)黄衷:《海语》"自序"。

⑤ 据李春香研究,《新刻全像三宝太监西洋记通俗演义》百回本,是目前发现最早的刊本,但不是初印版。参见氏著《〈西洋记〉版本的文化学研究》,《明清小说研究》1998年第4期,第254页。

⑥ (明)罗懋登著,陆树崙、竺少华校点:《三宝太监西洋记通俗演义》上"自序",上海古籍出版社,1985年,第19—20页。

⑦ 邹振环:《〈西洋记〉的刊刻与明清还放危机中的"郑和记忆"》,时平、[德]普塔克编《〈三宝太监西洋记通俗演义〉之研究》,德国威斯巴登:Harrassowitz Verlag,2011年,第29页。

本存世,到1808年之后才得以刊刻流传,①不像马欢、费信和巩珍"三书文献"流传广泛。二是该书所载除最后史评外,记述内容主要录自《瀛涯胜览》《星槎胜览》等书,从史料内容考察,并没有超过"三书文献"的范畴。自伯希和、冯承钧、谢方、陈麦青等相继深入研究后,该书的史料价值被郑和研究领域所重视,并被收录在郑鹤声、郑一钧编《郑和下西洋资料汇编》之中。②

比较其他郑和下西洋历史文献,《西洋朝贡典录》在史料方面有自己的特色。黄省曾在《自序》中说:"愚尝读秦汉以来册记,诸国见者颇鲜。……余乃摭拾译人之言,若《星槎》《瀛涯》《针位》诸篇,一约之典要,文之法官,征之父老。"③所著不仅依据马欢《瀛涯胜览》、费信《星槎胜览》,还看到已经失传的《针位篇》。谢方先生认为该书"很可能就是郑和下西洋时舟师所用的或其后整理出来的'针簿'"④。显然黄省曾看到过当时尚存的郑和下西洋文献记录。

从黄省曾生平考察,当时他曾看到过南京内宫档案。明正德二年丁丑(1517),他应南京兵部尚书乔宇邀请赴南京,翌年二月随乔宇检视南京大内,奉命撰写《建业大内记》,记录南京皇宫纪事。⑤ 他对明中期宫阙记载甚为详细,很有可能接触过与郑和下西洋相关的官方档案资料,通过《西洋朝贡典录》纠补的《瀛涯胜览》《星槎胜览》"满剌加国"中记载的年代事迹,与《明实录》所记甚为相符。

另外,黄省曾与《前闻记》作者祝允明同邑,"是忘年之交,彼此相知相善"⑥。祝允明(1461—1527)曾担任南京通判,《前闻记》写有"下西洋"条,记录第七次船队出使的具体航程、时间、人数、船名等,实为原始记录。由此推断,祝允明看过郑和下西洋遗留下来的材料,是否是郑和航海行程档案,不得而知。如是,说明当时还存有郑和下西洋的档案。祝允明编修过《新太仓州志》。太仓曾是郑和下西洋主要的集结地,志书中记载了郑和下西洋与太仓的相关内容。他还为《西洋朝贡典录》作序。黄省曾用了七年时间完成此书,写作过程中应看到过祝允明手上的资料,说明黄省曾时代有可能接触到仍存世的郑和下西洋资料。贺玉洁对《西洋朝贡典录》的史料价值进行了专门研究,指出历代中外学者多肯定该书"足与《明史》相证佐"⑦,可校正《瀛涯胜览》《星槎胜览》《西洋番国志》中记载的错误、脱误,依据《针位篇》补充有关航路、各地土特产品及"贡品"等的记载内容。⑧ 说明黄省曾在资料方面,参阅郑和出使档案文献的可能性很大。

还值得注意的是,黄省曾为军户出身的"海军世家",⑨先祖黄斌及其两子黄忠、黄信等任苏州卫所百户,"可昭信校尉,管军百户,宜令黄斌准此,除兴武卫,寻调守苏州,赐银符,(洪武)六年,从靖海侯吴祯,泛海转运定辽粮储"⑩,参加明洪武朝海运。《先昭信府君墓碑》中记载了其六世祖黄斌从太仓到辽东的海上运粮航线和航海技术:"其海道:遮洋船出刘家港,由满谷沙、

① 贺玉洁:《再论黄省曾〈西洋朝贡典录〉》,《史学理论研究》2018年第2期,第101页。
② 参阅郑鹤声、郑一钧编《郑和下西洋资料汇编(增编本)》,海洋出版社,2005年。
③ (明)黄省曾著、谢方校注:《西洋朝贡典录校注》"自序",第8页。
④ (明)黄省曾著、谢方校注:《西洋朝贡典录校注》"前言",第3—4页。
⑤ 李清宇:《五岳山人黄省曾年表稿》,《中国文学研究》第23辑,复旦大学出版社,2014年,第118页。
⑥ 贺玉洁:《再论黄省曾〈西洋朝贡典录〉》,《史学理论研究》2018年第2期,第97页。
⑦ (清)翁方纲:《翁方纲纂四库提要稿》"西洋朝贡典录"条,上海科学技术文献出版社,2005年,第378页。
⑧ 贺玉洁:《再论黄省曾〈西洋朝贡典录〉》,《史学理论研究》2018年第2期,第101页。
⑨ 陈晓珊:《明朝初年的海运军卫与海军世家——以黄省曾家族为例》,中国社会科学院历史研究所明史研究室《明史研究论丛》第11辑《明代国家与社会研究专辑》,故宫出版社,2013年,第57—74页。
⑩ (明)黄省曾:《先昭信府君墓碑》,《五岳山人集》卷三八,明嘉靖刻本。

崇明黄连沙北指，没印岛、黑水大洋、延津岛、之果、成山，西绕夫人山，东出刘岛鸡鸣山、登州沙门岛，以达于辽阳。昼则主针，夜则视斗，避礁托水，观云相风。”①五世祖黄信参与永乐时期海运：“永乐元年出海督运辽东金州粮储。二年命总兵官一人、副总兵一人，统海运至直沽。以三板划船转至通州，时方营北京且用师沙漠也。信则二年至七年，皆督此役，且监造海舶于金陵，至八年正月二十五日，卒于监邸。”②说明黄省曾家族熟悉航海活动，了解航海技术知识和海运轶事。以上所论，都表明《西洋朝贡典录》所记的真实性和专业性高，有重要的史料价值。伯希和、冯承钧曾根据本书校正马欢《瀛涯胜览》、费信《星槎胜览》、巩珍《西洋番国志》中记载错误的地名、文字错讹及脱误。其史料价值得到学术界的公认。

三、从郑和时代马六甲海峡形势看黄省曾“区略”评价

“区略”一词在中国史籍中比较鲜见，词义学中也缺乏诠释。黄省曾把郑和在满剌加设立“官厂”视为“区略”之举，意指对西洋地区的战略性经营，带有经略意义。“区略”的评语，包含对郑和下西洋的时代价值和历史借鉴的评价。就“区略”的历史价值而言，需要从15世纪初马六甲海峡局势与郑和下西洋关系的时代背景中分析。

马六甲海峡位于马来半岛与苏门答腊岛之间，呈东南—西北走向，西北端通安达曼海进入印度洋，东南端通太平洋。海峡水深由北向南、由东往西递减，两岸地势低平，淤积旺盛，西岸多为大片沼泽和泥质性岛屿，大船不易靠岸；东岸有零散的岬角或岩岛，航路吃水较深，便于大型船舶航行停泊。

在公元前后，马六甲海峡已经沟通南海至印度半岛的航线，到唐代时便成为东西方海上交往的主要通道。明朝建立，朱元璋集中精力整治国内事务，对外改变元朝用兵威服的政策，采取主动交往、审慎怀柔的对外政策。据《明实录》记载，洪武年间，明朝先后遣使30次，访问周边12个国家，有17个国家先后遣使135次访问中国，建立起明朝的朝贡关系。但受明初北元势力和沿海方国珍、张士诚反明势力威胁，明朝对外的朝贡制度与对内实施的“海禁”政策是并举的。“海禁”政策影响并制约了对外交往，随着室利佛逝王朝的衰弱，到明朝洪武年间，马来半岛上的暹罗阿瑜陀耶王朝，因1388年波隆摩阇者国王去世，陷入长时间的王位争夺，对海峡地区的影响因此被削弱。1397年，爪哇满者伯夷灭亡室利佛逝王朝，但也缺乏力量控制海峡，海峡地区出现失控状态。《明史》记载旧港“国中大乱，爪哇亦不能尽有其地，……华人流寓者往往起而据之”③。陈祖义成为控制海峡的最大的海盗集团，海峡两岸小国和部落政权林立，海盗活动猖獗，海峡航运安全得不到保障。《明实录》中记载：洪武十年(1377)朱元璋下诏册封三佛齐国王子麻那者巫里为新国王，派遣使者前往册封，但使者一直没有返回；来华朝贡使团被扣押、被杀害也时有发生；旧港和苏门答剌向明朝朝贡，寻求保护，遭到满者伯夷、暹罗的直接阻拦。史

① (明)黄省曾：《先昭信府君墓碑》，《五岳山人集》卷三八。
② 同上。
③ 《明史》卷二一二《外国五·三佛齐》。

书记载称“使臣商旅阻绝”①,明朝的大国威望下降。到永乐时期,国势逐渐繁盛,皇帝朱棣采取积极的对外政策,扩大明朝的威望,尝试建立以皇帝为中心的天下秩序,实现所谓“大一统”盛世。《明史》曾评论:“自成祖以武定天下,欲威制万方,遣使四出招徕。……又北穷沙漠,南极溟海,东西抵日出没之处,凡舟车可至者,无所不届。”②派遣郑和率领庞大船队多次出使西洋,采用“耀兵异域,示中国富强”“厚往薄来”和“宣德化而柔远人”的“王道”方式,交往海外数十个国家,甚至远航东非沿岸诸国,治理天下。而天下秩序的中心纽带,是马六甲海峡—锡兰山岛—古里的航路,它连接西洋各国,控制着东西方的交往和主要贸易。马六甲海峡是航路的中心环节,直接影响天下秩序的建立。根据马六甲海峡动荡不稳的形势,郑和集中精力在马六甲海峡地区采取如围剿海盗、建立旧港宣慰司、扶植满剌加立国、设立官厂、平定苏干剌叛乱等“区略”举措。郑和下西洋期间,先后在海外的旧港、阿鲁洋、绵花屿、锡兰山、苏门答剌五次用兵,③除锡兰山战事外,其余四次都集中在通过马六甲海峡经过的航路地区,尤其是海峡两端控扼的航运要冲。

首先,清剿马六甲海峡海盗势力,设立旧港宣慰司。第一次下西洋时期,在永乐四年五六月间,④郑和集中主力消灭位于马六甲海峡东端、“扼诸番舟车往来之咽喉”的旧港的陈祖义海盗集团。《明实录》记载:“杀贼党五千余人,烧贼舡十艘,获其七艘,及伪铜印二颗,生擒祖义等三人。既至京,命悉斩之。”⑤为了实现长效治理,明朝采取“区略”措施之一,依托旧港华人,于永乐五年(1407)九月设立明朝直接管辖的旧港宣慰司。《明实录》记载:“设旧港宣慰使司,命进卿为宣慰使,赐印诰冠带、文绮、纱罗。”⑥该机构是明朝在海外设立的管理当地华人的“土司”。朝廷任命当地华人首领施进卿、梁道明为正副宣慰使,管理华人,稳定旧港社会秩序,从而维护马六甲海峡东南出口航路的安全。永乐四年七八月间,又进剿马六甲海峡中部地区阿鲁洋和绵花屿的海盗势力。明代兵部档案《卫所武职选簿》中有:“李荣,乐清县人。原系神策卫水军所军人,永乐四年旧港杀败贼众,七月棉花屿洋杀获贼船,八月阿鲁洋剿杀贼人,永乐五年升小旗。”⑦阿鲁位于苏门答腊岛中北部,马六甲海峡南岸,今勿拉湾地区,是当时往马六甲海峡航行至“西洋总路头”苏门答剌必须经过的地方。绵花屿位于马来半岛西南岸,马六甲海峡北侧,今巴生港一带,紧邻马六甲海峡航道。郑和船队率先打击猖獗的海盗势力,并在航运要冲采取“区略”举措,设立旧港宣慰司,从而保障了马六甲海峡要冲旧港地区的稳定和航运安全。

其次,明朝积极扶植满剌加立国,并设立官厂。满剌加位于马来半岛南部,是海峡中部航路要地,处于受印度洋季风影响的东部边缘地带。帆船时代,满剌加对于进出印度洋的航行和海峡控制来说属于海峡要冲。根据学界的研究,明代以前的中外历史文献中没有出现过“满剌加”的名称,英国研究马来西亚的历史学者理查德·温斯泰德认为:“马六甲在1292年既不为马可·波罗所谈到,在1323年也不为波德诺内的弗拉·奥多里科所记载,1345年伊本·巴图塔

---

① 《明太祖实录》卷二五四。

② 《明史》卷三三二《坤城传》。

③ 根据明朝兵部《卫所武职选簿》的统计。参见徐恭生《再谈郑和下西洋与〈卫所武职选簿〉》,《海交史研究》2009年第2期,第31—47页。

④ 徐恭生:《再谈郑和下西洋与〈卫所武职选簿〉》,《海交史研究》2009年第2期,第33页。

⑤ 《明太宗实录》卷五二。

⑥ 《明太宗实录》卷七一。

⑦ 中国第一历史档案馆、辽宁省档案馆编:《中国明朝档案总汇》第74册,广西师范大学出版社,2001年,第246页。

或 1365 年的《爪哇史颂》也都没有提到它，显然它还不过是一个渔村而已。"①郑和船队到来之前，满剌加"旧不称国"，没有国王，属于暹罗国藩属酋长式政体，每年朝贡四十两黄金。② 满剌加社会人口不多，"田瘦谷薄，人少耕种"，渔猎、少耕、采锡是满剌加人的主要生活方式和社会景象，还不是航运贸易之地。③ 郑和下西洋对满剌加的"区略"，通过将"建碑封城"和设立官厂有效结合，使明朝掌握了马六甲海峡的主导权，保证了郑和大型船队经略西洋航行，加强了天下宗藩关系的治理。曾随郑和第三次下西洋的费信在《星槎胜览》中记载："皇上命正使太监郑和等赍捧诏敕，赐以双台银印，冠带袍服，建碑封域，为满剌加国，其暹罗始不敢扰。永乐十三年，酋长感慕圣恩，挈妻携子贡献方物，涉海朝谢，圣上赏劳归国。"④在明朝积极扶植下，满剌加从一个臣服于暹罗的酋长政权迅速成长为一个具独立色彩的国家。同时，郑和船队在满剌加设立大型官厂，作为郑和下西洋船队依托的最重要的航运基地，这一举措成为郑和下西洋时期"区略"马六甲海峡地区的模式之一，也是治理天下秩序战略布局中的一个关键环节。

第三，在苏门答剌设立官厂，平定苏干剌叛乱。苏门答剌国的地理位置与郑和下西洋船队航海的关系密切。它位于苏门答腊岛最西部海峡端口，历来是东西方海上贸易必经的口岸，马欢称之为"西洋之总路头"。⑤ 郑和船队在此分䑸前往以西的锡兰山、古里、溜山、祖法儿航路及以北的榜葛剌等国方向航路，但都集中在苏门答剌沿岸补给、贸易、候风和修理船舶。郑和船队在苏门答剌口岸设立"官厂"，是为有效保证分䑸航行。明朝一直保持与苏门答剌国的紧密关系。郑和第二次下西洋时期，正逢苏门答剌国内因王位继承持续战乱，社会陷入动荡，影响了东西方航海贸易和马六甲海峡的航行安全，也不利于永乐皇帝积极经营的天下秩序的建立。永乐十二年至十三年，郑和船队出动官兵，支持正统的国王之子继承王位，平定了苏干剌发起的内战，稳定住苏门答剌国的局势，保障了东西方海上交通枢纽苏门答剌的稳定，从而确保马六甲海峡航海贸易的通畅。马欢《瀛涯胜览》"苏门答剌国"条、费信《星槎胜览》"苏门答剌国"条中对此都有记载。明朝《卫所武职选簿》中"刘移住"等条记录得更为具体："十年复下西洋公干，十二年至苏门答剌，闰九月白沙岸与苏干剌对敌厮杀。"⑥稳定海上航路要冲是郑和船队治理马六甲海峡的又一"区略"方式。

郑和船队在满剌加设立官厂，是郑和下西洋治理马六甲海峡航行地区的举措之一。郑和在太仓刘家港《通番事迹碑》中记录："海道由是而清宁，番人赖之以安业。"⑦黄省曾高度评价在满剌加设官厂是一种积极经略海外的方略，肯定郑和下西洋在历史上的战略价值，这一评价实际上包含了对明中叶奉行的保守海洋政策的批评，黄省曾也因此成为明中叶最早反思明朝海洋政策、主张积极经略海洋的杰出代表。

---

① ［英］理查德·温斯泰德著、姚梓良译：《马来西亚史》上册，商务印书馆，1974 年，第 70 页。
② （明）马欢著、万明校注：《明本〈瀛涯胜览〉校注》"满剌加国"，第 34 页。
③ 参见时平《郑和下西洋前后的满剌加社会》，《东岳论丛》2014 年第 10 期，第 95—99 页。
④ （明）费信著、冯承钧校注：《星槎胜览》"满剌加国"条，南京出版社，2019 年，第 29 页。
⑤ （明）马欢著、万明校注：《明本〈瀛涯胜览〉校注》"苏门答剌国"，第 39 页。
⑥ 中国第一历史档案馆、辽宁省档案馆编：《中国明朝档案总汇》第 73 册，广西师范大学出版社，2001 年，第 145 页。
⑦ （明）钱谷：《吴都文粹续集》卷二八《道观·娄东刘家港天妃宫通番事迹碑》。

明代淮扬地区兵备道的建置与职能考述

齐创业*

摘　要： 兵备道是明代重要的地方行政制度，根据不同地方的治理重点而设置。南直隶扬州和淮安两府原属徐州兵备道管辖。该地区东端邻近大海，经常遭到海盗的侵袭，在嘉靖中期愈演愈烈的倭寇之乱中，单独设置了淮扬海防兵备道。万历二十四年之后，淮、扬二府又根据本地区特点进行了一系列兵备道和专职道的设置与调整。

关键词： 扬州　淮安　海防　兵备道　盐法

明代兵备道①作为按察司或布政司的派出机构，起源于文官监军体制，最初目的是协助督抚处理地方军务，一般由按察司的副使和佥事担任。② 其与督抚的设置情况类似，兵备道也是一种非正式制度，往往因事而设，事毕即撤。随着制度趋于稳定，兵备道在明朝中后期逐渐成为府卫和抚按之间的中间机构，除处理军务外还兼管其他职能，成为一种重要的地方管理制度。目前关于明代兵备道的研究已有相当数量，大多都侧重研究其制度、职能，其中以谢忠志的研究最为全面，尤其是对兵备道的源流、职能、与其他官员的关系作了大量论述。③ 另外也有一些关于兵备道在地域和个案上的研究，④但是对于不设三司的南、北直隶的兵备道缺少详细探讨。

---

* 齐创业，暨南大学历史地理研究中心硕士研究生。

① 明朝的道分为很多种。按所属部门分，有布政司派出的分守道、督粮道和督册道等，有按察司派出的分巡道、提学道、清军道、邮传道、水利道和兵备道等。其中分守道、分巡道和兵备道属于分区性质的道；督粮道、提学道、清军道、水利道等属于业务性质的道，专理一事。方志远指出，兵备道在崇祯年间遍布各地，取代当地的分巡、分守道，兼辖其他道的职能而成为道的主体，参见氏著《明代国家权力结构及运行机制》，科学出版社，2008年，第316页。

② 兵备道官员后期经常出现由布政司副官参政和参议担任的情况，文献中出现某某兵备副使、兵备佥事和某某省左右参政或左右参议某某道，都可视为兵备道。除此之外，兵备道还以兵宪、道臣、整饬兵备等相称。如果分巡道兼兵备道或兵备道兼分巡道则称兵巡道，兵备道兼粮储道则称兵粮道，兼盐法道则称兵盐道。

③ 何珍如：《明代的道》，《中国历史博物馆馆刊》，文物出版社，1991年；杨武泉：《明清守、巡道制考辨》，《中国史研究》1992年第1期；罗冬阳：《明代兵备初探》，《东北师大学报》1994年第1期；张小稳：《明清时期道的分类及其功能演变——现代行政督察专员区公署制渊源的视角》，《云南社会科学》2010年第3期；何朝晖：《明代道制考论》，《燕京学报》新6期，1999年；王天有：《明代国家机构研究》，北京大学出版社，1992年，第228页；谢忠志：《明代兵备道制度——以文驭武的国策与文人知兵的实练》，明史研究小组（台湾），2002年。

④ 耿少将：《明代羌族地区兵备道考》，《阿坝师范学院学报》2017年第2期；李鹏飞：《明代蓟州兵备道设立时间考》，《历史档案》2015年第2期；韩帅：《明代的天津兵备道》，《山东行政学院学报》2011年第1期；夏斌：《明中后期安庆地区建置考述——以兵备道和巡抚的设置为中心》，《历史教学》2018年第20期；赵树国：《明代辽东苑马寺卿兼金复海盖兵备道考论》，《兰台世界》2011年第1期。

兵备道并非只有一种固定称呼，有时会根据其职能特征来命名，如“沿海者称海防道，兼分巡者称兵巡道，兼管粮者称兵粮道”①。明代在沿海地区相继设立的海防道作为兵备道的一类，也称海防兵备道。南直隶的淮安府和扬州府东部靠海，主要为黄河冲积泥沙地貌，滩涂遍布，是明朝海防的组成部分。尤其是扬州府南临长江，为江海联防之区，是官府重点经营的海防要地。另外，淮扬地区为运河所经之处和两淮产盐之区，因其特殊的地域特点，明中后期设置了一系列与此相关的专职道。本文即以淮扬地区设置的淮扬海防兵备道及其后演变的专职道为例，旨在探索兵备道和专职道在淮扬地区的设置由来、运行情况和地域特征。

一、淮扬地区纳入兵备道管理：徐州兵备的设立

兵备道最早设置在九边和西南少数民族地区。② 随着全国军事形势的变化与社会动乱的频发，各地相继设置兵备道。据沈德符的《万历野获编》载：“正德间，流寇刘六等起，中原皆设立矣。至嘉靖末年，东南倭事日棘，于是江、浙、闽、广之间，凡为分巡者无不带整饬兵备之衔。”③

淮扬地区纳入兵备道管理系统自徐州兵备道设立而始。徐州兵备道的设置可追溯到弘治十六年(1503)汪舜民前往淮扬地区赈济灾民。南京都察院右副都御史汪舜民于正德二年(1507)去世，《武宗实录》对汪舜民的个人生平作了简要叙述，其中有“以母忧归，服阕赴京。会淮、扬大侵，议遣官赈济之。用荐，改注山东，理其事兼徐州兵备”④之记载。由此可知，当时淮扬地区遭到大饥荒，朝廷需派遣官员前往赈济，于是汪舜民前往，同时兼理徐州兵备道。但是此条记载没有提及汪舜民兼徐州兵备道的确切时间。笔者在《孝宗实录》找到了这次汪舜民前往赈济的具体记载：“吏部尚书马文升言近闻直隶淮、扬、庐、凤四府及浙江宁波等府旱灾，人民艰食。请敕大臣一人往浙江，才干部属二人往直隶赈之。……起复副使汪舜民铨注山东按察司往淮扬。”⑤弘治十六年(1503)，南直隶的淮安府、扬州府、庐州府和凤阳府以及浙江宁波等府发生旱灾，朝廷派遣一人前往浙江，一人前往淮、扬二府，一人前往庐、凤二府。其中汪舜民被派往淮、扬二府进行赈济。又按，明制“两京不设布按，无参政参议副使佥事，故于旁近布按分司带管”⑥，因此前往淮扬的汪舜民挂山东按察司衔任职，此后徐州兵备道也都寄衔于山东按察司。于此可推知，弘治十六年(1603)徐州兵备曾一度设立。但仅仅存在两年，明廷便于弘治十八年(1505)“革徐州等处兵备副使”⑦。

正德五年(1510)十月，刘六、刘七发动起义，迅速波及北直隶和山东等地。同年十二月，明廷“升常州府知府张宪为山东按察司副使整饬徐州等处兵备”⑧。刘六、刘七起义被平定后，明

---

① (明)申时行等：《明会典》卷一二八《兵部十一·督抚兵备》，广陵书社，2007年，第1827页。
② 罗冬阳：《明代兵备初探》，《东北师大学报》1994年第1期。
③ (明)沈德符：《万历野获编》卷二二《司道·整饬兵备之始》，中华书局，1959年，第569页。
④ 《明武宗实录》卷二七“正德二年六月丙戌”条，台北：台湾“中研院”历史语言研究所，1962年，第706—707页。
⑤ 《明孝宗实录》卷二〇三“弘治十六年九月丁丑”条，第3779页。
⑥ 《明史》卷七五《职官四》，中华书局，1974年，第1839页。
⑦ 《明武宗实录》卷四“弘治十八年八月戊寅”条，第143页。
⑧ 《明武宗实录》卷七〇“正德五年十二月庚寅”条，第1547页。

廷于正德十年（1515）十二月，“革曹州、武定州、大名府兵备官。兵部议：九江、徐州、曹州、武定州、大名府五处兵备官，皆以盗贼添设。今事已宁，惟徐州兵备宜留，余皆可革。从之”①。徐州由于其处于水陆交通要道，地理位置突出，对于维护地方治安、管理运河必不可少，所以兵部针对五处因盗贼而设的兵备道的存留，选择只保留徐州兵备道，最终也得到了正德皇帝的同意。②

徐州兵备的管辖范围在《江南通志》中有明确记载：“正德六年设，原统淮、扬、徐及凤阳之宿州、灵璧及徐州左卫，邳、宿、淮安、大河、高邮、仪征、山东之沂州等卫，通、泰、盐城、兴化、海州、东海、山东之莒州等所。”其中扬州府、高邮卫、仪征卫、通州所、泰州所为扬州府境内。实际上，徐州兵备道设置前期的管辖范围并不含府县，据刊刻于嘉靖十三年（1534）的《南畿志》载：“山东按察兵备副使，驻徐州，统制徐州卫、徐州左卫、邳州卫、泗州卫，淮安、大河以南至仪真五卫；通州、兴化和盐城三所；并设于境外者。”③可见，直到嘉靖十三年（1534），徐州兵备道所管理的仍然仅局限于卫所，而不涉及府县。《江南通志》可能根据后来兵备道统辖府、卫两种单位机构，倒推徐州兵备道初设时就已辖府县，是不合理的。

从上可知，徐州兵备道第一次因赈济灾民而设，第二次因盗乱而设。复设后的徐州兵备道以徐州为中心，希望调集辖区内军事力量来平定叛乱。但淮扬地区毕竟为江海联防之地，常受江贼海盗的侵扰，在面对紧急事件需要兵备道处理时往往显得捉襟见肘。嘉靖中后期，随着倭乱的愈演愈烈，淮扬地区终于脱离徐州兵备道的节制，成立了淮扬海防兵备道。

二、倭寇侵扰：淮扬海防兵备道的设立

倭寇在明初就已出现，但规模尚小。嘉靖二年（1523），明世宗罢市舶司，日本与明朝官方贸易之路断绝，贪图重利的日本商人与武士、浪人勾结进行走私与劫掠。另一方面，明朝土地兼并日益严重，失去土地的百姓下海谋生，成为海盗。海盗与倭寇相勾结，直接危害着明朝的东南沿海，在嘉靖中期酿成了严重的倭乱问题。

为保障南直隶的安全，明廷先后设置了淮扬海防兵备道和常镇兵备道。淮扬海防兵备道的设立情况据《明实录》载：

> 调原任湖广按察司副使张景贤整饬淮扬兵备专理海防。时海寇未靖，总督漕运侍郎郑晓及直隶巡按御李逢时共请添设兵备一员专住泰州以防通、泰、海州海贼出入之路。吏部覆从其请，因调景贤为之，仍列衔于湖广。④

《实录》大致交代了淮扬海防兵备道的设置情况。关于郑晓上疏所言的具体内容，在其年谱中可以找到：

> 淮、扬地方滨连江海，而通、泰尤为紧要，原属徐州兵备管辖，相去将千余里，一遇有警，卒难援济。合无添设兵备副使一员，专管通、泰、海州一带海道兼理扬州府军民，商□词讼

① 《明武宗实录》卷一三二“正德十年十二月己巳”条，第2628页。

② 九江兵备道随后也被保留，笔者将另文讨论。

③ 嘉靖《南畿志》卷三《总志・戎备》，《中国方志丛书》华中地方第452号，台北：成文出版社，1983年，第151页。

④ 《明世宗实录》卷四一〇“嘉靖三十三年五月庚戌”条，第7149页。

> 及屯田、河道、捕盗等事，驻扎泰州，相度险要分布官兵，修理城隅，打造海船，置办器械，选募骁勇，操练兵马，区处钱粮，抚回良善，解散胁从。一应军务，悉听从宜酌处。倭寇生发把截剿捕，仍与参将计议，而行各该府州县卫所，俱听调用，乞敕该部。查照浙西事例，添设参将、兵备副使各一员，就于附近官员内不拘年资，惟取才力推用，请敕行事。仍拄衔江西、湖广。远省免得往返辞谒耽误日时，应得俸薪就于扬州府支给，吏部覆允，推副使张景贤调用。①

淮安府和扬州府滨连江海，其中以通州和泰州两地最为重要。但是其距离徐州兵备道驻地徐州较远，在处理淮扬地区沿海防务时会显得鞭长莫及。在此需江海联防的地区，本应设一海防专官以便管理，却迟迟未设。最终，在倭寇之乱的压力下，朝廷在嘉靖三十三年(1554)设置淮扬海防兵备道。该道专管泰州、通州到海州(今连云港)一带的海道防御，同时兼理扬州府军民，而没有涉及淮安府的军民。说明此时淮扬海防兵备道对于淮安府的管理仅仅触及沿海军事力量的节制，方便沿海统一调度。但是《明会典》中记载："淮扬海防一员。驻扎泰州，整饬淮、扬海防江洋。仍分管扬州、仪真、高邮等卫，泰州、盐城、通州等所。京操官军。"②《会典》中记载的淮扬海防管辖范围不包括淮安府境内的海州，笔者认为是"等所"中将其省略，否则无法构建出完整的淮扬海防体系。另外，淮扬海防兵备道的俸薪在扬州府支给，可见无论是从驻地、支俸或管辖范围角度看，淮扬海防兵备道都是以扬州府为重心。关于寄衔问题，同前述徐州兵备道设置时类似，位于南直隶的淮、扬二府因没有布、按二司，只能寄衔于邻省的江西和湖广。

淮扬海防兵备道为抗倭而设，军事职能便是其首要职能。许多兵备官亲临一线，直接参与了与倭寇的作战。他们作战勇敢，在担任淮扬海防兵备道官期间留下优异的战绩。首任兵备副使张景贤上任之时，倭寇来犯，他"自出督战，以火攻方略，一股歼之"③。第三任兵备官刘景韶，用计将倭寇围于庙湾，但贼始终不出，刘景韶乃令"水兵载苇焚其舟，贼争救舟，我兵乃撤其所营西街墙屋，贼撮营东街，致死敌杀伤甚众，其垒益固。于是景韶约二十四日，水陆进击之，是日夜大雨，倭乃潜遁入舟，我兵进据其巢，追奔至虾子港，颇有斩获，余倭无几，不能战，因乘风之便开洋而去，于是江北倭寇尽以平之"④。

淮扬海防兵备驻地选择在泰州，是考虑到泰州居于扬州府沿海地区的中间位置，遇事可以居中调控。据万历《扬州府志》载："在州治南，嘉靖三十三年建。"⑤以后保持设于此地不再迁移。

除了军事职能外，淮扬海防兵备道的职能包括调度府州县卫所的"屯田、河道、捕盗等……修理城隅，打造海船，置办器械，选募骁勇，操练兵马，区处钱粮，抚回良善，解散胁从"。另外，淮扬海防兵备道还担负漕运的职能：大运河为明朝的经济命脉，漕运一事是国家大计，明廷除了设置漕运总督以外，还命沿运河的兵备道同时兼管河道任务。淮安府和扬州府处于大运河沿线，自然担负河道职责。据"敕都察院右副都御史潘季驯……南直隶淮扬州、颍徐州……各地方

---

① (明)郑履淳：《郑端简年谱》卷一《淮阳类》，《续修四库全书》史部第476册，上海古籍出版社，2002年，第520页。

② (明)申时行等：《明会典》卷一二八《兵部十一·督抚兵备》，第1831页。

③ 万历《扬州府志》卷十《秩官志下》，《北京图书馆古籍珍本丛刊》史部第25册，北京图书馆出版社，2000年，第173页。

④ 《明世宗实录》卷四七二"嘉靖三十八年五月甲午"条，第7935页。

⑤ 万历《扬州府志》卷二《公署》，第52页。

听其督理，各兵备道悉听节制。务要保护运道以保无虞。如遇盗贼生发，即便严督该道率领官兵上紧缉剿，毋致延蔓”①。潘季驯担任河道总督期间，对黄河与运河进行整治，使得明朝经济大动脉舒畅运行，淮扬海防兵备也出力不少。在漕运治理中，如“淮扬海防兵备兼管河道浙江按察司副使陈耀文呈称：查勘得花园港坐落瓜洲镇之西，自江口迤北抵时家洲，河岸约长六里有余，此兼理一闸，竟达江浒，漕艘便利”②，并对此作了一番规划，以期达到“咽喉通利，血脉贯穿”。可见淮扬海防兵备道在保障运河河道通畅方面是作出了重要贡献的。

为了管理漕运，明廷还专门设置了专职道——漕储道。隆庆六年（1572）正月，“以总督漕运王宗沐言命山东参政潘允端移驻淮安，专理漕务”③。此事标志着漕储道正式设立，作为漕运总督的辅助机构，对于漕务的运作发挥着重要作用，并至少沿用至崇祯九年（1636）不废。崇祯九年（1636）刊刻的《皇明职方图》中标注：“兵备道整饬淮海漕粮道，专管漕务，督理省直粮储，兼巡视河道，驻淮安。”④

三、淮、扬分属：两地兵备道与专职道的演变

（一）扬州海防兵备道的形成及其兼理盐法

前文所述淮扬海防兵备道管理范围包括扬州府的府县与卫所，在淮安府则仅为沿海一带。至于淮安府其他地区属于哪个兵备道管辖，目前尚未发现明确线索，但也有时人将淮安府视为淮扬兵备道的管辖范围。据载：“淮居南北之中，襟江带海。……其军马重务必须监司综理，故先年以扬州道兼之，曰淮扬兵备，迨后以徐州道兼之，曰淮徐兵备，至今无改。”⑤随着倭寇之乱逐渐平息，淮安府脱离淮扬海防兵备道节制，而与徐州兵备道合而为一，称为淮徐兵备道，不管辖淮安府地域的淮扬海防兵备道便演变为扬州海防兵备道。

淮、扬二府的具体分属时间，笔者没有寻得直接记载。《江南通志》按照年代列出了淮扬兵备道任职人员（参见附表），但是没有记录每位任职人员的任职时间。万历时期，张允济上任时间在万历十八年（1590）以后，⑥可知此时淮扬海防兵备道还存在。而张允济以后再也没有出现淮扬海防兵备道的职务。其下一任兵备官曲迁乔的职务，据《明实录》载，万历二十四年（1596）“改淮安兵备曲迁乔，专管扬州、徐州兵备，徐成位分管淮安地方”⑦。扬州徐州兵备仅见于此处记载，而且中间跨有淮安府，也不符合常理。推测可能是淮安府、扬州府、徐州兵备道调整的临时产物。总之，淮扬海防兵备道于该年不复存在，从淮扬海防兵备演变为扬州海防兵备

---

① （明）潘季驯：《河防一览》卷一，中国水利工程学会，1936年，第24页。

② （明）陈子龙等：《明经世文编》卷三五一《建瓜洲闸疏》，中华书局，1962年，第3774页。

③ （明）徐学聚：《国朝典汇》卷九七《户部·漕运》，《四库全书存目丛书》史部第265册，齐鲁书社，1996年，第619页。

④ （明）陈组绶：《皇明职方图》不分卷，明崇祯刻本。

⑤ （明）房可壮：《房海客侍御疏》不分卷，《四库禁毁书丛刊》史部第38册，北京出版社，1997年，第518页。

⑥ （明）陈有年《陈恭介公文集》卷四《操江岁终举劾文武官员疏》中有“据淮阳（扬）海防兵备按察使张允济呈报……”（《续修四库全书》集部第1352册，上海古籍出版社，2002年，第693页）

⑦ 《明神宗实录》卷二九八“万历二十四年六月辛丑”条，第5579页。

道大概在万历二十四年(1596)偏后。其后不久,担任兵备官的陈璧、杨洵即以扬州海防道相称。①

同时,扬州海防兵备的寄衔也不再寄于江西和湖广二省。《丁清惠公遗集》载有“扬州海防兵备道右参议熊尚文”②,《饷抚疏草》亦载有“扬州海防兵备道浙江按察司佥事周汝玑”③。虽然所记载的是天启的情况,不排除扬州海防兵备初期还曾寄衔于江西、湖广,但寄衔浙江应是扬州海防兵备的常态。

扬州兵备还监理盐务,被称为“兵盐道”。盐是国家战略资源,盐法的变化对地方盐务的发展至关重要。扬州府属于两淮盐区,是国家的重要产盐区,也是盐法改革的先行区。明朝在此设置两淮巡盐御史和两淮都转运使司管理盐务,缘何又有盐法道之设呢?据康熙《扬州府志》载:“按道臣之设也,御史风宪体尊,时而出巡,一旦商有迫切,下情不能一时上达。运司虽终日与商灶接见,威不能及远,疏不能叩阍。故又设道臣以为承上接下,达情助理,亦恤商之所便也。”④由此可见,巡盐御史需要时常在外巡历,而运司权卑不能担事,这便是添设盐法道的原因所在。盐法道作为巡盐御史的助手,主要负责上承下接的工作。两淮地区盐法道的沿革,可以在崇祯初年毕自严所上的《题遵奉圣谕议修盐政疏》中寻得。在此奏疏中,他呼吁复设专管盐法的道臣以便专管两淮盐业,同时,我们也可从此奏疏中理清盐法道从设置到归并到扬州海防兵备,从而称扬州兵盐道的过程:

> 复设道臣以专疏理。夫各运司俱有盐法道臣管理鹾政。况两淮盐利甲天下,头绪丝棼,利弊兴剔,更须专官振刷,往时原设有整饬盐法道一员,复有疏理道一员,继因一柄两持,遂将两道并为一道。未几,以疏理道原属暂遣,并议裁革,而盐法归并海防道带管,该道驻扎泰州,距维扬辽迥,且治兵防海是其专责,陪巡各院又无暇晷。若非仍设道臣专理盐法,如清夹带、禁私贩、革浮课、查给库价、严覆考成等项,不几方圆并画,顾此失彼乎?⑤

万历中叶,各地盐法废弛不堪,两淮尤甚。为整顿两淮盐法,明廷相继设置一系列盐法道整理两淮盐务。从毕自严的奏疏中可以看出,扬州的盐道经历了整饬盐法道、疏理道、两盐道并道和盐道归并扬州海防道四个阶段。康熙《扬州府志》的记载则稍有不同:

> 万历时又设运盐道驻扎仪真,如吴拹谦、马从龙皆其监司也。至四十五年,商人受套搭之苦,追比余银,几至鸟警兽散,幸差袁公世振为疏理道,驻扎扬州新城大街(今衙门基址尚在),遂裁仪真道并疏理道,复又归并泰州海防道,名为兵盐道。

万历四十二年(1614),“铸给新设两淮盐法道关防一颗”⑥,次年七月,明廷选派有盐务经验的广

---

① (明)施沛:《南京都察院志》卷三二《奏议六·巡江改移将领疏》,《四库全书存目丛书补编》第74册,齐鲁书社,2001年,第183页;《明神宗实录》卷三六二“万历二十九年八月癸酉”条,第6755页。

② (明)丁宾:《循例荐举方面官员疏》,《丁清惠公遗集》卷二,《四库禁毁书丛刊》集部第44册,北京出版社,1997年,第77页。

③ (明)毕自严:《荐举省直方面监司疏》,《饷抚疏草》卷七,《四库禁毁书丛刊》史部第75册,北京出版社,1997年,第348页。

④ 康熙《扬州府志》卷一二《盐法志》,《扬州文库》第1辑第2册,广陵书社,2015年,第216页。

⑤ (明)毕自严:《题遵奉圣谕议修盐政疏》,《度支奏议》堂稿卷一五,《续修四库全书》史部第483册,上海古籍出版社,2002年,第671页。

⑥ 《明神宗实录》卷五二五“万历四十二年十月甲辰”条,第9887页。

西佥事吴扔谦寄衔河南担任整饬两淮盐法佥事。① 康熙《扬州府志》中将整饬两淮盐法佥事记载为运盐道,因驻于仪真又称仪真道。后两淮盐法大壅,明廷决定派袁世振前往清理整顿。万历四十五年(1617)四月,户部"请以本部郎中袁世振加升山东副使兼右参议,专管两淮运使事,疏理盐法"②。所谓疏理,即仿隆庆初年庞尚鹏的盐法改革。据《度支奏议》载:"嘉靖末年,两淮盐法大壅,至隆庆初年都御史庞尚鹏以小盐之法疏之,万历四十四、五年,盐法复大壅,臣部题设疏理道以减斤之法疏之。"③疏理盐法道将驻地设在了扬州新城大街。天启二年(1622)正月,袁世振被排挤而去职。④ 随后,明廷将整饬盐法、疏理盐法二道并为"整饬疏理盐法道"一道。没过多久,盐法事务又全部归并入扬州海防兵备管理。据载:"(天启二年)七月内始得齐集,又该臣转发署疏理盐法道事扬州道参政马从龙……"⑤可见,盐法事务归并入扬州海防道之后,此职由马从龙担任。

崇祯初年,盐法道遍布全国各地,两淮地区在短暂的设置盐法道并稍显成效之后,竟遭到裁撤。于是盐法事务的再度荒废引起毕自严等人的重视。所以他在《题遵奉圣谕议修盐政疏》中提出盐法不能归并扬州海防道的两点理由:第一,扬州海防兵备专管"治兵防海",而且事务繁忙,附带盐法并不能进行有效管理;第二,扬州海防兵备驻地泰州距离盐务重心区维扬有一定距离,处理盐务缺少时效性。但是最终明廷没有通过毕自严的此项建议。因盐法事务归并扬州海防兵备道管理,所以《度支奏议》中经常以扬州兵盐道来称呼扬州海防兵备道。

(二)督饷与运粮:淮安府境专职道和兵备道的演变

万历中后期,努尔哈赤在东北兴起之后逐渐统一女真并建立政权,国号后金,万历四十六年(1618),努尔哈赤以"七大恨"为讨明檄文,宣布对明宣战。万历四十七年(1619),明政府派大军征讨后金,发动萨尔浒之战,结果惨败,辽东形势日益严峻。为应对辽东战事所需要的粮饷,明廷考虑专设一兵备官负责相关事宜:

> 丁未,福建道御史万崇德奏辽事败衄,征兵征饷十八万,枵腹之众既聚于辽东,则二十万本色之糈须发于海上,今登莱、津门应运之米闻将竣运,独淮安三十万石。总漕王纪、副使岳骏声经营虽有次第,然路经成山嘴始皇坝,险阻汹涌,今乘载者板钉稀薄之船,撑驾者新募游惰之众,易动难制,督理需人,徐、淮之间非无事之地,若复以岳骏声理运地方弹压何赖。乞添设海运兵备官一员如粮储道事例住扎淮安。往来津门间专理运务,其应用隶胥诸费见有新裁盐法道旧额不烦征派亦可转移,官事无摄,责成极便,章下所司。⑥

辽东陷入战乱之后,难民和军队对于粮食的需求倍增,而此时距离辽东较近的登莱和天津的粮食已经竣运,在淮安尚存三十万石。当时首先选择的路线是从淮安出海经过成山嘴所在的胶东半岛前往辽东,但是这条路线深入黄海,汹涌艰险,而且此时运粮船和船员都欠缺经验,因此福

---

① 《明神宗实录》卷五三四"万历四十三年七月丁卯"条,第10122页。
② 《明神宗实录》卷五五六"万历四十五年四月戊申"条,第10488页。
③ (明)毕自严:《题遵奉圣谕议修盐政疏》,《度支奏议》堂稿卷一五,第667页。
④ 《明熹宗实录》卷一八"天启二年正月辛亥"条,第919页。
⑤ (明)房可壮:《房海客侍御疏》不分卷,第523页。
⑥ 《明光宗实录》卷三"泰昌元年八月丁未"条,第75—76页。

建道御史万崇德建议走淮安至天津这条路线，往来淮安与天津运输粮储，然后再从天津运往辽东，这条路线风涛之险较少。此时在淮安有漕储道，在天津设有天津兵备道，究竟让谁负责淮津之运呢？万崇德认为徐、淮之间事务繁多，若让漕储道官岳骏声理运淮津，则徐、淮之地遇事便无法得到有效的处理。另外，"至于天津道，自有本等职掌，若地方兵马、钱谷、刑名等项，又新兼八府盐法，而各院巡历往来瀛沧动经数百里，大都一岁中止有数月在津耳，安能兼理乎！"①可见，无论是漕储道还是天津兵备道，都无法担负起此项职责，最后万崇德建议专门添设一海运兵备道，负责淮安到天津的理运工作，也被称为淮津海运道。但通过《度支奏议》对此事的记载，笔者发现淮津海运道添设之前不久，还设有督饷道，容下文论述。

淮津海运道存在仅两年，就遭裁撤："天启二年裁去淮津道，归并存饷道右参政钱士晋。"②淮津海运道归并督饷道之后，仍有人将其视为淮津海运道。比如《江南通志》记载淮津海运道官员信息时，将天启年间任督饷道官的王元雅和辛思齐收入其中。但在时人的奏疏中，其官职明确是督饷道，比如"督饷道按察使王元雅"③"添设一督饷道以增供亿之费，何为也？近见道臣辛思齐……"④。造成这种现象的原因可以在崇祯二年(1629)毕自严的一份奏疏中寻得线索：

> 津门根本重地，极宜长虑而却顾者，如关鲜二运，岁额米豆一百六七十万，断非一手一足之力，先年设督饷道又设一淮津道，共理其事。自两道并为一道，而事愈繁，责愈重矣！簿领千头万绪，终岁焦劳，食寝不遑，形神交瘁，尚恐顾此失彼，若欲裁之，则饷务更有何人可以料理。⑤

当时两道都因向天津运粮而设，所以《江南通志》收入淮津海运道官员信息时，将有着相同职责的督饷道误认是淮津兵备道。后两道并为一道之后，事务更加繁忙。而此时却有人提议将其裁撤，这引起了毕自严的担忧。所以他上此奏疏来说明督饷道的重要性。

由此可见，辽东因战乱急需军饷和粮食，走黄海经胶东半岛一线风涛汹涌，所以明廷在淮安与天津之间先设督饷道来输送军饷，后设淮津海运道以输送粮食，继而两道并为一道。

天启二年(1622)，淮安府从淮徐兵备道中分出，成立淮海兵备道，并调易州兵备副使宋统殷为淮海兵备。⑥ 同治《徐州府志》载："天启二年，以淮属海州、山阳等八州县属淮海道，余统如故。"⑦同治府志直言淮属八州县归淮海兵备道管理。但据其之前的《江南通志》载："天启二年设淮海道，驻淮安府。本道(淮徐道)统辖如旧，至州县考成则海州、山阳等八州县属之淮海云。"⑧可见新分出的淮海兵备道只负责淮属八州县的考成，而不涉及其他事务，即淮徐兵备道仍然存在。

据《房海客侍御疏》载"巡按直隶监察御史臣房谨题为荐举方面官员事"，有"扬州海防兵备道右参政""徽安兵备道按察使""漕储兵备道右参议""淮津海运道右参议""淮徐兵备道右参政"

---

① (明)毕自严：《题覆田锦衣条议饷运疏》，《度支奏议》新饷司卷三，第380页。
② (明)毕自严：《淮扬召买运脚完欠奏缴疏》，《饷抚疏草》卷四，第217页。
③ (明)毕自严：《搜括积存籴本还官饷银疏》，《饷抚疏草》卷七，第340页。
④ (明)毕自严：《题覆田锦衣条议饷运疏》，《度支奏议》新饷司卷三，第377页。
⑤ 同上，第380页。
⑥ 《明熹宗实录》卷二五"天启二年八月辛未"条，第1255页。
⑦ 同治《徐州府志》卷六中《职官表》，《中国地方志集成・江苏府县志辑61》，江苏古籍出版社，1991年，第138页。
⑧ 《江南通志》卷一〇三《职官志・文职五》，文津阁《四库全书》史部第172册，商务印书馆，2005年，第809页。

“宁太兵备道副使”“淮海兵备道副使”“颍州兵备道佥事”。① 从以上的分析与此条奏疏的记载可知,在天启二年(1622),淮扬海防兵备道的辖区范围演变为由扬州海防兵备、漕储道、淮津海运道、淮徐道、淮海道五个兵备道管理,其中淮徐兵备道和淮海兵备道同时存在。

淮扬海防兵备道裁撤之后,淮安府境内的道的设置与粮饷相关,多为专职道,并沿用了相当长一段时间。扬州府境内曾短暂地设置过专职道——盐法道,但很快就遭到裁撤归并入扬州海防兵备道,这反映出两地针对兵备道的设置,依据地方特点有不同的侧重。

小　结

明朝中后期,随着内忧外患的不断加剧,国家失去了对地方社会有力的控制与监督。鉴于此,明政府必须不断调整地方管理制度形式以适应军事、政治形势和地方社会的变动,从而维护国家机器的正常运转。淮扬地区东临大海,南靠长江,经常受到海盗与江贼的侵扰,甚至在嘉靖中后期还出现了倭寇之乱;又有大运河贯穿其中,使得这里漕运地位突出;同时这里还是两淮盐区的重要产地。这些因素正是淮扬地区兵备道和专职道不断演变的时代背景。

专职道以职能为导向划分地域,在明廷对地域专业事务的处理方面发挥了重要作用。兵备道有区域整合治理的功能,以军事职能为主,同时附属了许多其他管理职能。兵备道实际上充当了府卫与抚按之间的行政机构,是省制确立以来中央政府在加强地方管理方面作出的新的制度探索与创新,为清朝的道成为省、府之间的准政区提供了制度基础,更为民国时期的道和行政督察专区的设置提供了历史经验。

附表　《江南通志》载兵备道任职人员

淮扬兵备道(万历二十四年后为扬州海防兵备道)	
嘉靖	张景贤,马慎,刘景韶,张师载,姜廷顺
隆庆	刘佑,傅希声,陈耀文,程学博
万历	陈文焕,龚大器,舒大猷,胥遇,周梦旸,薛梦雷,张允济,曲迁乔,王之猷,陈璧,杨洵,张鸣鹗,杨檟,熊尚文,郑国后,马从龙
天启	郭士望,周汝玑,王化行,来复
崇祯	王象晋,柴绍勋,郑二阳,袁继咸,王心纯,黄家瑞,王缵爵
徐州兵备道(万历二十四年后为淮徐兵备道)	
成化	汪舜民,张宪,毛科,冯显,柳尚义,罗循,陈和,余祜,蔡需
正德	李珏,吴嘉聪,赵春,秦钺,吴昂,查应非
嘉靖	何鳌,宋圭,张臬,屠大山,王挺,杨宜,郭廷冕,王畿,谭棨,李天宠,刘天授,于德昌,翁时器,卢鉴,钱峄,余朝卿,徐节,陈奎

① (明)房可壮:《房海客侍御疏》不分卷,第561页。

续 表

徐州兵备道(万历二十四年后为淮徐兵备道)	
隆庆	刘经纬,冯敏功,舒应龙,陈文焕
万历	林绍,游季勋,张纯,唐鍊,陈瑛,莫与齐,陈文燧,周梦阳,毕自严,徐成位,郭光复,曹时聘,刘大文,卜汝良,冯盛明,李文芳,袁应泰,杨洵,高捷,岳骏声,施天德,赵谦,杨廷槐
天启	王振祚,唐焕,刘泓
崇祯	徐标,姜兆张,张若獬,何腾蛟,范鸣珂,郑之俊
漕储道	
隆庆	潘允端
万历	宋豫卿,杨一魁,陈文烛,游季勋,萧遍,冯敏功,刘东星,陈瑛,徐用俭,陈文燧,吴同春,张惟成,沈修,卫成方,白希绣,王任重,李开藻,董汉儒,陈简,梅守相,赵应选,施尔志,翟师雍
天启	岳骏声,熊膏,朱国盛
崇祯	周鼎
淮海道	
天启	宋统殷,曹守勋,胡尔慥,刘若金,张灿垣
海运道	
万历	宋继登
天启	钱士晋,王元雅,张翼明,陈陛,庄起元,辛思齐

明军葡萄牙雇佣兵研究(1622—1632)

刘明翰*

摘　要：明正德年间，葡萄牙与明朝开始了正式交往。嘉靖中期，葡萄牙人在事实上占据了澳门，经过长达数十年的与明政府的交涉，葡萄牙人逐渐巩固了其在澳门的地位。明末，后金崛起于辽东，各路明军望风奔溃，山海关外一度全部落入后金之手。为扭转败局，明廷内信奉天主教的士大夫们提议招募澳门的葡萄牙人携带其西洋大炮北上助明抗金。同时，为发展对华贸易及在华传播天主教，并且希望倚明朝为后援从而抵抗荷兰人，澳门的葡萄牙人亦积极配合明朝的行动。自天启至崇祯朝，不同规模的葡兵曾数次北上援明并负责为明军训练精锐。登州之变后，援明葡兵损失惨重，孔有德亦率曾受葡兵直接训练的明军精锐火器营叛明降金，从而加速了明朝的灭亡。明末明廷购西炮募葡兵对明清战争史乃至随后数百年的中国历史产生了极为深远的影响。

关键词：明朝　葡萄牙　后金　火器

自公元15世纪开始，葡萄牙在阿维斯王朝诸王的领导下倾全国之力进行大规模的海外殖民，其势力范围在短短八十余年内自西非一直扩张到印度。明朝正德年间，葡萄牙与明朝开始了直接接触。在葡萄牙人抵华后的前数十年内，由于对明葡关系定位的不明确，故其更多地扮演了桀骜不驯的"海寇"角色。嘉靖年间，其入据广东香山县辖下的澳门，经过双方不断交涉，明朝官方最终默认了其在澳门的赁居地位，澳门也从此成为明帝国管辖下的一个特殊的葡萄牙人聚居区。

一、葡兵援明的起因

万历中后期，万历皇帝长期怠政，官员党争不断，军队武备废弛，底层群众民不聊生，明朝已有大厦将倾之势。辽东建州左卫努尔哈赤趁机讨平女真诸部，并于明万历四十四年(1616)正月在赫图阿拉登基称帝，正式与明朝决裂，"壬申朔……上为覆育列国英明皇帝……建元天命，以是年为天命元年"①。

---

* 刘明翰，上海师范大学硕士，现任教于上海市虹口区教育学院附属中学。

① 《清实录·太祖高皇帝实录》卷五"天命元年正月壬申"条，中华书局，1985年，第63页。

明万历四十六年(1618)四月,努尔哈赤进攻抚顺,明总兵张承胤败死。随后,努尔哈赤又于同年攻克清河堡,守将邹储贤、张旆及兵民共约万人皆陷没。

在抚顺、清河连续损兵失地后,万历皇帝下令抽调全国各地人马,意欲一举平定后金,“以(万历四十七年)二月十有一日誓师,二十一日出塞。兵分四道:总兵官马林出开原攻北;杜松出抚顺攻西;李如柏从鸦鹘关出趋清河攻南;东南则以刘綎出宽奠,由凉马佃捣后,而以朝鲜兵助之。号大兵四十七万,期三月二日会二道关并进”①。

此役明军主客出塞官兵共八万八千余人,以西路杜松部为主力,然而“松于初一自抚顺提兵,直渡浑河。……至二道关,伏夷突起约三万余骑,与我兵对敌。松率官兵奋战数十余阵,欲图聚占山头,以高临下,不意树林复起伏兵,对垒鏖战。天时昏暮,彼此混杀,而车营枪炮以浑河水势深急,拥渡不前。……松奋勇喜功,介马疾驰,而奴亦素惮松,因厚集伏兵,以诱之入,遂为所中”②。

杜松部覆灭后,北路马林部、东路刘綎部亦被后金军各个击破,南路李如柏部则未战先逃。据辽东监军陈王廷奏报,此役明军共阵亡官兵四万六千余人。

明军在萨尔浒的惨败导致辽东战场主动权易手,努尔哈赤趁势于同年六月攻陷开原,七月二十五日,因总兵李如桢、贺世贤等人救援不力,铁岭亦失守。

在逐渐占领辽东都司北部各堡后,天启元年(1621)三月,“乙卯,奴破沈阳。总兵尤世功、贺世贤死之”③。随后,后金军在辽阳城外击败了辽阳经略袁应泰的军队,并借助城中内应顺利破城,“或言辽阳巨族多通李永芳为内应,或言降夷教之也。是日,应泰等死之”④。

天启二年(1622)正月,努尔哈赤率军五万进攻广宁地区。“奴陷西平堡,副总兵罗一贵、参将黑云鹤死之。总兵刘渠、祁秉忠等逆战于沙岭,兵溃,渠与秉忠俱战死。参将孙得功降奴。”⑤随后,已暗中降金的孙得功回到广宁并发动叛乱,致使努尔哈赤不战而得广宁。时任辽东经略熊廷弼一怒之下决定放弃防守,尽驱兵民入关。至此,山海关外全部落入后金之手。

自抚顺之役至广宁之役,明军连战连败,可总结出以下四点原因。

第一,明军若愿卖力死战,仍可对后金军造成巨大杀伤。如天启元年(1621)辽阳失守前的浑河之役与天启二年(1622)的西平堡之役,明军拼死抵抗,后金军皆是惨胜。故正如天启六年(1626)二月山西道御史高弘图所言:“无不可守之城池,而但无肯守之人与夫必守之心。”⑥可见坚定的军心至关重要。

第二,明军战斗力弱于后金军,往往只可依托火器长技抵抗,一旦火器用尽,短兵相接之时就难以招架。

第三,明军士兵所装备的武器质量十分堪忧。萨尔浒惨败后,时任兵部尚书薛三才奏称:

---

① 《明史》卷二五九《杨镐传》,中华书局,1974年,第6687—6688页。

② 《明实录·神宗显皇帝实录》卷五八〇“万历四十七年三月甲申”条,台北:台湾“中研院”历史语言研究所,1962年,第10970页。

③ 《明实录·熹宗悊皇帝实录》卷八“天启元年三月乙卯”条,台北:台湾“中研院”历史语言研究所,1962年,第378页。

④ 《明实录·熹宗悊皇帝实录》卷八“天启元年三月壬戌”条,第390页。

⑤ 《明实录·熹宗悊皇帝实录》卷一八“天启二年正月丁巳”条,第926页。

⑥ 《明实录·熹宗悊皇帝实录》卷六八“天启六年二月丁丑”条,第3225页。

“京营额设战车、火器,所以备缓急,预不虞之用也。查得军营十枝,额设战车一千四百辆,自三十六年间,已多破坏,移文工部,先修二百五十辆,至今止修完二十辆耳。续又破损三百五十九辆。……火器枪炮原额七万九百九十二具,内查堪用者止四万六千余。近以辽左告急,借发三千六百具,止存堪用者四万二千余具。盔甲十万五千余顶副内,破坏者一万八千余,而选锋之明盔甲七千顶副,帽儿盔紫花甲九千零二十顶副,则大半破坏。又内库所贮铜铸火器,如灭虏炮、佛郎机之类,略一试用,便即炸碎。此皆须逐一试验,另行补造者也。”①京营的武备库尚破烂如垃圾场,地方武备更不堪设想。

第四,野外作战时,明军的常设阵型亦不合理:“明军的布阵法与火器的使用是自相矛盾的。每临作战,明军出城布阵,火器列于阵前。当战斗打响后,明兵先释放火炮,曾给后金兵造成杀伤。但很快就被后金兵识破其中弱点,便采取新的战术,即当明兵发炮时,其‘铁骑冲突,如风如电’般飞驰而来,迅速地冲过了射击线,炮弹往往落在骑兵的后面,有时明军‘火器不点,贼骑已前’,后金兵有时故意躲开明兵第一次火炮射击,当它正准备放第二炮时,后金迅即发起冲锋,如狂风席卷而来,没等明军燃放第二炮,阵势已被它冲垮。这就是说,火炮失去安全保障的设置,双方短兵相接,明军抵不住后金骑兵的凶猛冲杀,火炮顿时失去了作用,还都成了它的战利品。”②可见明军若想取胜,应避免出城浪战,且须尽可能地发挥火器优势。

为扭转辽东败局,明廷官员纷纷建言献策。其中徐光启与李之藻等人已皈依天主教,且深知澳门葡人拥有更先进的武器,故“题以夷攻夷二策,内言西洋大铳可以制奴,乞招香山澳夷,以资战守”③,希望借澳门葡人之力协助抗金。

待辽沈沦陷后,徐光启再度上疏:“臣之愚见,以为广宁以东一带大城,只宜坚壁清野,整齐大小火器,待其来攻,凭城击打,一城坚守,彼必不敢蓦越长驱,数城坚守,自然引退。关以西只合料简大铳,制造火药,陆续运发,再用厚饷招募精兵能守城放炮者,令至广宁、前屯、山海诸城助之为守。万勿如前,列兵营火炮于城之壕外。待兵力果集,器甲既精,度能必胜,然后与战。”④在这份奏疏中,徐光启审时度势,提出了非常重要的“凭坚城用大炮”的战术思想。就大炮的具体用法,徐光启称:“盖火攻之法无他,以大胜小,以多胜寡,以精胜粗,以有捍卫胜无捍卫而已。”⑤而为达到以大、以精取胜的目的,“莫如光禄少卿李之藻所陈,与臣昨年所取西洋大炮”。此处提及李之藻所陈即为同年李之藻所上《奏为制胜务须西铳乞敕速取疏》,其中正式提议招募澳门葡人北上助战。

李之藻认为,此举有三大益处。

其一,可解决募兵难的问题。“臣尝询以彼国武备,通无养兵之费,名城大都最要害处,只列大铳数门,放铳数人、守铳数百人而止。……募兵之难,乃此铳不须多兵。”⑥即只需招募少而精的葡人并命其教练明军,可解决以往明军兵多却不堪战的问题。

---

① 《明实录·神宗显皇帝实录》卷五八〇“万历四十七年三月壬寅”条,第10999页。
② 孙文良、李治亭:《明清战争史略》,中国人民大学出版社,2012年,第169—170页。
③ 《明实录·熹宗悊皇帝实录》卷二七“天启二年十月戊子”条,第1383页。
④ 《明实录·熹宗悊皇帝实录》卷一〇“天启元年五月己酉”条,第502页。
⑤ (明)徐光启:《徐光启集》卷四《谨申一得以保万全疏》,中华书局,2014年,第175页。
⑥ (明)徐光启:《徐光启集》卷四《奏为制胜务须西铳乞敕速取疏》,第179—180页。

其二,可解决耗饷多的问题。"征饷之难,乃此铳不须多饷。"①就此点,徐光启也强调"省兵之饷并以厚战士、以精器甲"②,"用厚饷挑选、招募海内奇材异能之士,……粮饷之费,一人当三"③。即与其浪掷百万金钱于无用之兵,不如将有限的财力物力投入训练精兵的工作中。

其三,葡人尚武且愿来报效。"在嶴夷商,遥荷天恩,一向有感激图报之念。"④当时澳门葡人确实热心于北上援明抗金。事实上,在泰昌元年(1620)十月,澳门葡人方面已"捐助多金,买得大铳四门"⑤,并派出"善艺头目四人,与傔伴通事六人,一同诣广"⑥,在广州等待北上的命令,但因当时"光启谢事,虑恐铳到之日,或以付之不可知之人,不能珍重;万一反为夷虏所得,攻城冲阵,将何抵挡?是使一腔报国忠心,反启百年无穷杀运,因停至今,诸人回嶴"⑦。徐光启所指"不可知之人",应为明廷内的反天主教势力,汤开建先生亦称,泰昌元年,徐光启策划赴澳门购炮募兵之事,本来已经成功,但由于沈㴶一党上疏弹劾,故四门澳门炮被运进内地,而炮手却被阻退回澳门。⑧

不久后,辽沈沦陷,李之藻趁机提出,应"将前者善艺夷目诸人,招谕来京,大抵多多益善"⑨,若果能借葡人之力为明军练出一支劲旅,到时"成师而出,鼓行而东,恢疆犁穴,计自无难"⑩。徐光启也认为应依靠更精良的西洋大炮对后金军进行火力压制,而葡人熟谙炮术,西洋大炮正是他们"御敌保命"⑪的法宝,因此招募葡人北上助战就顺理成章了。

同年,李之藻再度建议:"城守火器必得西洋大铳。练兵词臣徐光启因令守备孙学诗赴广,于香山嶴购得四铳,至是解京,仍令赴广,取红夷铜铳及选募惯造惯放夷商赴京。"⑫天启皇帝亦下旨:"西洋大炮,着先发一位到彼试验。还速催点放夷商前来,俟到日再行酌发。"⑬为确保西洋大炮的顺利使用,李之藻强调葡人须与大炮一同北上:"制胜莫先大器,臣访知香山澳夷所传西洋大铳为猛烈神器,宜差官往购,但虽得其器,苟非无其人,铸练之法不传,点放之术不尽。乞行文粤中,制按将练器夷目招谕来京,合用饷廪,从厚支给。"⑭

关于来援葡人的军饷,李之藻则提议:"夷目每名每年安家银一百两,日用衣粮银一百三十六两,余人每名每年银四十两。"⑮对比明军,这确是一笔相当优渥的俸禄,因为同年正月,徐光

---

① (明)徐光启:《徐光启集》卷四《奏为制胜务须西铳乞敕速取疏》,第180页。
② (明)徐光启:《徐光启集》卷四《谨申一得以保万全疏》,第176页。
③ (明)徐光启:《徐光启集》卷四《申明初意录呈原疏疏》,第183—184页。
④ (明)徐光启:《徐光启集》卷四《奏为制胜务须西铳乞敕速取疏》,第180页。
⑤ 同上,第180页。
⑥ 同上,第180页。
⑦ 同上,第180页。
⑧ 汤开建:《明代入华传教士"第一奇人":毕方济行实》,《澳门研究》2013年第3期。
⑨ (明)徐光启:《徐光启集》卷四《奏为制胜务须西铳乞敕速取疏》,第180页。
⑩ 同上,第181页。
⑪ (明)韩霖:《守圉全书》卷三之一《西洋大铳来历略说》,台北:台湾"中研院"傅斯年图书馆善本书室藏明崇祯十年刊本,第95页。
⑫ 《明实录·熹宗悊皇帝实录》卷一七"天启元年十二月丙戌"条,第867页。
⑬ (明)韩霖:《守圉全书》卷三之一《恭进收贮大炮疏》,第77—79页。
⑭ 《明实录·熹宗悊皇帝实录》卷三三"天启三年四月壬申"条,第1701页。
⑮ (明)徐光启:《徐光启集》卷四《奏为制胜务须西铳乞敕速取疏》,第180页。

启在《简兵事竣疏》中建议将昌平在练兵丁的饷银“每月加银四钱,共银一两”①,即每名士兵的年俸为十二两,其远低于李之藻提议为葡兵所开的饷银数目。对此,李之藻解释道:“此善艺夷目等众,嶴商倚借为命,资给素丰,不施厚糈,无以劝之使来。”②兵部尚书崔景荣也说:“夫来自殊方,待之自当破格,况人数不多,费用能几?”③

奉教官员们力主招募葡兵北上助战,主要是基于两点考虑。

第一,明军无力击败后金军,为扭转不利局面,唯有凭借坚城,发挥火器优势。徐光启认为应建立完备的火器营,通过少量精兵,辅以精良装备,从而在辽东徐图恢复。为实现这一目标,应借助以火器为长技的葡萄牙人之力,且其居留于澳门,又有报效之心,故应加以利用。

第二,自南京教案以来,天主教在中国的发展受到巨大挫折,若信奉天主教的葡兵来援,势必使皇帝对天主教产生感激之情,有助于为天主教在中国的传播重新开辟道路。

明廷奉教官员认为明军需要葡萄牙人的援助,而澳门方面亦希望能够通过与明朝中央的合作来改善其处境。因为自1602年起,与葡萄牙交恶的荷兰人在远东海域专门截击葡萄牙船只,澳门葡人因此损失了大量资本,澳门城亦饱受荷军威胁。

1622年,荷兰东印度公司大举进攻澳门。澳门当时已应明廷之命“遴选深知火器铳师、通事、傔伴共二十四名,督令前来报效,以伸初志”④,故澳门城中能与荷兰人作战的“仅有约50名火枪兵,100多名能执武器的市民以及为数较多的非洲黑奴”⑤。但葡萄牙人于此役中表现极为英勇,并最终大破荷军。“当时,荷兰人的一支由16艘帆船组成的船队正准备夺取澳门。荷兰人于6月20日登陆。……800枪手、200其他兵力为葡萄牙居民所击退,荷兰在那一带最优秀的400名士兵被歼。”⑥委黎多《报效始末疏》亦提及天启二年(1622)夏,“红夷巨寇驾载大小船只五十余号,大小铳炮八百余位,聚众攻嶴,即欲入犯内地,仰荷恩庇,以大铳击杀四百余人,溺水死者无算,打沉贼船二只”⑦。澳门之役进行之时,明朝并未派兵协助葡人御敌,但为其提供了后勤支援,“今夏,红毛番仇杀澳夷,澳夷呼救甚急,助以酒米,张设军容,红番始遁”⑧。

当时,澳门葡人外受荷兰威胁,内受广东地方官员盘剥,其处境非常艰难。故为改善生存状况,澳门葡人将明廷赴澳购西炮募葡兵之行动视作扭转局势的良机,其希望能借此与皇帝建立良好的关系,从而借北京之力制衡广东官员,并为澳门城争取到更多的商业利益。为达此目的,尽管澳门葡人实际上力量非常有限,但仍决定派兵援明。可见其迫切需要明朝给予其优惠的经贸政策,故不惜将极有限之兵力派往北京。且受南京教案影响,天主教在中国之发展陷入困局,而葡萄牙人普遍为极虔诚之天主教徒,故其亦希望通过派兵援明以改善明朝对天主教的态度。因为葡萄牙人东来的一大动机就是传播天主教,其甚至曾动用武力迫使各地居民改宗,可参见东非斯瓦希里海岸与印度居民的遭遇。而考虑到中国实力强大,葡萄牙人则改为采取迎合明廷

① (明)徐光启:《徐光启集》卷四《简兵事竣疏》,第165页。

② (明)徐光启:《徐光启集》卷四《奏为制胜务须西铳乞敕速取疏》,第180—181页。

③ (明)徐光启:《徐光启集》卷四《题为制胜务须西铳敬述购募始末疏》,第182页。

④ (明)韩霖:《守圉全书》卷三之一《报效始末疏》,第87页。

⑤ 费成康:《澳门四百年》,上海人民出版社,1988年,第81页。

⑥ [葡]何大化:《远方亚洲》第6编第3章,收于金国平、吴志良《镜海飘渺》,转引自汤开建《委黎多〈报效始末疏〉笺正》,广东人民出版社,2004年,第135页。

⑦ (明)韩霖:《守圉全书》卷三之一《报效始末疏》,第87页。

⑧ (明)方孔炤:《全边略记》卷八《两广略》,国立北平图书馆,1930年。

的策略以期达到传教的目的。

此外,澳门城的特殊地位也是葡人决定援明的一大因素。截至天启年间,葡人居澳已六十余年,其长期与中国人通婚,西属菲律宾驻澳门代理胡安·巴普蒂斯塔·罗曼就曾称:“这里葡萄牙人几乎都娶了中国女子为妻,不是显贵人家的女儿,而是女奴或是平民。”①另外,“(澳门议事会)一是在中国领土上的行政隶属中国地方政府,一是行政隶属葡萄牙印度总督。这使其职能也具有特殊的双重内涵,一方面它代表中国政府贯彻中国法令治理葡萄牙人,另一方面它又代表葡萄牙印度总督甚至葡王统治居澳葡人,而最重要的是它是居澳葡人利益的代表者。由于自身利益所在,它必须听命于中国政府”②。故事实上,居澳葡人拥有两位君主,一位是血缘上的君主葡萄牙国王,另一位是澳门城的所有者大明皇帝,加之当地居有大量中葡混血儿,故从此角度分析,居澳葡人出兵援明,在某种程度上亦可称为“勤王”。

二、第一批援明葡兵在北京

在奉教官员们的努力与澳门葡人自身利益的双重作用之下,澳门向北京派出了援军,但明廷之内对此亦有不同意见。天启二年(1622),“御史温皋谟言……澳夷火器可用,其人不可狎,乞募其器而罢其人。兵部覆言……至澳夷大炮,闻闽粤间有习其技者,但得数人,转相传教,诚不必用夷人。上谓:‘夷人已经该省遣发,着作速前来,余议依行。’”③可见天启皇帝本人对葡人进京教演火器一事持积极态度。

根据上谕,“兵部尚书董汉儒等覆处置澳夷,言红夷大铳须夷人点放,臣以台臣温皋谟之言,覆议停止。奉旨依议,犹令放铳夷人已经该镇省遣发,作速前来仰见。皇上知尔时夷人已在道,若示之疑,非所以服远人之心也。今据督臣,录解二十四人,容臣部验其技能,果工于铸炼点放者,以一教十,以十教百,半发山海,半留京师,以收人器相习之用。若夫彼中处置澳夷之法,则督臣胡应台已言之,彼虽夷性,服属日久,若谓澳夷叵测,则红毛番更叵测,弃久服属之夷而使悍番实逼处,此非计也”④。

关于这次葡兵援明行动的起因与筹备,澳门葡人所呈《报效始末疏》载:“适万历四十八年东奴猖獗,今礼部左侍郎徐光启奉旨练兵畿辅,从先年进贡陪臣龙华民等商榷,宜用大铳克敌制胜,给文差游击张焘、都司孙学诗前来购募,多等即献大铳四位及点放铳师、通事、傔伴共十名,到广候发。比因练军事务暂停,大铳送至京都,铳师等人仍归还嶴。天启元年,奴酋失陷辽左,总理军需、光禄寺少卿李之藻奏为制胜务须西铳等事,仍差原官募人购铳,而多等先曾击沉红毛剧贼大船一只于电白县,至是复同广海官兵捞寻所沉大铳二十六门,先行解进。”⑤可见辽沈沦陷后,奉教官员们购西炮募葡兵的意见得到朝廷重视,故澳门葡人方面亦积极配合,呈进大炮,

---

① [西]胡安·巴普蒂斯塔·罗曼:《中国风物志》,收于澳门《文化杂志》编《16和17世纪伊比利亚文学视野里的中国景观》,大象出版社,2003年,第121页。

② 万明:《试论明代澳门的治理形态》,《中国边疆史地研究》1999年第2期。

③ 《明实录·熹宗悊皇帝实录》卷二九“天启二年十二月乙酉”条,第1474页。

④ 《明实录·熹宗悊皇帝实录》卷三〇“天启三年正月戊申”条,第1523页。

⑤ (明)韩霖:《守圉全书》卷三之一《报效始末疏》,第87页。

以资战守。

当时澳门饱受荷兰威胁,但在此艰难时局下,为保证西洋大炮能物尽其用,其依然派遣炮手赴北京效力,“伊时半载,盗寇两侵,阖嶴正在戒严。多等以先经两奉明旨严催,不敢推辞,遂遴选深知火器铳师、通事、傔伴共二十四名,督令前来报效,以伸初志。随于天启三年四月到京,奉圣旨‘嶴夷速来报效,忠顺可嘉,准与朝见犒赏,以示优厚,余议依行,钦此钦遵’”①。

韩云亦记载:“辽阳陷没,畿辅震惊。……随有在澳西洋夷目独命峨等应募,进有大铳二十四位,铳师二十四人。”②

此处需要说明的是,尽管澳门葡人在奏疏中极尽恭顺之词,声称派兵北上是“奉明旨严催”,但援明葡兵的性质仍属于雇佣兵。

首先,成建制的援明葡兵由葡萄牙军官与随军神父率领,其北上后的任务主要是训练明军并在必要时参加战斗。尽管其日后曾被划归部分明朝官员调配,但其从未被编入明军的正式战斗序列。

其次,澳门派兵助战的一大原因便是丰厚的经济利益,其所遣官兵亦是“应募”而来。且援明葡兵的薪俸远高于普通明军士兵,李之藻与崔景荣都曾表示葡兵来自异域殊方,因此理应破格对待。可见双方的关系是基于利益交换,即明朝斥重金购买葡兵的武力。

天启三年(1623)四月初三,张焘率“夷目”七名、通事一名、傔伴十六名携炮抵京。兵部随即认识到葡兵武备之强大,遂表示应仿造西洋大炮,并以西洋炮法训练明军:“兵部尚书董汉儒等言,澳夷不辞八千里之程,远赴神京,臣心窃嘉其忠顺,又一一阅其火器、刀剑等械,俱精利,其大铳尤称猛烈神器。若一一仿其式样精造,仍以一教十,以十教百,分列行伍,卒与贼遇于原,当应手糜烂矣。今其来者,夷目七人,通事一人,傔伴十六人,应仿贡夷例,赐之朝见,犒之酒食,赉以相应银币,用示优厚。臣等尽试其技,制造火药,择人教演,稍俟精熟分发山海,听辅臣牧用。上俱允行。”③不久后,浙江道御史彭鲲化也建议应速速造炮、练兵:“中国长技,火炮为上。今澳夷远来,已有点放之人,宜敕当事者速如式制造,预先演熟,安置关外,庶几有备无患。……得旨:‘所奏修边诸事,着内外各衙门着实料理。’”④

天启皇帝对葡兵的到来亦很欣喜,四月二十日,由游击张焘和兵部职方司员外郎孙学诗带领,葡兵仿贡夷例朝见,并画像留存。“复蒙赐宴图形,铳师独命峨等,在京制造火药、铳车,教练选锋,点放俱能弹雀中的。部堂戎政科道等衙门,悉行奖励。”⑤

宴会后,兵部即着手组织具体的教演火器事宜:“兵部尚书董汉儒等以澳夷教演火器,条上事宜三款。一防奸细,教演之所,行巡视御史,委兵马司官,时时巡绰,毋令外人闯入窥伺漏泄一重。责成演习之人行戎政衙门,于京营选锋内精择一百名,令就各夷传授炼药、装放等法,仍以把总二员董之。朝夕课督,不许买闲息事。一议日费,夷目、通事、傔伴诸人,日给务从优厚,俱于先年钦颁皇赏支剩银内支给应用,硝黄物料器具估价买办。上是之。”⑥

---

① (明)韩霖:《守圉全书》卷三之一《报效始末疏》,第88页。
② (明)韩霖:《守圉全书》卷三之一《战守惟西洋火器第一议》,第106页。
③ 《明实录·熹宗悊皇帝实录》卷三三“天启三年四月辛未”条,第1701页。
④ 《明实录·熹宗悊皇帝实录》卷三四“天启三年五月乙未”条,第1749页。
⑤ (明)韩霖:《守圉全书》卷三之一《报效始末疏》,第89页。
⑥ 《明实录·熹宗悊皇帝实录》卷三三“天启三年四月乙酉”条,第1729页。

葡兵在京练兵近半年,其军事技能得到了明廷的认可,但受制于当时科技水平,西洋大炮亦会不时出现炸膛。天启三年(1623)八月二十六日,“试验红夷大铳,命戎政衙门收储炸裂。伤死夷目一名、选锋一名,着从优给恤”①。此事故后,通政使何乔远为演习中殉职的葡兵若翰·哥里亚撰写了墓志铭,其中称赞道:“视此翰哥,如山比蚊,彼生而殄,此没而闻,遥遥西极,洸洸忠魂。”②

尽管明廷嘉许葡萄牙人的忠诚与勇敢,但由于出现此一大事故,明廷内反对葡兵进京的官员们趁机上疏要求将葡兵遣回澳门。当时李之藻被免职,葡兵缺乏政治保护,因此“随蒙兵部题请,复蒙恩护送南还。咨文称:‘各夷矢心报国,一腔赤胆朝天,艺必献精,法求尽效,激烈之气可嘉,但寒暑之气不相调,燕粤之俗不相习,不堪久居于此,应令南归,是亦柔远之道也。’给札优异,复与脚力回嶴”③。法国籍耶稣会士高龙鞶在其《江南传教史》中则记为:“他(徐光启)上书兵部,请与澳门葡萄牙人接洽,购买大炮,聘用炮手,教练中国官兵,抵御满洲的侵略。他提议由被逐出境的教士运送至中国,兵部批准了这一计划,批准的命令,遍传各省,都以为教士将正式召回中国。但这次尝试,竟遭挫折。葡人果然送来配备精良的大炮四门,和炮手若干人,到北京时,正值沈㴶抵京。沈㴶憎恶西洋人与光启的工作,设法把炮手送回澳门。不意自食其果,中国炮手放射第一门大炮时,竟然爆炸了,试验第二门时,把火燃点在炸药上,死伤了好多人。这已足以使其余两门弃置不用。”④此处高龙鞶对于西洋大炮炸膛一事之记载疑与此前澳门曾抽调通事、傔伴十人,选发大铳四位一事相混淆。

值得注意的是,尽管澳门已派兵赴京教练明军,以示恭顺,但明廷仍对澳门葡人非常警惕,因为澳门不仅地势险要,易守难攻:“该澳去会城咫尺,依山环海,独开一面为岛门。”⑤且当时许多葡人在广东肆意妄为:“他们既不交纳船钞,也不交纳进出的货税,许多葡萄牙船只还是在海岸徘徊,一旦什么人被逮住,这些外国人就向省政府官员大声抱怨,遁词狡辩,说该政府无权惩治这些闯入者。”⑥故天启四年(1624),时任兵部尚书赵彦多次提醒应加强对澳门的防范:“拟堪分守广东广州海防参将官二员”⑦以弹压葡人,又有“抚顺不失,辽至今存可也,殷鉴不远,尚欲踵香山之失计耳? 惟是我兵既恇怯于积衰,夷志益骄恣于久,假窟穴日固,徒党增繁”⑧。至天启五年(1625),时任两广总督何士晋奏称:“濠镜澳夷,迩来盘据,披猖一时。文武各官,决策防御,今内奸绝济,外夷畏服,愿自毁其城,止留滨海一面,以御红夷。”⑨天启七年(1627),时任兵部尚书冯嘉会等也提议:“请敕官一员,游击将军职衔管分守广东广州海防参将事署都指挥佥事

---

① 《明实录·熹宗悊皇帝实录》卷三七“天启三年八月甲申”条,第 1926 页。

② (明)何乔远:《镜山全集》卷六六《钦恤忠顺西洋报效若翰哥里亚墓碑》,日本内阁文库藏明崇祯十四年序刊本,第 21—22 页。

③ (明)韩霖:《守圉全书》卷三之一《报效始末疏》,第 89 页。

④ [法]高龙鞶:《江南传教史》第 1 册(上编),天主教上海教区光启社,2008 年,第 136 页。

⑤ 《明实录·神宗显皇帝实录》卷五七六“万历四十六年十一月壬寅”条,第 10904 页。

⑥ [瑞典]龙斯泰著,吴义雄、郭德众、沈正邦译:《早期澳门史》,东方出版社,1997 年,第 101 页。

⑦ 《兵部尚书赵彦等为推补广州海防参将弹压香山濠镜等处夷船事题行稿》,中国第一历史档案馆、澳门基金会、暨南大学古籍研究所合编《明清时期澳门问题档案文献汇编》,人民出版社,1999 年,第 1 页。

⑧ 《兵部尚书赵彦等为香山澳夷事题稿》,中国第一历史档案馆、澳门基金会、暨南大学古籍研究所合编《明清时期澳门问题档案文献汇编》,第 8 页。

⑨ 《明实录·熹宗悊皇帝实录》卷五八“天启五年四月癸卯”条,第 2721 页。

高应毓……缉捕里水行劫贼船及弹压香山、濠镜等处夷船,并巡缉接济私通船只,副镇南澳。"①

第一批援明葡兵返澳后,葡萄牙国内曾出现再度派兵援明的声音。"据 1625 年 3 月 29 日《季风书》,帕雷德斯上尉呼吁葡萄牙人参加到对抗鞑靼人的战争中去,并希望在葡萄牙势力范围之外的孟加拉的由 3 000 名葡萄牙人组成的军队来帮助中国皇帝。根据中国皇帝的要求,组建一支小桅帆船舰队,能够到达澳门,并用于对付鞑靼人。上尉还写了组织舰队的方式。"②帕雷德斯上尉还建议西班牙国王费利佩四世(即葡萄牙的费利佩三世)应颁布敕令,正式宣布援明抗金。

出于某些原因,该计划并未实现,但笔者根据当时伊比利亚联盟的情况进行了推测。

首先,西班牙正作为天主教联军主力在参加与新教徒的三十年战争,其兵力与财政都非常紧张,因此西班牙政府在帝国本土陷入大战的情况下,不可能为了葡萄牙的利益而派兵援明。

其次,西葡的海外殖民地正受到英国和荷兰的巨大威胁,在自身难保的情况下,其无心也无力大规模援明。

因此,帕雷德斯上尉的计划难以付诸实践。

三、第二次招募葡兵的经过及其表现

天启六年(1626)正月,宁前道袁崇焕率一万明军于辽东宁远城利用西洋大炮击退金国主努尔哈赤及其所部五万余骑,天启皇帝对此大加赞扬:"朕览塘报,贼攻宁远甚急。当被城中道将诸臣协心设法,炮打火攻,贼营少退,危而得安。……袁崇焕血书誓众,将士协心,运筹师中,调度有法。满桂等捍御孤城,矢心奋勇,虽未尽歼逆虏,然已首挫凶锋,似此忠劳,朕心嘉悦。"③

通过宁远大捷,明廷意识到西洋大炮的作用,为满足军事上的需求,明廷决定再命澳门葡人入援。崇祯元年(1628)七月二十三日,王尊德被任命为两广总督,其与前任两广总督李逢节奉旨赴澳门购西炮募葡兵。《报效始末疏》中亦载:"兹崇祯元年七月内,蒙两广军门李逢节奉旨牌行该嶴,取铳取人,举嶴感念天恩,欢欣图报,不遑内顾。"④

澳门葡人愿"不遑内顾"而派兵助战,是因为"将来从广东人那里购买东西时,应该能够得到相应的庇护,而不再受各种刁难或被吞没礼金的遭遇"⑤。除派兵入援外,澳门方面对于广东官府就本省内军事上的需求亦尽量满足。如崇祯三年(1630)二月时,两广总督王尊德奏称:"粤东原无大铳,昨海寇猖獗,地方需此至急,臣不得已借用澳中大小二十具,中有铁铸大铳四具,询之则粤匠亦能办此。"⑥查得王尊德于崇祯元年(1628)七月二十三日就任两广总督,则其向澳门葡

---

① 《兵部尚书冯嘉会为推补广州海防参将高应毓弹压香山濠镜等处夷船事题行稿》,中国第一历史档案馆、澳门基金会、暨南大学古籍研究所合编《明清时期澳门问题档案文献汇编》,第 10 页。

② *ANTT/Livros das monções*, liv.21, fl.153,该文原件由金国平先生寄赠汤开建先生,转引自汤开建《天朝异化之角:16—19 世纪西洋文明在澳门》,暨南大学出版社,2016 年,第 439 页。

③ 《明实录·熹宗悊皇帝实录》卷六七"天启六年正月癸酉"条,第 3207 页。

④ (明)韩霖:《守圉全书》卷三之一《报效始末疏》,第 90 页。

⑤ 汤开建:《委黎多〈报效始末疏〉笺正》,第 174 页。

⑥ (清)汪楫:《崇祯长编》卷三一"崇祯三年二月庚申"条,台北:台湾"中研院"历史语言研究所,1967 年,第 1741 页。

人借铳的时间应在崇祯元年(1628)七月至崇祯三年(1630)二月间,此时段正与第二批葡兵北上的时间相合,可见无论是京师或广东方面的要求,澳门葡人均愿尽力配合。

崇祯二年(1629)二月,澳门方面已"谨选大铜铳三门,大铁铳七门,并鹰嘴护铳三十门;统领一员公沙·的西劳,铳师四名伯多禄·金答等,副铳师二名结利窝里等,先曾报效到京通官一名西满·故未略,通事一名屋腊所·罗列弟,匠师四名若盎·的西略等,驾铳手十五名门会巤等,傔伴三名几利梭黄等;及掌教陆若汉一员,系该嶴潜修之士,颇通汉法,诸凡宣谕,悉与有功。遵依院道面谕,多等敦请管束训迪前项员役,一并到广,验实起送。复蒙两广军门王尊德遣参将高应登解铳,守备张鹏翼护送,前来报效"[①]。韩云也称此葡兵队伍"有耶稣会士陆若汉及统领公沙等率铳师三十余人,大铳十位,鹰嘴护铳三十门"[②]。

关于出征葡兵的具体人员,文德泉神父记为"贡萨尔维斯·特谢拉·科雷亚(公沙·的西劳),他是指挥官。四个炮手:佩德罗·德·金塔尔(伯多禄·金答)、佩德罗·平托、弗朗西斯科·阿兰尼亚(拂朗亚兰达)和弗朗西斯科·科雷亚;翻译西芒·科埃略(西满·故未略)和奥拉西奥·内雷特(屋腊所·罗列弟);这支队伍还有一位神父若昂·罗德里格斯(陆若汉),一位耶稣会巡视员安德烈·帕尔梅洛(班安德)"[③]。崇祯五年(1632),明廷追赠登州之役阵亡葡兵官衔时,尚列出数个不见于上引名单的名字,可知文德泉此名单并不完整。

将《报效始末疏》与文德泉所列名单比对,其统领均为公沙,炮手(铳师)亦均为以伯多禄·金答(佩德罗·德·金塔尔)为首的四名,但《报效始末疏》中并未提及耶稣会巡视员班安德,而文德泉的名单中也缺少副铳师结利窝里等人。

高龙鞶《江南传教史》中则记为:"不久,便编成四百名葡人队伍,携带大炮十门,配备精良,每一葡兵各有仆从一名,随军的神父五人,即谢贵禄、聂伯多、林本笃、方德望、金弥格……越过梅岭,复由水程至南昌。至此,忽然接到中止前进的命令。"[④]其明显将第二次与第三次葡兵援明之事相混淆。

就这批援明葡兵的具体人员组成,有必要进行一些辨析。

关于葡兵统领公沙·的西劳。其名于 1623 年出现在澳门的法律文件中,那时他据信为三十九岁。[⑤] 因此公沙应为 1584 年出生,他自己也称"自本国航海偕妻孥住澳已二十余载"[⑥],即其二十余岁时就已携妻儿来到澳门。他被选为葡兵主帅,是因其"不仅是位有才能的军人,而且由于多次去广东出差且有长时间的滞留,深知中国人心理"[⑦]。可见公沙对中国的情况非常熟悉,所以其较为适合率葡人深入内地,并处理与中国政府交往及教练明军等事宜。

关于随军的神职人员。除葡萄牙籍耶稣会士陆若汉外,美国历史学家利亚姆·布罗基认为两位耶稣会士班安德和多明格斯·门德斯在陆若汉的协助下,跟随这支葡军一同进入内地,并

① (明)韩霖:《守圉全书》卷三之一《报效始末疏》,第 91 页。

② (明)韩霖:《守圉全书》卷三之一《战守惟西洋火器第一议》,第 107 页。

③ [葡]文德泉:《17 世纪的澳门》,转引自汤开建《委黎多〈报效始末疏〉笺正》,第 178 页。

④ [法]高龙鞶:《江南传教史》第 1 册(上编),第 140 页。

⑤ *Archivo Documental Espanol Publicado Por la Real Academia de la Historia Tomo Xx El Archivo Del Japon*, Madrid: Royal Academy of History, 1964, p.366.

⑥ 韩琦、吴旻校注:《熙朝崇正集 熙朝定案》,中华书局,2006 年,第 15 页。

⑦ 汤开建:《委黎多〈报效始末疏〉笺正》,第 174 页。

在广东南雄与大部队分开,前去巡视内地各处耶稣会的发展情况。[①] 而文德泉在《17世纪的澳门》一书中则只提到了班安德,并未提及门德斯。身处这支队伍中的西满·故未略记载:"耶稣会巡按使班安德以及两位中国籍修士,亦跟随队伍至内地巡访。由于耶稣会士对澳门事务多有了解,故澳门议事会希望教会方面积极参与其中,并且赋予两位耶稣会士相当大的权力。"[②]因故未略为此事件亲历者,故其记载应较为准确。

关于随军翻译。汤开建先生在《委黎多〈报效始末疏〉笺正》一书中认为"先曾报效到京通官一名西满·故未略"即为耶稣会士瞿西满。然而费赖之称瞿西满"1624年他一到澳门就被留在那里负责布道工作。……1629年他被调入中国内地,由艾儒略神父领导,在福建地区传教"[③]。倘若费赖之的记载准确无误,则可知瞿西满于1624年始达澳门,1629年才进入内地,因此他不可能曾"报效到京"。

其余人员中,副统领鲁未略之名未见于《报效始末疏》,但见于韩霖《守圉全书》:"本澳公举公沙及伯多禄、金答、鲁未略四人,并工匠、傔伴等三十二人。"[④]据韩霖此句的句式分析,其意应为这支队伍是由公沙等四人再加上工匠、傔伴等三十二人组成,即总人数应共为三十六人,较之《报效始末疏》中所载则多出四人。笔者推测,这多出的四人即为被《报》疏所漏记的鲁未略、耶稣会巡按使班安德以及两位中国籍修士。疑因当时明廷对天主教尚较为排斥,澳门方面或为掩人耳目而在名单中隐去了耶稣会巡按使等人。

另,米歇尔·库珀曾根据陆若汉于崇祯三年(1630)五月的一封信件得出:"此队伍中真正的葡人只有七名(含自己),其余则是黑人、印度人和混血儿。"[⑤]而根据加拿大汉学家卜正民的著作,此队伍中有二十二名印度人和非洲人。[⑥]

笔者综合多种文献分析,认为这批援明葡兵应为:统领一员、副统领一员、掌教一员、铳师四员、副铳师二员、通官一员、通事一员、匠师四员、架铳手十五员、傔伴三员,再加上故未略所提及的班安德等三名耶稣会士,共计三十六人。三名耶稣会士离队后,实际上前往北京的葡人共三十三名。三十六人中,真正的葡萄牙人为级别较高的统领公沙、副统领鲁未略、掌教陆若汉、耶稣会巡按使班安德、铳师伯多禄·金答等四人、副铳师结利窝里等二人及通官故未略,共计十一人。除去"是在澳门成家的泉州人,也是一名天主教徒"[⑦]的通事屋腊所·罗列弟以及两位中国籍修士外,余下级别较低诸人,包括匠师若盎·的西略等四人、驾铳手门会巃等十五人及傔伴几利梭黄等三人,推测其为印度人或非洲人或混血儿。

葡兵因奉圣旨北上助战,故在广东受到地方官员的隆重接待,"全员都被赠送了银子和丝绸做的长衫,……队员们去访问长官时,长官这样说道:'中国商人在和澳门之间的贸易往来中经

---

① Liam Matthew Brockey, *The Visitor: André Palmeiro and the Jesuits in Asia*, Cambridge: Harvard University Press, 2014, p.219.

② 董少新、黄一农:《崇祯年间招募葡兵新考》,《历史研究》2009年第5期。

③ [法]费赖之:《明清间在华耶稣会士列传》,天主教上海教区光启社,1997年,第224页。

④ (明)韩霖:《守圉全书》卷三之一,第94页。

⑤ 董少新、黄一农:《崇祯年间招募葡兵新考》,《历史研究》2009年第5期。

⑥ Timothy Brook, *Vermeer's Hat: The Seventeenth Century and the Dawn of the Global World*, New York: Bloomsbury Press, 2008, p.103.

⑦ 董少新、黄一农:《崇祯年间招募葡兵新考》,《历史研究》2009年第5期。

常出现欺骗情况，这一点北京的宫廷也知情，自己也想惩治这些性质恶劣的经营者，所以等一行从北京归来时什么都不用依靠，葡萄牙人的地位一定会提高的。'"①广东官员所言之事与葡萄牙人的商业利益密切相关，故这份保证也坚定了葡兵援明的决心。

离开广东后，因大炮沉重，葡兵的行军速度非常缓慢，其后勤亦出现问题，时任直隶徐州知州的韩云说："十月内，差官孙都司同西洋陪臣陆教士，解到西铳三十余门，道经夏镇，适缺盘费，卑州偕济而行矣。"②

崇祯二年(1629)十月，己巳之变爆发，后金国主皇太极率军进犯北直隶等处，京师戒严。身处山东济宁的葡兵，得知北直隶遵化等处已失陷，遂舍舟从陆，昼夜兼程，驰援京师。事后陆若汉和公沙在联名上奏的《贡铳效忠疏》中回忆道："臣等从崇祯元年九月上广，承认献铳修车，从崇祯二年二月广省河下进发，一路勤劳，艰辛万状，不敢备陈。直至十月初二日，始至济宁州，哄传虏兵围遵化，兵部勘合奉旨催趱，方得就陆，昼夜兼程，十一月二十三日至涿州。闻虏薄都城，暂留本州制药铸弹。二十六日，知州陆燧传旨邸报：'奉圣旨西铳选发兵将护运前来，仍侦探的确，相度进止，尔部万分加慎，不得竦忽。钦此。'"③韩云也称："迨奉严旨督取，舍舟遵陆，至琉璃河，良乡已破，进无所据，再转涿州，用以城守。声如震雷，虏啮指不敢南下。"④己巳之变爆发后，北直隶地区敌情紧急，明廷严旨警示葡兵应万分谨慎，可见其颇受朝廷重视。

关于葡兵在涿州的具体表现，《贡铳效忠疏》中称："十二月初一日，众至琉璃河，警报良乡已破，退回涿州。回车急拽，轮辐损坏，大铳几至不保。于时州城内外，士民咸思窜逃南方。知州陆燧、旧辅冯铨一力担当，将大铳分布城上。臣汉、臣公沙亲率铳师伯多禄·金答等造药铸弹，修车城上，演放大铳。昼夜防御，人心稍安。奴虏闻之，离涿二十里，不敢南下。咸称大铳得力，臣等何敢居功。兹奉圣旨议留大铳四位保涿，速催大铳六位进保京城。"⑤且不论后金军未攻涿州是因无意攻取或畏惧大炮，陆若汉与公沙在奏疏中强调此事，是寄望于崇祯皇帝能嘉奖葡兵的忠诚与勇武，从而使澳门可获得更多的利益。

北京方面，第一历史档案馆所存明档中，崇祯二年(1629)十一月二十日兵部尚书申用懋的一份拟稿的录文，表明当时城内已准备好迎接即将抵达的葡兵。

十二月，徐光启建议"西洋铳领铳人等，宜令遍历内外城，安置大铳。开通垛口，以便转移施放。……铳药必须西洋人自行制造，以夫力帮助之。……大小铳弹亦须西人自铸，工匠助之"⑥。根据这则奏疏，可总结两点徐光启的军事思想。

其一，必须凭坚城，用大炮。此点徐光启已于多份奏疏中反复强调，且宁远之役、宁锦之役中，明军凭此策大胜后金军，并直接导致后金国主努尔哈赤死亡。况京师为天子所在，不容有失，故明军决不可出城糊涂浪战，而应继续依靠大炮的火力优势保卫京师。

其二，葡兵为主，明军为辅。火器为葡萄牙长技，援明葡兵即将抵达，应令其按葡萄牙标准布置防务，明朝仅需以民夫提供人力支援即可。为保证火力，大小弹药也应葡兵自制。

---

① 汤开建：《委黎多〈报效始末疏〉笺正》，第174页。
② (明)韩霖：《守圉全书》卷三之一《催护西洋火器揭》，第83页。
③ (明)韩霖：《守圉全书》卷三之一《贡铳效忠疏》，第91—92页。
④ (明)韩霖：《守圉全书》卷三之一《战守惟西洋火器第一议》，第107页。
⑤ (明)韩霖：《守圉全书》卷三之一《贡铳效忠疏》，第92页。
⑥ (明)徐光启：《徐光启集》卷六《计开目前至急事宜》，第276页。

同月，为稳妥起见，徐光启提议以“车营步兵数千，内又须鸟铳手二千，骑兵不论多寡”①前去迎接、护卫葡兵，同时他解释道：“所以必须步兵者，为其遇敌不能走；既不能走，而又恃大小火器以无恐，则可以战也。”②

崇祯三年(1630)正月初三，葡兵终于在袁崇焕下狱、祖大寿返辽、满桂等将领败没的危局中抵达北京。“1630年2月14日，葡萄牙人在的西劳带领下意气风发地进入北京城。……数日后，徐光启将一行人带领到附近的村子，提出希望进行火枪的实战演习。葡萄牙人就瞄准了200步的靶子发射，五、六发全都命中，所以旁边站着的人都很满意。徐光启很感激他们，请求他们向精选出来的一万士兵传授这种武器的使用方法。葡萄牙人制定了大量生产火药的方法。”③《崇祯长编》也称：“(崇祯三年正月初四)帝以澳夷陆若汉等远道输诚，施射火器，借扬威武，鼓励宜加，命有司赐以银币。”④明廷决定每年支付公沙一百五十两的军饷，外加十五两额外花费。其余人员则为年俸一百两，每月另给十两伙食费。“仍命将大铳安置都城要害，并令在都教练。”⑤

葡兵抵京后，徐光启强调应借其军事技术，为明军调教出一支可战精兵：“诸人之来，感国厚恩，忘身自效，誓欲灭此而后朝食，其忠愤之气，见于辞色。廷臣闻且见者咸共赞叹，以为有此绝技，又若此精忠，必宜尽用其术。……欲尽其术，必造我器尽如彼器，精我法尽如彼法，练我人尽如彼人而后可。”⑥对此，崇祯皇帝表示：“铳夷留京制造教演等事，徐光启还与总提协商酌行，仍选择京营将官军士应用，但不得迂缓。”⑦可见皇帝相当支持此事，而葡兵的训练也卓有成效，因“其训练军丁一百名，先该戎政衙门摘发到臣，送铳夷教练，月余，悉皆谙晓。合解送归营，为传教城守之用。更换新班，如前教习”⑧。

但因此批葡兵仅三十余人，而待练之明军却太多，故徐光启提议再招更多葡人入京教演火器：“查得广东领兵官白如璋下有澳众二十人，皆能点放。见有六人在齐化门外明月庵居住，亦通华语。……若果有二十人，尚希分拨数名入都，佐助根本大计。”⑨

作为葡兵之统领，陆若汉与公沙认为当前练兵计划所需周期太长，但军情紧急，刻不容缓，故他们于四月初七日上疏建议：“敢请容汉等悉留统领以下人员，教演制造，保护神京。止令汉偕通官一员，傔伴二名，董以一二文臣，前往广东濠镜澳，遴选铳师艺士常与红毛对敌者二百名，傔伴二百名，统以总管，分以队伍，令彼自带堪用护铳、盔甲、枪刀、牌盾、火枪、火标诸色器械，星夜前来。缘澳中火器日与红毛火器相斗，是以讲究愈精，人器俱习，不须制造器械及教演进止之烦。……愿为先驱，不过数月可以廓清畿甸，不过二年可以恢复全辽。即岁费四五万金，较之十三年来万万之费，多寡星悬，谅皇上不靳也。……今幸中外军士知西洋火器之精，渐肯依傍立

---

① (明)徐光启：《徐光启集》卷六《控陈迎铳事宜疏》，第278页。
② (明)徐光启：《徐光启集》卷六《计开目前至急事宜》，第279页。
③ 汤开建：《委黎多〈报效始末疏〉笺正》，第174页。
④ (清)汪楫：《崇祯长编》卷三〇“崇祯三年正月甲申”条，第1636页。
⑤ (明)韩霖：《守圉全书》卷三之一《战守惟西洋火器第一议》，第107页。
⑥ (明)徐光启：《徐光启集》卷六《西洋神器既见其益宜尽其用疏》，第289页。
⑦ (明)徐光启：《徐光启集》卷六《恭报教演日期疏》，第291页。
⑧ (明)徐光启：《徐光启集》卷六《镇臣骤求制铳谨据职掌疏》，第294页。
⑨ (明)徐光启：《徐光启集》卷六《移兵部照会》，第298页。

脚。倘用汉等所致三百人前进,便可相借成功。”①葡文档案中亦有此事之记载,其称陆若汉与公沙“建议皇帝从澳门调葡兵以协助将入侵之鞑靼人驱逐出帝国境内。公沙·的西劳将军自告奋勇,以最快的速度前往澳门搬兵”②。值得注意的是,公沙与陆若汉计划“令彼自带堪用护铳、盔甲、枪刀、牌盾、火枪、火标诸色器械”,由此可知,至少下一批援明葡兵的装备需自行筹备,其原因或为澳葡当局财政紧张无力配给,或为澳门本就计划在市民中招募士兵,既非常备军,则令其自备器械。这一点仍有待进一步探究。

徐光启对陆若汉等所言深表赞同:“寥寥数人,仅携数器,杯水车薪,何济于事?即使教练成军,而我不能信彼技之必胜,彼不能信我兵之不逃,不若用惯战之众为前锋,我以精卒万人继之。又用彼数人为督阵,我兵有恃无恐,抑且欲逃不得,事逸而功倍矣。”③可见他亦希望由善战葡兵为明军出任前锋,借其武勇稳固明军军心,从而获胜。

同时,或为免遭反对派攻讦,徐光启一方面称赞了葡兵的武德,但也表示待明军熟悉西洋铳法后,葡兵亦应返澳:“盖非此辈不能用炮、教炮、造炮,且当阵不避敌,已胜不杀降,不奸淫,不虏掠。昔人言‘勇莫善于倡’,以彼为倡,未有不从者矣。又曰‘明耻教战’,见此辈之胜己,又将耻其不及矣。待我兵尽得其术,又率领大众,向前杀贼,胜贼数次,胆力既定,便可遣归。此辈皆系商贩,止欲立效以明忠顺,非能万里久戍,亦不必其久戍也。”④

就葡兵增兵的建议,崇祯皇帝予以批准并“招谕广东军门、地方官员,依照此奏疏,即刻招集人马,提供一切必须物资,伴送远人来京。队伍所经各地,地方官员务必即刻接替伴送人员,继续护送远人,以便远人星夜火速进京,不得有误”⑤。

同年六月二十四日,“升孙元化为右佥都御史巡抚登莱东江等处”⑥。孙元化就任登莱巡抚,公沙等葡兵亦划归其指挥。至崇祯三年(1630)十一月,登莱地区已有八千兵力:“登抚孙元化职任恢复,更定营制,有众八千,合以海外三万有余,隐然可成一军。”⑦此时,登莱地区不仅成为明军精锐火器营的训练场,同时因该地重要文武官员或为天主教徒,或为西洋人士,故此地亦为明军天主教势力的大本营。

崇祯四年(1631)三月,后金遣一万两千人进攻皮岛,赞画副总兵张焘率大小战船百余艘迎战。张焘非常信任葡兵,其尝称“西洋一士可当胜兵千人”,他“向恃为常胜不败者”。⑧ 葡兵亦未辜负张焘信任,张焘呈报称:“于十七日职令西人统领公沙的西劳等,用辽船架西洋神炮,冲其正面;令各官兵尽以三眼鸟枪,骑驾三板唬船,四面攻打,而西人以西炮打□□□筑墙。计用神器十九次,约打死贼六七百。……神炮诸发,虏阵披靡,死伤甚众。”⑨

据欧阳琛、方志远研究,此为援明葡兵直接对后金作战之仅见记载。另,在阅读奉教人士所

---

① (明)徐光启:《徐光启集》卷六《闻风愤激直献刍荛疏》,第299页。
② 董少新先生翻译自葡文原档,转引自汤开建《委黎多〈报效始末疏〉笺正》,第187页。
③ (明)徐光启:《徐光启集》卷六《闻风愤激直献刍荛疏》,第300页。
④ (明)徐光启:《徐光启集》卷六《钦奉明旨敷陈愚见疏》,第313—314页。
⑤ 董少新先生翻译自葡文原档,转引自汤开建《委黎多〈报效始末疏〉笺正》,第187页。
⑥ (清)汪楫:《崇祯长编》卷三五“崇祯三年六月壬申”条,第2129页。
⑦ (清)汪楫:《崇祯长编》卷四〇“崇祯三年十一月丁丑”条,第2391页。
⑧ 中国第一历史档案馆、辽宁省档案馆编:《中国明朝档案总汇》第12册,广西师范大学出版社,2001年,第88—89页。
⑨ 方豪:《中国天主教史人物传》,中华书局,1988年,第264页。

著文献时,应对其所言持谨慎态度,因其或为天主教利益考虑而故意夸大或隐去某些史实。如上文所述海战,其未见于《崇祯长编》《国榷》与《满文老档》等重要文献,故其战果之真实性亦有待甄别。

四、第三次招募葡兵的经过及其失败

崇祯三年(1630)四月二十六日,徐光启奏遣中书姜云龙与掌教陆若汉及通官西满・故未略等"前往广东省香山澳置办火器,及取差炮西洋人赴京应用"①。葡文档案亦称:"皇帝高度评价了葡萄牙人保卫帝国的忠诚和热心,且对使用来此的少量葡萄牙武装这一经验十分满意。皇帝派遣一使臣前往广州和澳门,与其同往的有耶稣会陆若汉神甫。皇帝对陆神甫的多次热诚效忠感到非常满意,故派他一同前往广州和澳门,以便在短时间内与救兵一起返回。"②

关于陆若汉此次返澳所募官兵之数,有若干不同记载。

米歇尔・库珀所持看法为 360 人:"为了对后金作战,将从澳门出兵前往北京,……实际被遣去的人员中有葡萄牙人 160 名,澳门人 100 名,非洲人和印度人合起来有 100 名,共 360 名。……皇帝支付了 5.3 万两作为他们的俸禄。……全军分为两个中队。指挥官是佩德罗・科代罗(Pedro Cordeiro)和安东尼奥・罗德里格斯・德尔・坎波(Antonio Rodríguez del Campo)。"③

葡萄牙耶稣会士曾德昭记载为 400 人,其《大中国志》载:"共召集了 400 人,其中 200 士兵,许多是葡人,有的出生在葡萄牙,有的在澳门,但大部分是当地人。尽管这些人是中国人,因生在澳门,他们是在葡人当中受教育,而且是优秀士兵,善于使枪射击。"④博克瑟也认同此人数,并有具体介绍:"兵力为二百名滑膛枪手及人数相等的随营人员,还配备了十门野战炮。"⑤

韩云则记载为 480 人:"是役也,业挑选得精锐义勇者四百八十人,军器等项,十倍于前。"⑥

综合不同文献,此次所募葡兵之数约在 360—480 人之间,而据葡萄牙帝国官方文件,1625 年时,"澳门有 437 名葡萄牙和其他外国人,以及 403 名土生葡人,均不包括妇幼和中国人。此时中国人数量大致有一万人,如果把奴隶计入总数可能在一万五到两万左右"⑦。十二年后的 1637 年 3 月 10 日,葡萄牙籍耶稣会士李玛诺上书耶稣会总会长,希望增派传教士,其中提及:"澳门葡萄牙人中有志修道的为数不多,不敷传教的需要,澳门城中仅驻兵二百五十名,兵力平平,精锐部队,全在印度。"⑧可见当时澳门全城仅有不足 1 000 名葡萄牙人,故澳葡当局此次已竭尽全力配合明朝的军事行动。

此处关于此军队的两位指挥官姓名的问题或值得思考。佩德罗・科代罗(Pedro

---

① (清)汪楫:《崇祯长编》卷三三"崇祯三年四月乙亥"条,第 1956 页。
② 董少新先生翻译自葡文原档,转引自汤开建《委黎多〈报效始末疏〉笺正》,第 187 页。
③ 汤开建:《委黎多〈报效始末疏〉笺正》,第 190 页。
④ [葡]曾德昭著、何高济译:《大中国志》第 1 部第 21 章,上海古籍出版社,1998 年,第 125 页。
⑤ [英]博克瑟:《葡萄牙人军事远征援助明朝对抗满洲人,1621—1647》,《天下月刊》1938 年第 7 期。
⑥ (明)韩霖:《守圉全书》卷三之一《战守惟西洋火器第一议》,第 106 页。
⑦ 张中鹏:《分化与整合:明代澳门华人社会结构分析》,《澳门研究》2014 年第 2 期,第 126 页。
⑧ [法]高龙鞶:《江南传教史》第 1 册(上编),第 249 页。

Cordeiro)自为一葡萄牙语姓名无疑,然另一指挥官坎波的全名为"Antonio Rodríguez del Campo",若相关资料拼写无误,则推测此军官应为西班牙人而非葡萄牙人,因"罗德里格斯"一名在西班牙语中拼为"Rodríguez",在葡萄牙语中则为"Rodrigues"。若此军官果为西班牙人,则其麾下是否亦有西班牙士兵参战?此点或值得展开进一步的研究。

由科代罗和罗德里格斯率领的部队,"他们到达任何一个城市,都得到地方长官的接见,并都得到供应,如鸡、牛肉、水果、酒、米等等。……很多贵人邀请他们,为了观赏他们的服装式样,对他们十分款待,而且十分赞赏。……但是这些人在游览城市后就返回去了。没有起到任何作用,不过给中国人带来很大花费和巨大损失"①。

这批葡兵为何抵达江西后就返回了澳门?《崇祯长编》称其为奉旨回澳:"先是若汉奉命招募澳夷精艺铳师傔伴三百人,费饷四万两,募成一旅,前至江西,奉旨停取回澳。"②米歇尔·库珀则称:"这时候中国方面开始讨厌外人部队踏上中国的领土,所以远征军被迫在南昌停了下来。"③费重金所募之葡兵被迫返澳,是因明廷内就葡兵入援一事爆发了争论,并最终导致此次招募葡兵活动的失败。

崇祯三年(1630)五月二十七日,礼科给事中卢兆龙上疏称:"闻中国尊则四裔服,内忧绝则外患消,未闻使骄夷酿衅辇毂也。堂堂天朝,精通火器,能习先臣戚继光之传者,亦自有人,何必外夷教演,然后能扬威武哉?臣生长香山,知澳夷最悉,其性悍骜,其心叵测,……时而外示恭顺,时而肆逞凶残。其借铳与我也,不曰彼自效忠,而曰汉朝求我,其鸣得意于异域也。不曰寓澳通商,而曰已割重地。悖逆之状,不可名言。粤地有司与之为约,入城不得佩刀,防不测也。今以演铳之故,招此异类,跃马持刀,弯弓挟矢于帝都之内,将心腹信之乎?将骄子养之乎?犹以为未足,不顾国体,妄奏差官,而夷目三百人是请。夫此三百人者,以之助顺则不足,以之酿乱则有余。奈之何费金钱,骚驿递而致之也?谓其铳可用乎?则红夷大炮,闽粤之人有能造之者,昨督臣王尊德所解是也。其装药置铅之法与点放之方亦已备悉矣,臣计三百夷人,自安家犒劳以及沿途口粮、夫马到京供给,所费不赀。莫若止之不召,而即以此钱粮鸠工铸造,可得大铳数百具,孰有便焉?中国将士如云,貔貅百万,及今教训练习尚可,鞭挞四裔,攘斥八荒,何事外招远夷,贻忧内地,使之窥我虚实,熟我情形,更笑我天朝之无人也!且澳夷专习天主教,其说幽渺,最易惑世诬民,今在长安大肆讲演,京师之人信奉邪教,十家而九,浸淫滋蔓则白莲之乱可鉴也。……窃见近年以来,借取铳解铳名色,骚扰多事,害不可言。臣故谓差官之当罢也,前东兵未退,臣言之恐夷目生心,致有他变。"④

卢兆龙,广东香山人,其认为葡兵入援一事有三点不妥:

第一,堂堂中国,借铳借人于内附之外夷,有损天朝神威;

第二,葡兵入内地教演火器,趁机窥中国虚实,或萌生反意;

第三,葡人信奉天主教,"其说幽渺,最易惑世诬民",恐酿成祸乱。

为反击卢兆龙,徐光启于六月初三日上疏⑤反驳称:"我们请的三百名葡人和一千二百支火

---

① [葡]曾德昭著、何高济译:《大中国志》第1部第21章,第125—126页。

② (清)汪楫:《崇祯长编》卷四四"崇祯四年三月己卯"条,第2619页。

③ 汤开建:《委黎多〈报效始末疏〉笺正》,第193页。

④ (清)汪楫:《崇祯长编》卷三四"崇祯三年五月丙午"条,第2044页。

⑤ 未见该疏中文版本,唯有其葡文译本。

枪,虽其到来之时将已入秋,如若那时建夷仍在境内,我们便可借葡人将他们驱逐出去;即便敌人已被赶走,要想收复辽东、惩处建夷,我们仍应该借助葡人,让其督导训练我们精选的两三万有经验的士兵,并与葡兵组织在一起,提供花销、补给、武器以及其他战斗物资,如此两年之内便可获得所期望的胜利。为了征服所有鞑靼人,并尽量节省开销,这是万全而唯一的策略。等战胜敌人一两次之后,我们的士兵就会重新振作,积极投入战争,那时我们便可遣返葡人,而不必留他们在这里两年了。"①

六月十二日,崇祯皇帝下旨:"澳门葡人希望为我们效忠;然在其前来效忠的路上,诸官员应对其保持警惕,给予其好的示范,促使他们尽快来。"②表达了他对葡兵来援一事持有较谨慎的积极态度。

然而仅一日后,卢兆龙再上疏称:"澳夷即假为恭顺,岂得信为腹心,即火技绝精,岂当招入内地?据光启之疏,谓闽、广、浙、直尚防红夷生心,则皇居之内不当虑澳夷狡叛乎?舍朝廷不忧而特忧夷人之不得其所,臣所未解也。……火铳可以御敌,未必可以灭敌,而谓欲进取于东,问罪于北,此三百人可当前锋一队,臣未敢轻许。若谓威服诸边,二年为约,则愚所未能测也。……臣言夷人不可用,非言火炮不可用,乞皇上责成光启始终力任,竟展其二年成功之志,勿因臣言以为卸担,则臣之言未必非他山之助也。"③

因明廷许多官员并不将澳夷(葡萄牙人)与红夷(荷兰人)加以区分,故徐光启在前疏中辨析了两者之区别。对于身份被混淆一事,公沙也曾上奏:"只因红夷海寇等类出没海洋,劫掠货物,公沙等携带大铳,御敌保命。今滋贡献大铳,皇上赐名'神威'。奈何间有不究来历原由,指大铳曰'红夷铳',指吾辈曰'红夷人',是不免认子为贼。况红夷为斟害,存心叵测,昭昭然不待言说。本斟统管委黎多等,每每尽力驱逐,求永杜中国隐忧。今乃以'红夷铳'、'红夷人'称我辈,岂不大伤我皇上'神威'之敕赐,'忠顺'之褒词乎?"④卢兆龙则再次大谈天朝上国无需澳夷支援。

卢兆龙对葡兵与天主教进行了大肆攻击,而崇祯帝本人虽对天主教有一定好感,如萧若瑟所称:"崇祯帝,因左右侍从不乏奉教之人,业已习闻其说,兹又阅若望章奏,颇为心动,虽未能毅然信从,而于圣教之真正,异端之无根,固已灼有所见。"⑤但作为皇帝,崇祯帝亦不可不斟酌卢兆龙所言,故命葡兵返回澳门。

历代史家大都认可卢兆龙对葡兵及天主教的攻击是出自经济利益原因。

时人曾德昭就认为:"(广东官员)感到葡人这次进入中国,肯定可取得成效,他们将轻易得到进入中国的特许,并进行贸易,售卖自己的货物,从而损害这些中国人(广东官员)的利益。"⑥徐萨斯称:"广州的商人担心葡人可能最终获得在内地的贸易特权,从而积聚大量的利润。"⑦博克瑟称广东官员担心"明帝会授予葡萄牙人长期向往的特权以示报答,让他们在沿海其他地方和中国内地进行贸易。这样,广州将会丧失宝贵的垄断权,广州官员也将失去可进行

---

① 董少新、黄一农:《崇祯年间招募葡兵新考》,《历史研究》2009年第5期。

② 同上。

③ (清)汪楫:《崇祯长编》卷三五"崇祯三年六月辛酉"条,第2091页。

④ (明)韩霖:《守圉全书》卷三之一《西洋大铳来历略说》,第95页。

⑤ 萧若瑟:《天主教传行中国考》,上海书店出版社,1989年,第116页。

⑥ [葡]曾德昭:《大中国志》第1部第21章,第126页。

⑦ [葡]徐萨斯著、黄鸿钊译:《历史上的澳门》第5章,澳门:澳门基金会,2000年,第51页。

榨取的宝贵财源”①。库珀亦称:“一直独占葡萄牙市场大把赚钱的广东商人担心外人部队一旦进入中国境内,立即就会开辟一条中国各地与澳门之间的直接通商渠道。”②高龙鞶虽将第二次与第三次葡兵援明活动相混淆,但亦指出:“这些(广州)商人本来垄断着中葡贸易,如果中国门户开放,容许葡人入境,则他们即将丧失获致厚利的机会,故他们竭力运动,使皇上收回此项成命,他们自愿负担这军队来回的一切费用。这种可耻的贪婪,阻止了徐光启的救国计划。”③

崇祯四年(1631)二月,时任登莱巡抚孙元化因坚持起用葡兵,亦遭卢兆龙弹劾:“夫元化身受特恩,建牙东土,数万貔貅,尽可训练,何必借力于远人?盔甲、枪牌必有给造,安在重惜此火器?……又澳夷未离粤东一步,已要挟过数万金钱,而谓自备资粮,将谁欺乎?若谓挟其胜器胜技可以前驱无敌,即此胜器胜技愈足深忧。傥其观衅,生心反戈相向,元化之肉恐不足食也。”④

卢兆龙之短视在此疏中一览无遗,其称:“盔甲、枪牌必有给造,安在重惜此火器?”卢兆龙上此疏时,其所谓“将士如云,貔貅百万”的明军已在多次战役中被后金军击溃,明军唯二取得的宁远大捷、宁锦大捷均是借西洋大炮之力在坚城之上取得的,而由卢兆龙所代表的部分广东官员,为一己私利而屡次阻挠明军军事技术的革命,仍大谈盔甲、枪牌,真可谓“兆龙之肉恐不足食也”。

五、招募葡兵计划的最终失败

崇祯四年(1631),后金国主皇太极进攻辽东大凌河城,登莱巡抚孙元化急调孔有德率军支援。孔有德部辽丁素与山东人不和,行至吴桥时因琐事与当地乡绅爆发冲突,孔有德遂率部造反,连陷数城,直逼登州。因孔有德人脉广泛,孙元化麾下耿仲明、陈光福等将领皆与其暗中约降,随后孔有德部陷登州,“掳获旧兵六千人、援兵千人、马三千匹、饷银十万两、红夷大炮二十余位,西洋炮三百位”⑤。孙元化被俘,随后被孔有德放归;城中葡兵则伤亡惨重,公沙等十二名葡兵阵亡,另有十五名受伤。

登州之变的爆发有着复杂的社会背景。当时辽人与山东人关系已极为恶劣,社会舆论也对辽将、辽人持极负面的意见:“辽人恃其强,且倚帅力,与土人颇不相安,识者久忧之。自文龙诛,部下义子耿仲明、李九成、孔有德等畏罪逃四方。后闻袁崇焕磔死,文龙事稍白,复相聚于登,夤缘为将。然此辈数,犷悍贪婪,不知法度,视登为金穴,欲得而甘心焉。”⑥辽人受舆论歧视已有数年,早在己巳之变时,祖大寿就曾上疏诉苦:“岂料城上之人声声口口只说‘辽将辽人都是奸细,谁调你来?’故意丢砖打死谢友才、李朝江、沈京玉三人,无门控诉。选锋出城,砍死刘成、田汝洪、刘友贵、孙得复、张士功、张友明六人,不敢回手。彰义门将拨夜拿去,都做奸细杀了。左

---

① [英]博克瑟:《葡萄牙人军事远征援助明朝对抗满洲人,1621—1647》,《天下月刊》1938年第7期。
② 汤开建:《委黎多〈报效始末疏〉笺正》,第196页。
③ [法]高龙鞶:《江南传教史》第1册(上编),第140页。
④ (清)汪楫:《崇祯长编》卷四三“崇祯四年二月丙寅”条,第2596页。
⑤ (清)毛霦著、王晓兵校注:《平叛记校注》,中华书局,2017年,第5页。
⑥ (清)汪楫:《崇祯长编》卷五五“崇祯五年正月辛丑”条,第3185页。

安门拿进拨夜高兴，索银四十六两才放。众兵受冤丧气，不敢声言。”①辽将辽人被疑为奸细、辽人在登莱等处与土人的矛盾激化，这都成为登州之变的诱因。欧阳琛与方志远则认为此事为明末政治、经济濒临崩溃的集中反映。

崇祯四年(1631)十二月二十二日，叛军进逼登州，城中发西炮一度退贼：“孔有德等抵登州，结营城南蜜水山。孙元化命副将张焘率辽兵驻城外，总兵张可大亦发南兵拒战。时犹再四遣人招安，贼不听，夜攻城，西炮击退之。”②可见孙元化此时仍未放弃招安叛军之想法，这也导致他在决策战守事宜之时犹豫不决，最终酿成大祸：“时张焘部兵降贼者，诈称自敌营逃归。晨叩城，求入城中，士民不可，巡抚孙元化许之。于是贼得混入，与中军耿仲明、都司陈光福等谋内应。初夜举火，有德等遂从东门杀入，元化方在城上，引刀自刎不殊，贼拥之而去。……城中旧兵六千人、援兵千人、马三千匹、饷银十万、红夷大炮二十余具、西洋炮三百具、其他火器甲仗不可胜数，及城中金帛子女皆为贼有。”③城陷后，“叛军曾愿拥立(孙元化)为王，彼以此举不忠于天主、不忠于皇上，毅然拒绝”④。

关于登州之战中葡兵的情况，熟悉相关情况的韩云称：“公沙等在京者，后为登抚调用，麻线馆之捷，击死奴酋七百余人，其详具《公沙行程自纪》中。不意值孔有德之乱，公沙等复登陴奋击，以图报万一，而身已先陨矣。城陷之日，三十余人，死者过半。”⑤公沙等葡兵奋勇作战，但“在极短时期中，的西劳因立于城上，一手执灯，一手向叛兵发炮。某叛兵遂向执灯之目标放箭，箭中心胸，遂在士兵前倒地。不幸箭已穿透胸部，次日身死”⑥。陆若汉的传记作者米歇尔・库珀也称：“明军与葡萄牙人在一个月时间内都在要塞处进行了顽强的抵抗，……但是从城墙上想丢手弹下去的公沙・的西劳却不幸中箭，第二天死亡。还有2名葡萄牙士兵也战死了。……陆若汉和其他大约12人考虑到继续抵抗也是浪费，……随后，陆若汉冒着严冬和战士一起迅速回到北京。”⑦

登州之役中，城内葡兵共有十二人捐躯，另有十五人重伤。其统领公沙牺牲，经兵部尚书熊明遇疏请追赠为参将，副统领鲁未略(鲁伊・梅洛)赠游击，铳师拂朗亚兰达(弗朗西斯科・阿兰尼亚)赠守备，傔伴九名方斯谷(弗朗西斯科)、额弘略(科埃略)、恭撒录(贡萨洛)、安尼(安东尼奥)、阿弥额尔(安东尼奥・米格尔)、萨琮、安多(安东尼奥)、兀若望(托・若昂)、伯多禄(佩德罗)各赠把总，每名并给其家属抚恤银十两，令陆若汉送回澳门，并请陆若汉再请数十人入京教铳。⑧ 另，《报效始末疏》中的出征葡兵姓名、职务与登州之变后追赠姓名、职务不相符。上文中就葡兵具体名单已有分析，而《报效始末疏》中记载傔伴仅有几利梭黄等三名，而明廷却将九名“傔伴”追赠为把总，疑明廷未将级别均较低的匠师、驾铳手及傔伴甄别清楚，从而一律以“傔伴”之名追赠官衔。

---

① (清)汪楫：《崇祯长编》卷二九“崇祯二年十二月甲戌”条，第1626页。
② (清)汪楫：《崇祯长编》卷五四“崇祯四年十二月壬申”条，第3177页。
③ (清)汪楫：《崇祯长编》卷五五“崇祯五年正月辛丑”条，第3185页。
④ 方豪：《中外文化交流史论丛》第1辑，独立出版社，1944年，第226—227页。
⑤ (明)韩霖：《守圉全书》卷三之一《战守惟西洋火器第一议》，第108页。
⑥ 方豪：《明末西洋火器流入我国之史料》，《东方杂志》第40卷第1期，1944年。
⑦ 汤开建：《委黎多〈报效始末疏〉笺正》，第200页。
⑧ (清)汪楫：《崇祯长编》卷五八“崇祯五年四月丙子”条，第3356页。

崇祯五年(1632)七月二十三日,孙元化和张焘因登州失守而在北京弃市,兵部尚书熊明遇也被解任听勘,自此明军中的亲天主教势力逐渐淡出。

韩云于《战守惟西洋火器第一议》中对葡兵评价很高:"今兹公沙等忠义昭灼,愤激捐生,至流矢集躯,犹拔箭击贼而死。孰谓非我族类,其心必异哉! ……为恢辽之计,诚望购募澳夷数百人,佐以黑奴,令其不经内地,载铳浮海,分凫各岛,俾之相机进剿。……至若用澳人,则必先恩以鼓之,信以结之,如父母之于子弟,自能得其忠义之报。缘此辈人,素崇奉正教,非可以力驱,非可以智取,非可以利禄诱之者,欲得其忠君爱国而不推心置腹,则亦无所用此矣。"①

然而,截至崇祯十七年(1644)闯军陷京师,明廷再未组织过大规模的葡兵入援行动,仅在崇祯十六年(1643)曾令"澳门提供一门大铁炮和一名炮手来防卫广州,以对付可怕的造反者李自成发动预期的进攻。同时出于同一目的,还送另外三名炮手至南京"②。次年三月,李自成即率军攻陷京师,崇祯帝驾崩于煤山。

结　语

天启、崇祯年间,明朝委托澳门葡人先后组织了三次大规模的葡兵援明活动。葡兵第一次援明时,明朝辽东地区正遭受后金铁骑蹂躏,澳门城也饱受荷兰东印度公司的威胁,故而双方均亟须对方的支持,但由于抵京葡兵人数有限,且其在训练过程中出现了技术事故,因此草草返澳,不了了之。葡兵第二次援明时,正值己巳之变,京畿地区变为战场,故葡兵之到来如同雪中送炭,其亦较受崇祯皇帝重视,被派往登莱教练明军火器营。不料孔有德之叛变导致登州沦陷、葡兵伤亡过半、孙元化等弃市,此次练兵成果因此化为乌有。葡兵第三次援明声势最为浩大,然而由于广东官员之阻挠,其未抵京师便被迫班师,自此直至甲申之变,明朝官方再未会同澳门葡人组织大规模葡兵援明的军事行动。

回顾葡兵援明的整个历程,可见明朝原本希望借葡萄牙之力抗击后金,然而自孔有德叛军渡海降金后,后金在获得大量西洋火器的基础上更得到了曾受葡兵训练的精锐火器手,故后金军事技术取得突破性进展,明军原本在技术上拥有的微弱优势亦荡然无存。

然而需要思考的是,17 世纪时,葡萄牙人的军事技术是否果真强大到足以左右明清战争之胜负? 答案恐怕是否定的。

首先,当时葡军的战斗力较 15 世纪末 16 世纪初已大大下滑,"近两个世纪以来,葡萄牙人有意地抑制组织任何永久的军事单位。除了在战场上狂吼'圣地亚哥与我们同在!'以外,他们不讲究战术。在近代欧洲,他们是最后一个进行战术、训练和军备改革的国家。……葡萄牙人的这种缺乏军事和纪律训练的情况是与他们过度的自负有关的。……葡萄牙人还没有足够的武器装备,即便拥有武器,也疏于管理,不加保养,听任其生锈腐烂。……在 17 世纪初,葡萄牙人的船只很少更新大炮等作战设备,他们的船只上堆满了用来赚钱的货物;两军对垒时,葡萄牙

---

① (明)韩霖:《守圉全书》卷三之一《战守惟西洋火器第一议》,第 108—110 页。

② [英]博克瑟:《葡萄牙人军事远征援助明朝对抗满洲人,1621—1647》,《天下月刊》1938 年第 7 期,第 114—115 页。

的士兵还迷恋于中世纪时的肉搏战"①。可见当时葡萄牙帝国已日渐衰落,其本身在远东与巴西被动挨打,葡萄牙军队亦早不复曼努埃尔一世时代的神勇。

其次,明军是自永乐年间创设神机营以来,有着两百余年传统的老牌火器军队。尽管在17世纪初,明军所使用的各式火器已逐渐落伍,西洋大炮较之明军原有各式火器的确威力更大,然其终究是17世纪的武器,射速亦偏慢,又不似今日之核弹具备毁灭性的杀伤力,故其无法使明军的战斗力出现爆发式增长。因此,笔者认为,葡兵及其西炮对于明军更多地是起到精神上的鼓舞作用,因为自抚顺失守直至宁远大捷前,明军无论守城还是野战均难取一胜,官兵们对于其原有各式火器已失去信心,而新引入的西洋大炮则在一定程度上助其稳固军心并敢于与后金军作战,不致轻易溃败。

后金获得西洋大炮及其使用技术后,由于其战斗力原本就强于明军,再辅以西洋大炮以壮声势,故能所向无敌。徐光启曾警告:"火炮之我所长,勿与敌共之。……自此之后,更无他术可以御贼,可以胜贼。……若不尽用臣之法,宁可置之不用,后有得用之时,……万一偾事,至于不可救药,则区区报国之心,反成误国之罪。"②明廷奉教官员与援明葡兵苦心为明军编练精锐新军,其成果却完全为敌人所得,降金诸人日后亦多成为清军入关屠戮中原之干将,再联想到南明时期如李成栋、金声桓等将领,为清军作战时便连战连捷,反正归明后未经数月便败死。纵观明朝崩溃的整个历史,其曾有无数次机会可以挽救危亡,然而无论是优秀将领还是先进武器,在明朝手中便总是无法尽其所能,待其改换门庭后却又势不可挡,这实因前文所引天启六年(1626)二月山西道御史高弘图所言:"无不可守之城池,而但无肯守之人与夫必守之心。"

另外,时任两广总督王尊德在崇祯三年(1630)二月的一封奏疏中所提及的现象亦值得思考。当时为协助京师御敌,广东官府曾借用葡萄牙人的大炮并进行仿制,随后"谨选其重二千七百斤者十具,所须圆弹三十枚,连弹三十枚,各重六斤石弹十枚。重二千斤者四十具,所须圆弹三十枚,连弹三十枚,各重四斤石弹十枚。又仿澳夷式,制造班鸠铁铳三百具,一并解进,以为备御之用。并言大铳十具先行,至今未达,实由沿途驿递以广东私事,不允应付,更乞天语叮咛。帝嘉其急公,令到日查收,沿途应付,迟违指参重处"③。其时京师被围,举国汹汹,广东官府紧急铸炮并欲运往北京助战,然而却被沿途驿递以"广东私事"为由拖延不办。可见明朝早已人心涣散,许多官僚只记得敌我派系,却无视国家之忧。此种精神层面之崩溃,实非区区数十名葡萄牙官兵及若干西洋大炮所能拯救。

① 顾卫民:《葡萄牙海洋帝国史》,上海社会科学院出版社,2018年,第295—296页。
② (明)查继佐:《罪惟录》列传卷一一下,浙江古籍出版社,1986年,第1781页。
③ (清)汪楫:《崇祯长编》卷三一"崇祯三年二月庚申"条,第1741页。

明清时期温州南麂岛的海防治理及其困境

张 侃*

摘 要：中国东南海域岛屿是沿海人群从事海上活动的重要航路连接点和补给地。南麂岛位于温州洋面的最南端，面积小而又远离陆地，国家未能建立稳固的管理机构，实施有效社会控制。明清时期，南麂岛作为海商、海盗、海匪的藏身之所，一直是东南海防的心腹大患。地方官员和军事将领试图采取从巡哨到垦殖等各种手段加强海防建设，均因南麂岛的生态条件无法支撑而收效甚微。入清之后，闽浙海盗啸聚南麂岛，劫掠琉球贡使和官商船只。嘉庆年间，酿成了"蔡牵之乱"。从明清时期南麂岛的海防建设可以看出，国家的海洋治理受生态条件、军事行政、技术手段的限制，虽然采取治理措施并进行调整，但仍陷入治理困境。

关键词：南麂岛　海防治理　困境

中国东南海域的岛屿星罗棋布，整体上形成与大陆若即若离、蜿蜒漫长的岛链，它们既是东南沿海人群长期从事海上经济活动的航路依托，也是连接中国内地与东亚海域的重要贸易纽带，各种人群在此互相接触并形成特有的社会形态。海岛的经营与开发都经历了漫长的历史过程，处于不同海域的岛屿又因历史条件的差异，呈现出海洋活动的特有个性。已有海岛研究由此讨论了明清帝国海洋扩张所带来的地域变化的复杂性。① 南麂列岛位于温州洋面的最南端，由大小 52 个岛屿组成，其中以南麂岛的陆地面积为最大，约为 7 平方千米。后人对以南麂岛为中心的列岛体系进行了简要说明："平邑各海岛以南麂为望山，此外如竹屿、平屿、紫屿、破岭、空心屿、长腰、大雷、小雷、后麂、头屿、二屿、三屿、上长腰、琵琶、下长腰、上马鞍、落基、下马鞍、门屿等岛，均在南麂洋面，系平邑二十都地附属，其间以南麂为最大。"南麂岛孤悬海中，成为渔民按鱼汛捕捞的停泊或者暂时补给之地，"由鳌江出口，约八十九十里，海程风顺时，一潮可达。若遇逆风，

---

* 张侃，厦门大学历史系教授。

① 卢建一：《明清海疆政策与东南海岛研究》，福建人民出版社，2011 年；陈贤波：《从荒岛贼穴到聚落街庄——以涠洲岛为例看明清时期华南海岛之开发》，《中国社会历史评论》第 11 卷，天津古籍出版社，2011 年；王潞：《开与禁：乾隆朝岛民管理政策的形成》，《海洋史研究》第 2 辑，社会科学文献出版社，2011 年；王潞：《清初广东迁界、展界与海岛管治》，《海洋史研究》第 6 辑，社会科学文献出版社，2014 年；谢湜：《14—18 世纪浙南的海疆经略、海岛社会与闽粤移民——以乐清湾为中心》，《学术研究》2015 年第 1 期；祝太文：《清代浙江南田诸岛的封禁与展复》，《公安海警学院学报》2016 年第 2 期；王潞：《论 16～18 世纪南澳岛的王朝经略与行政建置演变》，《广东社会科学》2018 年第 1 期；谢湜：《"封禁之故事"：明清浙江南田岛的政治地理变迁》，《中山大学学报》(社会科学版)2020 年第 1 期。

程期即无一定。每当春夏鱼汛,渔民多集于此”①。明清王朝无法在南麂岛建立有效控制的管理机构,南麂岛成为海盗、海匪的停泊或藏身之所,“环海负岛,逋逃之徒易以蕃聚,倭寇每出没于此,……自明初以来,倭寇皆经此栖泊,恃为巢穴”②。南麂岛一带活动的海洋人群脱离于王朝统治体系之外,并与王朝军事力量发生对峙。在官民势力消长拉锯的过程中,以南麂岛为中心的闽浙交接洋面呈现了极为复杂的海防治理格局。本文就此展开论述,求教于方家。

一、明中叶南麂岛的武装化私舶贸易

15世纪之后,西方海商开辟“新航路”,并与闽粤海商合作来到中国海域。在巨大的利益驱动和地方世家支持下,相当完整的海洋走私网络逐渐形成,后人谓:

> 番徒海寇,往来行劫,须乘风候。南风汛则由广而闽而浙而直达江洋,北风汛则由浙而闽而广而或趋番国,在广则东莞涵(南)头、浪北(白)、麻蚁屿以至于潮州之南澳。在闽则走马溪、古雷、大担、旧浯屿、海门、浯州、金门、崇武、湄洲、旧南日、海坛、慈澳、官塘、白犬、北茭、三沙、吕磕、崙山、官澳,在浙则东洛、南麂、凤凰、泥澳、大小门、东西二担、九山、双屿、大麦坑、烈港、沥标、两头洞、金塘、普陀以及苏松、丁兴、马迹等处,皆贼巢也。③

中外海商群体武装走私推动了国际商埠双屿港的兴起,而南麂岛起到辅助港的作用,“尝闻海寇往来,其大舡常躲匿外洋山岛之外,小舡时而出为剽掠。在浙常于南麂山住舡,双屿港出货,若东洛、赭山等处,则皆其旁道”④。在荷兰人林斯豪顿(Jan Huijgen Van Linschoten,1562—1611)出版的《东印度水路志》中,一幅图中的Lanquim可能就是南麂列岛,说明西方航海者已对南麂有了初步认识。⑤

番徒海寇鱼龙混杂,在双屿贸易中产生了不少社会问题与冲突。嘉靖二十七年(1548),朱纨下令以“佛朗机国人行劫”为由,关闭双屿港。四月初六日,卢镗即率兵荡平了双屿港的许栋集团,“将贼建天妃宫十余间,寮屋二十余间,遗弃大小船二十七只,俱各焚烧尽绝”⑥。双屿港被关闭的局面下,海上贸易集团就来到南麂洋面活动,“栋党汪直等收余众遁。镗筑塞双屿而返,番舶后至者不得入,分泊南麂、礁门、青山、下八诸岛”⑦。朱纨也指出:“南麂山等岙有大贼船十只。”⑧由此可见,双屿港被毁之后,原计划到双屿交易的中外海商船只暂时游弋在舟山外洋,移动到南麂洋面以寻找新的贸易空间。在此过程中,朱纨等人加强防范,并虏获不少“海贼”。如《三报海洋捷音事》记载:“六月二十二日,金乡卫指挥吴川等拿获贼首许二,许二即许

① 佚名:《温州海岛》,《中国地学杂志》1910年第7期。
② (清)顾祖禹:《读史方舆纪要》卷九四,清光绪二十七年刻本,叶38A。
③ (明)王忬:《条处海防事宜仰祈速赐施行疏》,(明)陈子龙编《明经世文编》卷二八三《王司马奏疏》,明崇祯平露堂刻本,叶36B-37A。
④ (明)郑若曾编:《筹海图编》卷一二“勤会哨”,文渊阁《四库全书》本,叶26A。
⑤ 周运中:《16世纪西方地图的中国沿海地名考》,《历史地理》第28辑,上海人民出版社,2013年。
⑥ (明)朱纨:《捷报擒获元凶荡平巢穴以靖海道事》,《甓余杂集》卷二,明朱质刻本,叶49A。
⑦ (明)郑若曾编:《筹海图编》卷五《浙江倭变记》,叶25A。
⑧ (明)朱纨:《捷报擒获元凶荡平巢穴以靖海道事》,《甓余杂集》卷二,叶50B。

栋，许社武、倭夷连寿和尚、贼徒浦进旺、徐二、贼妇梁亚溪六名，斩获首级三颗。温州府通判黄必贤拿获贼首谢洪盛。"①八月初三日，葡萄牙人共帅罗放司及其他中外商人等人在乐清湾大门洋面与明军相遇，经交战后被俘数人。共帅罗放司名字为"Goncalo Vaz"，佛德全比利司为"Fernao Pires"，安朵二放司为"Antonio Vaz"，啰毕利哑司为"Luis Diaz"，②他们被称为"黑番鬼"，可能是葡萄牙殖民者贩来的黑人。这些黑人在葡萄牙军舰上被作为廉价苦力大量役使，或帮助驾船，或充当翻译，或作为铳手，有些人更能从事造炮、导航等高技术工作，因为忠实耐劳十分为葡萄牙殖民者所喜欢。朱纨目睹黑人在海洋贸易中的活动行迹，《甓余杂集》有诗一首曰："黑眚本来魑魅种，皮肤如漆发如卷。跷跳搏兽能生啖，战斗当熊死亦前。野性感恩谁豢养？贱兵得尔价腰缠。此来尽入三驱网，胆落人间画像传。"诗后附注："此类善斗，罗者得之，养驯以货贼船，价百两、数十两。"③

嘉靖二十七年(1548)八月初八日，福建都指挥卢镗又率领烽火门把总指挥同知孙敖及百户刘钦、朱清、齐山、张勋并家丁卢阿三等并兵船，"由福宁州地名流江追贼至浙江金乡卫蒲、庄二所地方，与贼对敌数合"。在南麂洋面追击贸易船队，其情形为："与贼对敌数合，孙敖放火箭中烧贼篷，引入火药桶内。一时火烧沉水死者约有三十余名。生擒在海积年为患，先该海道悬赏五百两贼首一名山狗老的名陈五伦，系龙溪县人。贼封大总头目三人：伍新三，系南安县人；许子义，龙溪县人；张大，潮州人。二总二名：马添，系同安县人；汪阿三，潮州人。千户一名，孙乌寿，玄钟所余丁。头矴二名：王爵，福清县人；陈春，莆田县人。直库二名：徐仕春，莆田县人；曾福，连江县人。总铺一名：叶四，乐清县人。三总二名：陈二，龙溪县人；阿真，海南人。押班二名：阿贵，宁波人；李尾仔，万安所余丁。斩获首级七颗，夺回本年六月二十日被虏男妇：包养、包四、包阿五、陈氏、包金、姚莲、包小弟七名口，俱平阳县地名上魁寄住余丁包昌等家人。……余爬山登岸，该温州府通判黄必贤擒获五名：黄良、邢应魁，俱龙溪人；王京四、魏尾郎，俱福清人；温阿长，广东人。斩获贼首新老首级一颗。平阳典史何鏓擒获一名张阿惨，乐清人。"④九月初六日，卢镗与浙江都指挥梁凤合兵，"至地名镇下门海澳，擒获草撇船二只，林受保、陈荣、陈四郎、朱全、郑二、陈志安、陈根、江乞养、陈十郎、杨希宗、江讖、江克序、陈仲机、江永逢、江克章、朱继禄、江永迷、陈安共一十八名，俱闽县人"⑤。据朱纨自己对南麂大捷的总结，"共生擒番夷贼犯妇女一百零二名口，斩获首级七颗。贼厂淫祠尽行焚毁，台温海岛巢穴俱已荡平，凡可栖隐去处遍哨，无警收兵"⑥。

卢镗在南麂洋面所擒获的人员是走私贸易的武装商船的雇佣人员，技术分工极为详细。每条海船有船主外，财副作为船主的副手，总管为统理船中事务的人员，直库负责战斗用器，阿班上樯桅瞭望观察。被擒获人员的籍贯显示其以闽籍人员为主体，也有其他各地人员参与，还有漳州镇海卫玄钟所和浙江万安所的卫所军人余丁在内，他们在海洋贸易中根据实力大小、资金

---

① (明)朱纨：《三报海洋捷音事》，《甓余杂集》卷四，叶2A。

② [日]冈美穗子：《宁波海上的佛狼机集团与马六甲网络组织——南蛮贸易前史》，郭万平、张捷主编《舟山普陀与东亚海域文化交流》，浙江大学出版社，2009年，第64页。

③ (明)朱纨：《海道纪言·得归九首》，《甓余杂集》卷一〇，叶5B。

④ (明)朱纨：《三报海洋捷音事》，《甓余杂集》卷四，叶5A。

⑤ 同上，叶5B。

⑥ 同上，叶6A。

多寡形成一个商业共同体。南麂岛的澳湾条件便于这些"四方萍聚雾散之徒"集结船只,形成作战能力。如孙原贞指出的,"递年倭寇登岸,其船来,有迟速不同,俱约在三姑、柱山、南麂等海岙停泊取齐"①。在此海洋地理环境之下,卢镗等人的剿灭行动只起到暂时平息之功效。只要武装海商控制着南麂岛附近洋面,海上军事仍然会出现对抗。嘉靖三十年(1551),刘畿出任瑞安知县,"寇遁去,匿南麂山,复虞其窃发,亲督兵船往剿之"②,提出御倭战守计划五条:一议防守,二议水战,三议战船,四议策应,五议器械。③ 即便如此,仍无济于事。南麂之战使温州沿海陷入了数十年惨烈的海患之中,"嘉靖三十四年十月,倭船泊南麂山下。至十一月,逾将军岭至芦浦,从白沙至十六都北港麻园。闰十一月初三日,温州卫指挥祁嵩、百户刘敏领兵出哨,渡溪未竟,倭伏起突击,将士死者六十余人"④。

二、巡洋会哨与管控南麂海域的努力

在明代海洋防御体系中,巡洋会哨是官方采取的主要措施,沿袭已久。巡洋会哨分为巡洋和会哨两个部分,巡洋是水军按其驻防位置与武备力量划分一定洋面作为其巡逻信(汛)地,每逢春秋二汛巡逻哨守;会哨是相邻的两支或多支巡洋船队于信(汛)地连界处约期相会,在连界之处交换凭证,并受一定官员稽查。⑤ 天顺年间开始,军务废弛,逃军增加,海上防卫能力弱化。南麂附近的会哨制度荒废,官员之间互相推诿,时人指出:"南麂一岛,为闽浙交界之区,今两相推诿,使寇盗得停泊纠伙,以为南突北犯之穴,合会集舟师,严其守御,而贼巢破矣。"⑥

面对日益严重的倭乱,明代政府强化巡洋会哨制度的管理,以海中岛屿为中心,连点成线,拓展了海上防御的纵深,加强了对岛屿之间洋面的控制。"哨道联络,势如常山,会捕合并,阵如鱼丽,防御之法,无逾于此。"⑦浙江巡洋会哨分为西、东、六总诸巡守信地,分隶四参将,总领于总兵官,"参将原设二人,分守浙东西,后分为四:曰杭嘉湖、曰宁绍、曰台州、曰温处。把总,原系指挥四人,今因地方多事,卫所寫远,分而为六,曰定海、曰昌国、曰临观、曰松海、曰金盘、曰海宁"。隆庆三年(1569)题准,"浙江总兵驻定海,参将改驻舟山。遇汛,则宁绍参将,坐驾兵船,直出沈家门外海洋,嘉、台、温各参将,俱出本区海面外洋。据险结营,彼此会哨。总兵居中调度,左顾杭嘉,右顾台温"⑧。胡宗宪在《浙江四参六总分哨论》中云:"海防每值春汛,战船出海。初哨以三月,二哨以四月,三哨以五月。小阳汛亦谨防之。其南哨也,至镇下门、南麂、玉环、乌沙门等山,交于闽海而止。"⑨温州海域归属温处参将区管辖,为了防止倭寇"飘犯",对此层层设防。其中东洛、南麂为第一防区,黄花、飞云、江口、镇下关为第二防区。

---

① (明)孙原贞:《边务・备倭》,(明)陈子龙编《明经世文编》卷二四《孙司马奏疏》,叶11B。
② (清)范永盛纂修:康熙《瑞安县志》卷四《职官志・名宦传》。
③ (明)刘畿纂修:嘉靖《瑞安县志》卷六《兵防志》。
④ (明)汤日昭纂修:万历《温州府志》卷一八《杂志・灾变》,叶62A。
⑤ 牛传彪:《明清巡洋会哨制度及其演变刍探》,《明清海防研究论丛》第3辑,广东人民出版社,2009年。
⑥ (明)陈仁锡:《无梦园初集》漫集二《纪海寇》,明崇祯六年刻本,叶65B。
⑦ (明)郑若曾编:《筹海图编》卷一二"勤会哨",叶21B—22A。
⑧ 万历《大明会典》卷一三一《兵部十四・镇戍六》,叶19A。
⑨ (明)胡宗宪:《浙江四参六总分哨论》,(明)陈子龙编《明经世文编》卷二六七《胡少保奏疏》,叶8A。

按照兵力分配，金盘把总统辖水兵五支：游哨、黄华、飞云、江口、镇下，驻扎在金乡卫。游哨：备倭把总一员，部领哨官二员，船四十八只，兵一千二百四十五名，汛期屯泊南麂洋面。黄华关：总哨官一员，部领哨官一员，船一十九只，兵四百二十名，汛期屯泊梁湾洋面。飞云关：总哨官一员，部领哨官一员，船一十八只，兵四百五十六名，汛期屯泊凤凰洋面。江口关：总哨官一员，部领哨官一员，船一十九只，兵四百五十五名，汛期屯泊洋屿洋面。镇下关：总哨官一员，部领哨官一员，船一十七只，兵四百三十六名，汛期屯泊官岙洋面。① 东洛与南麂巡哨区处于第一重藩篱。东洛"贼船南北往来，常泊此本岙取水，或掳渔樵船只乘风奔突"；南麂"其北岙阔大，倭贼来，必于此栖泊樵汲，然后分艟入寇，风顺三潮可到飞云江"。因此，其防卫重要性如《登坛必究》云："论海洋之要害，则金盘之凤凰山、南麂山，松海之大陈、大佛头，远则陈钱、马迹，皆沿海之藩篱，守藩篱，则门户自固矣。"②鉴此，万历二十四年（1596），蔡逢时撰《温处海防图略》卷一《温区海图》，特别绘制南麂、东洛二图，图上注云："南麂、东洛最为冲险，特列此二图，以备防御。"③

官员认识到，对于日益强大的海上民间军事团体，以陆地为基础建立的海防体系漏洞百出，巡洋会哨无法起到严格管控之效果。于是，他们把目光转移到开发海岛作为管理基地的策略上来。万历二十年（1592），推官刘文卿查盘台州军务，建议迁移军人或军余开屯收租，以供兵饷。④ 万历二十二年（1594），福建巡抚许孚远建议在南麂岛设屯，"许孚远抚闽，奏筑福州海坛山，因及澎湖诸屿。且言浙东沿海陈钱、金塘、玉环、南麂诸山俱宜经理，遂设南麂副总兵"⑤。有关海岛设屯的详细内容见于《神宗实录》：

> 福建巡抚许孚远奏：福州海坛山开垦成熟田地八万三千八百有奇，量则起税，民已输服。兹山密迩镇，东为闽省藩篱。既成屯聚，必资城守。其造成营，建署等费，逐一确估，不过六千七百两有奇，即以本山税银三年充之，可不劳而办。城郭营房既完，海坛游兵便可常聚，则屹然一雄镇。又有南日山，仅比海坛三分之一，俟查明另议。至彭湖遥峙海中，为诸夷必经之地，若于此处筑城置营，且耕且守，断诸夷之往来，据海洋之要害，尤为胜算。但此地去内地稍远，未易轻议。因言浙中沿海诸山若陈钱、金塘、玉环、南麂等处俱可经理。疏入，户部覆请听其便宜施行，且请移文浙江抚按查陈钱等处，照海坛设法开垦。诏曰：可。⑥

近年来，藏于中国科学院国家科学图书馆的《福建海防图》（编号为 26445）公布出版。学者对该图与福建海防或者与台湾历史地理的关系进行了分析，认为该图绘制于明万历年间，地理范围南起福建与广东交界的柘林湾、南澳岛，北至浙江南端的南麂岛。⑦ 该图在南麂山处标记了文字，可加深我们对当时情况的认识：

> 此山生在海上，西至官湾一潮水，南至台山一潮水，为浙之外藩，闽之上游，居两省之交。倭来多从此取水，为要地。前议设副总兵屯驻，策应福浙，经福建巡抚金……题未覆，

---

① 牛传彪：《明代浙江海区军事驻防与巡哨区划》，《明清海防研究》第 5 辑，广东人民出版社，2011 年。

② （明）王鸣鹤辑：《登坛必究》卷一〇《浙江事宜・论要害》，清刻本，叶 46A。

③ （明）蔡逢时撰：《温处海防图略》卷一《温区海图》，明万历澄清堂刻本。

④ 光绪《玉环厅志》卷一《舆地志・沿革》，清光绪六年刻本，叶 7A。

⑤ （清）张廷玉纂修：《明史》卷九一志第六十七《兵三》，中华书局，1974 年，第 2244—2245 页。

⑥ 《明神宗实录》卷二八四"万历二十三年四月丁卯"条，台北：台湾"中研院"历史语言研究所，1962 年，第 5246 页。

⑦ 姜勇、孙靖国：《〈福建海防图〉初探》，《故宫博物院院刊》2011 年第 1 期。

亦以承平日久,事乃寝焉。万一倭寇突来中国,此地断不可弃守。无如宿将屯兵为两省犄角,北急则北援,南急则南援。势若常山,岂非至计?今浙见有游兵一枝守此,与台山游会哨良见及加意闽海者,不可不预之图也。①

根据姜勇、孙靖国等人研究,上文"福建巡抚金"后有脱文。万历年间,金学曾任福建巡抚。福建巡按金学曾在万历二十五年(1597)七月上奏"防海四事":

一、守要害。谓倭自浙犯闽,必自陈钱、南麂,分䑸台礵。二山乃门户重地,已令北路参将统舟师守之。惟彭湖去泉州程仅一日,绵亘延袤,恐为倭据。议以南路游击汛期往守。一、议节制。谓福建总兵原驻镇东,但倭奴之来,皆乘东北风,福宁、福州乃其先犯,镇东反居下游。欲将总兵于有警时移扎定海,以便水陆堵截。一、设应援。造大小战舡四十只,募兵三千名,遇急分投应援。一、明赏罚。②

学界一般将南麂副总兵的设置时间定在许孚远任福建巡抚的万历二十二年(1594)之际,鉴此值得进一步讨论。许孚远上书建议也许未果,于是由金学曾在万历二十五年(1597)左右继续上报,但也没有结果。这与《福建海防图》绘制于万历二十五年之后相符。大略可以推测,南麂副总兵在万历二十六年(1598)才得到兵部批准设置,从《明实录》另一条资料可以得到确定:

(万历二十六年正月己亥)兵部题称,闽浙接壤,势同辅车,而两省地利,南麂乃冲要之所,请将温处参将改为副总兵,添设闽兵一枝令统领,汛守无事照常会哨,有警并力夹攻;听浙福抚镇节制调遣。从闽金学曾议也。报可。③

《福建海防图》(局部,现藏于中国科学院国家科学图书馆,编号为26445)

① 转引自姜勇、孙靖国《〈福建海防图〉初探》,《故宫博物院院刊》2011年第1期。
② 《明神宗实录》卷三一二"万历二十五年七月乙巳"条,第5842页。
③ 《明神宗实录》卷三一八"万历二十六年正月己亥"条,第5922—5923页。

南麂副总兵希望在南麂岛屯田守卫，以形成对来自福建的“倭寇”的强大震慑力。屯田的军事目的在图中澎湖所注的文字里有所说明。海岛屯田是当时统一的战略部署，由此可作为南麂岛的参照：

澎湖，环山而列者三十六岛，盖巨浸中一形胜也。山周围四百余里，其中可容千艘。我守之以制倭，倭据之以扰我，此必争之地。前后建议，筹之详矣。近回官兵远涉，借口风时不顺，躲泊别处。或谓议当建城，又虑大费，遂寝其谋也。然要在将令得人，则兵不患其偷安，城之有无可毋论矣。惟是延袤恢野，向来议守，委而弃之，既设游屯兵防御，可惜山地广阔，若能开垦，则田有收，厚利有实。倘有贤能把守，募沿海渔民为兵守汛，画地分疆，旧基兴作，倡人开垦，三年之外，计亩量收，其三分之一行有成效，则置兵垦田，相资而食，共守险地，两者俱得之矣。①

《福建海防图》、海岛屯田与南麂副总兵等事宜有着内在联系，由担任福建巡抚的许孚远、金学曾等人的推动而展开，目的在于控制势力日益壮大的私人海上贸易。万历二十一年(1593)之后，日本与明朝的关系发生了从微妙到破裂的演变。福建商民是与日本保持密切联系的群体，闽地官员对他们的举止非常关注，②主要担心他们引狼入室，以海岛为跳板侵扰沿海地区。许孚远等人借助屯田加强海上防范的措施，意在延伸外海军事防御，将沿海岛屿纳入军事部署，使其成为海上防御的一个环节。

隆庆《平阳县志》的一条资料论及“二十四都四图”，值得进一步讨论。“二十四都四图”作为户头被登记在地方赋役簿册之中，租额来自南麂岛及附近岛屿。虽然名下赋役被保留，但是原来承担赋役之人早已散入各都，无法落实。该租额在嘉靖年间经历任官员调整后，转由平阳所和沙园所的军余承担。据相关史料记载，“嘉靖元年知县叶逢旸以平阳所军余编补五图；四十一年，知县文程又以金乡沙园所军余补编”③。许孚远等人建议在南麂岛开屯，承担南麂岛赋役的军余可以此入岛屯垦。不过，史料阙如，南麂岛是否开屯无法确认。《明实录》载万历四十四年(1616)十一月在南麂附近发生的激烈海战，南麂岛周围防卫仍甚为虚弱，结果官府军队遭遇惨败，“倭以大小船二只犯宁区海洋，一战乘风而去。其犯大陈山姆岙亦二船耳，把总童养初领四十余船，虽互有杀伤而丑类未歼也。及倭自宁、台追逐出洋毕集于温，大船六，小船廿余，夜悬灯，鼓吹以过南麂，我兵连腙死战，继以火攻而反自焚，即哨官翟有庆焦头烂额，捕盗王宗岳扶伤割级，何救于失事哉？三盘闻南麂之急，横海赴援，倭以马快船直捣其虚，游兵游击尹启易等冲锋犄角颇有斩获，而官军之阵亡者、重伤者亦略相当，倭船竟遁深洋矣。盖倭以五月初一日入，以廿一日遁”④。由此可见，南麂屯田可能因可耕面积小而难以维系，进而无法形成海防基地。

三、清代南麂洋面劫掠群体及形态

根据明清航海针路可知，澳湾是船只避风停泊之所，浙江海域有上等安岙、中等安岙之分，

① 转引自姜勇、孙靖国《〈福建海防图〉初探》，《故宫博物院院刊》2011年第1期。

② ［日］三木聪：《福建巡抚许孚远之谋略——围绕于丰臣秀吉“证明”》，陈春声、陈东有主编《杨国桢教授治史五十年纪念文集》，江西教育出版社，2009年，第444—470页

③ (明)朱东光修：隆庆《平阳县志》卷一《沿革》，明隆庆五年刊本，清康熙间增钞本。

④ 《明神宗实录》卷五五一“万历四十四年十一月癸酉”条，第10417页。

其中上等安岙“可避四面飓风者”,共有沈家门等二十三处,而南麂岛属中等安岙,可避两面飓风。① 入清之后,闽浙洋面海盗横行。乾隆嘉庆年间,较大规模的就有六七股之多,无论官方船只或民间商船,一旦遭风靠泊南麂岛澳湾,极易遭受海盗的抢掠。沈复(三白)撰《浮生六记》,其中第五记为《海国记》,或称为《中山记历》,记录嘉庆年间随使臣至琉球册封的事宜,其中包括在南麂遭遇海盗侵扰之事:

> 十月二十五日,乃始扬帆返国。至二十九日,见温州南杞山,少顷,见北杞山,有船数十只泊焉,舟人皆喜,以为此必迎护船也。守备登后艄以望,惊报曰:“泊者贼船也!”又报:“贼船皆扬帆矣!”未几,贼船十六只吆喝而来,我船从舵门放子母炮,立毙四人,击喝者坠海,贼退;枪并发,又毙六人;复以炮击之,毙五人;稍进,又击之,复毙四人。乃退去。其时贼船已占上风,暗移子母炮至舵右舷边,连毙贼十二人,焚其头篷,皆转舵而退。中有二船较大,复鼓噪由上风飞至。大炮准对贼船即施放,一发中其贼首,烟迷里许,既散,则贼船已尽退:是役也,枪炮俱无虚发,幸免于危。②

沈复等免遇抢掠只是幸运而已,从大部分事例看,琉球贡使被抢常有发生。乾隆年间,蔡世彦等驾驶惠安商船随同两艘当年进贡的船只来闽,遭遇风灾而漂至温州平阳洋面,被数只海盗船包围,被劫海参等物与四百一十五两银子。此事上奏后,乾隆皇帝为了维护天国的体面,立即批示下令:“以中国洋面盗风未戢,该国货船竟有被劫之事,朕亦引以为愧,所有该国被劫货价,即着落失事地方官加一倍赔偿。此案盗犯并严饬地方文武踩缉务获,勿令远飏。向来办理洋盗,罪止斩枭,此等行劫外国船只盗犯,拿获之日,竟当凌迟处死。庶盗匪共知畏惧,洋面可期宁谧。”在乾隆皇帝的亲自督促之下,闽浙两省官员拿获盗犯二十一名,其中连大进、张晋晋等七人与行劫琉球货船有关,经过福建官员审理后,“绑赴市曹,传同留馆夷人看视斩决”③。嘉庆元年(1796),浙江省温州府平阳县官吏拿获漏网的缪亚富、胡亚卯二人,浙江巡抚觉罗吉庆上奏说:

> 据温州平阳县知县赵黻秉报,拿获行迹可疑之缪亚富、胡亚卯二名,讯系盗首挞窟大即勇(永)丰舡上伙盗,曾于上年五月内,随同行劫琉球国货舡,解候审办等情。臣随提犯研鞫,缘缪亚富、胡亚卯俱籍属平阳,乾隆五十九年十一月,缪亚富与倪亚斌、乌陇弟同雇胡亚卯舡只往海上载柴。驶至官山洋面,遇见闽匪挞窟大,被掳过舡。因倪亚斌、乌陇弟不懂福建语言,人又瘦弱,当即放回。将缪亚富、胡亚卯留下,逼勒入伙。④

根据口供,缪、胡两人被海盗团伙逼迫入伙进行海上劫掠。奏折中提及的“盗首挞窟大”,可能是流窜在东海、南海一带的海盗头子“獭窟舵”。“獭窟舵”与王流盖、林发枝等人是当时最大的三股海盗势力。据福州将军兼署闽浙总督魁伦和粮道庆保等人审讯得到的口供,“獭窟舵”名字为“张表”,“獭窟舵供本名张表,系惠安县獭窟乡人,年三十七,父母已故,并无兄弟,连妻子也没了,向在沿海捕鱼为生。乾隆五十九年(1794)被邱通拿赴盗船逼胁入伙,自知身犯重罪,不敢回

① (明)郑若曾编:《筹海图编》卷五《浙江事宜》,叶76B。
② (清)沈复著、唐嘉校注:《浮生六记》,文化艺术出版社,2015年,第151页。
③ 《历代宝案》第7册,台北:台湾大学出版社,1972年,第4058—4059页。
④ 中国第一历史档案馆:《清代中琉关系档案选编》,中华书局,1993年,第28页。

家。后来邱通被获，众人推小的为首，并因同伙众多，将劫得船只分领派驾”①。在口供中，张表叙及，“上年林发枝抢劫浙江官米，小的同在那里”。他们在闽浙交界的南麂一带洋面频频作案，所谓抢劫“浙江官米”，其实是隐晦表达抢劫琉球贡使之事，官方对此有具体描述：

舡上舵工蔡老大、盗伙李亚东等共二十三人，先在福建北沙、罗河、东拷、福鼎等洋，叠次行劫客舡、钱米、衣服、橘饼等物。五月内，驶至浙省三盘外洋，遇见另舡盗首林发枝、蔡大、蔡亚十及舒合，一共四舡，围劫琉球国货舡上银四百余两，衣箱、海参、牛皮并鸟铳、腰刀等械，与林发枝等俵分各散。六月内，在南石洋复行劫烟丝、橘饼一次，缪亚富、胡亚卯每次俱过船接赃。七月初六日，舡至温州南麂洋，胡亚卯患病，上岸先回。十月内，又在东拷洋行劫豆舡一次，因闻兵船兜捕紧急，挞窟大在北关外洋，令缪亚富划杉(舢)板舡探听兵舡信息，即被兵役拿获，并获胡亚卯，一并解究。②

张表等人合伙在南麂洋面一带参与抢掠琉球使者，盗首众多，大部分是闽人。嘉庆元年(1796)，张表率领473人在泉州府投诚，清廷赏给张表守备之职。③ 泉州府知府景文记录了当时招抚投诚的情形，从呈缴器械而言，张表等人装备较为精良，富有一定的海上战斗力：

四月二十六日，有盗首獭窟舵，即张表，因闻投首可以免罪，率同本帮小盗张寮、薛却、邱坪、林梗、黄蒋、骆眼、蔡脱、张娇、曾栋、丁成的等十名，并会集另起盗首石朱山、张由、林桃、吴戎等四名，率领盗伙二百十六名赴府自行投首，并将随带船十二只，大小炮铳一百十四门，枪刀藤牌竹串等各项器械一千零六十五件，火药一百四十斛，铅子铁钉三十八斛，一并呈缴。……盗首杨淡、柯菊、林雪、郭曾、陈钱、陈琴、曾勇娘等七名闻獭窟舵已经投到，亦即率领盗伙二百三十五名前来投首，并将随带船七只，藤牌竹串枪刀等各项器械八百零五件，大小炮铳五十六门，火药八十一斛，铅子铁钉三十二斛，一并呈缴。④

对照这些资料可见，缪亚富、胡亚卯两人被官府拿获，是在张表投诚之前。他们经审理后，被“凌迟处死，并传首各海口示众”⑤。抢掠琉球使节的主犯之一林发枝当时没有到案，地方政府执行乾隆皇帝的谕令结案后，由地方官加倍赔偿银两八百三十两给琉球使节。⑥ 嘉庆二年(1797)七月，林发枝才带领团伙投诚。林发枝又名李发枝，为平阳县人。他的海盗行为很早就被闽浙地方官员察觉。乾隆六十年十二月初六日(1796年1月15日)闽浙总督魁伦即奏报：

十月内，诏安县洋面自广东驶至盗船，内有数只系番子盗船，头缠红布。另魁伦之幕友亦述及其认识之生员等三人曾遇盗脱回，知盗首名李发枝，船共十二只，内有一只系安南人，其余系广东、福建、浙江等省人，皆头缠红布，装作番状。⑦

① 清代宫中档奏折及军机处档折件，编号40400584，转引自王日根《清嘉庆年间海盗投首的分析》，载张伟主编《中国海洋文化学术研讨会论文集》，海洋出版社，2013年。

② 中国第一历史档案馆：《清代中琉关系档案选编》，第286页。

③ 《清实录》第28册《仁宗实录(一)》，中华书局，1986年，第120页。

④ 清代宫中档奏折及军机处档折件，编号404002851，转引自王日根《清嘉庆年间海盗投首的分析》，载张伟主编《中国海洋文化学术研讨会论文集》。

⑤ 中国第一历史档案馆：《清代中琉关系档案选编》，第286页。

⑥ 《历代宝案》第7册，第4181—4182页。

⑦ 戴逸、李文海主编：《清通鉴》，山西人民出版社，2000年，第4746页。

由此可知,闽浙海盗群体中混杂有不少安南海盗,他们共同抢掠琉球贡使和官商船只。林发枝所率领的海盗团伙以平阳人为主,前此没有被拿获,因为他们沿着海路遁逃至安南藏匿。根据林发枝自供称:

> 年三十三岁,原籍浙江平阳县人,本生父母早故,并无兄弟,自幼过继与福建福鼎民人李世彩为子,平日捕鱼为业。自乾隆五十八年(1793)间出洋为匪,在闽浙各洋面行劫,不记次数。并据供认行劫琉球国货船、浙江官米,并随同安南盗匪在闽省东冲、定海二汛抢掠炮位。……后因官兵查拿严紧,于六十年十二月逃往安南县躲避。①

在安南期间,林发枝"得受安南盗首大头目所给执照一张,木戳一个,又执照五张"。由此可见,林发枝带领的浙江海盗与安南海盗大本营已经结成一伙,可能受命于越南的西山政权,进行海上掠夺并补充其财政。此次重新北上,结果被官兵发现,围拿紧急,只好投诚:

> 福宁镇总兵刘景吕、知府元克中驰赴烽火门会同查验,除被掳之舵水徐成发等二十二名,均系浙江瑞安、平阳等县人民。恳即就近释回原籍外,将林发枝并各船盗伙共一百十一名分起解送至省,并将船只炮械押运前来。臣即委令署臬司庆保点验盗船三只,大炮二门,九节炮八门,火药三箱,铅子四桶,刀枪器械共一百七十七件,又大刀一把,手镖一盒,藤牌十九面,火硾火号三十九件,大小旗帜二十三面。②

林发枝等人被政府招抚后,并不代表海洋社会就获得了平静。海洋社会的权力真空很快就被其他帮群接替。在林、张等人投首之际,魁伦在奏折中提及另一伙海盗的存在,"土盗内尚有蔡牵一帮不甚著名,现在窜匿浙洋,踪迹无定"③。蔡牵为泉州府同安县西浦人,出生于1751年,加入海盗集团应是乾隆六十年(1795)。据焦循的《神风荡寇后记》,"(蔡)牵漳州民,乾隆六十年间,入海为盗,时浙贼、凤尾贼、水澳贼最强,牵及若横次之"④。《霞浦县志》也记载蔡牵为盗的情形:"少时流落邑南乡水澳,为人捕网。水澳渔户,本多同安籍,以牵奸滑能用其众,既得夷船、夷炮,凡水澳、凤尾余党皆附之,势张甚。"⑤传说他的一压寨夫人为平阳炎亭大奥心(今苍南大渔乡大岙心)人,海盗成员称"蔡牵妈"。她的技艺超群、足智多谋,如民国刘绍宽为洪炳文的《白桃花传奇》题辞叙及:"毕竟夭桃薄命花,不教锦缎拥香车。横行海上蔡牵妇,亦是当年碧玉家。"⑥

蔡牵的活动范围为厦门以北,远至浙江、江苏、山东等省,他对海盗小帮派进行分工:簸嘴、水澳、黄葵等活动于闽东至浙南海域,凤尾、箬黄等在浙江洋面。面对蔡牵船队势力扩张,清军水师予以追击。嘉庆六年(1801)十月初七日,温州镇总兵胡振声追击于南麂洋,双方均有损失。嘉庆八年(1803)十一月,蔡牵船队再次在南麂洋面与温州总兵胡振声发生遭遇战,被官军围剿,

---

① 清代宫中档奏折及军机处档折件,编号404002851,转引自王日根《清嘉庆年间海盗投首的分析》,载张伟主编《中国海洋文化学术研讨会论文集》。

② 同上。

③ 同上。

④ (清)焦循:《神风荡寇后记》,《雕菰集》卷一九,清道光岭南节署刻本,叶11B。

⑤ 刘以臧修:民国《霞浦县志》卷三《大事志》,民国十八年铅印本,叶19B—20A。

⑥ 刘绍宽:《洪博卿先生〈白桃花传奇〉题辞》,《厚庄诗钞》卷二,转引自《洪炳文集》,上海社会科学院出版社,2004年,第561页。

被击沉船只六只，被俘近两百人。嘉庆九年(1804)六月，李长庚出任浙江提督，屡次入闽粤追捕。蔡牵只得突袭淡水、凤山，自封为镇海威武王，并召集海上党羽，分别授总兵、将军等职。嘉庆十二年(1807)十二月，李长庚擒获蔡牵义子蔡三来，得知了蔡牵行踪后，连夜从温州洋面出发，追击蔡牵至福建黄岐洋面。但因遭遇海洋暴风，李长庚中炮身亡。水师主帅李长庚阵亡之后，清王朝一时间难以找到可以与蔡牵势力抗衡的领军人物，福建和浙江的海洋局面出现了波动。嘉庆十三年(1808)，阮元再次巡抚浙江，他与李长庚部将邱良功、王得禄等人商议新法对付蔡牵。嘉庆十四年(1809)七月十七日，蔡牵再度从福建进入浙江平阳县按照“军务填单法”，平阳县将此情报填入军务传单中，并由专人分别报送沿海轴线、各水师及巡抚衙门，取得水战先机。九月，蔡牵等人在台州渔山洋面受浙江提督邱良功、福建提督王得禄围攻，其座船于温州外洋中炮沉没，蔡牵与二妻二子跳水自杀。方鼎锐描写此役：“南麂山迎北麂山，凤凰洋面水回环。三盘最是逋逃薮，全赖楼船数往还。”并注曰：“南北麂山、凤凰三盘皆温州洋面，向为盗匪出没之区。数年以来，予与吴总戎更番巡洋，拿获数百名，洋面安静。”①

但是东南海域产生海盗的社会机制长期存在，依托南麂岛及其洋面进行劫掠的海盗活动仍猖獗如初，“洋面安静”只是一时现象而已。清人郭钟岳《瓯江小记》的“海岛多盗”，记载的就是这番情形：

> 瓯江自郡城东下三十里即为海，出海以四齿，为温州之门户，俗谓“齿头洋”，盖岛也，海中排列如齿状者四。出四齿约二百里即绿水洋。四齿之西为琵琶山，为竹屿，入瑞安门户。四齿之东为南麂山、北龙山，皆闽界海汛，西北属瑞安，东南属福宁之烽火营。南麂、北麂多盗居之，年谷顺成，官吏勤能，则盗归而为民；反是，则民散而为盗。民以讨海种山为业，瘠贫者多憨不畏法。余居温六年，窃以为治斯地者莫如猛也。②

由此可见，在南麂岛附近进行海上抢掠活动的盗匪，相当一部分人是迫于生计而为之。除此之外，还有一些人则是海难之后被强拉入伙而成为海盗。如吴荣辉俘虏的海盗即属此例：“闽浙总督以荣辉自备船械资斧灭贼报效，调补温标左营把总，而当头山、大鱼山等处劫贼尚多，鸿源命荣辉管驾三号龙船往来巡哨，周年间，海盗肃清。会铜盘山左近货船多遭风覆，船伙幸获不死，计十九人。避难滨南屺之空壳山，因求食，为该处匪诱使行劫，被人告发。荣辉奉檄搜捕，暮夜直捣巢穴，全数就擒。鞫问，哀诉称各有父母、昆季、妻子，十九人如出一口。荣辉详问姓名、籍贯，给配惠安盐船解归原籍。镇署闻信，以擅开放盗匪切责罢归。”③

正因为海盗群体的生产基础一直存在，即使到了晚清，闽浙洋面配置新式汽轮进行巡防，南麂洋面的海盗群体神出鬼没，商业船只仍常常被劫。如 1890 年 2 月 26 日《申报》记载：“上月二十二日，又有某姓货船行至闽瓯交界洋面，被盗抢劫，盗匪手执白刃，施放洋枪，货船人受伤甚众。即赴地方官衙门报案，适艺新轮船派守是处，有巡缉之责。管驾官查知，立即带兵追捕盗匪，尚敢拒敌。相持一日之久后，盗船上之桅杆被炮击折，盗船始退，艺新轮船在后紧追，盗匪三

---

① (清)方鼎锐：《温州竹枝词》，雷梦水等编《中华竹枝词(三)》，北京古籍出版社，1997 年，第 2187 页。

② (清)郭钟岳：《瓯江小记》“海岛多盗”，转引自陈瑞赞编注《东瓯逸事汇录》，上海社会科学院出版社，2006 年，第 210 页。

③ 林学增修：民国《同安县志》卷三〇《人物录・武功》，民国十八年刻本，叶 25B。

十余人见势不佳,弃船登岸而遁。我兵亦舍舟而陆,徒手相搏,生擒九人。”①

四、清政府管理南麂岛的严厉措施及其困境

清袭明制,采取巡洋会哨管理沿海岛屿。温州水师左营原管海汛,内镇下关、北关、金乡、南麂、官山、琵琶、凤凰、大丁山、小丁山、北麂各汛。雍正二年(1724)八月,改右营为陆路,瑞安、磐石并为水师,将三营海汛自南至北分作四股,南洋一股自镇下关与福建烽火门海汛接壤,起北关、官山、金乡、琵琶、南麂。水师营的任务是缉捕要犯、防守海面、护卫商船、稽查匪类,并巡历所属汛地各山岛岙。巡防兵弁在各辖区交界洋面约期会哨,同时并集,联名申报总督、巡抚、提督察核,称为“巡防”。由于海寇防不胜防,一旦官府会哨松懈,南麂岛便会再次成为海贼聚集之地。民间针路簿则描述,“南杞、大笼山,好抛,此乃贼船住会所”②;李廷钰编纂的《海疆要略必究》中也说:“南杞:大山有澳,好抛船,系贼仔澳之所。”③

雍正年间,东南海岛得到大规模展复,比如舟山、玉环等岛屿的移民开发速度加快,促使了海洋人群的频繁流动。④ 在此局面之下,南麂海域的会哨仍是水师的重要职责。前文已引同治年间吴荣辉的例子就是会哨产生的积极效果,并得到了渔民商户的支持。“会张其纲继任,阅荣辉有异劳,大加奖励,仍巡哨东、西矶,南、北屺等处。海宇升平,渔舟麇集,众渔户禀恳荣辉长驻,岁缴官费六千金。张其纲大喜,以该洋本盗贼出没,非巡哨勤劳,安得人民乐利?”⑤

在海岛屯垦移民的带动之下,也有部分海洋群体企图借机在南麂岛进行私垦。道光年间,葛云飞出任瑞安协副将之际,为了防止孤悬海外的难进岛成为海盗的固定据点,整顿了在南麂岛私垦的民众。其后人在年谱中描述甚为详备:

> 时瑞安外洋有山曰“南麂”,周十五里,离内地一百五十里,孤悬海外。内地游民杂处其间,庐舍人畜不下千余,托名种地,实则通盗销赃,巨案屡破,众供凿凿。府君到任,即日带兵至该处地方,将居住之人尽行驱逐回籍。并将各处寮厂庙宇,一律毁除,不留寸椽;岩穴之间,搜剔靡遗,所种豆麦一并铲除。府君犹恐愚民妄冀日久禁弛,或思再往。复札饬平阳、瑞安两县,各就境内揭示谕禁,勿任再往。并严督本营兵船及三镇派防各舟师常日巡缉,见有在该地逗留者,无论何项人等,悉擒治之。是役也,颇有议之者曰:“一经迫逐,穷民得无失业乎?”府君曰:“南麂孤悬海外,山狭土瘠,又皆峭壁危岩,其间稍可垦种之处,尚无十分之一。就使终年作苦历岁,丰年所获几何?内地居民,但能随分尽力,何人不可资生,谁肯远涉重洋,仰息穷岛。凡至此者,多不事生业、游惰性成,或不守本分、干犯法纪,内地无可容身,遂思托足于海上,以冀非分之遇。此等踪迹,已属可诛。况巨案屡破,盗供一辞,

---

① 《申报》1890年2月26日。
② 《石湖郭氏针路簿》,陈佳荣、朱鉴秋主编《中国历代海路针经》,广东科技出版社,2016年,第839页。
③ (清)李廷钰编纂:《海疆要略必究》,见陈峰辑注《厦门海疆文献辑注》,厦门大学出版社,2013年。
④ 王潞:《从封禁之岛到设官设汛——雍正年间政府对浙江玉环的管理》,张伟主编《中国海洋文化学术研讨会论文集》;谢湜:《明清舟山群岛的迁界与展复》,《历史地理》第32辑,上海人民出版社,2015年;谢湜:《14—18世纪浙南的海疆经略、海岛社会与闽粤移民——以乐清湾为中心》,《学术研究》2015年第1期。
⑤ 林学增修:民国《同安县志》卷三〇《人物录·武功》,叶26A。

皆指该处之人,为销赃之所乎!则在此山者皆盗窝,实莠民而非穷民也。逐而去之,是大有裨益于洋政,毫无损害于穷民者也。”议者又曰:“事虽当行,盍稍从缓。今幸而获成,独不忧夫急则生变乎?”府君曰:“今日之南麂,非昔比矣,昔则藏垢纳污,幸未破案,当事之人,姑息偷安,置而不问,彼亦窥知隐衷,遂至肆然无忌。今则连破数案,通盗有据,在山之人,知为盗攀,常惴惴恐惧,忧其不能立足,趁此人心震慑之际,挥而去之,彼逃罪不暇,安敢生事。且此事更不容须臾缓。当此岁暮人稀,又豆麦甫经出土,无可依恋之际,临以兵威,谕以利害,彼各俯首听命,不敢少有异心,倘稍从缓办,延之明春,则刈获采捕,水陆交集,动以千计。此时驱逐,伊等所种,将次可收,船网之赀,又重弃之,不甘。或有奸徒,从中构煽,必生异议。容之则失政体,逐之则费调停,办理便多棘手矣!至于毁其寮厂,除其豆麦,绝其念也;出示内地,禁勿再往,散其党也;严督防兵,常川巡缉,杜其渐也。凡此者,量时审势,揆度事先,拔本塞源,深维事后,夫岂鲁莽从事而侥幸获全,并遗后人以纤芥之患哉。”①

葛云飞作为军事长官,从海岛管控的角度指出了南麂岛屯垦的风险所在,采取“拔本塞源”的态度,禁止民众移入开发,措施相当严厉,在一定程度上代表了鸦片战争之前清政府官员的海洋观念。

南麂真正进入屯田开发是在20世纪初年。1905年,瓯海关开始派人上岛察看地形,设立标志,准备修建灯塔。因上岛人员身穿西装,遂有讹传外人图占南麂。王理孚当时任平阳劝学所总董,知县王兰荪委托他查清此事,才知误会。经过这次查询,王理孚就开始寻找时机开发南麂。1906年,瑞安、平阳两县就南麂归属与管理发生争执。王理孚作为平阳县士绅代表,就此搜集历史资料,向瓯海道和温州商会力陈南麂应归平阳。后来几经交涉,依议定案。1912年,王理孚集资两万元建立南麂渔佃公司,开发南麂,在岛上筑苍浪草堂为办事场所。当时岛上渔民仅寥寥数十人,米、盐及其他杂物都需从鳌江运去。王理孚为此购置了一艘排水量为二十吨的小轮船“静江号”,开辟了鳌江至南麂的航线。1913年,王理孚初次登上南麂,书写“民国癸丑十一月王海髯由此登陆”十四个大字,镌在大沙岙三盘的石壁上。另撰有“南麂”组诗:

驰骋中原愿已虚,更从海外觅扶余。英雄倘厌弹丸小,底事虬髯老畋渔?
草堂南北陶高峰,手植青青十万松。近海多风能儿活,仅存鳞甲渐成龙。
荒祠古澳浪声中,遗像犹存国姓公。想见大旗悬落日,偏师海上起孤忠。
沧海明珠石首呈,“虎林”镌字记分明。三盘登陆新题识,雨蚀苔侵芜已平。
东麓屏风向日开,涛声虎屿殷春雷。临流片石平如砥,曾作维摩习静台。
撇却乌狼趁绿鹰,片帆南去浪千层。台澎更在蓬莱下,风引船回感不胜。

经过王理孚二十年的艰苦经营,岛上居民增至万余人,南麂岛正式成立南麂乡。刘绍宽撰诗予记:“生聚休教伏莽潜,诘戎助守护闾阎。年来鱼稻江乡足,拜赐家家说海髯。”刘景晨为王理孚的《海髯诗》撰序曰:

平阳县东南海中有南麂岛,环小岛十数,皆荒区也。海髯诗为南麂作者前后十四首,诗注颇详。所居鳌江,东与南麂隔海相望。光复以前,为开荒之计;光复以后,弃官而经营之。

① (清)葛以简、(清)葛以敦撰:《故葛云飞将军年谱》,浙江省舟山市政协文史和学习委员会编《舟山文史资料》第9辑《鸦片战争在舟山》,中国文史出版社,2005年,第93页。

其初至也,芜陋若不堪翦理,岛上渔佃寥寥数十人。天下难事成于有志者之决心。规其始而策其终,动用累万金,费心力垂二十稔。至于今,林林焉岛渔千数百户,平阳县于是始置南麂乡焉。夫开疆拓土,非常之事功也。风涛凌厉之中,草棘蒙蔓之域,村之庐之,以至于今,有田畴焉,有学校焉。①

据刘景晨描述,"村之庐之""有田畴,有学校",南麂岛似乎已成聚落,并被纳入行政管理体系。但海上流动的劫掠群体没有消失,海匪隐患依然存在。民国史料记载了浙江洋面海盗的分帮组织联盟,"巢穴就浙洋中分南北中三点,北为鱼山、四公山、韭山;中为东矶、西矶、中矶、竹峡、吊棚等处;南为南麂山、北麂山等处"。他们分工筹划商船抢掠,"其行劫方法,系各驾小舟,先劫一商船,名曰踏底,以此踏底之船,再劫商船"②。而南麂岛甚至成为大刀会活动的重要基地。民国档案记载,1945年,"刀匪蔡月祥股六十余人,枪械五十余支,本月廿六日由石砰扣网艚二只,窜入南麂,寓居柴屿,日向本乡各岛屿骚扰"③。

余　论

从上述研究可以看出,南麂岛的海防治理及其困境反映了明清帝国海洋控制的限度和难度。南麂岛既处福建与浙江的交界洋面,又位于内洋与外洋的交界,主要是渔民按鱼汛捕捞的停泊或者暂时补给之地。由此以往,南麂岛周边岛屿与海域成为海商、海盗、海匪的停泊或藏身之所。他们依托特有的海洋空间格局,不仅溢出王朝统治体系,而且与陆地群体发生冲突,甚至矛盾激化而酿成重大事变,成为王朝的心腹大患。明中叶开始,随着海上私人贸易带来的严重倭乱,地方官员和军事将领采取多种手段加强海防建设,以期实现对南麂岛及周边海域的控制。但毕竟南麂岛孤悬海外,海防手段只能采取传统的巡洋会哨方式。一些官员虽然试图以屯垦建立聚落,但南麂岛的生态条件无法支撑屯田目的,收效甚微。入清之后,南麂岛处于国家控制与失控的拉锯之中,巡哨到垦殖的治理措施也是反复调整,但仍无法摆脱管理上的困境,这种局面一直持续到民国时期。

---

① 《王理孚集》,上海社会科学院出版社,2006年,第209页。

② 《吴淞海岸巡防处关于江浙洋面海盗之调查》,《申报》1925年4月8日。

③ 中国人民政治协商会议浙江省苍南县委员会文史资料研究委员会:《苍南文史资料》第7辑《大刀会始末》,1992年,第64页。

清初漳浦迁海研究：边界、迁移区与社会变化

陈博翼*

摘　要：近二十年来地方社会及区域历史研究方兴未艾，对区域研究的"个案"和"普适"意义的讨论自然也无可回避。其实，逻辑上讲，无论一项研究具有个案意义，抑或总体而言有普适价值，皆说明该主题具研究意义。以总体关怀或系统内在性联系的视角研究"地方史"，以个案研究发现普适意义，本是题中应有之义。漳浦迁海为我们提供了一个观察的契机，在滨海一隅以"小"见"大"，个案意义与中华王朝国家在明清交替多层次历史中整体脉络的呈现相得益彰。首先，以往关于不同地方迁海范围三五十里的成说，可进一步落实明确：漳浦的例子揭示了一个"小"县内如何"因地制宜"而出现不同的内迁里数，内迁里数又如何依山势和地方原有的防卫性设施（如堡寨）而划定。其次，这些堡寨遗迹作为存留的景观，不仅可以展示文献无征的迁海"线"，也反映地方势力的变动情形。迁海之后地方大族和小姓虽各有升降，总体而言，原有的地方势力仍然遭受了一定打击，体现了所谓的"社会重组"。最后，基于这种地方秩序的变化，清代国家开始重新进行编户和保甲。漳浦的编户和保甲既建立在地方堡寨历史演化的基础上，又与东南其他地区共享相似的安民防寇路径和程序：在传统认为的汉人地区，王朝国家同样需要依靠区域特性和历史"遗产"处理如同"非汉"地区一样的"边界"与社会重组问题。这个过程其实也是"国家"形成的过程。
关键词：迁海　堡寨　漳浦　编户

本文考证漳浦迁海的史事，分析迁海之后地方势力的变动情形，并讨论漳浦编户的实施路径。从反映"化外之民"与"编户齐民"之间的紧张关系的倭寇海寇开始，到清廷展界及重新编户保甲的"海晏河清"，持续了一个多世纪的滨海动乱究竟是在什么过程中消弭的，目前较有说服力的研究成果认为，是在迁海这一最暴力的军事行动中以及在保甲中完成的。本文进一步论证这两项"破"与"立"的活动充分建立在漳浦地方堡寨历史演化的基础上，并且也充分体现了王朝国家的逻辑。从方法论而言，以堡寨反观迁海，所见者不止是一条"还原"出的迁海"线"，更有地方社会"重组"的丰富内容：部分强宗大族幸免于迁徙，顺应王朝国家政治议程或说适应其边地经略步骤的家族在迁海复界后占据了主导地位。以几大类型的区域宗族势力变动看，地方社会结构无疑在迁海前后改变了，但新兴宗族、旧有强宗或旧有弱族的社会组织和控制形态并未完

---

* 陈博翼，厦门大学历史系副教授，厦门大学海洋文明与战略发展研究中心执行主任。

全改变,官府的控制强度则相应提升。此即清初东南海疆迁界在县域上的反映。

一、关于迁海研究的回顾

作为一项充分体现国家意志和王朝鼎革暴力强制措施的政策,迁界(迁海)问题在20世纪便获得了一些前辈学者的关注,日本学者倾向于从王朝宏观层面的政策考虑该问题,指出顺治开始颁布严厉的迁海令,并研究了其对郑氏经济的打击。① 从对外贸易而言,迁界使福建与马尼拉及跨太平洋的大帆船贸易萎缩,②荷兰对华贸易亦被阻断。③ 潘莳以迁海为背景,讨论了民众的抗争。④ 谢国桢勾勒了东南迁海的轮廓并陈述了基本史事。⑤ 顾诚进一步厘清了迁海动议的来源、各地迁海里数存在差异、民众被征派修筑墩台和堡寨的苦难以及迁界对经济的负面影响等几个重大问题。⑥ 马楚坚认为第一次迁徙没有明确规定标准,第二次为50里。⑦ 韦庆远以清廷与郑氏集团的冲突为背景,指出禁海和迁界的一脉相承,并点出了藩王利用迁界政策牟利并阻挠复界的事实。⑧

到21世纪初,陈春声首先将迁海从一项国家政策的讨论中解放出来。他敏锐地将倭乱与迁海联系起来,也就将迁海置于一个区域史的研究框架中。其所论述的潮州地方社会变化以及乡村军事化,更是开创了区域秩序研究的先河,因而具有方法论上的意义。⑨ 以明清交替的东南沿海有自在区域秩序看,更能看到这种寇盗活动在区域史上的重大影响。⑩ 就区域日常秩序而言,科大卫认为珠三角的迁海主要在沙田地区进行,虽然迁海政策使沙田区人口锐减,但沙田耕作并未停止;另一方面,许多沿海民众出逃为盗,清廷在沿海许多战略地点也加强了兵力。⑪

① [日]田中克己:《清初の支那沿海——迁界を中心として见たる》一、二,《历史学研究》第6卷第1、3号,1936年1月,第73—81、83—94页;《迁界令と五大商》,《史苑》第26卷第2—3期,1966年,第8—14页。

② [日]浦廉一:《清初の迁界令の研究》,《广岛大学文学部纪要》5,1954年,第124—158页。

③ [日]永积昭:《郑氏攻略をめぐるオランダ东インド会社の对清交涉(1662～1664)》,《东洋学报》第44卷第2号,1961年,第178—207页。永积先生认为荷兰对清廷决策完全没有影响力。荷使出访清廷沟通贸易及其见闻总结,见 John E. Wills, Jr., *Embassies and Illusions: Dutch and Portuguese Envoys to K'ang-hsi*, Harvard University Asia Center, 1984。

④ 潘莳:《清初广东的迁海与广东人民的反迁海斗争》,《华南师范学院学报》(社会科学版)1956年第1期,第171—197页。

⑤ 谢国桢:《明清之际党社运动考》,中华书局,1982年,第237—278页。

⑥ 顾诚:《清初的迁海》,《北京师范大学学报》(社会科学版)1983年第3期,第60—72页。

⑦ 马楚坚:《有关清初迁海的问题》,收入氏著《明清边政与治乱》,天津人民出版社,1994年,第257—277页。

⑧ 韦庆远:《有关清初禁海和迁界的若干问题》,《明清论丛》2002年第3期,第189—212页,尤其是第199—200页。这一观点为何大鹏进一步发挥,他指出藩王对对外贸易的垄断及复界不符合其利益,见 Dahpon David Ho, *Sealords Live in Vain: Fujian and the Making of a Maritime Frontier in Seventeenth-Century China*, Ph.D Dissertation, University of California, 2011, p.246.

⑨ 陈春声:《从"倭乱"到"迁海"》,《明清论丛》2001年第2期,第73—106页。

⑩ 陈博翼:《16—17世纪中国东南陆海动乱和贸易所见的"寇"》,《海港都市研究》2009年第4期,第3—24页;《从月港到安海:泛海寇秩序与西荷冲突背景下的港口转移》,《全球史评论》2017年第12期,第86—126页。

⑪ David Faure, *Emperor and Ancestor: State and Lineage in South China*, Stanford University Press, 2007, pp.172 - 175.

这种判断为进一步的研究所证实和推进：李晓龙通过田野调查也发现，迁海并未给广东归德等地盐场家族带来太大影响，他们反而利用这种机遇和制度漏洞逃避盐课、隐匿盐田，制造文献中“盐课缺征”“丁绝田荒”的话语。①

福建的迁海亦伴随着区域秩序剧烈变动。王文径专门研究漳浦的碑刻和土楼，指出其在地方宗族争斗和迁界背景中兴废的特点。② 林修合进一步从闽南地方宗族的角度切入，指出是宗族与士绅在迁界中的迁居与生存、迁界后的地方社会之公共事业重建中负起了主要责任。③ 叶锦花则通过迁界前、迁界中、复界后三个时间段晋江浔美盐场的运作模式和组织结构、活动，指出迁界破坏了盐场组织、改变了盐场的运作方式，复界后王朝赋役调整及多种势力争夺等因素改变了盐场地方社会结构，认为林氏对于迁界只造成宗族势力的消长但未改变晋江地区的社会控制形态与社会组织的论点值得商榷，而且动乱后，有些地方军功豪族才真正把握了建设地方社会秩序的权力。④ 叶氏近年来所发表的另一篇关于迁海的作品则指出，在漳、泉地区，有些强宗大族得以“托处边界”、无需内迁，而弱小宗族则惨遭蹂躏。⑤

闽粤地方势力响应或利用迁海政策，尤其是展界政策，“国家”亦大有斩获。何大鹏指出，迁海不仅是对郑氏的封锁，更是清代国家以地缘竞争为契机主动出击的行为；除了对“主权”的确认之外，还有限制边缘人群的流动性、整合滨海社会的功能。⑥ 总体而言，20 世纪的研究多极言迁海给民众带来的苦难，且多从王朝框架纵谈迁海政策和措施；新世纪的研究则受区域史兴起的影响，讨论多集中于特定片区及地方社会的响应。以前，许多出版物提及迁界时强调苦难，多与论述清代初期野蛮政策造成的社会退步相联系，偶尔也会引出迁界对郑氏受打击程度的评估；现在，研究的深入又多少掩盖了对于迁海这一重大事件的历史影响的整体认知度有所下降这一现状，增进区域性认知的同时仍缺乏相应方法论的发见。

本文以位于闽南的漳浦这一易代时期军事争夺的核心区域为观察和讨论对象。该区最大特点在于堡垒、城寨、墩台等带有浓厚军事防卫色彩的遗迹大量残存，这些残存不仅反映了地方势力的强大，也反映出一种空间格局——权力与地方社会变迁，以包括人群的、堡寨的、滨海与山地的各种不同因素表现出来的分离与重组，这些因素不断叠加后形成今日可以依据残存遗迹观察到的迁海界线。此外，本文对迁海的关注和探讨进一步立意于迁海之后的社会变动情形，从明中期以降滨海地区活跃的人群变化以及进一步得以透视的社会变动看政策的路径和“国家”形成的过程：既考虑不同层面和方面的制度及地方特色等因素的制约，亦不忘迁海所折射出的流动人群的实质、地方社会的传统及帝国相应的管控方式和形态。简言之，本文以堡寨遗存这种“景观”反推迁海“线”并重新审视一个多世纪的地方“传统”和互动中的帝国滨海边疆再造。

---

① 李晓龙：《清初迁海前后的沿海盐场与地方宗族》，《安徽史学》2015 年第 5 期，第 35—41 页。

② 王文径：《城堡和土楼》，漳浦，2003 年。

③ 林修合：《从迁界到复界：清初晋江的宗族与国家》，台北：台湾大学历史学研究所硕士学位论文，2005 年。

④ 叶锦花：《迁界、复界与地方社会权力结构的变化》，《福建论坛》2012 年第 5 期，第 106—110 页。

⑤ 叶锦花：《宗族势力与清初迁界线的画定》，《福建师范大学学报》（哲学社会科学版）2015 年第 1 期，第 116—124 页。

⑥ Dahpon David Ho，“The Empire's Scorched Shore：Coastal China，1633 - 1683”，*Journal of Early Modern History*，17：1 (2013)，pp.53 - 74.

二、漳浦迁海考——堡寨所见的迁海范围和社会变迁

(一) 历史地理

漳浦系漳州府管辖下的一个滨海县,广义上属于闽广两省交界的区域,也是存在大量"化外之民"的区域,从地理和流动人群活动上讲均为要地,士人惯于强调其治地所处之要。①

六鳌和铜山是地方海防的两大重点,亦是迁海时摧毁的对象。② 明中后期,军户逃亡严重。③ 因而,漳浦的官军防卫力量变得非常有限。从漳浦分出之后,作为商业专区、位于县境之北的海澄,其军事防卫到嘉靖年间基本即已形同虚设,《漳州府志》对各卫各所、水寨兵力配置的描写都是"只见在旗军"及"只存"若干的模式。④ 清初的迁海也始于海澄(该县被全迁),防卫上的严峻形势和脆弱可见一斑。⑤

其县境北面和东面因系旧有抵抗势力的老巢,安海等泉州诸海湾遍布各类船只,该县被作为郑成功二次反攻的据点也不足为奇,后来的天地会也以此地东渡台湾。简而言之,作为帝国军事控制据点、反对势力旧巢之一及反攻首城、东亚贸易网络据点之一,该县实举足轻重,迁海亦首当其冲。

(二) 迁海的考证

作为一项影响深远的政策,清廷官方文献对迁海的记录相对较少而且没有系统性,使得迁海的诸多细节并不清楚,其本身也是一个耐人寻味的现象。清后期人士总结的几个节点是顺治十八年(1661)迁海和康熙八年(1669)展界、十八年(1679)重议沿海迁界。⑥ 有关迁海的大致情形及记载,民国时人又进行了总结,除与清人所述顺治十八年迁海和康熙八年展界一致之外,康熙十一年(1672)又复迁界,次年范承谟乞展界,于是又"复沿海移民"。⑦ 谢国桢等人通过其他材料考证证实,康熙十六年(1677)某些地方又再次迁界。⑧ 从文献看,民国士人叙述迁海背景时,不仅回溯整个寇盗背景,亦认为海寇始于明初,所谓"与倭夷此起彼仆",大致是将不同时段的倭寇和海寇等同看待,进一步印证了迁海的转折性意义——延续了一个多世纪的海上寇乱似乎在迁海后便沉寂了很久。在这个意义上,迁海的建议是出自房星烨还是黄梧便没那么重要了,结构性的未重复(即"寇"的"消失")及沿海人群进入或重新进入王朝编户系统的过程相对而言则更重要。在这种"寇乱"大背景下展开的漳浦的迁海,其范围很明确:

---

① 康熙《漳浦县志》卷一一,台北:成文出版社,1967年,第699页。
② 乾隆《福建通志》卷六,台北:台湾商务印书馆,1986年,第339页。
③ 《漳州府志选录》,台北:台湾银行经济研究室,1967年,第1—2页。
④ 同上,第3页。
⑤ 康熙《漳浦县志》卷二,第143页。
⑥ (清)魏源撰,韩锡铎、孙文良点校:《圣武记》,中华书局,1984年,第334页。
⑦ (清)林绳武辑:《海滨大事记》,台北:台湾经济银行,1965年,第26—28页。
⑧ 谢国桢:《明清之际党社运动考》,第255、250页。

> 九月，迁沿海边地，以垣为界。龙溪自江东至龙江以东，漳浦自梁山以南、旧镇以东镇海、陆鳌、铜山，海澄自一都以至六都，诏安自五都至悬钟，皆为弃土。①

清人提及复界后重新将"卫所、巡司、墩台、烽堠、寨堡、关隘"改设到沿海地点，显示其作为据点的意义。② 作为一种景观遗存，这些据点同时显示了空间和权力的意义。卫所、巡司、墩台、烽堠、关隘为官府权力和秩序的表达，作为海防之用，分布较为规律。③ 其中，墩台、烽堠因"今荡平"，到迁海之后知县陈汝咸时已无法考清各处墩台。④ 是故，堡、城、寨的遗存对于今日考察迁海历史的意义非同寻常。

堡寨的来源受多种因素影响。东南沿海地区由于"屡披寇难"、游民"为之乡导"，官府防不胜防，所以也鼓励民间筑堡防卫及参与联防，于是堡寨在明代中后期以降寇盗盛行的背景下，作为乡村军事化的表征在各处涌现。章焕的言论代表了从朝廷角度鼓励民间筑堡的逻辑："莫若急筑城堡于诸乡以固守。"⑤落实到漳浦地方社会，方志侧重于解释当前状况，如《漳州府志》认为漳州旧时土堡很少，官府在要害处和人口密集区建造土城；只是嘉靖四十年(1561)以后盗贼多了，民间才自己筑造堡寨。⑥

仔细体味碑记，则其与《实录》的鼓励和方志的解释都有些不同。⑦ 赵家堡的这个《筑堡碑记》专门强调"近时警报彷徨""诚恐变生叵测""倭情叵测""土堡颓壤，尚遇警息，其何赖焉"，可看出寇乱未及。《硕高筑堡记》更明言堡纯粹是在没有寇乱的地方才兴建。防微杜渐外，为其扩建寻找正当理由也是核心叙说。防寇之余，展示独立性与地方权势的表达、一定程度上对抗官府、⑧宗族之间的争夺等都可以是这些堡寨建立的原因。这种情形在宗族势力异常强大的闽南尤其显著——漳浦本身就是一个很好的例子，其境内现存堡寨二百余，几百年前当有更多。地方乡绅曾解释最初建堡的原因："于时村落楼寨望风委弃，而埔尾独以蕞尔之土堡，抗方张之丑虏。贼虽屯聚近郊，迭攻累日，竟不能下而去。……自是而后，民乃知城堡之足恃。"⑨

虽然有确实抵御住强敌的例子，堡寨当然也不是万能的，从大量《实录》记载中也可以看见不计其数被攻破的堡寨，有的堡甚至多次被攻陷。此外，还有众多"本处乡村土堡，多不坚固"的情形。⑩ 海澄未从漳浦分置出去前，由于所处地理环境也是屡遭寇难，从嘉靖三十四年(1555)起的十年间，城堡也被攻破许多。⑪ 除了寇难，清初迁海更是对这些堡寨的一次全面改变：废弃、拆毁、加固利用，还有筑新城堡。⑫

---

① 《漳州府志选录》，第18页。
② (清)姜宸英：《海防总论拟稿》，(清)贺长龄辑《皇朝经世文编》，台北：文海出版社，1972年，第2948页。
③ 王婆楞编：《历代征倭文献考》，正中书局，1940年，第370页。
④ 康熙《漳浦县志》卷一一，第761页。
⑤ 《明世宗实录》卷四一三"嘉靖三十三年八月庚午"条，台北：台湾"中研院"历史语言研究所，1963年，第7181页。
⑥ 万历《漳州府志》卷七，第145页。
⑦ 《筑堡碑记》(1616)，王文径编《漳浦现代碑刻》，漳浦县博物馆，1994年，第34页。
⑧ [日]片山诚二郎：《月港"二十四将"の反乱》，《清水博士追悼纪念明代史论丛》，东京：大安株式会社，1962年，第389—419页。
⑨ 康熙《漳浦县志》卷一一，第771—772页。
⑩ 《明穆宗实录》卷二四"隆庆二年十月庚辰"条，第681页。
⑪ 乾隆《海澄县志》卷二一，台北：成文出版社，1968年，第241页。
⑫ 康熙《漳浦县志》卷五，第304、306、307、308页。

文献上漳浦的迁海模糊不详,县志记载的漳浦迁海是"梁山以南、旧镇以东"的地区,非常含混。县志在述及地区行政划分时也另外会涉及一些,但基本未谈及具体迁海事宜。① 这些只言片语也提示了迁海与保甲之间密不可分的联系。除此以外,方志便再无其他记载涉及迁海问题了。然而,借助于堡寨遗存,可以得到一条清晰得多的迁海"线":从长桥、官浔、赤岭、湖西、赤土、田镇至梁山及深土镇、埭厝城、旧镇镇岩埭社等地。

迁海这一行动改变了整个地方的景观,今日的堡寨遗存在空间上显示了这一点。今日漳浦范围内仍有大量堡寨土楼遗存。堡寨最集中的区域无疑是县城以西及周围区域,一是因为县城及其周边各地方势要对资源的争夺,一是因为山地人群向东迁移,遂有与本地"土民"激烈争夺的情况。这些堡寨显然与"倭寇"无关。除县城中心地址外,另外比较明显的堡寨集中区是沿海地区。不过,沿海的堡寨有些其实并非基于防"海寇"目的而兴建,而是意在聚族生息,保持地方势力,如《硕高筑堡记》便明言此处"不逼海寇"②。

值得注意的是,沿海地区的堡寨连缀起来有比较明显的两条"线",两"线"可以平行亦可以交叉。如果交叉,交点便在"旧镇"这个区域。因为清初迁海时仅堵死旧镇港并拆城,却未按照几十里的迁海标准内徙,而是仅于稍内陆一点的地方筑秦溪城。③ 其他的地区由河流的发源来看,多是以地势较高的滨海丘陵为依托,其看似依山势而防守,但许多滨海丘陵根本不具备进攻和防守的条件,关键的实为若干个据点。利用原有堡寨或新修堡寨,构成大致的防"线",便成今日尚可见的景观。至迁海复界后,沿海有些堡寨再次重修。④ 通过堡寨的地方遗存观察,可进一步知晓在一个"小"范围内的迁海如何运作,如何"因地制宜"而在若干里到几十里并存。如果说存在什么"标准",那就是依山势和地方原有的防卫性设施如堡寨来推行。对于逐个堡寨兴废的考证则可以反推迁海的步骤和范围变动。

严格讲,这条所谓的迁海"线"仍是很粗糙的大致画线,无非是以长桥、官浔、赤岭、湖西、赤土、旧镇以及梁山等这些据点为基础连起来的,但加以地形考虑,则大致可以知道迁海的实际情况。在县境最北部的长桥镇有马口城(策士城),系康熙二年(1663)在王进功建议下由李率泰建造。海澄已经是完全的"弃地"了,因此马口城是漳浦北部的据点,也是北部的迁海界。官浔有赵家楼和横口堡可资利用防守,因此是一个据点。⑤ 横口为大族王氏据点,郑成功驻军漳浦时的总部即在横口王氏宗祠内。⑥ 王氏在明代是漳浦望族,但由于处于交界并被郑氏摧毁,清初迁海后一蹶不振。⑦ 赤岭是山区,其到马坪之间的山地住民稀少,所以成为迁海利用的天然屏障。与赤岭相比,湖西是山地边缘,本来处于内陆,"不嚣冲途,不逼海寇",所以赵范才选中建堡。迁海使其突然成为"前线",清廷利用赵家堡为据点防卫。今赵家堡完璧楼前门存留有唯一明言迁界的矩形细条状石碑——"旨拆定边界",是其作为边界据点的物证。⑧ 秦溪城"在旧镇

① 康熙《漳浦县志》卷二,第150—154页。
② 《硕高筑堡记》(1613),王文径编《漳浦现代碑刻》,第33页。
③ 康熙《漳浦县志》卷五,第305—306页。
④ 乾隆《福建通志》卷六,第339页。
⑤ 张宏明:《村庙祭典与家族竞争——漳浦赤岭雨霁顶三界公庙的个案研究》,郑振满、陈春声主编《民间信仰与社会空间》,福建人民出版社,2003年,第302—334页。
⑥ 王珠山整理:《康庄横口王氏族谱》,第15页。
⑦ 康熙《漳浦县志》卷一五,第1086—1094页。
⑧ 2007年1月28日湖西田野记录。

内地，迁界时官建有潜踪驻防"，而南面深土镇的霞陵城估计为界外的一个据点——建城前当地已有村落，官军迁走居民后拆除部分民居并将其石料用以筑城。① 深土镇南面的埭厝城迁界全毁，复界后黄性震建诒安堡。② 再往南，旧镇镇岩埭社南侧的七都是漳浦大族浯江乌石林氏大本营，强宗大族得以免迁。③ 相对于这条迁海后界线的是原来的外部海防线，基本也是以杜浔、旧镇、六鳌、赤湖、佛昙、前亭（井尾城）几个外围镇为基地的。这就是堡寨遗迹所表现的景观，构成了我们对该区迁海超越文献更清晰的了解。这些作为地方势力标志的堡寨，其地点的整体景观变化反映地方防御力量和地方势力随时局的消长。由此引出继迁海标准和如何利用堡寨遗迹进行回溯式研究之后的第三个问题：迁海后一个地方的社会如何变动？或者说，地方权力结构发生了什么变化？

（三）迁海后的社会变动

迁海后，漳浦地方社会经历了巨大变动。对于具体的村落而言，有的大姓未回迁或回迁很少，由强转弱，属于第一类型。如赤湖月屿堡原为陈姓和郑姓两姓组成的村子。嘉靖三十七年（1558），月屿举人陈魁士率村民建月屿堡，显示其时陈姓为地方主导力量。不过迁海后该地陈姓剩余很少。④

有的姓氏大量移入，由弱转强，系第二类型。第一种情况是原地填补势力空缺，如前述深土镇的埭厝城，传说为黄性震建。迁海时废，复界后黄氏在湖西建诒安堡，反而由郑姓重建埭厝城。第二种是因势扩展移入的姓氏。⑤ 陈氏在复界后，康熙中期从蓬山村迁屿头村，而蓬山村有蓬山城，复界后由陈姓族人造。⑥ 可见陈氏在沙西镇屿头村又"多"得一村，还劝他族将地送与其作为"小宗"。第三种是取代型扩展的移入例子，如沙西镇土楼村有承孝楼，蔡姓人建，迁海后蔡氏未返，林氏迁入，该村现为林氏聚居地。⑦

有的姓氏虽然有回迁，但迁海前后都相对弱小，不作为地方社会主要势力，从地方社会重组的角度看并无影响，系第三种类型。⑧ 虽然叶氏有祠堂，文献作者也将祭祀不振的责任归咎于滨海动乱，但其实叶氏在杨氏占主导的佛昙不成气候。同理，在蓝氏和王氏占主导的赤岭，杨氏也无影响，虽然其极言先世显赫，然清初避难回归后"族谱已失，神主已亡而故无存""杳然莫稽"⑨。

有的姓氏不仅回迁了，还继续保持了迁海前的强势地位，如佛昙镇杨氏独大，系第四种类型。杨、黄两姓皆自称为宋遗臣后代，而先皇的"后代"赵姓却只得内迁湖西等地。佛昙的赵氏

---

① 王文径：《城堡和土楼》，第25页。

② 同上，第36—37页。

③ （明）林梅朴山：《重修浯江族谱序》（1543），林拱海编《浯江乌石林氏族谱》，2002年，第28页。

④ 王文径：《城堡与土楼》，第19—20页。

⑤ 《屿头端肃公配享碑记》（1736），王文径编《漳浦现代碑刻》，第244页。

⑥ 王文径：《城堡与土楼》，第35页。

⑦ 同上，第130页。

⑧ 《白石叶氏祠堂碑》（1829），王文径编《漳浦现代碑刻》，第256页。

⑨ 《清漳霞山杨氏永茂户内真派中叶族谱序》，见傅衣凌、陈支平《明清福建社会经济史料杂抄（续四）》，《中国社会经济史研究》1987年第1期，第106页。

自称祖先“讳姓黄氏,居于浦西,后徙积美”①。有学者已指出其附会不实之处。当地黄姓的解释则是赵若和到积美村后改姓“黄”,自称取“皇”谐音。② 从其所置屋地、田园、山地“俱分与黄、许二氏”及主体仍在龙海太武山一带看,无论是赵氏必须巴结黄氏甚或改姓黄以在杨氏、黄氏占主导的佛昙立足,还是黄氏需要假借赵姓皇族权威提振势力以抗衡杨氏影响,均可见杨氏的地位未动摇。而在佛昙镇西边的湖西乡,亦即迁海后变为“前沿阵地”的处所,黄氏与赵氏一直有很大矛盾,后来著名的“红白旗”械斗,黄氏为赤湖陈氏“红旗”一方,赵氏为佛昙杨氏“白旗”一方,互相斗杀,族姓对立极严重。③ 显然,从浦西沿海开始发展的赵氏,倚靠同样为滨海势力的佛昙杨氏抗衡湖西乡山里的黄氏畲族,这一态势较为明显。

至于旧镇狮头村的黄家寨,《黄氏族谱》载建于嘉靖三十九年(1560),郑成功部曾驻扎,康熙十二年(1673),总兵杨捷自九江进军漳浦攻破之。虽然其迁界时被拆,但复界后乾隆七年(1742)又重建。又如霞美镇刘阪村的刘氏,《刘氏族谱》称八世祖刘孟尹在村中建刘阪城,至今仍为刘氏聚居地。④ 沙西镇沙岗村亦在界外,然而郑姓保持了强势地位,可见其必在迁海之后有回迁。据《汪邑候[侯]申明水利碑》可见该村的郑姓在万历时势力很大,至康熙时仍旧很强势。⑤ 该村其他小姓基本是在林姓的带领下最后确立了这种对抗郑氏的均势。⑥ 沙西镇下寨村有下寨寨、李氏宗祠与城隍庙,迁海时建筑被拆,但复界后大量李姓迁回,现今仍以李姓为主。⑦

总体而言,涉及两个以上族姓的情况其实很难硬性划分,盖因对一个族姓来说是变“强”,对另一个可能是变“弱”;此外,更多的实际情况是多个族姓的此消彼长,譬如杜浔镇高山村,迁海后族姓向石榴下车、漳浦城关、南门、盘陀蒲野迁移。复界时原居高山的吴、张、曾、龚、方、候(侯)以及原居徐鉴的徐、林、李、程未回迁,于是高山、徐鉴成为黄姓独居村落。⑧ 今沙西镇高林村沙底庙有《邑候[侯]何公断定官陂水例便民碑记》,述历任知县处理牛垄、高林、高山、塘南等村的水陂纠纷,但隆庆元年(1567)重修碑记并无黄姓。其碑阴所记则表明陂为林姓建,黄姓后来也参与。⑨ 其后康熙九年(1670)重修,此时为复界后,碑记显示产权还为李姓所有。⑩ 但也许是黄姓的壮大和李姓的衰落,后来李姓成了小姓。⑪

又如畲族的蓝氏,亦与望族王氏呈现消长的态势。蓝氏与前所述横口王氏是相对性很高的

---

① 佚名:《赵家堡赵氏玉牒》,1925 年,第 7 页。

② 陈支平:《福建族谱》,福建人民出版社,1996 年,第 19、129 页。

③ 红白旗械斗见陈万年《“红白旗”——封建械斗遗闻》,《漳浦文史资料》第 2 期,转引自王文径《城堡与土楼》,第 177 页。谢金銮《泉漳治法论》所记漳浦红白旗械斗系以“乡”为单位(如赤湖佛昙),但背后仍有大姓的影子,见(清)丁日健辑《治台必告录》卷二《蛤仔难纪略·械斗》,台北:台湾银行经济研究室,1959 年,第 102—104 页。有关漳泉兴化械斗的总结,参见郑振满《清代闽南乡族械斗的演变》,《中国社会经济史研究》1998 年第 1 期,第 16—23 页。

④ 王文径:《城堡与土楼》,第 33—34、40—41 页。

⑤ 《汪邑候[侯]申明水利碑》(1720),王文径编《漳浦现代碑刻》,第 82—83 页。

⑥ 闽林始祖文物古迹重修董事会编:《闽林开族千年谱》,1985 年,第 11、13 页。

⑦ 王文径:《城堡与土楼》,第 41 页。

⑧ 黄玉盘、黄玉昆编:《漳浦高山历史资料汇编》,1994 年,第 4 页。

⑨ 《邑候[侯]何公断定官陂水例便民碑记》(碑阴)(1581,1567,1670),王文径编《漳浦现代碑刻》,第 95—96 页。

⑩ 同上,第 96 页。

⑪ 同上(碑阳)(1763),王文径编《漳浦现代碑刻》,第 93—94 页。

两家——其分别为山地/平原、清代兴/明代旺、畲族/汉人、武将/文官出名的家族。张宏明先生的研究表明蓝氏在明中后期才开基大路边，比王氏晚了一百多年。① 其中，蓝姓当为从西部山区迁来。② 蓝姓在山地落户，早期生活应该较艰难。③ 蓝氏最初也并无户籍，亦即非“编户齐民”。④ 不过，蓝氏把握住了“历史契机”，以蓝理为开始，一大批人借“平台”起家。⑤ 当然这与迁海也密切相关，蓝姓所在的山区得以幸免于这个突发事件的打击，避免了平原许多大族流离衰落的命运。由此可见，空间在这里展现出其意义——以赤岭、湖西为点线，这种“历史契机”造成的结果是蓝姓在漳浦地方上的崛起，蓝姓的畲族得以在周围都是闽南人的地方立足，赤岭也成为今日闽南地区少数几个分布有畲族的孤立点之一。这种空间格局和历史机缘至少影响了地方一百多年的政治格局，至乾隆时蓝氏仍显赫一方。

(四) 迁海界外

借助于堡寨这些遗迹的展示，迁海的界线可以大体还原；借助于方志、族谱、碑刻和祠堂遗存，迁海之后的社会变动也可以窥见。界外理论上“寸板不许下水，……违者死无赦”⑥，而更生动的实际情形可由奏疏和口传文本展示。广东官员黄易的说法是对以往关于迁海给沿海民众带来苦难的观点的一般总结，即盐田皆废，以前的一切日常经济活动都被迫停止，原有房屋毁弃，“界内之民，死于力役，死于饥饿，死于征输，至有巷无居人，路无行迹者”⑦“滨海数千里，无复人烟”⑧。据前往日本的华商述说总结：“因迁界很多百姓丧家废业，……无家可归，无业可营，故有很多饿死或变成流民，于是许多百姓不顾禁令，越界潜出，归锦舍充兵卒，故锦舍方面愈见得势。”⑨可见事实上和海禁一样，迁海不可能完全封锁得了漫长的海岸线，仍不时有民众越界捕捞，这种迁海的记忆也保存在沿海的一些俗语或谚语上，下面我试着分析一句俗语及其潜藏的“历史记忆”。

在粤东地区，有一句俗语叫“訬(识)字掠无蟛蜞”⑩。蟛蜞是一种红色小螃蟹，生长于水边。这句话的意思是识字的人抓不到蟛蜞。该口耳相传的故事有多个版本，大致可分成两个模本。第一个模本没有明确的时间，但是一般人会说是清或民国：“榕江(或韩江)下游因为有许多蟛蜞，所以民众都去抓，大家在那里抓，这样就破坏了堤坝。于是政府立牌，上写禁止在此抓蟛蜞，不然就要杀头等等。”第二个模本有明确时间和所指事件，大致表述为：“康熙皇帝那时为了对付国姓爷(郑成功)，怕民众给他提供各种物资，就让沿海的人都搬到内地住。立有牌子不准抓

① 张宏明：《村庙祭典与家族竞争——漳浦赤岭雨霁顶三界公庙的个案研究》，郑振满、陈春声主编《民间信仰与社会空间》，第302—334页。

② 《西来庵缘田石碑》(1777)，王文径编《漳浦现代碑刻》，第189页。

③ 蓝利灵主编：《漳浦石椅种玉堂蓝氏族谱》，1991年，第48页。

④ 康熙《漳浦县志》卷一五，第1158—1159页。

⑤ 蓝利灵主编：《漳浦石椅种玉堂蓝氏族谱》，第13—36页；周肖峰主编：《漳州民族乡村与寺观教堂》，漳州市民族与宗教事务局，2005年，第26—28页。

⑥ (清)江日昇撰、陈碧笙等合校：《台湾外纪》卷五，福建人民出版社，1983年，第165页。

⑦ (明)余飏等：《莆变纪事(外五种)》，江苏古籍出版社，2000年，第26—27页。

⑧ (清)夏琳纂：《海纪辑要》卷三，台北：台湾银行经济研究室，1958年，第59页。

⑨ [日]林春胜等编：《华夷变态》上册卷七，转引自林仁川、黄福才《台湾社会经济史研究》，厦门大学出版社，2001年，第18页。

⑩ 余流、王伟深、邵仰东：《潮汕熟语俗典》，汕头大学出版社，1993年，第92—93页。

蟛蜞等等,只要是界外都不准出去。”

两个模本或多或少会有些交叉,衍生出一些略有差异的小版本。故事中会有两兄弟,一个读过书,一个没读过书所以不认识字,识字的看见告示牌就不敢出去了,不识字的照样出界,一般都会背着满满一箩筐蟛蜞回去。故事结局当然很明显,父亲、爷爷之类的长辈会对着那个筐空空的识字的兄长或弟弟说“你啊! 诹字掠无蟛蜞!”之类的话。第二种表述更像是迁海的影响,清初发生的这个事件在民众记忆中烙下了深刻的印迹,所以会有“清”之类模糊的时间记忆;又因为指向事件很明确,可能是将突发事件移植到本来就有的故事中,另成一个新模本——任何对付郑成功或其他海上挑战势力的重大行动都能被移植到迁海的故事上。这就是口传文本留下的关于迁海的记忆。这类故事也充分说明,“滨海数千里,无复人烟”“寸板不许下水,违者死无赦”不是绝对的,在民众日常生活惯性面前,一些强制措施有时常常徒具空文。

当然,迁海对民众的重大影响毋庸置疑,造成重大损失也是客观事实。福建总督范承谟便指出迁界导致“民田废弃……以致赋税日缺,国用不足”。除了逃亡者众,幸存者亦“无业可安”“倘饥寒迫而盗心生,有难保其常为良民者矣!”[①]在陈明损失之后,他话锋一转开始请求开海复界,仍然是以民众生活自身内在的逻辑来说服皇帝:

> 且台寨离海尚远,与其弃为盗薮,何如复为民业? 如虑接济迁越,而此等迁民,从前飘流忍死,尚不肯为非,今若予以恒产,断无舍活计而自取死亡之理。[②]

范承谟的话是点到要害的:愿意忍受迁海的“迁民”,以前是顺民,给予“恒产”后不可能舍生取死,而且“穷民”没有资本,根本不存在接济敌人物资的问题。迁海已经对民众有了一次“淘汰”,留下的都是“顺民”“良民”,不肯听迁的通通剿灭,于是“化外之民”不归化或投奔郑氏即死亡,除此别无选择。[③] 故而迁海之后政府再向剩下的“良民”授予合法身份并“复为民业”是长治久安之计。重新控制“台寨”以外“离海尚远”的地区、确保迁民无害的做法即编户保甲。

三、编户、堡寨与保甲

(一) 堡寨与保甲

按照康熙的思路,处理“皆由内地而生”的海上之“贼”,强化管制显然很合理,保甲也自然而然成为一个值得认真考虑的选项。严保甲通常有助于里甲的稳固,所以从赋役角度看,不仅对于税收有正面影响,其人口登记和(再)纳入亦能促使“贼寇”转为编户。不过,朝廷并不是在所有地方都能随便推行保甲。从明代嘉靖时期开始,由于朱纨严保甲纠察所显示的效力,士人或多或少都对保甲有所着意,比如许孚远强调“行保甲之连坐,慎出海之盘诘”。屠仲律在指出“夫

---

① (清)范承谟:《条陈闽省利害疏》,(清)贺长龄辑《皇朝经世文编》卷八四,第3032页。

② 同上,第3032—3033页。

③ 光绪《新宁县志》卷一四,台北:台湾学生书局,1968年,第579页。

海贼称乱，起于负海奸民通番互市。……虽概称倭夷，其实多编户之齐民也”之后，试图将保甲、均徭应役和官职挂钩，促其发挥最大效果。① 从明代官员的实践中也可以看到，他们在一时一地推行保甲常有不错的效果。② 朱纨自称实行保甲后“素称难制”的地方“俱就约束”。谭纶也将保甲扩展到福建全面推行，③但该举措收效甚微，可见在地方势力颇为强大的东南地方，保甲必然不仅是自上而下的措施，更是地方社会出于自身利益的因应。如果说保甲是帝国控制的一个手段并兼具“防御外盗”的功能，乡兵和堡寨则是地方防御的手段并兼具抑制朝廷权力的功能。林偕春便提到漳浦练乡兵自保后，“贼”极惧，强调乡兵与土堡的功效：

> 虽倭寇数千，自长泰挟重质而下，亦且卑辞请命，假道乞过；既假之道，尚不敢前，别寻间道，逾岭以去。盖相戒云：宁崎岖，毋或致他患也。……至如官兵称横暴矣，一履斯境亦不敢践人一蔬，索人一食。乡用安堵，家以无虞，则乡兵足恃之。④

该记录显示了乡兵和堡寨的功效，也显示了“兵贼”不分的情形，让人得以窥见基层社会的情形。在明代中后期，由于缺乏足够的基层控制力，一方面保甲并不能常态化及全面推行，一方面朝廷并不能保护地方免遭寇乱的影响，甚至所派兵丁还为害地方。故而地方的堡寨和乡兵事实上代替了保甲的功能，并以地方的方式抑制了帝国权力的侵蚀。迁海则是一个彻底重来的机缘——清初以军事力量为后盾，用一系列暴力手段摧毁原有的千丝万缕、盘根错节的滨海社会结构，以帝国的逻辑重建地方基层社会。可以说，保甲这一“内在要求”吊诡地在抵制保甲的地方势力主导下不经意地一步步打下了基础，又被希望重新以保甲作为控制手段的新帝国所继承。在漳浦，从原有社会组织到保甲，中间重要的一环就是堡寨——筑堡需要“数十家聚为一堡”或乡内聚堡，所以是与练乡兵及其后清代的“保甲团练”相联系的，其重要性也在于此。后来清人严如熤认为筑堡有六利，包括“保甲团练之法，均可就堡施行”⑤。王朝国家收编面貌下，把持堡寨权力的，无非还是地方上有势力的人；村堡和乡兵的意义，则在于提升为寇为盗的成本，“使为盗者必死，不为盗者必生”⑥。以漳浦的例子看，在乡土抵御武力击败寇盗后，借助于旧有里甲、保甲组织，地方兴建了堡寨。⑦

> 旧石修完中城，其城坝□益，系乡中保甲内编派均老幼通力合作。……邻乡尊亲来附者，亦有皆（偕）力之助。⑧

保甲与堡寨的关系可能是互相推进的。保甲在基层缓慢成熟的过程也伴随着堡寨的定型。从地方借助形势通过建堡自我扩张，到朝廷一方面稍稍减轻防卫动乱的压力、一方面感受到地方势力提升的压力，因而试图以保甲和“团练”的方式来强化控制，再到地方利用这种控制倾向

---

① （明）屠仲律：《御倭五事疏》，（明）陈子龙等编《明经世文编》卷二八二，中华书局，1962 年，第 2979、2981 页。

② （明）何乔远编撰：《闽书》第 2 册卷六四，福建人民出版社，1994 年，第 1855 页。

③ （明）严从简著、余思黎点校：《殊域周咨录》卷三，中华书局，1993 年，第 111 页。

④ 康熙《漳浦县志》卷一一，第 773—774 页。

⑤ （清）严如熤：《沿海碉堡说》，（清）贺长龄辑《皇朝经世文编》卷八三，第 2961—2962 页。

⑥ （清）周之夔：《海寇策》，（清）贺长龄辑《皇朝经世文编》卷八五，第 3045—3046 页。

⑦ 《官岭保障记》（1634），王文径编《漳浦现代碑刻》，第 125 页。

⑧ 《重兴锦屿城记》（1618），王文径编《漳浦现代碑刻》，第 25 页。从所列名姓看，有陈、卢、张、王、许、蔡、李、周、郑、黄多姓，符合所说“乡中保甲内编派均老幼通力合作”的情形。

而进一步强化堡寨以提升自身势力,地方社会筑堡的活动无意间也为后来某种政策推行奠定了基础。这些"堡"对抗的既有倭寇、海盗等其他地方来的流民,也有朝廷。这种情形在清初与郑氏集团的对抗中和清中后期地方自治的基础中反映出来。如此,广泛存在的堡寨也使漳浦可以迅速重新完成保甲,迁海之后以旧有组织形式为依托的编户也顺理成章。

(二) 迁海后漳浦的编户

迁海前,东南沿海地方保甲效果必然不佳,以至于清廷不得不下重令奖惩。① 清初,由于郑氏势力盘踞沿海,清廷对同安等地的攻击常常仅是"虚其地而还"。与保甲这种偏重治安和防卫的举措相比,编户更像是一种稳定和治理的基层措置。随着清廷迁海之后在该区第一次面临基层重建和加强控制的任务,编户的问题提上日程。同许多地方一样,漳浦的编户是在迁海后"海平,收复如故"的情形下展开的。② 前文已提及范承谟请求略为开禁,允许民众在政府主导监督下到界外谋生。③

对于滨海依靠田土为生的人群,编甲重在使赋役法适应"地瘠民贫"的地方情况。漳浦地方的编户是在康熙朝《漳浦县志》的编者陈汝咸在任知县时完成的,他深知盗从何来。④ 他可以通过招抚而使"诸盗归诚,海氛遂清",与之前"躬自编审人丁"的地方基层的重建密不可分,所谓"海贼入内地,必返其家。……未下海之踪迹,责之本籍县令,当力行各澳保甲",说明清廷已重新掌控该区。地方上对陈汝咸的回忆也是集中于"编丁"和"均保甲"。⑤

帝国重建基层的效力自不用多说,寇盗从此"消失",因为豪势也被控制,民众成为受保护的"编氓"。⑥ 清人严如熤在清中期以后强调保甲和团练的功效,使人得以一览编户的意义。⑦ 严氏还提出应该团结"乡族"并对配合的绅士予以奖励,其所论为清中后期之事,其所防"海盗"亦为不同社会状况下的流动人群,但就其强调保甲和"团练"而言,实与明末清初有异曲同工之处。保甲的功效还可以后验地看——乾隆十八年(1753)碑记说地方编甲后"匪息盗消,强畏闯潜,附近邻里,仰慕归化"⑧。正因为保甲"久废不举",所以到乾隆以后又"出现"许多"盗匪",才又要重申保甲,可见其作为基层控制性组织的核心性。

余　论

简言之,面对寇乱,地方社会需要保甲,堡寨也被促成,堡寨与保甲互相推动。迁海既依赖堡寨,也摧毁部分堡寨,存留的堡寨则塑造了迁海线及其基本面貌。迁海发生在战事稍息之际,

---

① 《顺治十三年严申海禁敕谕》,见北京市档案馆编《北京市档案馆指南》,中国档案出版社,1996 年,彩图第 1 页。
② 康熙《漳浦县志》卷二,第 143—144 页。
③ (清)范承谟:《条陈闽省利害疏》,(清)贺长龄辑《皇朝经世文编》卷八四,第 3033 页。
④ 康熙《漳浦县志》卷七,第 405 页。
⑤ 《月湖书院碑记》(1708),王文径编《漳浦现代碑刻》,第 217 页。
⑥ 《北江海滩禁示碑》(1690),王文径编《漳浦现代碑刻》,第 79 页。
⑦ (清)严如熤:《沿海团练说》,(清)贺长龄辑《皇朝经世文编》卷八三,第 2960 页。
⑧ 《邑候徐老爷禁示碑记》(1753),王文径编《漳浦现代碑刻》,第 87 页。

而非战况激烈之时，显示其本质是政治的而非军事的。① 新的帝国推行保甲需要以迁海作为前提，迁海的结果既“清除”了寇乱，也极大改变了原有滨海社会的“生态”，新的保甲便建基于此。

作为一个重建地方社会秩序的过程，迁海无疑是其中一个重大步骤。狭义的迁海仅限于突发事件，广义的迁海则包括“展复”和基层重建的过程。倭寇海盗不断涌现并叛服不定的原因正在于其为“民”，只是为不属于政府可以控制的“编户齐民”。唯有稳固基层组织，才有可能吸纳“化外之民”，倭寇海盗才有可能暂趋消散。诚如陈春声已经指出的，清初的迁海和保甲两项行动最终消弭了结构性制约引发的重复性动乱，结束了长达百余年的倭寇海盗活跃的历史。可见，商业和战争都只是很“浪花式”的因素，社会组织才是根本。漳浦社会与潮州社会相似的“结寨”组织形式以及稍有差异的“筑堡”模式，既提示我们东南乡村军事化的趋势或“传统”，可能也显示了地方权力与帝国区域权力辐射的差异。漳浦的个案显示，富于地方特色的堡寨既是地方势力的产物，也是展示倭寇海盗实质的遗存；既为迁海所影响，也塑造迁海的景观；既与保甲互相推进，也展示了地方社会与行政传统的妥协。迁海为我们提供了观察的契机，而堡寨遗存显示了社会变迁。

对于东南地方社会而言，迁海是一次较为彻底的“洗牌”。借助于此“契机”所展开的残酷的军事行动，显然使政府在地方上的势力和控制力增强了。以迁海为契机，清代国家进一步加强的对东南滨海社会的控制其实也就是将当地纳入国家管控的过程。在传统认为的汉人区滨海边地，帝国依靠区域特性和历史“遗产”处理如同“非汉”地区一样的“边界”与社会重组问题时的手段也并不仁慈——迁海的结果表明，某些人群是王朝编户系统默认的编户齐民，但作为实际上的“化外之民”，这些人群就被认为需要被消灭、改变或(再)整合。

---

① 蒙蔡伟杰兄提醒，类似的情况如明代大规模修复长城系于1572年，恰为与俺答汗达成和平协议的次年。长城墩台修筑统计参见 Arthur Waldron, *The Great Wall of China: From History to Myth*, Cambridge University Press, 1990, p.152。

嘉庆年间朝廷治理粤洋海盗的“断接济”政策

何圳泳*

摘　要：嘉庆初年，朝廷在治理粤洋海盗的问题上沿用以往依靠水师“出洋巡捕”的办法，结果往往收效甚微。朝廷与广东当局在意识到官方军事力量与海盗存在巨大的差距之后，逐步调整海防政策，实现由“出洋巡捕”到“严断接济”的政策转变。“断接济”政策无疑也是清代“防之于岸”海防战略思想的一种具体体现。断绝内地奸民与海盗的联系成为总督百龄成功治理粤洋海盗的关键。虽然“断接济”海防政策帮助百龄顺利解决海盗问题，但也只是“一时之功”，绝非“长久之计”。海盗的治理关键在于沿海居民的生计问题。

关键词：“断接济”　海防政策　粤洋海盗　嘉庆

海防与国家的领土安全息息相关。从明代嘉靖时期的倭寇之乱到清代嘉庆时期的海盗猖獗，从海上而来的“不速之客”自是海防的重点防御对象。因此，无论是当今还是过去，海防体系建设历来是国家关注的重点。嘉庆年间东南沿海海盗治理是清史研究中的一个热门话题，围绕嘉庆年间海盗治理问题，学界已有一些相关研究。在围绕粤洋海盗的治理政策上，学界颇多关注的是剿与抚两种政策的转变。例如曾小全认为广东当局在处理海盗问题的对策中，经历了一个由剿到抚再到剿抚兼施的政策变化过程。① 此外安乐博、穆黛安等国外学者分别对那彦成与百龄的剿抚政策有所关注。② 由于总督百龄的剿抚兼施对粤洋海盗的平定有着直接的作用，所以学界对嘉庆十四年至十五年广东当局的政策给予更多的关注。例如陈贤波曾撰有专题论文

---

* 何圳泳，湖南师范大学历史文化学院博士研究生。

① 见曾小全《清代嘉庆时期的海盗与广东沿海社会》(《史林》2004年第2期)一文的第三部分“清政府剿抚政策的演变”。该部分指出，“最先意识到采用招抚政策的可追溯到孙玉庭(时任广东提督)”(第64页)。此处有三处错误。第一，孙玉庭当时是广东巡抚，不是文中所述的广东提督，当时广东提督是孙全谋，后被降为都司留用；第二，《粤东防剿洋匪情形折》主要强调“严守口岸”“断接济”的重要性，主张以防御为主，而不是该文所说的主张用招抚政策；第三，首先主张招抚政策的并不是孙玉庭，而是嘉庆十年时任两广总督的那彦成。孙玉庭不仅不主张采用招抚政策，而且还强烈反对那彦成采用的招抚政策，详见《那文毅公两广总督奏议》和孙玉庭的《办理投首洋盗未臻妥善恭折》(收录于《延釐堂集》奏疏卷上)等相关内容。

② 穆黛安的《华南海盗：1790—1810》(中国社会科学出版社，1997年)一书中，第六章“清政府的反应”论述了那彦成的剿抚政策。安乐博在《国家、社区与广东省镇压海盗的行动，1809—1810》(梁敏玲译，《清史论丛》第10辑，齐鲁书社，2011年，第169—174页)一文中论述了百龄的剿抚政策。

论述嘉庆十四年总督百龄治理海盗的军事策略。① 嘉庆年间广东当局采取的剿抚兼施政策，对于嘉庆十五年大规模海盗活动的最终平息有着重要作用。这一论点已被学界所承认，但本文要探讨的是除剿与抚以外的第三种政策，即“断接济”政策。程含章在《上百制军筹办海匪书》一文中提到：筹海之策大约有三，一曰剿，二曰抚，三曰守。② “其守谓贼之服食器用何一不资诸内地，严断接济则不击自败。守之诚是也。”③这里所谓“守”即为本文所要论述的“断接济”政策。据笔者能掌握到的材料看，目前学界对朝廷治理海盗的“断接济”政策并没有过多的涉及。④

在文献资料方面，《清实录》中嘉庆皇帝给广东督抚的谕旨、广东督抚的奏折及《广东海防汇览》卷三四、三五“禁奸”两卷都对“断接济”政策的制定与实施有细致的阐述。⑤ 本文以嘉庆年间广东海盗问题的治理为切入点，对“断接济”政策展开全面分析，力图解答朝廷治理海盗政策如何转变、其转变的原因、“断接济”政策如何确立、“断接济”政策防范对象及其影响等问题，从政策层面去重新理解粤洋海盗的治理过程。

一、嘉庆年间朝廷治理粤洋海盗政策的转变

嘉庆年间兴起的海盗，是继明代嘉靖时期的倭寇之后对国家海疆安全构成严重威胁，同时也是继“川楚教乱”之后影响清朝统治的又一重大事件。⑥ 在水师巡洋缉捕、添兵设防等传统治理手段无法奏效的情况下，如何对粤洋海盗进行有效的治理成为嘉庆一朝难以悬断的国家大政。面对如此情形，嘉庆四年，嘉庆皇帝发布上谕，广开言路，要求各地将军、督抚“各抒所见”，提出切实可行的治理方案。⑦

而在嘉庆皇帝围绕治理粤洋海盗问题广开言路之后，由于“川楚教乱”的进一步扩大，朝廷

---

① 陈贤波：《百龄与嘉庆十四年(1809)广东筹办海盗方略》，《华南师范大学学报》(社会科学版)2017 年第 4 期。

② (清)程含章：《上百制军筹办海匪书》，(清)贺长辑等《皇朝经世文编》卷八六《兵政十六・海防下》，收录于沈龙云主编《近代中国史料丛刊》第 1 辑第 731 册，台北：文海出版社，1973 年，第 3065 页。

③ 同上。

④ 刘平的《关于嘉庆年间广东海盗的几个问题》(《学术研究》1998 年第 9 期)一文有提到“官府的海禁政策卓有成效，迫使海盗做出了登岸劫掠的反应”(第 81 页)等语，但仍没有对该问题展开深入分析与探究。

⑤ 广东省地方史志编委会办公室、广州市地方志编委会办公室：《清实录广东史料》第 3 册，广东省地图出版社，1995 年；中国第一历史档案馆编：《嘉庆道光两朝上谕档》，广西师范大学出版社，2000 年；(清)容安辑：《那文毅公两广总督奏议》，沈龙云主编《近代中国史料丛刊》第 21 辑，台北：文海出版社，1973 年，第 1219—2008 页；(清)倭什布：《筹办洋匪疏》，(清)贺长龄辑《皇朝经世文编》卷八五《兵政十六・海防下》，《近代中国史料丛刊》第 1 辑第 731 册，第 3055—3057 页；(清)孙玉庭：《延釐堂集》奏疏卷上《防剿洋匪情形疏》，《清代诗文集汇编》第 438 册，上海古籍出版社，2010 年，第 28—35 页；(清)卢坤、(清)邓廷桢编，王宏斌等校点：《广东海防汇览》，河北人民出版社，2009 年。

⑥ “当教徒发难于西北骚动之际，而东南沿海，有海贼之乱，其剧烈盖亦不下于剿匪。”(萧一山：《清代通史》中册，台北：台湾商务印书馆，1928 年，第 313 页)

⑦ “嘉庆四年己未正月辛未，上谕军机大臣等。有人条奏，近来洋盗充斥，皆由抢掠商船粮食，暗地勾通行户，重价购米，得以久留，请于海口陆路添设重兵等事。此种情节，沿海各地方，谅所不免。但应如何设法办理，朕难以悬断。着传谕凡有海疆将军督抚等，各就该处地方海口情形，悉心确核，务使洋面日渐肃清，而于商民仍无妨碍。各抒所见，据实奏闻，候朕指示施行。其水师各营，作何训练整顿之处，亦着一并详议具奏。”(赵之恒标点：《大清十朝圣训》“嘉庆四年己未正月辛午”条，北京燕山出版社，1998 年，第 5510 页)

又把精力投放到平定中原白莲教起义之中,从而对粤洋海盗问题的治理有所忽略。不仅如此,从《清实录》的记录中,我们得知,朝廷为了平定“川楚教乱”还陆续从其他各省份借调兵丁,其中包括广东省。朝廷屡次的兵丁借调不仅使广东海防力量更为薄弱,而且加大了粤洋海盗治理的困难,也为粤洋海盗的扩张提供了机遇。① 直至嘉庆九年“川楚教乱”被平定之后,朝廷才重新将注意力转移至粤洋海盗的治理之上。

嘉庆九年,两广总督倭什布在奏折中指出:“所有在洋在岸缉捕防堵事宜,必须即行变通,妥密规划。”同年二月癸辛,嘉庆皇帝对此作出批示,谕令倭什布转饬各镇将认真操演水师,以肃清洋面为要,同时指出海盗肆劫在于“陆地奸徒”接济粮米和“代为销赃”,因此督令各文武员弁留心稽查,“严断接济”,“毋许将粮米私行出洋”。② 嘉庆皇帝的谕令揭示出广东治理海盗策略的重大转变,即开始由原来的“出洋巡捕”转变为“严断接济”,这也预示着广东海防的主要防控对象由原来的在洋海盗转变为内地奸民,在整体形态上呈现向内陆收缩的态势。

二、朝廷治理粤洋海盗政策转变的原因

促使朝廷更改治理粤洋海盗政策的,主要有两方面因素,一个是清代海防战略思想的影响,另一个是嘉庆年间广东海防现实因素的考虑。

(一) 清代“防之于岸”海防战略思想的影响

自明清以来,在对待海防问题上主要有“防之于海”与“防之于岸”两种战略思想。这两者的主要区别在于,前者强调发展水军实力,以海洋为主要战场与来犯敌人进行海战,歼敌于海上;而后者则注重依托沿岸的岛屿,以陆基防御为主,辅之以有限的海上力量,着眼的是岸防体制。③

在总结嘉靖年间海防失利、倭寇扰乱的问题上,明代学者周弘祖认为明代海防犯有严重的失误,认为海防必须依靠岛屿进行防守。他以嘉靖年间倭寇扰乱浙江为例,认为明朝在舟山撤防是一个极为严重的错误,同时他认为不能御之于海、纯粹的岸防必定遭受挨打。④ 周弘祖认为朝廷应该发展水师,进行海战,御之于海,才能防止倭寇扰乱情况的出现。清代学者俞正燮也认同此观点。⑤

---

① “嘉庆四年七月丁巳,谕内阁。国家设兵为民,各按地方形势,以定额数多寡,备操防巡缉之用,不可稍有短缺。自剿办剿匪以来,各省多有征调,其在军营打仗出力兵丁,拔擢弁员甚多,将来凯旋归伍时,自不敷原设兵额。前已谕令各省督抚提镇,招募新兵。……山西、甘肃、广东应先补十分之四,……务须挑选健壮,实力训练,庶兵额不致久悬,地方亦藉资弹压。”(广东省地方史志编委会办公室、广州市地方志编委会办公室:《清实录广东史料》第3册,第243页)

② 广东省地方史志编委会办公室、广州市地方志编委会办公室:《清实录广东史料》第3册,第291页。

③ 王宏斌:《清代前期海防:思想与制度》,社会科学文献出版社,2002年,第222页。

④ (明)周弘祖:《海防总论》,(清)顾炎武《天下郡国利病书》五《福建备录》,收录于华东师范大学古籍研究所整理,黄坤、严佐之、刘永翔主编《顾炎武全集》第16册,上海古籍出版社,2011年,第2965页。

⑤ (清)俞正燮:《七省海疆总论》,转引自(清)严如熤《洋防辑要》卷一六,收录于《中国南海诸群岛文献汇编》第3册,台北:台湾学生书局,1985年,第1234页。

明代抗倭名将胡宗宪与俞大猷极为赞同“防之于海”的海防战略思想，并将其应用在对付倭寇的实践上。总督胡宗宪认为应该建造大型战舰，并每于风汛时率兵巡哨，使敌船不得越岛深入，则内地可以安堵。① 总兵俞大猷也主张建造楼船、苍船数百只，分伏诸岛，往来巡逻、攻捕，进而制敌于海上。②

相比于“防之于海”战略思想，“防之于岸”更受到清代朝廷与文人学者们的赞同。清初学者姜宸英不赞成“防之于海”的战略思想，指出了海上作战一系列的不切实际。③ 相反，他更认同明代唐顺之和谭纶提出的“防之于岸”的海防战略，即主张在近海岛屿和沿岸设防，利用战船在内海巡哨缉捕。④ 清代文人褚华在《海防集览序》中认为明代倭寇之患能够得以“翦除净尽”的原因在于迫使倭寇“舍舟登陆”，而岸上“陆兵可以坐制其命”，因此明确赞同“防之于岸”的战略思想。⑤ 相反，他认为海战不可行，“苟输将出洋，势必金鼓振天，旌旗耀日，贼已如鬼如蜮，纷然四散而避之，而兵船必不能待久也，兵粮必不能重载也。一旦撤兵，内地则仍啸聚而行劫耳”⑥。清代大臣沈德潜在《海防论》中认为所谓的海防更应该“防之于岸”，注重各个出海口的设防才能达到“严为之防，以清其源”⑦。除此之外，应该仿效明代戚继光的巡洋会哨，派遣船只在各个重要港口和大洋要害处加紧巡逻，此防盗之良法也。⑧

受清代“防之于岸”海防战略思想的影响，在乾嘉之际广东海盗兴起之初，朝廷将防御海盗的重点放在近海和沿岸上，并以水师洋面巡捕作为治理海盗的主要手段，试图将海盗消灭于近海。

乾隆五十八年十二月庚午，(广东提督窦斌)该提督到任后，务须加倍奋勉，于一切营伍操防，及洋面缉捕各事宜，竭力整顿，毋得再蹈前衍，方为不负委任。⑨

乾隆五十九年八月甲戌，该省系海洋地方，营伍巡哨事宜，均关紧要，着传谕(广东提督)路超吉，即先赴新任，仍遵照前旨，于明年海洋巡哨事毕，酌量可以来京时，再行具奏请旨。⑩

乾隆六十年七月戊辰，(谕令两广总督朱珪)近日粤省洋面，屡有抢劫之案，必当严饬文武官兵，上紧查拿，以靖地方。⑪

嘉庆三年五月丁卯，(谕令两广总督吉庆、闽浙总督魁伦)入春以后，因南风渐起，有外

---

① (清)姜宸英：《海防总论》，中华书局，1991 年，第 4 页。
② 王宏斌：《清代前期海防：思想与制度》，第 221 页。
③ 姜宸英分析海战的洋面情况，认为“海波无际，贼舰知诸山有备，东西南北何所不适”。他进而提出海战有四弊：“万里风涛不可端倪，百日阴霾，咫尺难辨，一也；官有常汛，使贼预知趋避，二也；孤悬岛中，难于声援，三也；将士利于无人，掩功讳败，四也。”([清]姜宸英：《海防总论》，第 5 页)
④ (清)姜宸英：《海防总论》，第 5 页。
⑤ (清)卢坤、(清)邓廷桢编，王宏斌等校点：《广东海防汇览》，第 702 页。
⑥ 同上。
⑦ 同上，第 705 页。
⑧ “防海之法，莫善于戚继光之会哨，今宜仿而行之。于大洋要害处及附近紧要港澳，分哨以为防限，而于道理适均处，定为两寨会哨之联络呼应，戈船相望，更于每寨之中，添游弈以巡之，错综迭出，虽支洋穷澳无不按焉，此防盗之良法也。”([清]卢坤、[清]邓廷桢编，王宏斌等校点：《广东海防汇览》，第 704 页)
⑨ 广东省地方史志编委会办公室、广州市地方志编委会办公室：《清实录广东史料》第 3 册，第 174 页。
⑩ 同上，第 203 页。
⑪ 同上，第 215 页。

洋匪船窜越闽洋,并接吉庆等咨会,一体堵缉等语,外洋盗匪,经吉庆、魁伦等节饬镇将上紧查拿,渐次敛缉。兹南风正盛之时,复有洋匪窜入,粤闽洋面相连,自应彼此知会,并力查拿。着吉庆、魁伦等,各饬水师镇将,实力侦擒,使洋匪不敢复思偷越,洋面可日就肃清。①

嘉庆四年九月初五日,(两广总督吉庆奏)又洋盗出没之候,春夏乘南风窜入粤洋,伺劫商船,秋冬即乘北风驶回安南夷洋。现在粤东防缉事宜,已派三路兵船相机游巡,认真缉捕。②

清廷把出洋缉捕作为打击广东海盗的主要手段,可当时面临的情况是承平日久、海防废弛、水师缉捕不力,"商渔失业,从贼者多,地方官亦不能杜渐防微。而接济销赃诸弊,无地不然"③。因之水师出洋巡捕往往收效甚微。继而不少官员纷纷认识到处理海盗问题的关键在于断绝海盗与内地的联系,使漂泊在洋面的海盗成为"无本之木",进而迫使海盗自生自灭。

(二)嘉庆年间朝廷治理粤洋海盗政策转变的现实因素

1. 沿海守备的废弛与广东水师缉捕不力

朝廷在应对海盗问题的策略上,无视海防的武备废弛以及海盗势力强大,一再督令水师出洋巡捕,致使官兵缉捕不力,收效甚微。沿海守备松弛与水师缉捕不力主要表现在清代水师面对海盗的扰乱自有"七不战"原则。④ 因此,广东水师即使出洋与之交战,侥幸得胜亦不敢远洋追击,故而常常出现官兵缉捕不力、收效甚微的情况,更谈不上达到全歼海盗的目的。嘉庆九年,广东巡抚孙玉庭在呈给皇帝的奏折中指出广东水师出洋巡捕面临的困难:

遇贼船接仗,风信靡常,波涛汹涌。兵船近则互相撞击,势必次后,参前难成队伍。远则不能联络,呼应不灵,非如陆路用兵,有步伐止齐,可以决胜。虽水师尽属精兵,已难保其必能擒贼。⑤

除此之外,清代水师出洋巡捕的积弊还包括水师巡洋会哨的制度问题、水师船舶建造的腐败问题、水师官兵素质较差问题等。这些都是自康熙年间平定台湾以后遗留下来悬而未决的老问题,并且随着时间的推移,到了嘉庆年间,广东水师建设方面的问题愈发突出,积弊日

① 广东省地方史志编委会办公室、广州市地方志编委会办公室:《清实录广东史料》第3册,第236页。

② (清)卢坤、(清)邓廷桢编,王宏斌等校点:《广东海防汇览》,第714页。

③ (清)程含章:《上百制军筹办海匪书》,(清)贺长龄辑《皇朝经世文编》卷八五《兵政十六·海防下》,《近代中国史料丛刊》第1辑第731册,第3064页。

④ "我师转形怯懦矣。兵去则分据各港,无求不获。兵来则连帮抗拒,莫之敢撄。我师转形困瘁矣。又以海船全凭风力,风势不顺,虽隔数十里,犹之数千里,旬日半月,犹不能到也。是故海上之兵,无风不战,大风不战,大雨不战,逆风逆潮不战,阴云蒙雾不战,日晚夜黑不战。暴期将至,沙路不熟,贼众我寡,前无收泊之地,皆不战。及其战也,勇力无所施,全以大炮相轰击,船身簸荡,中者几何。幸而得胜,我顺风而逐,贼亦顺风而逃,一望平洋,非如陆地之可以伏兵获也。东西南北,惟其所之,非如江河之可以险阻扼也。必其船伤行迟,我师环而攻之,贼匪计穷,半已投海,然后获其一二船,而余船已然远矣。倘值日色西沈,贼从外洋逃遁。我师不敢冒险,势必收帆回港。故其殄灭最难。"([清]程含章:《上百制军筹办海匪书》,[清]贺长龄辑《皇朝经世文编》卷八五《兵政十六·海防下》,《近代中国史料丛刊》第1辑第731册,第3065页)

⑤ (清)孙玉庭:《延釐堂集》奏疏卷上《防剿洋匪情形疏》,《清代诗文集汇编》第438册,第32页。

益严重。①

2. 粤洋海盗军事实力的壮大及与广东水师的巨大差距

朝廷无视广东水师与粤洋海盗之间军事实力的差距，也是导致广东水师出洋巡捕无功而返的重要因素。在相关的军事行动之前，如若没有准确分析敌我双方的军事情况而贸然出兵，那么铩羽而归是自然之事。例如嘉庆元年广东水师出洋捕盗，不仅无功而返，而且折损官兵多达四十七名，引起朝廷震动：

> 谕军机大臣等。哈当阿等奏，备弁兵丁在洋遇盗被害一折，此奏业经咨会该督魁伦，自应将盗犯速行擒获，何以洋盗如此肆劫，戕害官兵至四十七员之多，迄今未据该督将如何搜捕，曾否就获之处具奏。……可见广东尤为盗匪出没之地。吉庆着驰速赴广东，将盗匪起自何时，粤省督抚及地方文武如何疏纵，严行详查，秉公参奏，不可稍存讳饰。②

与清代水师出洋缉捕无力相对的是粤洋海盗军事实力的壮大。嘉庆十年(1805)六月，广东海盗形成红、黑、白、蓝、黄、绿六大旗帮海盗集团。③ 嘉庆十年，海盗联盟的人口数量已达到7万多人，拥有2 000多艘战船。④ 而两广总督那彦成在对广东水师进行一番调查之后，发现广东水师充其量不过1.9万名士兵和83艘米艇。⑤ 并且经过那彦成的进一步了解与调查，这83艘米艇可用于出海的只有57艘，其余26艘因缺少保养、修理均难以派上用场，而当时游弋在广东洋面的海盗船只就有300余艘，数量超广东水师用于洋面缉捕的米艇有近6倍之多。⑥ 而在那彦成抵任广东的前一年，即嘉庆八年(1803)十二月，由广东提督孙全谋督率全省58艘兵船对游弋在雷州洋面的郑一、乌石二等200多艘盗船进行追捕。⑦ 这场剿捕事件中，盗船数量是广东水师战船的近4倍，可见双方军事实力之悬殊。在水师与海盗实力悬殊的形势下，加之制度上种种因素限制，清代水师不仅无法进行大规模的海战，就连简单的巡洋缉捕任务都无法完成。

---

① 杨金森、范中义在《中国海防史》上册(海洋出版社，2005年)第一章“清代前期的水师建设”中对嘉庆年间水师建设中暴露出的种种问题进行解析。文章提到嘉庆年间水师建设，首先其目的违背了时代潮流，其次水师巡航工作多，再次水师船舶建造中存在严重的腐败问题，最后是水师官兵素质差等，同时这些问题也与清代统治者轻视海疆建设有密切联系。详见该书第425—427页内容。

② 广东省地方史志编委会办公室、广州市地方志编委会办公室：《清实录广东史料》第3册，第226页。

③ [美]穆黛安著、刘平译：《华南海盗：1790—1810》，第68—69页；顺德市地方志办公室点校：《顺德县志》(清咸丰、民国合订本)，中山大学出版社，1993年，第650页；叶志如：《乾嘉年间广东海上武装活动概述——兼评麦有金等七帮的〈公立约单〉》，《历史档案》1989年第2期。

④ 穆黛安、黄鸿钊、费成康三位学者曾对1790年至1810年广东海盗人口总数及船只数量进行过统计，之间的数据相差较大。黄鸿钊认为：“当时六帮实际上代表了六只海盗舰队，每只舰队规模大小不等，大约分别拥有70至300艘不等船只。海盗总数达57万，800多条船。”而费成康则认为六帮中，红旗帮就拥有600多艘船只、8万余徒众。黄鸿钊和费成康两位学者的估计似乎有些夸大。而穆黛安则指出：“海盗活动高峰时人口约有5至7万人，形成一个6个船队、2 000只帆船的海上联盟。”该数目略微保守，没有将当时一些小股海盗数量计算在内。(黄鸿钊：《澳门史》，福建人民出版社，1999年，第217页；费成康：《澳门四百年》，上海人民出版社，1998年，第23页；[美]穆黛安：《华南海盗：1790—1810》，第78页)

⑤ “查现在米艇八十三只，可用者共五十七只，其余二十六只年久朽坏，难于修整。”([清]容安辑：《那文毅公两广总督奏议》卷一一，叶30—33，沈龙云主编《近代中国史料丛刊》第21辑)

⑥ (清)容安辑：《那文毅公两广总督奏议》卷一一，叶30，沈龙云主编《近代中国史料丛刊》第21辑。

⑦ 广东省地方史志编委会办公室、广州市地方志编委会办公室：《清实录广东史料》第3册，第294页。

3. 广东海盗劫掠重点由洋面的商船转向内地的乡村

随着广东防务废弛,海盗势力进一步膨胀,由最初的孤悬海外的海南地区逐步扩展到广东沿海的高廉地区,甚至深入到珠江三角洲内河。

> 乾隆五十五年四月,海贼吴昌盛寇龙门(广东廉州府龙门镇)。龙门副将林国良、守备黄标击捕之,并其党三十三人伏诛。①
>
> 乾隆六十年,海寇入电白港(广东高州府),把总傅君彰与兵丁三十一人死之。②
>
> 嘉庆六年,海寇劫石城两家滩(广东高州府吴川县)。③
>
> 嘉庆八年二月九日,海贼夜劫围洲岭(广东廉州府),越五日复劫溪头。廪生陈秉让率乡勇拒却之。④
>
> 嘉庆九年,郭婆带、乌石二、郑一等流劫海洋,掳掠居民,有财者勒赎,无财者迫之为贼,声势日炽,大小匪船不下千余艘。不特海面纵横,即陆地亦遭焚劫。凡滨海村落皆设丁壮防守。邑屏山固戍榕树角湾下等处(广东广州府新安县)俱被贼围攻,以守御严,乃退。⑤
>
> 嘉庆九年,洋匪初入内河。(广东广州府顺德县)容奇居邑下游环海六人者(林士元等)于得胜海旁筑台置炮,台外海堧复为土堤数百丈。昼夜巡防。贼不敢进。时承平久,苦无巨炮。闻夷舶有四千斤者可售,皆畏贼近不敢往。玉中诣令领文市归。贼闻遂遁。⑥
>
> 嘉庆九年秋海寇劫白蕉(广东广州府香山县),村人力拒之。⑦

海盗所劫掠的对象由原来的洋面上的商船发展到沿海地区的村落。据《清实录广东史料》记载,嘉庆六年三月戊戌,据吉庆、瑚图礼奏,海盗开始登陆广东沿海地区进行劫掠,并"掳去男妇七人,牲畜什物等件",为此遂溪县知县翟察伦、参将杨桂因失察,交部严加议处。⑧ 此后海盗不仅登岸抢劫,甚至出现与官兵抢夺沿岸炮位,伤毙弁兵的情况。⑨ 随着海盗势力逐步深入内地,劫掠对象逐步转移至沿海村落,朝廷也应当将防御重点由海面转移至沿岸与内地。

---

① (清)张堉春、(清)陈志昌:道光《廉州府志》卷二一《事纪·国朝》,叶54,广东省地方史志办公室辑《广东历代方志集成·廉州府部3》,岭南美术出版社,2007年,第529页。

② (清)孙铸修、(清)邵祥龄等纂:光绪《重修电白县志》卷二九《纪述五·前事纪》,叶17,《中国地方志集成·广东府县志辑41》,上海书店,2003年,第303页。

③ (清)毛昌善修、(清)陈兰彬纂:光绪《吴川县志》卷一〇《纪述·事略》,叶36,《中国方志丛书·华南地方·广东省》第66册,台北:台湾成文出版社,1967年影印本,第382页。

④ 张以诚:民国《阳江志》卷二〇《兵防志二·兵事·清》,叶90,《中国地方志·广东府县志辑40》,上海书店,2003年,第375页。

⑤ (清)舒懋官修、(清)王崇熙纂:嘉庆《新安县志》卷一三《寇盗》,叶11,广东省地方史志办公室辑《广东历代方志集成·广州府部26》,岭南美术出版社,2007年,第362页。

⑥ (清)郭汝诚、(清)冯奉初:咸丰《顺德县志》卷二七《列传七·国朝三》,叶17,广东省地方史志办公室辑《广东历代方志集成·广州府部17》,岭南美术出版社,2007年,第653页。

⑦ (清)田明曜、(清)陈澧纂:光绪《香山县志》卷二二《纪事》,叶34,广东省地方史志办公室辑《广东历代方志集成·广州府部36》,岭南美术出版社,2007年,第470页。

⑧ 广东省地方史志编委会办公室、广州市地方志编委会办公室:《清实录广东史料》第3册,第259页。

⑨ "(嘉庆九年四月戊寅)广东洋匪,向来不过在外洋劫掠,此次胆敢由磨刀虎跳门潜行登岸,劫掠村庄,该处设有炮台二座,犄角相恃,原为防守门户。地方官弁,如能督率兵丁,严行防御,何至任盗匪潜行驶入,可见该省武备废弛,守口员弁漫不经心,以致养匪肆行无忌,非寻常疏防可比。""(嘉庆九年六月己卯)谕内阁,倭什布奏,拿获行劫外海村,续又抢夺石狮炮台,拘捕伤毙弁兵盗匪多名。"(广东省地方史志编委会办公室、广州市地方志编委会办公室:《清实录广东史料》第3册,第292—293、296页)

三、“断接济”海防政策的确立

那么究竟嘉庆九年“严断接济”的海防政策是如何确定下来的？从《清实录》的记载与两广总督倭什布的奏折可以窥见一二。据《清实录》中的记载，嘉庆九年，两广总督倭什布于当年的四月甲申与九月壬辰分别向嘉庆皇帝上了两份奏折，第一份奏折应为《筹办洋匪章程》，第二份为《防剿海盗事宜》。在两份奏折中，倭什布都劝诫嘉庆皇帝要调整粤洋海盗的治理政策，断绝海盗的陆上接济，对海盗登岸抢劫进行严防死守。但嘉庆皇帝对于这两份奏折前后的态度不一，对于前者认为皆不可行，而后一份奏折则用了“从之”一词来表示对该份奏折内容的默认。[①] 这便让人产生疑问，即为什么在同一年间(嘉庆九年)朝廷会对两份近乎相同的奏折产生不同的看法呢？探究这其中前后态度转变的原因，可以窥见朝廷对于治理广东海盗政策的转变。这里先将嘉庆九年两广总督于四月和九月上奏的两份奏折的相关内容及朝廷反应的真实情况梳理清楚，然后细致分析在四月到九月之间治理广东海盗的过程中发生了什么事情，才让朝廷当局对于两份奏折的态度发生改变，进而触发治理海盗政策的转变。

首先，嘉庆九年四月两广总督倭什布向嘉庆皇帝提交了《筹办洋匪疏》一折，在《皇朝经世文编》收录的相关内容中可以看到，倭什布此疏的目的在于劝诫嘉庆皇帝调整治理广东海盗的策略，建议广东海防策略由以剿为主转变为以防为主。奏折中指出打击海盗的困难在于，海盗行于洋面，活动灵活，猝聚猝散，身在暗处，神出鬼没；相反，官兵则处处处于被动，受人牵制，待到得知消息已为时已晚，分而追之，力量分散，合而围之，又顾此失彼。他还进一步指出沿海的兵力及防御部署，虽然从数量上看，貌似庞大，有兵丁 3 740 人，炮台 100 座，但除去常年在船上不便更替的数千人外，所剩无几，又无法增加兵力。所以，倭什布建议变通缉捕防堵事宜，由原来的出洋巡捕转变为沿岸防守，妥善谋划，寻找途径，以逸待劳，方能绥靖海疆。[②] 在《皇朝经世文编》对该奏折收录不全的情况下，笔者曾利用中国第一历史档案馆的馆藏档案对该奏折的内容进行检索、查阅，皆无果。因此只能结合《皇朝经世文编》收录的内容和《清实录》中嘉庆皇帝的相关批复，对该奏折的内容进行大致的推断。这份奏折里，有关兴办团练的防海举措作为防御海盗的一项官方政策被正式提出。

同年四月，嘉庆皇帝对此奏折进行批复，并对其提议的内容进行一一批驳：

> 谕内阁。大学士六部尚书议复倭什布等奏筹办洋匪章程一折。朕详阅各款，如原奏于

---

① 从《清实录》对记录两份奏折的时间和朝廷对这两份奏折的截然不同的反应可以断定，在嘉庆九年，两广总督倭什布前后向嘉庆皇帝上表两份内容较为相近的奏折，并分别得到前后不同的批复。因为这两份奏折在内容上较为相近，所以有些学者将这两份奏折混为一谈，视同一份，如陈贤波在《百龄与嘉庆十四年(1809)广东筹办海盗方略》(《华南师范大学学报》[社会科学版]2017 年第 4 期，第 162 页)一文中就混淆了嘉庆九年倭什布前后上奏的两份奏折，将后一份奏折的内容当成前一份奏折的内容。当然在贺长龄等辑的《皇朝经世文编》中收录的前一份奏折《筹办洋匪疏》的部分内容中，并未见到有关行保甲、举团练的具体内容，而在《清实录》嘉庆九年的记载中，嘉庆皇帝则对该奏折中的行保甲、举团练的内容进行批示，因此可以断定倭什布前一份奏折，即《筹办洋匪疏》确有提到行保甲、举团练等相关内容，只不过贺长龄《皇朝经世文编》中对该奏折辑录不全。

② (清)倭什布：《筹办洋匪疏》，(清)贺长龄辑《皇朝经世文编》卷八五《兵政十六・海防下》，《近代中国史料丛刊》第 1 辑第 731 册，第 3055—3057 页。

各府州县沿海村庄设立城堡,官给器械,团练乡勇及将兵船停泊虎门以内壕墩地方,一闻报盗,分拨赴捕,各条本不可行。即保甲之法,亦只能行之于乡村,不能行之于市镇。惟在晓谕居民,毋窝留匪类及来历不明之人,即客店招留行旅,亦必稽查踪迹,勿致奸宄溷入,则盗源既靖,自可渐期安堵。至水师船只,均须修理整齐,以备缓急之需。若任令日久停泊,致多损坏,不独艚艍不便驾驶,即米艇亦成虚设,岂非途糜经费乎。再炮台添兵一款,适召见瑚图礼,据奏粤省炮台守兵,往往因薪米什物购买较远,遂致私离汛所,仅雇附近村民,在彼驻守,而村民畏惧盗匪,方退避之不暇,安能藉其防御。总之捕盗所以安民,全在行之以实。若立法定议,奉行不力,仍属纸上空谈。倭什布系该省等通筹大局,随宜布置。勿惜小费而酿事端,勿存畛域而生推诿。庶海洋地方,可期日就宁谧。①

综上所述,嘉庆九年四月两广总督倭什布上呈的《筹办洋匪疏》大致内容有:

1. 分析广东的地理形势、海防情况和安南政权变化对海盗缉捕的影响,指出广东海盗兴起的原因;

2. 分析广东海防中兵丁与炮台的部署和数量情况,指出洋面缉捕之困难,建议朝廷调整海防政策,以守为主;

3. 针对严守口岸的方针,提出沿海村庄行保甲、举团练等具体措施,包括设立城堡、官给器械、团练乡勇、稽查匪类等,同时要求修葺船只、炮台添兵等项。

朝廷此时之所以驳回了倭什布奏折中的建议,原因可能在于,一方面此时朝廷并未意识到广东海盗问题的严重性,也未意识到海盗治理之困难,没有觉察到官方水师与海盗之间实力的悬殊,对自身官方海防实力盲目自信。盲目地认为小股海贼只要地方派遣水师进行洋面缉捕即可,无须大费周章发动民间力量,使民众恐慌躁动进而影响社会安定。因此在嘉庆九年四月这个时间点上,朝廷对治理广东海盗的大体方针仍旧坚持以剿为主,以派遣水师出洋捕盗为治理海盗的主要手段。另一方面,官方认为剿灭地方海贼属于官方事务,无需其他势力插手,其中包括洋人势力,也包括民间力量,这也是后来朝廷屡次拒绝洋人插手协助缉捕海盗的原因。② 另外,朝廷与地方当局对于具有武装性质的民间力量通常都是谨小慎微的,担忧民间形成的武装力量会对地方治安产生新的威胁和扰动。因此在涉及地方团练和借助民间力量缉捕盗匪方面,官方所表现出的态度基本都是不予支持,在官方文件中借口各种理由予以搪塞、批驳。正如上文批复倭什布《筹办洋匪疏》中"团练乡勇"和"保甲之法"的建议,指示团练各条"本不可行",保甲之法"只能行之于乡村,不能行之于市镇"。甚至在嘉庆九年五月地方乡勇在协助拿获在洋迭劫并抢劫炮位的盗匪朱亚三一事上,朝廷不仅不对立功的乡勇民壮予以嘉奖,反而批责知县吕滐私募乡勇,不与营汛弁兵会同缉捕,并着两广总督倭什布彻查。

吕滐系雇募乡勇,督率追捕,并未将营汛弁兵曾否会同缉获之处,详悉声叙。……何以此次擒拿各盗匪,只有乡勇驾船追击,并未经会营协缉。国家设兵为民,缉盗若专用乡勇,

---

① 广东省地方史志编委会办公室、广州市地方志编委会办公室:《清实录广东史料》第3册,第293页。

② "若云洋匪未净,欲思效力天朝,尤属无谓。海洋盗匪,屡经剿办,不过东窜西逃,既经兵船四路擒拿,不日即可歼尽余孽,又何借尔国兵力乎? ……现在海洋水师兵船梭织巡缉,沿海各口岸,断绝接济,盗匪日形穷蹙,岂转待外夷相助?"(广东省地方史志编委会办公室、广州市地方志编委会办公室:《清实录广东史料》第3册,第370—371页)

何必设营置汛耶？如果该地方官等曾经咨会营员，而营员等推诿不前，则当将营员参办。或兵不堪任使，则当责惩训练。着倭什布等查明覆奏。[①]

从以上朝廷对于地方官员动用民间力量缉捕盗匪的态度，可以看出朝廷对于民间力量的戒备与防范。至少在嘉庆九年四月之前，在朝廷未对广东海岛治理方针进行调整之前，无论是缉捕陆上的盗匪还是洋面上的海盗，朝廷倚重的还是官方力量，而对民间力量时刻处于一种戒备的状态。

鉴于海防空虚，两广总督倭什布于同年九月就严守口岸的防御策略提出了八项具体措施，其中包括行保甲和举团练等方面的内容。[②] 而无论是鼓励沿海村庄行团练、募壮丁、建望楼、力行保甲以清盗源，还是派拨兵丁陆路防守、修理船只、沿岸巡哨、稽查不法商船与官吏员弁等举措，皆体现出严守口岸、“断接济”的海防政策走向。此时，朝廷对之的态度只有两个字：“从之。”表明朝廷此时已完成了从水师出洋巡捕到以守为主的“断接济”海防策略的转变，同时也表明朝廷对于发动民众实现团练自卫做法的默许。[③]

为什么倭什布前后的两次奏本得到朝廷不同的批复？细究《清实录》从嘉庆九年四月至九月之间关于广东海盗治理的一些记录，可以发现关于水师出洋捕盗不力、文武员弁面对出洋捕盗推诿观望等种种积弊都被集中反映到皇帝手中，促使朝廷对广东海防废弛的种种积弊有了更为深入的了解，最终导致朝廷对广东海防作出政策性调整，形成以防为主的“断接济”海防策略。

据笔者推测分析，促成海防政策转变的事件应该是嘉庆八年(1803)十二月二十余日广东提督孙全谋洋面追捕海盗一案。在此次事件中，广东当局如此兴师动众地对洋面进行追捕，不仅无功而返，还遭遇海盗的袭击，损兵折将，丢尽朝廷的脸面：广东提督孙全谋率领广东全省水师58号兵船(实则只有39艘战船可用)对郑一、乌石二等200余号匪船进行追捕。[④] 海盗见官兵稀少，不仅在广州湾等处游弋，还放炮迎敌，伤毙兵丁20余名、千总1员。[⑤] 当时孙全谋率领的58号战舰是广东全省水师战船的总额，因为在2年以后，即嘉庆十年(1805)，总督那彦成经过一番调查发现，广东水师战船数量只有83只，其中可用以出海巡哨的只有57只。[⑥] 而嘉庆八年孙全谋率领的58号水师船只中可用的也只有39艘。通过2组数字的对比可以发现嘉庆八年到十年，就广东水师当时拥有的军事力量而言，毋论通过海战歼灭洋面海盗，就连洋面巡哨缉捕海盗都成问题。双方军事实力之间的差距如此悬殊，海盗气焰如此嚣张，实在让嘉庆皇帝感到震惊。

故而嘉庆皇帝对此次事件的主要官员(两广总督倭什布、广东巡抚孙玉庭和广东提督孙全

① 广东省地方史志编委会办公室、广州市地方志编委会办公室：《清实录广东史料》第3册，第295页。

② “一、沿海村庄，准殷实之户捐建望楼，派拨壮丁，轮流瞭望，拿获匪徒。二、编立保甲，以清盗源。三、修理艚艍船只，以资防守。四、米艇停泊虎门，为中权扼要之地，宜多屯舣，以便调遣。五、沿海村庄，愿出壮丁，自卫身家，毋庸派人领班经理。六、派委员弁，查验渔船，应严查委员等扶同捏报。七、调防兵丁，于腹地陆路营内派往，远离汛营，应加体恤。八、请令委员并验商船，如有得贿纵漏，准民人赴县首告。”(戴逸、李文海编：《清通鉴》第12册“清仁宗嘉庆九年”，山西人民出版社，2000年，第5007页)

③ 广东省地方史志编委会办公室、广州市地方志编委会办公室：《清实录广东史料》第3册，第300—301页。

④ 同上，第294页。

⑤ 同上。

⑥ “查现在米艇八十三只，可用者共五十七只，其余二十六只年久朽坏，难于修整。”([清]容安辑：《那文毅公两广总督奏议》卷一一，叶32—33，沈龙云主编《近代中国史料丛刊》第21辑，第1443页)

谋)严加痛斥,勒令"上紧督缉,务净根株。如再有延误,即当一并治罪,不能曲贷矣"[①]。另外,在惩治官员方面,孙全谋作为此次事件的主要责任人本应革职治罪,但因当时朝廷正处于用人之际,而广东海防人才方面又确实乏善可陈,因此孙全谋只得了个降级留任、戴罪效力的处治:

孙全谋身为提督,带领舟师在洋,经年累月,并未擒获一贼,任听盗踪往来肆劫,以致弁兵多被戕害。不知该提督在何处游衍塞责。……可见该省营伍废弛已极,孙全谋所司何事。伊所称千总连旭被戕一节,据倭什布奏,系本年三月二十一日在沥隔洋面之事,检查孙全谋原折叙入上年十二月之事,明系故为牵混,以掩饰其督捕不力之咎,实属溺职。且据倭什布奏称,该提督上年所带兵船,本有六十余号,即有损坏,原可赶紧修整,归帮缉捕,而孙全谋概诿之兵船不敷,以为属员卸过地步。无怪通省将弁,怠玩成风,竟不思出洋捕盗系伊等分内应办之事。此而不加惩办,何以肃军纪而靖海疆,本应即将孙全谋革职治罪,姑念伊从前曾经出兵,且于上年办理该省会匪一案,着有微劳,着从宽拔去花翎,降为都司,戴罪效力,留于该省,以水师之缺补用。[②]

孙全谋出师不利之后,时任广东巡抚孙玉庭于嘉庆九年六月上表奏请皇帝调整海防政策,以"严守口岸""断接济"为第一要务,为此也提出了沿海村庄募集乡勇,行保甲、举团练。[③]

经历孙全谋出洋捕盗失利事件后,嘉庆皇帝对总督倭什布和巡抚孙玉庭所奏呈的"断接济"政策进行重新考量,最终认同了两位大臣的提议。[④] 嘉庆九年六月,朝廷对广东海防策略进行相应的调整,形成以防为主的"断接济"海防策略,并且得到以后历任广东督抚的贯彻落实。

四、"断接济"海防政策的主要打击对象

"断接济"的海防策略主要以内地奸民为防控对象,包括当时官兵、沿海村民、土匪恶棍、会匪等四类人群。对于广东海盗治理中的"内外勾结"问题,以上四类人群与海盗相勾结有着深刻的社会根源,现从该视角试作分析。[⑤]

第一,官兵营弁与海盗相勾结在于营伍废弛、官兵贪图牟利。嘉庆九年万山西炮台把总罗鸣亮私通盗匪、接济盗粮被嘉庆皇帝斩首示众:

嘉庆九年八月丙子。谕内阁。倭什布、孙玉庭奏,审办叠劫盗犯,并审明署把总罗鸣亮得贿纵盗,透漏米石,分别定拟一折,其情罪尤可恨。……此次罗鸣亮竟至利欲熏心,济匪

① 广东省地方史志编委会办公室、广州市地方志编委会办公室:《清实录广东史料》第3册,第294页。

② 同上,第297页。

③ (清)孙玉庭:《延釐堂集》奏疏卷上《防剿洋匪情形疏》,叶41,《清代诗文集汇编》第438册,第32—33页。

④ "是以此时以严守口岸,添驻兵丁为第一要务等语。此论尚属近理。""孙玉庭以洋面绵亘三千余里,兵力势单,营员又不得力,是以注意防守,为保护村庄之计。所奏不为无见。"(广东省地方史志编委会办公室、广州市地方志编委会办公室:《清实录广东史料》第3册,第298页)

⑤ 笔者曾有文章对"断接济"政策打击对象作简单的分类,详见何圳泳《"一时之功"与"长久之计":"坚壁清野"治盗方略的解析——以嘉庆十年(1805)两广总督那彦成的海盗治理为例》,《汕头大学学报》(社会科学版)2019年第9期。

纵盗。该省营伍废弛已极，尚安望其实心捕盗肃清洋面乎。倭什布等请将罗鸣亮改拟斩决，所办甚是。着接旨后，传齐该弁犯事地方附近营汛官兵及民人等，将罗鸣亮对众正法，以昭炯戒。并将办理此案缘由，通饬各营伍知悉，俾弁兵等一体凛惕。该督等仍当随时申明训诫，毋令痛改积习，以期整饬戎行。①

嘉庆十年，两广总督那彦成指出广东水师出洋巡捕无功的缘由在于“兵丁多与洋匪声气相通”②。广东水师营伍废弛的关键在于官兵营弁与海盗的相互勾结。官兵营弁不仅将水师出洋巡捕的消息透露给海盗，甚至还“公然开设赌局”，为海盗和会匪私通消息、勾结兵役提供场地：

粤东查拿匪犯，正在吃紧之时，今各衙门长随兵役人等，公然开设赌局，日与匪徒勾引，以致缉捕消息，动即透漏。甚至不肖官吏，得受陋规，纵容包庇，尚安望其缉盗安民乎？③

官兵不仅与海盗互通消息，还将火药卖与海盗，极大地助长了海盗的嚣张气焰：

盗船之接济，其途甚多。如营汛兵丁，即有将火药卖给盗船之事。前经节次降旨，令于滨海各处严密稽查。④

从以上皇帝的谕令中可知，朝廷惩办官兵员弁私通海盗的唯一办法就是不断要求督抚等地方大员整饬吏治、严行查禁。

第二，沿海村民对海盗的接济主要出于厚金重资的利益驱使。关于这一点，无论是从海盗集团内部立下的规条、时人的一些评论还是地方督抚的奏章皆可得知。⑤ 并且沿海村民与海盗相勾连时极为隐秘，且接济方式极为多样，有以“取鱼”为名，出洋接济盗匪；有假借商贩私带违禁物件接济盗匪；甚至私用小船公然将米粮运至口岸卖与盗匪，等等。官兵员弁即便有意稽查，亦无从得手。⑥

不仅水米火药，就连修葺盗船所需的篷索工料、蒲席、木料、麻索、桐油等项，皆取自内地：

---

① 广东省地方史志编委会办公室、广州市地方志编委会办公室：《清实录广东史料》第3册，第299—300页。

② （清）容安辑：《那文毅公两广总督奏议》，沈龙云主编《近代中国史料丛刊》第21辑，第1429—1430页。

③ 广东省地方史志编委会办公室、广州市地方志编委会办公室：《清实录广东史料》第3册，第313页。

④ 同上，第348页。

⑤ “张保既得众，日事劫掠，由是伙党渐众，船只日多，乃自立令三条：……凡乡民贪利者，接济酒米货物，必计其利而倍之。有强取丝毫者，必杀。以故火药、米粮皆资用不匮。”（[清]袁永纶：《靖海氛记》卷上，叶6，巴黎国家图书馆藏清道光十年碧萝山房刊本）“海中奸人往往伪作商贾，厚挟金钱以入省会，而奸牙、愚民之谓其平价与民，毋宁重价与寇，诚养痈之大患也。”（[清]沈德潜：《防海》，[清]贺长龄辑《皇朝经世文编》卷八五《兵政十六·海防下》，《近代中国史料丛刊》第1辑第731册，第3043页。）

⑥ “谕军机大臣等。御史严烺奏称，广东省惠、潮两府奸民，违例制造大船，以取鱼为名，远出外洋接济盗匪水米火药。……粤省洋匪滋扰，日久未能剿净，总由该处奸民接济水米火药。”（广东省地方史志编委会办公室、广州市地方志编委会办公室：《清实录广东史料》第3册，第349页）“附海各村多有沟通接济之人，亦间有图利愚民。以该匪肯出重价，竟有非其同类私用小船卖米粮者至各口岸。兵弁虽不能明指其勾通，然米粮私出洋者甚多，此类岂竟毫无见闻，事亦大有可疑。”（[清]容安辑：《那文毅公两广总督奏议》，沈龙云主编《近代中国史料丛刊》第21辑，第1432—1433页）“澄海县之东陇港为商船往来聚泊之地，更恐有违禁物件，私带出洋，借商贩为名，接济盗匪情事。”（[清]孙玉庭：《延釐堂集》奏疏卷上《防剿洋匪情形疏》，叶41，《清代诗文集汇编》第438册，第28页）

大抵靖海之要,首在绝接济。贼船所需水米火药与夫修船之篷索工料,必资之内地。①

是月,密谕吴熊光知,粤东洋匪最难办。闻高州府属之吴川、雷州府属之遂溪,为洋盗泊船销赃之所,而东海土饶地僻,尤易藏奸。应设法擒治巨窝,以绝盗源。洋盗所必需者,水米火药以及蒲席、木料、麻索、桐油等项,皆应严禁断绝,洋盗不攻自溃,事半功倍矣。②

沿海村民与海盗相勾连有其深刻的社会根源,原因在于部分沿海贫困渔民、疍民由于清初迁界、禁海等政策限制,加之吏治腐败、自然灾害等种种因素,铤而走险、入海为盗,故而有将海盗称为"疍"贼之说。③

蛋[疍]贼出洋,其去不远,西不过在上川、下川等澳栖泊,东或至新安海面,想海道已有文行惠州海防堵截矣。……查缉小船蛋[疍]户,有逃入伙者,拿解重赏;窝藏者,斩;告发者,与得敌同赏。此弊番禺之三江、金利、横潭皆有之。……大抵海洋蛋[疍]户无不为贼,虽尽杀之不为过。④

这样在海盗的威逼利诱下,许多沿海的渔民疍户相率下海从盗,为海盗队伍扩张提供了充足的人力资源。⑤

第三,土匪恶棍与海盗相勾结,一方面迫于生计及民不聊生的背景,同时在海盗以重金收购物资的形势下,土匪恶棍的通盗济匪不失为一条发财之道;另一方面,入海为盗也是不少陆上土匪、恶棍面对官兵缉捕时的一条出路。"海洋盗匪多系地方无赖啸聚为奸,何至贫民无业,遂至流为窃劫。"⑥

杨咱吆等胆敢积年私铸售卖渔利,虽据坚供止系卖给商船,惟见在洋匪充斥,难保无卖入盗船之事。林泮即林成瑞透漏私铁,买销盗赃,甚至将火药、铁炮致送洋盗,并奸占族妇,溺毙多人。林五即林命惠结交盗首,勒索商船,且将米石接济洋匪,并屡次私买铁炮,均属罪大恶极。……澄海县知县何青于所属地棍土豪私铸铁炮,私运炮火、米粮,出口接济盗匪,并未查拿秉办。⑦

这里提到的土匪与下文的"会匪"之间既有联系,也存在着区别。首先,土匪与"会匪"基本上都是无业游民,部分土匪会加入天地会成为"会匪"。其次,所谓"会匪"所在的组织一般是具有宗教色彩的地下秘密非法社团,而且加入天地会这样的组织需要履行一定的拜会仪式、诅咒发誓

---

① (清)陈庚焕:《答温抚军延访海事书》,(清)贺长龄辑《皇朝经世文编》卷八五《兵政十六·海防下》,《近代中国史料丛刊》第1辑第731册,第3060页。

② 广东省地方史志编委会办公室、广州市地方志编委会办公室:《清实录广东史料》第3册,第349页。

③ 郑广南:《中国海盗史》,华东理工大学出版社,1998年,第297—298页。

④ (清)卢坤、(清)邓廷桢编,王宏斌等校点:《广东海防汇览》,第7页。

⑤ "查屡次由海上岸之洋匪,卒不过一二百人,至行动时,辄有陆居会匪多人,持械助凶。每行劫后,又在海滨招伙,给丁壮等安家银,每人数十两,诱令下海。沿海居民类皆自少采捕为生,习拳勇,熟水势,向为匪等所畏惧,自经匪等招诱,从匪者往往而有。因思重赏之下必有勇夫,可以为盗。"([清]卢坤、[清]邓廷桢编,王宏斌等校点:《广东海防汇览》,第715页)

⑥ 《清实录》第29册《仁宗睿皇帝实录(二)》,中华书局,1986年,第936页。

⑦ (清)孙玉庭:《延釐堂集》奏疏卷上《防剿洋匪情形疏》,叶41,《清代诗文集汇编》第438册,第30页。

并牢记会中某些暗号。[①] 而总督那彦成的奏折和嘉庆皇帝的谕令中经常出现"匪徒""陆匪""陆路各盗匪"等词，结合嘉庆十年那彦成查办惠州府天地会事件和缉捕广东天地会首领李崇玉一事，以上这些词应该指的是天地会"会匪"，而非土匪。另外，嘉庆十年时任两广总督的那彦成虽在治理海盗问题上功败垂成而黯然去职，但在惩办广东天地会"叛乱"一事上却表现突出，留下了浓墨重彩的一笔。这样很好地说明了那彦成在治理海盗之初为何会将切断海盗与天地会会徒联系放在首要位置，这不仅在于"断接济"是朝廷治理海盗的既定方针，还与那彦成本身在陕甘镇压白莲教、在惠州府缉捕天地会徒两件事上有着充足的经验有关。

第四，天地会会徒与海盗相勾结不仅在于贪财牟利，两者同为官方打击的对象迫使他们互为联结。嘉庆八年二月，嘉庆皇帝在谕旨中指出天地会"会匪"与海盗不仅互为勾连，而且"会匪"之中还有官府中人加入，致使地方官无可奈何。[②]

嘉庆十年，时任两广总督的那彦成在谈及治理广东海盗的困难时提到："洋盗不必尽系会匪，会匪亦必有洋盗之人。"[③]由于"会匪"和海盗都是官方打击的重点对象，如若两者互相联结，对于地方秩序危害极大，因此朝廷与地方对其进行惩治的首要行动落实在断绝两者之间的往来联系。嘉庆皇帝在给那彦成的谕旨中提出"先截清洋匪陆匪，毋令勾结；先办陆匪，则洋匪不攻而自溃"的治理方针。[④] 后来那彦成在缉捕惠州府陆丰县甲子司天地会首领李崇玉一事上不遗余力，成功切断该地域"会匪"与海盗的勾结。此一役成功震慑住其他各路海盗，嘉庆皇帝在谕旨中对其功绩进行了褒奖。[⑤]

五、嘉庆十五年"断接济"海防政策的胜利

嘉庆十四、十五年是朝廷与广东当局治理广东海盗史上最为重要的年份，既是官民联合与广东海盗旗帮展开最后对决的一年，也是广东海盗集团由盛转衰并迅速走向崩溃的一年。

据《靖海氛记》记载，百龄上任伊始，即于嘉庆十四年二月和六月分别与海盗在万山、广州湾和桅夹门进行海战。这三次海战，万山与广州湾之战，广东水师先胜后败，损失战船 14 艘；桅夹门之战，许廷桂率领 60 余艘师船与 200 余艘海盗战船激战，结果师船被烧毁 6 艘，沉没 7 艘，漂失 12 艘，共失战船 25 艘，许廷桂见势不敌，畏罪自杀。[⑥] 形势发展至此，海盗在军事上远远强

---

① 如《两广总督觉罗吉庆等奏审拟新会县天地会首黄名灿折》记录的"黄名灿询问如何拜会？谭亚辰（新安县天地会会首）声称，各人以洪为姓，拜天为父，拜地为母，立誓钻刀，遇事互相帮助，可以乘机抢劫。其会中暗号系三八二十一，无钱亦食得，并开口不离本，举手不离三。如系会中之人，彼此即可认识等语"。（中国人民大学清史研究所、中国第一历史档案馆合编：《天地会（六）》，中国人民大学出版社，1988 年，第 460 页）

② 《清实录》第 29 册《仁宗睿皇帝实录（二）》，第 449 页。

③ （清）容安辑：《那文毅公两广总督奏议》，沈龙云主编《近代中国史料丛刊》第 21 辑，第 1224 页。

④ 广东省地方史志编委会办公室、广州市地方志编委会办公室：《清实录广东史料》第 3 册，第 316 页。

⑤ （清）容安辑：《那文毅公两广总督奏议》，沈龙云主编《近代中国史料丛刊》第 21 辑，第 1843—1845 页；《清实录》第 29 册《仁宗睿皇帝实录（二）》，第 1123 页。

⑥ "六月辛卯夜，左翼总兵许廷桂遇贼于桅夹门，时舟师六十艘，皆最精锐者。与战，风不利贼，乘势轰击，迫抵芙蓉沙。河小舟大，拥不进，且多倚岸，兵无斗志，弃船走，许廷桂被杀，逃兵至石岐夺食。"（中山市地方志编纂委员会办公室编：《香山县乡土志》卷三《兵事录》"张保之乱"，中国科学院情报中心影印版，1987 年；[清]袁永纶：《靖海氛记》卷上，叶 12—14；[清]卢坤、[清]邓廷桢编，王宏斌等校点：《广东海防汇览》，第 1040 页）

于水师。从林国良的孖洲之战开始,广东水师已经损失了63艘战船,已超过那彦成主政时期拥有的战船数量的一半之多。

面对如此之窘境,百龄悬牌令军民献策。① 一时间广东各地的大小官吏和地方士绅都踊跃建言献策,如顺德县士绅温汝适认为"断接济"必行保甲、团练,"使乡自编查,则接济自绝","沿海台兵因分见少,必随乡大小自卫团练,使与台汛互为声援"②。顺德县士绅胡鸣鸾上书总督百龄,建议"盐改陆运","海盗啸聚海隅,盐船畏威则馈以米粮、火药。或不如意,贼即据而夺。其期程过关验放无自稽查。于是登陆焚掠。惟肇庆府陆路可通电白。若改从陆运而堵御隘口,盗无所济而自靖。又曰内匪勾结洋盗必有线人。故洋盗勒赎海船出口,线人皆为说合,被掳者方德之不暇,不肯首告。惟有访查置之重典,庶勾结之风渐息。大府用其言,遂严断接济"③。

总督百龄下属两名官吏,朱尔赓额和温承志基于在潮州府治办海盗的经验,在总督筹办海盗过程中提议"禁船出海"。朱尔赓额于嘉庆十年担任潮州知府,在其任上抓捕陆匪李崇玉,驱逐闽省海盗朱渍,并成功招抚一批盗魁,在治理潮州府海盗方面卓有成就。嘉庆十四年朱尔赓额授高廉道,代理督察粮道。总督百龄对朱尔赓额十分信任,剿灭海盗一事十分倚重他,于是对其提出的"禁船出海"建议用之不疑。④ 嘉庆十一年,温承志在潮州知府任上也为治理潮州府海盗作出突出的贡献。嘉庆十四年,两广总督百龄治理粤洋海盗,擢拔温承志为盐运按察使,督办粮道,并听取他"盐转陆运"的治理之策。⑤

百龄下令实施"盐转陆运"和"禁船出海",同时谕令沿海各州县兴办团练以为防御。⑥ 可以说"盐转陆运"和"封港禁海"都是"断接济"海防策略的具体体现。为了杜绝海盗登岸劫掠、骚扰村庄,百龄鼓励沿海州县兴办团练以抵御海盗侵扰。所以"兴办团练"的推行也是为了配合"断接济"政策的实施。这样的一系列举措在方略上至少存在两点好处,一是断绝海盗的陆上接济,

---

① "以己巳夏四月至,先之澳门、厓门、蕉门、虎门以规约形势。继告官吏曰:'此方苦盗久矣。圣人在上,使民不得安堵,守土之谓何?吾为命吏,誓将灭此朝食。诸君其交勉之,有治盗良策者亟以告。'于是一时大小官吏及缙绅先生皆各言所见。"([清]卢坤、[清]邓廷桢编,王宏斌等校点:《广东海防汇览》,第1049页)

② (清)郭汝诚、(清)冯奉初:咸丰《顺德县志》卷二七《列传七·国朝三》,叶2,广东省地方史志办公室辑《广东历代方志集成·广州府部17》,第645页。

③ (清)郭汝诚、(清)冯奉初:咸丰《顺德县志》卷二七《列传七·国朝三》,叶16,广东省地方史志办公室辑《广东历代方志集成·广州府部17》,第652页。

④ 朱尔赓额在嘉庆十年治理潮州府海盗时展露能力,受到百龄的赏识。百龄接任两广总督之后即对朱尔赓额委以重任,署高廉道,督办粮道,让其直接参与筹划海盗机宜。"又饬滨海州县严断水米,如在潮州时。又侦得红单船并海运盐,而匪船之篷篙缆索实资接济,请改盐为陆运,而撤红单船入内港,匪势渐蹙。"([清]李桓辑:《国朝耆献类征初编》卷二一三《监司九·朱尔赓额传》,周骏富辑《清代传记丛刊·综录类7》第159册,台北:明文书局,1985年,第57—58页)

⑤ "承志补诸生时,出百龄门。百龄才之甚。抵任,即奏调承志督粮道,后檄署盐运按察使事。日夜与筹划剿抚事宜。承志乃请先事郑孽,改运盐由陆,严禁粟麦及他物出洋。寇食匮,军火不继,始大困。"(刘玉玑、仇曾祜修,胡万凝纂:民国《太谷县志》卷五《乡贤·功勋》,民国二十年铅印本,《中国方志丛书·华北地方》第397册,台北:成文出版社,1974年,第640页)

⑥ "自黄标没后,官军少有得利者。迩年来,林国良战没于孖洲,孙全谋失利于浼口,二林走窜于娘鞋,今廷桂复丧败于桅夹。锐气顿丧,兵有畏心。以我屡败之师,而当贼方张之势,乃欲藉以剿灭之,诚未见其有当也。为今之计,惟是断贼粮食,杜绝接济,禁船出海,盐转陆运,俾无所掠,令其自毙。如此,或可以逞。"([清]袁永纶:《靖海氛记》卷上,叶14)"沿海州县团练为守御计。"([清]李福泰修,[清]史澄、[清]何若瑶纂:同治《番禺县志》卷二二《前事三》,叶16,广东省地方史志办公室辑:《广东历代方志集成·广州府部20》,岭南美术出版社,2007年,第268页)

面临窘境的海盗如若不接受朝廷的招抚，就只能登岸劫掠。即便海盗登岸抢劫，在战术上对于官兵也是有利的，因为这样就将对水师不利的海战转变为陆战，官府能够集中陆地上的优势兵力，再配合以各地团练，在陆地上歼灭敌人。二是盐转陆运在政策上解决了许多沿海贫民的生计问题，通过相应的雇佣劳力使他们获得相应的生活资源，令他们不再为了利益去接济海盗，也不必因为贫困而下海为盗，彻底断绝了海盗源自陆地的人力资源。①

百龄企图用“断接济”的策略坐困海盗，然而海盗并未坐以待毙，当发生给养困难之时，他们并未选择向官军投诚，而是困兽犹斗般地扑向沿岸内地，劫掠村庄以寻求补给。对于海盗来说，此时面临着进退两难的境地，一是继续在洋为盗则面临无船可劫且补给困难，原本下海为盗、发财致富的梦想即将破灭；二是登岸劫掠又不得不与官兵、团练进行厮杀，能否掠得财富不仅成为一个问题，还必然会带来一定的伤亡。于是部分海盗在权衡利弊之后逐渐萌发投诚之心，加之此时海盗集团内部由于权力与利益分配的不均，逐渐走向分崩离析。其中以红旗帮的张保仔与黑旗帮的郭婆带之间的矛盾最为明显。根据《靖海氛记》记载，在海盗集团内部，“婆带以己年地出保上，而每事反为其所制，素不相下”②。后来嘉庆十四年十二月，张保仔被围赤沥角，向郭婆带求援，郭婆带不但坐视不救，还与张保仔互相攻击并向官府投降。至此，盛极一时的广东海盗集团完全瓦解，在郭婆带投诚后不久，郑一嫂、张保仔也向官府投诚。最终张保仔被授予职衔并随同水师剿灭乌石二等其余海盗。嘉庆十五年，大规模广东海盗活动基本平息。

小　　结

嘉庆年间“断接济”的治理海盗政策一定程度上符合清代陆基海防体制的战略要求。清代的海防策略整体上体现着一种“陆基海防体制”，即所谓“以岸防为主，辅之以战船”的海防策略。③ 而所谓的“断接济”海防政策也是依靠沿岸炮台、近海洋面水师巡缉、内河乡村保甲团练的相互配合，在沿岸内河形成一道严密的封锁线，达到断绝一切接济的战略目的。所以“断接济”海防政策是清代“陆基海防体制”的一种具体体现。道光十三年(1833)海盗啸聚重来，廉州知府张堉春沿用“断接济”策略拒敌。④ 可见“断接济”海防政策在处理海盗问题上确实发挥出一定的效用，因此才受到朝廷和地方官府的重视而得以反复施用。

应该注意的是，“断接济”海防政策首在一个“断”字上，即强调断来犯敌人的补给供应，达到坐困敌人的战略目的。但是仅靠这一点却并不能从根本上解决问题，从海盗们的真实反应情况

① 嘉庆皇帝赞成百龄“盐转陆运”的政策。“现在各海口正当严密巡防之际，则盐船出海，自应通船算计，酌定章程。兹既据该督查明，各场引盐改由陆路输运，一切脚费程途，尚无窒碍，商民均踊跃乐从，而沿海穷民，亦得以营趁挑盐，借资生计，着即照所请行。如试办一二年，陆运不致稽迟，商民均属便利，竟可永远遵行。”(广东省地方史志编委会办公室、广州市地方志编委会办公室：《清实录广东史料》第3册，第390页)

② (清)袁永纶：《靖海氛记》卷下，叶8。

③ 王宏斌：《清代前期海防：思想与制度》，第105页。

④ “道光十三年秋七月，越南奸民阮保变姓名陈加海，啸聚作乱。有内地人杨龙富、林致云等往年遭风飘出外洋，流落越南为盗。阮保因其熟悉海道，推之为首，以林致云为主谋……传集诸生，申明团练旧章，招回逃避之民，教以坚壁清野，似为应变急著。从之，声势大振，村民乘时收割田禾，贼冲突十余次，不得登岸，退回海洋行劫。”([清]卢坤、[清]邓廷桢编，王宏斌等校点：《广东海防汇览》，第1056页)

来看,他们往往选择突入内河、登岸劫掠的方式,与官兵和地方团练“死磕”。这样一来,不仅对海盗,也给沿岸乡村带来巨大伤害。另外,“断接济”海防政策作出的限制民船出海等种种措施,严重地影响沿海居民生活,特别是沿海渔民疍户的生计。嘉庆年间海盗扰乱的根源在于沿海居民的生计,依靠军事力量平定海盗活动只是“治其标”,要解决海盗问题应该从国计民生方面下手才能“治其本”。[①] 总而言之,“断接济”海防政策只能收“一时之功”,但绝非应对海疆危机的“长久之计”。可叹的是,处于风云突变国际环境中的晚清中国,刚刚结束一场大规模的海盗扰乱,就即刻陷入另一场海疆危机之中,并将彻底改变近代中国的命运。

① (清)黄蟾桂撰,陈景熙、陈孝彻整理:《立雪山房文集》,暨南大学出版社,2016年,第100页。

中国近代化进程中的先锋接力：比较上海与广州的历史角色及其现代意义

魏楚雄*

内容摘要： 中国近代化进程是一个迄今仍对当代中国有重大影响的重要历史议题。学者们已对那些在中国近代化过程中曾经扮演过重要角色的人物、思想、政策等纷纷作出了研究。但是，中国城市或地方在近代化进程中所起到的作用，尚未受到足够的关注。其中，上海与广州特别值得我们重视。本文对此从比较分析的角度，进行了初步的探讨。中国近代化的进程，不是一条直线的，也不是全国同步一致的，而是具有区域的多样性和不平衡性，并且各区域之间有着种种不同的联系和相互促进的关系，这是中国近代化的一大特色。如果把中国近代化进程看作是一场接力赛，那么广州与上海在这场接力赛中先后扮演了重要的角色。

关键词： 中国近代化进程　广州　上海　海洋文明　大河文明

一、"海洋文明"与近世以来的上海

近年来，"海洋文明"在不少学术会议中成为热谈的话题。谈到"海洋文明"，人们不禁会想起 20 世纪 80 年代的纪录片《河殇》。《河殇》批判了以河流和大陆为根基的保守、落后的内向型"黄色文明""大河文明"，提倡向以海洋为根基的开放、开拓性的外向型"蓝色文明""海洋文明"学习。但是，当时我们的"海洋文明"概念仍不太精确。有的学者认为，很多海洋大国如葡萄牙、西班牙、荷兰、英国、法国、德国、俄罗斯、日本、美国等，都有海洋文化，却没有海洋文明，因为作为海洋文明的刚性条件之一，是必须为文明古国。按此定义，除了古希腊之外，上述各国都没有海洋文明，倒是中国实际上拥有不连续的海洋文明。① 那么，如果说中国在整体上仍然是"大河

* 魏楚雄，香港树仁大学历史系杰出教授。

① 其实，靠近海洋的地方可以产生海洋文化，但并非就一定会产生海洋文明，海洋文化不等于海洋文明。葡萄牙、西班牙、荷兰、英国、法国、德国、俄罗斯、日本、美国等国，从严格意义上讲都不具备海洋文明，充其量是拥有辉煌海洋文化的海洋大国。海洋文明的刚性条件包括：1. 社会必须是开放性的；2. 必须是文明古国；3. 是各种文明可以相互转换的；4. 扩张是温和的人性化的，不是真正意义上的殖民主义扩张和帝国主义的占领；5. 在政治、经济、文化、思想、艺术方面有系统的成果以及与海洋有关的神话、海洋远航的手段等。按此条件，似乎只有古希腊才拥有海洋文明。中国拥有海洋文明，但不连续，所以古希腊最具代表性。（见"百度百科"之"海洋文 [转下页]

文明”,仅仅在局部上或短期内曾拥有“海洋文明”,那么这样的“海洋文明”对中国的整体发展有什么意义呢?这是值得我们思考的一个问题。

当论及“海洋文明”时,当我们不得不把它与“长三角”联系起来时,也就不能不首先想到上海。上海的海洋历史相对比较短暂,所以称不上“海洋文明”。但作为“长三角”核心和龙头的上海,作为内陆长江末流和紧靠浩荡东海的上海,它是属于“大河文化”呢,还是“海洋文化”呢?有些学者认为,“黄色文明”即大陆文化,是一种农业文化;“蓝色文明”即海洋文化,是一种商业文化,两者代表人类文明两个不同的发展阶段与发展水平。①如果上海也是从农业文化发展过渡到商业文化的,那么这个过渡是怎样发生的呢?在1953年和1954年,美国地理学家罗兹·墨菲两次提出,上海是近代中国的关键。他认为,在西方社会,城市具有现代意义的功能,是社会巨大变革的发源地,是非暴力或暴力革命的中心。但是,中国的城市倾向于对变化起相反的遏制作用,因为传统的中国城市缺乏现代的意义和功能,它们从来就是政府的税务管理中心和区域治安中心,并不具有独立的经济功能,政府功能主导了中国城市的生活。所以,那里不可能产生真正的城市独立性或以城市为基础的革命性变化。直到受西方影响而发展起来的通商口岸城市出现之后,这种传统的体系才出现变化,而上海就是这样的一个典范。②

所以,在墨菲看来,是西方把上海西方化,把它的文化从一个农业文化变成一个商业文化;如果没有西方,上海将始终是一个传统城镇,那里有限的商业活动主要是为了满足驻扎在那里的官员、士兵、师爷的生活需要,它没有独立的商业经济;只是《南京条约》签署以后以及西方在上海设立了租界以后,上海才开始出现根本性的变化。墨菲描绘道:“上海这城市,诞生于西方商业业务,它的经济生活大部分以西方路线组织起来,它实际上是被强置于一个农民文明之上的。”③上海发展起来以后,它成了一个发射经济活力和引发变化高潮的中心,其经济发展势头迅速超越中国其他地区。所以,正如其所著书名所言,墨菲相信上海是实现中国近代化的关键。

墨菲的观点和视角,跟费正清(John King Fairbank)的“冲击—反应”论如出一辙,完全把中国的近代化进程看作是鸦片战争之后中国对西方反应的结果。“冲击—反应”论有一定的道理,但它不仅把西方看成铁板一块,不区分英国、日本、德国等对中国的冲击有何不同,而且把中国看成铁板一块,不区分西方的冲击对沿海城市如上海、广州和对内陆城市如贵阳、成都有什么不同。这种理论与方法太简单化了,它忽略了中国区域发展的不平衡性和多元性。而且,他还跟马克斯·韦伯(Max Weber)“传统—现代论”学派一样,把中国的近代历史横截为传统和现代两段,否认了历史的延续性。实际上,很多学者认为,即便像上海这样在西方影响下发展起来的城市,其历史也是不能一截两段的:上海在商业化早期的经济活力的基础,是上海

[接上页] 明”条:https://baike.baidu.com/item/%E6%B5%B7%E6%B4%8B%E6%96%87%E6%98%8E[2018-10-22])

① 见“百度百科”之“大陆文化”条:https://baike.baidu.com/item/%E5%A4%A7%E9%99%86%E6%96%87%E5%8C%96/9669144[2018-10-22]。

② Rhoads Murphey: *Shanghai: Key to Modern China*, Harvard University Press, 1953, p. 1; Rhoads Murphey: “The City as a Center of Change: Western Europe and China”, *Annals of the Association of American Geographers*, Taylor & Francis Group, 40: 4(1954), p.349.

③ Rhoads Murphey: “The City as a Center of Change: Western Europe and China”, *Annals of the Association of American Geographers*, 44: 4(1954), pp.353-355.

传统社会，而非只是以贸易和思想的跨国流通为特征的通商口岸。早在明弘治年间(1488—1505)，上海就已经是“人物之盛，财赋之多，盖可当江北数郡，蔚然为东南名邑”①。及至明清之际，上海已是“江海之通津，东南之都会”②了。到了19世纪初，上海已成为中国南北沿海贸易的中心，以后更直接参与国际贸易。1846年，上海出口货值已占全国总量的16%。③所以，正如白吉尔(Marie-Claire Bergere)所说：在鸦片战争之前，上海并不是一个“仅仅在等待外来干预的破旧渔村”。上海镇的“起源……并不存在于殖民地的现代移植，……而在于当地社会对移植的欢迎，它们采用它、适应它，把它转为中国的现代”④。华志坚(Jeffrey Wasserstrom)也指出，早在1839年鸦片战争爆发之前，上海已经是一个拥有20万人和许多与东南亚做贸易的公司的忙碌城镇了。⑤

实际上，根据瓦特·克瑞斯得乐(Walter Christaller)的中心地带理论，施坚雅(G. William Skinner)就发现，中国的整体经济其实可以按经济结构分成八大区域。通过对传统中国八大区域人口数据、技术运用、商业化程度、国内贸易、海外贸易、行政管理等方面的分析，施坚雅证明，长江下游地区、岭南地区和东南部沿海地区在1843年已经高度城市化或近代化了，远远高出中国其他地区，这种情况在第一次鸦片战争之后还维持了几乎50年。⑥

所以，在衡量上海在近世“长三角”中所扮演的角色和所起到的作用时，我们恐怕不能只限于“长三角”范围，还需要考虑“长三角”之外中国其他经济区域的发展状况，然后再将它们与上海对“长三角”及整个中国近代化进程所起的作用进行比较。我们必须考虑：1. 从直接的后果来看，上海对中国近代化进程产生了什么样的影响？它是否可以或缺？2. 从间接的后果来看，上海为中国其他地区的发展和中国近代化进程提供了一种怎样的模式？上海模式在当时具有典型意义和普遍意义吗？为回答这两个问题，我们最好寻找一个参照物来进行对比衡量，来明证上海在中国近代化进程中的地位和作用，这对我们理解中国近代化进程的动因、途径和方式可以有所帮助。以此为目的，广州和“珠三角”应该是一个最佳选择，因为两者同属近代中国对外贸易的窗口，同样与“海洋文化”密切相关，同样在中国近代化进程中扮演了重要的角色。按时间顺序来说，广州和上海似乎在中国近代化进程中先后扮演了类似接力的角色，并分别提供了不同的发展模式。这证明，近代化或现代化进程具有多元的模式，哪怕在同一个国度内也可能如此。这种多元化发展模式，于今天，无论是“长三角”还是“珠三角”，或者中国其他区域来说，都有重要而深刻的启发意义。

---

① 弘治《上海县志》卷一《疆域志》，见张仲礼主编《近代上海城市研究(1840—1949年)》，上海文艺出版社，2008年，第38页。

② 苏智良：《上海城市的现代化历程》，《文汇报》2013年4月17日；“上海档案信息网”：http://www.archives.sh.cn/slyj/shyj/201304/t20130417_38378.html[2018-10-22]。

③ 同上。

④ Marie-Claire Bergere, *Shanghai: China's Gateway to Modernity*, translated by Janet Lloyd, Stanford University Press, 2009, pp.1-2.

⑤ Jeffrey N. Wasserstrom: "The Second Coming of Global Shanghai", *World Policy Journal*, 20: 2(2003), p.56.

⑥ G. William Skinner: "Marketing and Social Structure in Rural China", Parts Ⅰ, Ⅱ, and Ⅲ, *Journal of Asian Studies*, 24: 1(1964), pp.3-44; 24: 2(1965), pp.195-228; 24: 3(1965), pp.363-399.

二、“海洋文明”与近世以来的广州

自19世纪晚期至20世纪早期以来,上海对中国近代化的贡献当然是无可否认的。但是,上海是否就是中国近代化进程中唯一的关键角色呢?有没有可能,中国其他城市对中国近代化也有类似的甚至更大、更早的贡献呢?换句话说,有没有可能,其实中国近代化进程在第一次鸦片战争和上海诞生之前就开始了,而西方的冲击只是中国近代化进程的加速器和嫁接器呢?或者,是否有可能中国近代化进程的中心是在鸦片战争之后出现了转移继而挪到了上海?笔者认为,墨菲夸大了上海在中国近代化过程中的作用,忽略了其他中国城市如广州对中国近代化所可能作出的贡献。墨菲固执地认为中国的近代化起始于广州贸易制度的终结和上海通商的开始,便是完全忽视了广州(以及其他可能的城市或地区)对中国商业化和近代化的贡献。我们需要关注的是,在上海成为一个通商港口之前,广州(或其他城市)有没有在中国的经济发展中扮演一个重要的角色?如果有,那么广州扮演了一个什么样的角色,它对中国近代化的贡献是什么?广州现象和上海现象之间有没有联系?广州模式和上海模式有何类似或不同之处?如果不对这些问题作出解答,我们就不能确切了解近世上海对“长三角”和中国近代化的贡献。所以,上海崛起之前的广州以及“珠三角”是怎样的情况,非常值得我们关注。

其实,早在281年(太康二年),官方资料就记载,广州已是一个贸易中心和丝绸之路海上的起点,有罗马人到那里向当地中国官员奉献奇物。① 20世纪80年代在广州发掘的西汉南越王墓更有实物证实了这一点。到了唐朝,中央政府不仅设立了专门监管全国夷务的鸿胪寺和负责各地朝贡以及对外事务的主客司,还在广州任命了第一个、也是唯一的市舶使,来负责外贸和管理外国居民。②唐代从广州通往外国的海洋航道达到1.4万千米,是当时世界最长的航海通道,涵盖了南海、马六甲海峡、印度洋、波斯湾等洋面周边的90个国家和地区,可以在89天内抵达阿曼湾岸、亚丁海岸和东非海岸。③在宋代,宋廷对海外贸易进行了一系列的立法以保护和促进贸易,从而使通过广州并沿着海上丝绸之路进行的贸易出现了巨大的扩张。④ 到了明朝,明廷多次海禁,曾一度只留下广州一处市舶司继续负责对外贸易往来。然而同时,明廷允许葡萄牙人居住澳门,并通过澳门开展在中国与他国之间的贸易。结果,葡萄牙人拓展了四条从广州起始的海上国际贸易路线:1. 广州—澳门—果阿—里斯本;2. 广州—澳门—马尼拉—阿卡波可/利马;3. 广州—澳门—长崎;4. 广州—澳门—望加锡—帝汶。这些海洋贸易通道把澳门变成广州市场的延伸,也把广州和澳门以及与之相关联的内地市场都纳入世界经济的体系。⑤

---

① (唐)欧阳询:《艺文类聚》卷八五,《钦定四库全书》子部十一《类书类》,第34—36页。引自“中国哲学书电子化计划”线上图书馆:https://ctext.org/library.pl? if=gb&res=5982。

② 徐德志等编:《广东对外经济贸易史》,广东人民出版社,1994年,第31—34页;黄启臣主编:《广东海上丝绸之路史》,广东经济出版社,2003年,第117—120、206—210页。

③ (宋)欧阳修、(宋)宋祁:《新唐书》卷四三下《志第三十三下·地理七下》,中华书局,1975年,第1153—1154页。

④ 黄启臣等编:《广东海上丝绸之路史》,第227—229、235—239、244—245、273—275页;徐德志等编:《广东对外经济贸易史》,第45—47页。

⑤ George Bryan Souza, *The Survival of Empire: Portuguese Trade and Society in China and the South China Sea, 1630 - 1754*, Cambridge University Press, 1986, p.143.

所以，叶文心指出："中国的海洋贸易不是从作为五个通商口岸城市之一的上海的开埠而开始的。中国沿岸的海洋经济活动历史可以追溯到九世纪或十世纪（如果不是青铜时代的话）。广州像宁波一样，在十一世纪就拥有一个非常活跃的阿拉伯商人团体和长崎来的旅居者们。"①

广州/澳门的贸易对"珠三角"近代化进程的影响是非常明显的，它导致了广东乃至华南地区农业的商业化和某些手工业的兴起。在1522—1620年期间，南海和顺德有大约2 000多顷土地和成千上万的农民形成专门种植桑树和养蚕产丝的基地。同时，其他经济专业区也纷纷呈现，如九江的养蚕场，广州的水果场，新会的棕榈树种植场，宝安的水草种植场，潮州笔架山、广州西村皇帝岗和惠州白马山的陶瓷场，韶州的铜制手工场，佛山的丝绸场、炼铁场和陶瓷场，等等。自明朝中叶起，佛山出现了18家丝绸场。至1662年，那里有了7家炼铁场，而整个广东27县的私人炼铁场已不可计数。仅在惠阳和潮州两地的炼铁场就达44个之多，其中有的炼铁场拥有3 000—5 000名工人，他们有明确的专业分工。广东的铁产量从1524年的9 000吨发展到1534年的13 500吨，十年中增长了50%。明朝中叶，佛山的陶瓷产业及其专业化程度也达到顶峰。那里有23种大中型的陶瓷商业体，共拥有107座瓷窑和大约30 000名工人。②

清代，由于"广州贸易制度"的确立，广州在中国近代化进程中所扮演的角色更为显著、更为扩大。清朝收复了台湾之后，康熙在1684年颁布了解除海禁的谕令。之后，广东广州、江苏松江、浙江宁波和福建厦门都被允许通商，四个现代海关也分别设置在广州、云台山、宁波和漳州，它们取代了旧的市舶司。同时，"十三行"在广州建立。张荣祥指出："从1684年到1757年，清维持了一个开门政策，把大多数亚洲人、中国人和欧洲人的贸易当作跟政府官方贸易有别的私人商业……"③清廷不再严格控制私人贸易，对海洋贸易的管理"交由地方官员，而朝廷只在必要时确认决策和律条"。结果，"在1683年内战之后，地方政策在广州占了上风，航海时期实际财政政策宁愿对外国人和他们的贸易采取一种礼节性的、恩惠性的态度"，而"这种变化为18世纪东亚海洋贸易的革命奠定了基础"。④

1757年，乾隆皇帝下令关闭了在福建、浙江和江苏的三个海关，只留下广州作为通商口岸，从此中国的对外贸易正式进入所谓的"广州贸易体制"时代。⑤这一体制使得广州对中国近代化进程的影响尤为突出，那里的行商承担了管理通过广州进行的远距离贸易的主要角色，广州贸易促使中国许多地区成为生产某些产品来满足世界市场需要的专业区，如"湖丝"产地为湖州、苏州、杭州和嘉兴，红茶产地为福建，山东盛产水果、蔬菜、酒等食物，山西出产皮毛、麝香和酒，陕西出产铜铁、珠宝和草药，四川出产金铜、麝香和烟草，甘肃出产水银和金，云南出产孔雀羽毛和矿产品，广西盛产大米、铅和木材，湖南、湖北和河南盛产烟草、蜂蜜、麝香、大黄和杏仁，湖北

① Yeh, Wen-Hsin, *Shanghai Splendor: Economic Sentiments and the Making of Modern China, 1843 - 1949*, University of California Press, 2007, pp.5 - 6.

② 徐德志等编：《广东对外经济贸易史》，第61—63页；黄启臣主编：《广东海上丝绸之路史》，第442—443、438—442页。

③ Weng Eang Cheong, *Hong Merchants of Canton: Chinese Merchants in Sino-Western Trade, 1684 - 1798*, Curzon Press, 1997, pp.324 - 325.

④ Ibid., p.8.

⑤ 刘永连：《近代广东对外丝绸贸易研究》，中华书局，第45—47页。

咸宁和江苏松江盛产棉布,等等。[①]

广州不仅有效地管理着跨越全国和世界的贸易网络,而且促使许多地区的经济模式发生转变,促进了那里的商业化。其实,这一过程早在唐宋时期就开始了。广州的贸易对华南经济的发展以及泉州、明州和上海的崛起给予了很大的促进。例如,在广州把棉种和纺织技术介绍到当时还很落后的上海后,上海地区很快变成元明时期中国最大的棉花产地。[②]在上海进行的棉花贸易交易从一万两银增至十万两银。[③]利玛窦(Matteo Ricci)证实说:"上海盛产大米和棉花。据说那里约有二十万织工。"[④]正如皮特·J.格拉斯(Peter J. Golas)指出的,在明清时期,广州在"海内外的贸易扩展"中扮演了一种关键的角色,"对手工业和工业生产赋予有力的刺激"。[⑤]

更重要的是,广州贸易为中国近代化提供了宝贵的人才资源。施坚雅认为:"专业化人才的'输出'是地方体制所追求的优化战略。"[⑥]在明清时期,特别是第一次鸦片战争之后,许许多多的商人和买办从广州或广东迁移到上海和中国其他城市,带去了他们的管理经验、商业知识、社会关系以及金融实力,成为这些城市经济发展和近代化的推动力之一,其程度最能被"广东会馆"的扩展所证实。许多学者认同:大多数华人会馆是在明清时期发展起来的。[⑦]刘正刚则认为广东会馆的发展在18—19世纪达到其顶峰。[⑧]因此,广东会馆的发展是与16世纪以来的广东贸易同步发展的。明清时期,广东会馆在广东有96所,在北京有45所,在上海有11所,在苏州有7所,也有许多在其他省份和地区的,如东北、山东、河南、山西、陕西、甘肃、湖北、湖南、安徽、江西、浙江、福建、云南、贵州、台湾、香港和澳门,甚至远至马来西亚、新加坡、泰国、越南、柬埔寨、缅甸、印度、日本、加拿大、美国、澳大利亚、新西兰及欧洲、非洲。仅在新马地区,清代时期广东会馆的数目就达到了76所。[⑨]

皮特·J.格拉斯把清会馆定义为"城市友协,其成员通常涉及单一的经济活动,经常但并不必然地来自并非其会馆所在地的同一地区。他们共同享有一个或更多的保护神庇护,促进其共同的经济及其他利益"。会馆的功能逐渐地从"注重满足社会性的需要"演变为"促进其成员共同从事的经济活动"。长期下来,有些会馆的"经济功能变得日益显著"。[⑩]刘正刚也认为,无论何种华人会馆,它们最终都具有一个商业性的共同特点:为其成员提供住宿、共享商业信息、交

---

① 姚贤镐编:《中国近代对外贸易史资料,1840—1895》第一卷,中华书局影印版,1962年,第305—306页;(清)屈大均:《广东新语》下册卷一五《货语·葛布》,中华书局,1985年。

② 沈光耀:《中国古代对外贸易史》,广东人民出版社,1985年,第153—154页。

③ (清)叶梦珠:《阅世编》,"明清笔记丛书",上海古籍出版社,1981年,第157—158页。

④ 何高济、王遵仲、李申译:《利玛窦中国札记》第5卷第18章,中华书局,2010年,第420页。

⑤ Peter J. Golas, "Early Ch'ing Guilds", *The City in Late Imperial China*, ed. by G. William Skinner, Stanford University Press, 1977, pp.555-559.

⑥ G. William Skinner, ed., *The City in Later Imperial China*, Stanford University Press, 1977, pp.271-272.

⑦ 何炳棣:《中国会馆史论》,台北:台湾学生书局,1966年;王日根:《乡土之链——明清会馆与社会变迁》,天津人民出版社,1995年;全汉昇:《中国行会制度史》,台北:食货出版社有限公司,1979年;Peter J. Golas, "Early Ch'ing Guilds", *The City in Late Imperial China*, ed. by G. William Skinner。

⑧ 刘正刚:《广东会馆论稿》,上海古籍出版社,2006年,第245—249页。

⑨ 同上,第3—6、77—78、149—150、307—361页。

⑩ Peter J. Golas, "Early Ch'ing Guilds", *The City in Late Imperial China*, ed. by G. William Skinner, pp.557, 559.

往聚会、存放物品的场所，保护其利益。①更重要的是，罗威廉指出，随着时间的推移，华人会馆不再是严格的地区性的。例如，汉口的华人会馆有时会将他们为其成员和来访买办提供的协助和慈善援助延伸到邻近的街坊甚至整个城市的团体。②晚清时期华人会馆对商业化及发展全国性商业市场和网络的贡献是巨大的。施坚雅认为，同乡关系在城市的经济整合过程中扮演了关键的角色。晚清时代呈现出具有全国规模经济的标志，就是很多从事跨城市和地区的经济商业活动的人，是"来源于同一地方"的商人。一些具有地方制度化的专业分工"对区域性城镇体制的整合特别重要，因为就是在一个单一的'同乡'团体里，就有许多分支的公司、组织和商业的联系以及纯粹的商业交易量，这样，这个"同乡"团体就把该地区里所有主要商业城市都连接起来了"③。

可见，通过远途贸易和技术人才输出，广州不仅刺激促进了"珠三角"以及全国许多地区的经济发展，还导致了那里的专业化分工、商业化和生产模式的转变。在上海崛起之前，广州在"珠三角"和中国近代化进程中已经扮演了一个关键的角色。

三、上海近代化进程及其动因

跟广州不一样，上海没有那么悠久的对外贸易史。虽然，在西方人来到之前，上海已经是一个生气勃勃的商业城镇，但它的近代化进程，主要还是在西方人到来以后才全面开始，上海代表了中国对西方冲击的反应。首先，英、法、美分别于 1845 年、1848 年和 1849 年在上海建立了租界，并于 1854 年建立了上海工部局，它们推动了上海路政的近代化。工部局不仅在租界铺设了干道网络和人行道，还配置了沿路设施，如排水、照明、绿化等。随后，水电煤公用事业也发展起来。1865 年 12 月，租界开始使用煤气灯，1882 年开始使用电灯，自来水也差不多同时出现在租界。在租界改善路况及水电煤设施的刺激下，上海华界也开始紧步其后尘。1896 年，上海南市成立了"马路工程局"，开始在南市铺设华界第一条马路。1889 年、1990 年，吴淞和闸北也分别开始铺路。与此同时，不仅近代化道路开始建设，公用事业的发展也在 19 世纪末 20 世纪初的上海蓬勃发展。至 1911 年，华界供电灯数已达 7 000 余盏。华界自来水也于 1902 年开始供水。④对经济和商业发展具有重要作用的外国银行，也纷纷在上海出现。1848 年，英国人在上海开办了第一家外国银行，随后印度银行、澳大利亚银行以及中国人开办的中国银行（1858 年）和上海银行（1865 年）也纷纷在上海落户。1870 年 4 月，上海、香港和伦敦之间的电报线也建立起来了，使得贸易通讯和交易便利许多。⑤

其次，上海城市市政基础设施的近代化，配之以较为完善发达的近现代交通电信及煤气水电等公共事业，再加上租界不受清廷管控的"相对自由"的条件，使得上海成为中国最理想的投

---

① 刘正刚：《广东会馆论稿》，第 10—11 页。

② Rowe, William T., *Hankow: Conflict and Community in a Chinese City, 1796 - 1895*, Stanford University Press, 1989, pp.105 - 106.

③ G. William Skinner, ed., *The City in Later Imperial China*, pp.271 - 272.

④ 满振祥：《租界市政与上海近代化》，《乐山师范学院学报》2008 年第 1 期，第 90—92 页。

⑤ Marie-Claire Bergere, *Shanghai: China's Gateway to Modernity*, pp.54 - 55.

资和居住场所,而19世纪五六十年代的太平军运动,更是驱使江浙一带的很多富商为逃避战乱搬迁到上海。1870年,上海租界的华人人口才75 000多人,10年后就增长到107 000多人,并继续增加到1895年的24万多人。而上海总人口则在1910年激增到100万,成为全国首位的城市。①人口的大量增加,首先导致了上海城市化程度的加深和商业化企业化的膨胀和扩大。在上海的新移民中,有很多有志之士,他们以各种方式进一步推动了上海在各方面的发展。其一,在西方文化的影响下,中国人创办的《汇报》《强学报》《时务报》等纷纷在上海出现,有的昙花一现,有的影响持久。这些报刊对开启和提高民智、推动上海社会在思想人文方面的近代化,起到了非常重要的作用。其二,随着上海近代经济的迅速发展以及知识精英的涌入,教育和人才培养事业也出现了蓬勃发展的势头。至1907年,上海华人所办的各级各类学校已经有231所,各类兴学会也创建了17个。②丰富的人才资源保证了上海经济的近代化发展。最后,从"长三角"以及海外涌入上海的资本和企业,很快把上海转变成中国近代化的先锋。上海拥有1万元资本的民族资本企业从1860—1894年的31家,迅速扩大到1894—1899年的60家,5年里新增了29家。同一时期,机器修造业和缫丝业也分别增长了2倍多和近1倍。③ 在1861—1894年的30多年时间里,上海的贸易量增长了1倍还多,从价值7 400万元港币到15 500万元港币。在1895—1911年不到20年的时间里,整个数字又翻了1倍多,增长到37 800万元港币。④所以,从1852年起,上海就超越了广州,成为中国的贸易中心。据苏智良教授统计,到1863年,广州口岸的进出口总值已不及上海的十五分之一。在1865—1936年间,上海占全国对外贸易份额的45%至65%。⑤

特别值得一提的是,在大量涌入上海的移民当中,有很多是来自广东和澳门的。如前文所述,这些移民中,有相当一部分是通过广东行商和华人会馆来到上海的,成为输入上海、为上海近代化作出重要贡献的人才。更重要的是,在这批移民中,还有另外一类特殊的商人,即买办,他们高度卷入中国与外国以及其他地区、城市之间的贸易和经济交易。郝延平认为买办是"外国公司在中国的中国经理,在与中国人打交道时成为该公司的中介",他们"是中国史上第一种通过商业工作来积累财富的商人"。买办能够"把拥有的资本和企业家的技能结合起来",寻求"现代工业的利润和前景"。他们"首先进入轮渡、采矿、研磨和制造业,因而是努力实现中国工业化的先锋"。他们在"中国早期工业化的关键时期"扮演了重要的角色。⑥中国最早的买办,其实都集中在广州和澳门一带,上海出现的第一批买办就是来自广东和澳门。特别是葡萄牙人和澳门土生葡人(Macanese),他们为中国的近代化和城市化作出了一定的贡献。第一次鸦片战争以后,由于香港的出现和崛起,澳门的经济地位相应地急速下降。大约58%—59% 在澳门的葡

---

① 黄杰明:《晚清上海城市社会控制的近代化》,《大庆师范学院学报》2012年第2期,第111页;赵文:《戊戌维新与上海现代化进程》,《华东师范大学学报》(哲学社会科学版)1999年第1期,第51页;苏智良:《上海城市的现代化历程》。

② 赵文:《戊戌维新与上海现代化进程》,《华东师范大学学报》(哲学社会科学版)1999年第1期,第47—48页;苏智良:《上海城市的现代化历程》。

③ 赵文:《戊戌维新与上海现代化进程》,《华东师范大学学报》(哲学社会科学版)1999年第1期,第49页。

④ Marie-Claire Bergere, *Shanghai: China's Gateway to Modernity*, pp.50 - 51.

⑤ 苏智良:《上海城市的现代化历程》。

⑥ Yen-P'ing Hao, *The Comprador in Nineteenth Century China: Bridge Between East and West*, Harvard University Press, 1970, pp.1, 3, 5.

萄牙人和澳门土生葡人来到了香港，寻找新的工作机会，许多葡萄牙人和澳门人还来到上海。1851年，在上海的葡萄牙人总共才6人；到了1910年，上海的葡萄牙人就增加到3 000人，几乎跟同年居住在澳门的土生葡人总数相等。及至20世纪中叶，葡萄牙人和澳门土生葡人在上海建立了58家中小型的公司，从事各种各样的行业，如贸易、保险、旅游、印刷、经纪人、药店、外科、法律事务、娱乐、酒店、餐饮、财会、殡仪馆等。①在澳门创办中国第一家报纸《蜜蜂华报》(1822年)的葡萄牙人在上海创办了出版社，而香港只是到了1853年才出版报纸。葡萄牙人还于1870年在上海创办了第一份英语报纸《电讯晚报》和第一份法语报纸《上海新闻》。所以，葡萄牙人和澳门人在19世纪开创了中国的现代媒体并掌控了在澳门、香港、上海、福州及其他地方的传媒事业以及印刷事务。②印刷和传媒当然是近代化过程中不可或缺的重要元素。

但需要强调的是，上海开埠初期的贸易，对“长三角”和全国近代化进程的作用并不是很大，因为通过上海出口的产品主要是茶叶和丝绸，分别占到上海出口总量的52%和46%，③它们对中国近代化专业分工的促进作用远不如广东贸易来得大，而通过上海进口的主要产品是鸦片。1850年，非法进口的鸦片产品在外国军舰的保护下，占到了全部进口商品的54%。第二次鸦片战争之后签订的《天津条约》《北京条约》使得中国的鸦片贸易合法化，从上海进口的鸦片产品进一步增加，占据了全国进口鸦片货物的60%—70%。④真正推动上海近代化的，是由一群有头脑、有见识的地方大臣如曾国藩、左宗棠、李鸿章等发起的洋务运动，是他们的努力，才促使中国人在上海把西方人的先进工业生产技术化为己有，如天津—上海—浙闽粤的电线架设和中国第一家机器纺织厂的建立，都是洋务派努力创导创建的。⑤到了1894年，上海已有104家现代工业公司，其资产共达约3 000万银元。它们大都是外商经营，但却是在洋务运动的框架下投资运作的，其业务范围和公司包括造船、军舰修复、兵工厂、丝绸厂、棉纺厂、上海机器织布局、制烟厂、火柴厂、印刷所、上海供水厂、电灯厂等。在外国资本和公司的影响下，1895—1911年之间，有66家中国公司在上海建立，共拥有资本约2 000万银元。⑥所以，虽然来到上海的西方人为上海乃至中国的近代化作出了贡献，但推动上海以至中国近代化的力量还是来自中国人本身。

四、广州和上海：中国近代化进程的接力

通过前面的论述，我们可以看到，传统中国虽然在整体上是一种“大河文明”，但在个别地区并非如此。自汉代以来，广州就从来没有断绝过与外国的贸易往来。虽然广州贸易主要是通过

---

① 李长森：《明清时期澳门土生族群的形成发展与变迁》，中华书局，2006年，第227—230、239—244页。

② 同上，第371—382页。

③ Marie-Claire Bergere, *Shanghai: China's Gateway to Modernity*. pp. 50 - 52；张仲礼主编：《近代上海城市研究(1840—1949年)》，第91、94页。

④ Marie-Claire Bergere, *Shanghai: China's Gateway to Modernity*. pp. 50 - 52；张仲礼主编：《近代上海城市研究(1840—1949年)》，第89—90、94页。

⑤ 张仲礼主编：《近代上海城市研究(1840—1949年)》，第55、57页。

⑥ 同上，第58—62页。

外国商人和外国商船进行的,但中国并不是没有制造远洋航行船只和进行长途海洋航行的能力。早在226年和230年,东吴君主孙权就先后派遣朱应和康泰以及卫温将军和诸葛直率领船队去了扶南(包含今天柬埔寨的巴南、老挝南部、越南南部、泰国东南部和西部以及马来半岛的南端)、巨延、耽兰和菲律宾的诸簿等地。更不用说,后来明朝宦官郑和七次下西洋。这也就是为什么有的学者认为中国拥有不持续的"海洋文明"。特别是到了明清时代,中国远没有像许多学者认定的那么封闭落后。范岱克(Paul A.Van Dyke)的研究表明,清代中国没有像日本那样完全闭关锁国。在第一次鸦片战争之前,中国尽管实行广州体制,但其实相当开放。广州体制虽然把中国的海外贸易限于广州,但它并没有垄断或彻底禁止海外贸易。尽管广州体制没有创造"一个'完全开放'或'自由'的市场,但这一结构中有许多措施来满足外商的需要。从总体来看,市场价格是根据供求关系而浮动。有时华商们试图垄断一项贸易或组成卡特尔来垄断价格,但这种企图总是短暂的"。因此,及至1830年代中期,"外国人对该体制产生了足够的信任,这信任又导致了发展"。他们在1700—1842年期间,"很少拒绝返回广州"。①范岱克作出结论说:"广州体制是十分成功的",是"近代'世界'经济崛起最重要的贡献者之一"。②约翰·魏尔思(John E. Wills)的研究也表明,在18世纪,广州贸易为北大西洋地区提供了所有的饮用茶,它是巨大的全球商业整合力量之一。③张荣祥也认为,18世纪东亚海洋贸易革命的关键是"作为欧华贸易主要产品的华茶之出现"④。滨下武志的研究表明,"那些将航海时代的东亚世界松散地统一在一起的原则是囊括在朝贡贸易关系之中的",那是"建立在连接福建、广东和东南亚的华人商业网络基础上的大范围的经济活动",它甚至在鸦片战争以后、西方列强打开通商口岸之后也不能被迅速改变。⑤

可见,早在鸦片战争之前,以广州为中心的中国华南地区就已经开始了中国的近代化进程。但是,鸦片战争冲击改变了中国近代化的进程和广州在中国近代化进程中的地位。首先,《南京条约》迫使五口通商,上海则成为外商最理想的经商居住地,因为上海地处江海交汇之地,交通便利,运输费用低廉,更比广州距离江浙及中原内地的农产品生产区和手工业制作区要近得多,实在是一个最理想的贸易中转站。更何况,英、法等国得以在上海设立租界,并在那里建立发展起从马路街道到水电供应、电报邮政以及银行等一整套近代化公共设施和商业服务机构,这对西方商人和企业家来说真是如鱼得水。上海租界的崛起,又成为中国窥视世界的一扇窗户,许多中国人从而在上海领略了西方科技的惊人力量和迷人成果,对近代化的上海趋之若鹜。此外,从广西源起的太平天国起义军,横扫广东西北部以及华中华东大部,当地许多富裕家庭被迫逃离家乡,入居上海。大量财富和移民的涌入,必然导致上海的繁荣。所以,从1852年起,上海就超越了广州,成为中国的贸易中心。正如前文所说,据苏智良教授统计,到1863年,广州口岸的进出口总值已不及上海的十五分之一。在1865—1936年间,上海占全国对外贸易份额的

---

① Paul A. Van Dyke, *The Canton Trade: Life and Enterprise on the China Coast, 1700 - 1845*, Hong Kong University Press, 2005, pp.15 - 16, 18。

② Ibid., pp.161 - 162.

③ John E. Wills, Jr., "Interactive Early Modern Asia: Scholarship from a New Generation", *International Journal of Asian Studies*, 5: 2 (2008), p.242.

④ Weng Eang Cheong, *Hong Merchants of Canton*, p.8.

⑤ Takeshi Hamashita, *China, East Asia and the Global Economy*, pp.94, 88, 35 - 37.

45%至65%。①下面的图表，更详细说明了当时上海贸易赶超广州贸易的具体情况：②

	上　海	上　海	广　州	广　州
年　份	1844	1849	1844	1849
从英国进口(全国)	12.5%	40%	85.9%	51.4%
对英国出口(全国)	11.1%	37.1%	88.7%	61.7%
年　份	1845	1851	1845	1851
生丝出口(袋)	6 433	20 631	6 787	2 049

于是，中国近代化进程的中心就像接力棒一样，从广州传到了上海，并于19世纪至20世纪在上海出现加速。这里必须指出，虽然上海自19世纪五六十年代开始取代广州而成为中国近代化进程的中心，但其主要动力并非西方，而是推动洋务运动的清朝大臣、中国地方官员和有识之士。由西方人和租界移植入上海的"海洋文化"，最初给中国带来的只是更多的鸦片贸易。西方给上海乃至中国带来的现代科学技术示范，只是在洋务派和移民上海的富商、买办等发力之后，才成为上海乃至中国近代化进程的一种资源。所以，真正促进推动中国近代化进程的，还是中国内部的力量，即洋务派。

有许多学者似乎深受费正清"冲击—反应"论和和韦伯"传统—现代"论的影响，认为由于儒学和氏族社会的影响，传统中国不可能自发地产生资本主义。③但是，这种曾经在美国流行一时的观点如今已经受到巨大的挑战和批评。人类学家警告并反对那种认为"传统社会是一成不变的"或者"其价值观念必然是统一的"的观点。④经济学家则认为，除了新教主义以外，各种不同的价值体系也存在于处于近代化过程中的社会；所谓传统的价值观念"也许会催促发展，它取决于社会环境和这些价值观念是如何来利用的"⑤。实际上，许多学者的研究表明，主要是晚清时期的内在问题导致了旧中国的转型和近代中国国家的发展。中国官员和知识分子早在鸦片战争之前就开始面对宪政问题。中国的传统文化实际上很可能有助于或指导了中国的近代化转型。⑥ 同样，日本历史和日本研究专家也发现，日本近代化模式的特点倾向是："在后近代时期

---

① 苏智良：《上海城市的现代化历程》。

② Marie-Claire Bergere, *Shanghai: China's Gateway to Modernity*. pp. 50－52；张仲礼主编：《近代上海城市研究(1840—1949年)》，第97—99页。

③ Max Weber, *The Religion of China: Confucianism and Taoism*, translated & edited by Hans H. Gerth, Free Press, 1951; *The City* (Original German edition, 1921), translated by Don Martindale and Gertrud Neuwirth, Free Press, 1958。在当年有关资本主义萌芽问题的争论过程中，不少中国学者表示了与韦伯类似的观点，这里恕不一一列出。

④ Myron Weiner, ed., *Modernization: The Dynamics of Growth*, Voice of America Forum Lectures, 1966, pp.6－7.

⑤ Ibid., pp.5－6.

⑥ Gilbert Rozman, *Urban Networks in Ch'ing China and Tokugawa Japan*, Princeton University Press, 1973; Philip A. Kuhn, *Rebellion and Its Enemies in Late Imperial China: Militarization and Social Structure, 1796－1864*, Harvard University Press, 1970; Chang Hao, *Liang Chi'i-ch'ao and Intellectual Transition in China, 1890－1907*, Harvard University Press, 1971; Guy S. Alitto, *The Last Confucian: Liang Shu-ming and the Chinese Dilemma of Modernity*, University of California Press, 1979; Paul A. Cohen, [转下页]

形成新团体的过程中,前工业社团中的因素被重新激活。”①他们也发现,同韩国、新加坡及中国台湾、中国香港地区一样,“日本也有儒家道德,强调节约、勤劳和服从,所有这些都有助于快速经济发展”②。他们甚至发现印度的企业家们,“虽然恪守家族意识,但也有印象深刻的、成功企业家精神的记录”③。

所以,自 20 世纪 70 年代以来,曾广泛被接受的现代化理论已经受到质疑。虽然学者们还没有完全推翻现代化理论的核心点,即经济发展、文化转型和政治变革是相互关联的,但他们已经开始对这些要点进行修正。他们开始声称:1. 变化不是直线性的;2. 经济、文化和政治之间的关系就像生物有机体的各种体系一样,是相互支撑的;3. 把现代化跟西方化等同起来是一种种族中心论,在某种程度上,其实目前是东亚在领导着全球的现代化进程;4. 民主不是像有些现代化理论所声称的,它是现代化阶段与生俱来的,尽管随着社会进步并经过现代化阶段,民主的实现将越来越可能,但也可能有不同的结果。④ 虽然“民主是一个抽象和普世的过程,它的具体表现却有着因国家不同而不同的形式”⑤。萨缪尔·亨廷顿归纳了现代化进程的九个特点,它们被大多数学者接受,即革命性、复杂性、多层面性、系统性、全球性、长期性、阶段性、均同性、进步性和不可逆性。⑥假如近现代化具有革命的性质但也具有长期性、阶段性、复杂性和进步性,那么我们就可以看到“一种自唐代开始的长期走向,即政府对地方事务卷入的程度在稳步地减弱”。自从唐代以来,“真正有意义的改变是政府官僚在所有功能中的角色——行政的、社会的和经济的——都在不断地缩减”,这“意味着一个在整个社会管理方式上的不间断的革命”。传统中国的经济在近代化之前的发展,是呈现出稳步朝向近代化方向发展的。⑦有的学者认为:“传统中国社会似乎在自身中培育了某些价值观念和特点,它们比其他较为不发达国家的价值观念与特点更加适合于现代经济的发展”,它们“使中国人准备好经济发展的到来,而这些价值观念和特点在很大程度上来自中国人因复杂的前现代社会而积累起来的经验”。⑧

总之,比较“海洋文明”和近世的广州和上海,我们可以发现,中国近代化的进程不是一条直线发展的,也不是全国同步一致的,它具有区域的多样性和不平衡性,而且各区域之间有着种种

[接上页] *Between Tradition and Modernity: Wang T'ao and Reform in Late Chi'ing China*, Harvard University Press, 1974; John E. Wills, Jr., *Embassies and Illusions : Dutch and Portuguese Envoys to K'ang-hsi, 1666 -1687*, Council on East Asian Studies, Harvard University Press, 1984.

① Kawamura Nozomu, "The Concept of Modernization Reexamined from the Japanese Experience", *Modernization and Beyond: The Japanese Trajectory*, eds. by Gavan McCormack & Yoshio Sugimoto, Cambridge University Press, 1998, p.278.

② Gavan McCormack, Yoshio Sugimoto, "Introduction", *Modernization and Beyond: The Japanese Trajectory*, eds. by Gavan McCormack & Yoshio Sugimoto, p.5.

③ Myron Weiner, ed., *Modernization*, 6.

④ Ronald Inglehart, *Modernization and Postmodernization: Cultural, Economic and Political Change in 43 Societies*, Princeton University Press, 1997, pp.8 - 11.

⑤ Kawamura Nozomu, "The Concept of Modernization Reexamined from the Japanese Experience", *Modernization and Beyond: The Japanese Trajectory*, eds. by Gavan McCormack & Yoshio Sugimoto, p.273.

⑥ S. C. Dube, *Modernization and Development: The Search for Alternative Paradigms*, the United Nations University, 1988, pp.3 - 4.

⑦ Ibid., pp.25 - 26.

⑧ Dwight H. Perkins, "Introduction: The Persistence of the Past", *China's Modern Economy in Historical Perspective*, Stanford University Press, 1975, pp.3, 7.

不同的联系和相互促进的关系。我们可以清晰地看到，广州和上海在鸦片战争前后，在中国近代化进程中先后扮演了先锋接力的重要角色，这是中国近代化的一大特色。中国的“大河文明”和“海洋文明”或“海洋文化”在历史的不同阶段和不同的地区产生过不同的重大作用。因此，我们需要对区域历史进行更多更深刻更全面的研究，并在此基础上来重新审视中国整体历史。也只有在此基础上，我们才可以更清楚地看清今天“长三角”“珠三角”或“京津冀”各自不同但又相关的战略地位和发展前景，以及它们各自发展战略的历史文化根基、特色和依据。

塞舌尔的人参果和葡萄牙的金箍棒

周运中*

摘　要： 唐代杜环《经行记》和段成式《酉阳杂俎》记载《西游记》人参果的原型在阿拉伯西南海中，就是中世纪阿拉伯地理学家所说非洲东南海上的瓦克瓦克果，也即塞舌尔的特产海椰子果。淮安人吴承恩改写《西游记》，用孙悟空在海上造反影射王直在海上起兵，五指山影射王直的号五峰，西洋的菩提祖师指王直的靠山葡萄牙人，葡萄牙火枪是金箍棒的重要原型。吴承恩的老师胡琏曾在广东海上接触过葡萄牙火枪，所以吴承恩能知道葡萄牙火枪。吴承恩在《西游记》中讽刺嘉靖帝，所以他同情王直，关注西方。《西游记》中融汇国内外多种文化，所以才成为最受欢迎的世界文学名著之一。

关键词： 吴承恩　《西游记》　塞舌尔　海椰子　王直　葡萄牙

我首次考证出《西游记》故事基本来自玄奘《大唐西域记》，连顺序都没有大变。金角银角源自独角仙人，乌鸡国源自乌仗那国，车迟国斗法源自超日王斗法，通天河源自印度河，铁扇公主源自难近母，木仙庵源自大树仙人，七绝山源自耆阇崛山，狮驼岭源自逝多林，无底洞老鼠精源自室罗伐悉底国陷入大坑的女子，灭法国源自迦湿弥罗（克什米尔）国讫利多灭佛。① 山西是玄奘开创的唯识宗重地，我指出唐宋的山西形成了最早的西游文学，南宋杭州刻印的《大唐三藏取经诗话》源自山西。② 明代吴承恩的改写又使全书脱胎换骨，功劳很大。第八十七回到第九十七回故事中取经路上末尾四地为：凤仙郡、玉华国、金平府、铜台府。郡、府、县在全书中很罕见，情节也很异常，凤仙郡、铜台府的故事竟然全无妖怪，玉华国、金平府的故事也有浓厚的现实因素。吴承恩晚年曾任湖北蕲州（今蕲春县）荆王府纪善，蔡铁鹰论证《西游记》玉华国的描写源自荆王府，证据充分，堪称定案。③ 我受到他的启发，首次发现凤仙郡故事源自吴承恩在浙江任

---

* 周运中，南京大学海洋文化研究中心特约研究员。

① 周运中：《〈西游记〉故事源自玄奘〈大唐西域记〉》，发表于"首届玄奘与丝路文化国际研讨会"，2018 年 8 月 17 日。

② 周运中：《西游文学最早在山西产生》，发表于"2018·形象史学与丝路文化国际学术研讨会"，2018 年 5 月 12 日。

③ 蔡铁鹰：《吴承恩荆府纪善之任与〈西游记〉》，《江汉论坛》1989 年第 10 期；蔡铁鹰：《关于〈西游记〉定型的相关推定——吴承恩实任"荆府纪善"详考》，《明清小说研究》2006 年第 4 期。又见蔡铁鹰《〈西游记〉的诞生》，中华书局，2007 年，第 240—244 页。

长兴县丞的真事，金平府、铜台府的原型就是吴承恩经常来往的南京。凤仙郡侯上官氏得罪玉帝，天庭降下旱灾，要小鸡吃完米山、小狗吃完面山、灯火烧断锁链才降雨。吴承恩在隆庆元年(1567)任长兴县丞，县令发狂，得罪上司，该事在《西游记》中转变为上官氏得罪玉帝。吴承恩和县令改革粮长制度，触犯地方豪族。小鸡吃米山和小狗吃面山，讽刺长兴县的豪强侵占米粮。恰好吴承恩下狱，次年湖州大旱，凤仙是湖州古名乌程的反语。金平府旻天县是金陵、应天的反语，日夜燃灯的慈云寺宝塔是大报恩寺琉璃塔，南京的南部确实有青龙山、犀牛洞。凤仙郡、玉华国、金平府就是吴承恩晚年旅程的连接，所以被吴承恩放在全书的最末。① 吴承恩在万历初年逝世，几十年后的天启《淮安府志》卷一六《人物志二·近代文苑》称："吴承恩，性敏而多慧，博极群书，为诗文下笔立成，清雅流丽，有秦少游之风。复善谐剧，所著杂记几种，名震一时。数奇，竟以明经授县贰。未久，耻折腰，遂拂袖而归，放浪诗酒，卒。有文集存于家，丘少司徒汇而刻之。"卷一九《艺文志一·淮贤文目》："吴承恩《射阳集》四册□卷、《春秋列传序》《西游记》。"今本《西游记》有六百多条淮安方言词，而吴语等其他方言的特有词很少。如果有人看到淮安方言和地方志的如山铁证还想狡辩吴承恩不是作者，那么我发现全书末尾三个故事就是吴承恩晚年的经历，这就是吴承恩改写成今本《西游记》的终结性证据。

一、人参果是塞舌尔的海椰子

《西游记》中人参果呈儿童形状，树高千尺，三千年一开花，三千年一结果，一万年结三十个，闻一闻活三百六十岁，吃一个活四万七千年。

唐代杜佑《通典》卷一九三"大食国"(阿拉伯)说：

> 又云其王常遣人乘船，将衣粮入海，经涉八年，未极西岸。于海中见一方石，石上有树，枝赤叶青，树上总生小儿，长六七寸，见人不语而皆能笑，动其手脚，头着树枝，人摘取，入手即干黑。其使得一枝还，今在大食王处。

刘昫《旧唐书》卷一九八《西戎传》"大食国"(阿拉伯)：

> 海中见一方石，石上有树，干赤叶青，树上总生小儿，长六七寸，见人皆笑，动其手脚，头着树枝，其使摘取一枝，小儿便死，收在大食王宫。

刘昫的这段来自杜佑《通典》，杜佑的资料来自族侄杜环《经行记》。唐玄宗天宝十载(751)，唐军在怛逻斯被阿拉伯人打败，很多汉人被俘虏到西亚，《通典》卷一九一说杜环到西海(波斯湾)，宝应初年(762)跟阿拉伯船回广州，著有《经行记》，记载西行经历。杜环在阿拉伯听说阿拉伯西海很远的地方有个小岛，岛上有一种树，能结出小孩，长六七寸，人摘取就变黑，有人摘来送给阿拉伯国王。

唐代段成式《酉阳杂俎》卷十《物异》还有相关记载：

> 大食西南二千里有国，山谷间树枝上化生人首，如花，不解语。人借问，笑而已，频笑辄落。

① 周运中：《凤仙郡和金平府故事证明吴承恩写〈西游记〉》，《南京钟山文化研究》2019 年第 5 期。

段氏此书有大量珍贵的唐代域外资料,历来为学者重视。美国博物学大家劳费尔(Berthold Laufer)的名著《中国伊朗编》从中汲取了很多史料,可惜未研究这一句话中的植物。① 这段话很像杜佑所说,都是在大食西南,杜氏说走八年,段成式说两千里。杜氏说果实呈儿童形,段成式说是人首形,又说很像花,听到人的笑声就会落下。因为段成式本人久在岭南,书中有大量来自岭南的一手材料,所以段成式所说很可能不是从杜环的书中抄来,而是来自其他阿拉伯人的资料或传闻。

其实杜环、段成式所说的人形果故事确实在阿拉伯非常流行,即阿拉伯地理学家说的瓦克瓦克(Wakwak)树。这种树在阿拉伯西南海上,结出的果子呈人头形或葫芦形或女人阴部形,能在风中发出响声,果子从树上落下就一命呜呼。瓦克瓦克果分布的地理位置、形状都和唐代人所说大食西南海上的人参果吻合,应该就是人参果故事的由来。

耶路撒冷的阿拉伯人穆塔哈尔·本·塔希尔·马克迪西(Mutabar Bin Tāhir Al-Makdisī)在966年写的《创世与历史》中说:

> 在印度,也有一种叫瓦格瓦格的树,据称果实似人头。②

拉姆霍尔莫兹(Ramhormoz)的巴佐尔·本·萨赫里亚尔(Bozorg bin Šahriyār)约在10世纪写的《印度珍异记》说:

> 巴比萨德的儿子穆罕默德,告诉我,据他从瓦克瓦克地区登陆的人那里获悉,在那里生长有一种圆叶的大树,有时也长椭圆形的叶子,结一种类似葫芦一样的果子,但比葫芦要大得多,和人形具有某种相似性。当风曳动它的时候,从中便发出一种声响。这种果实的内部充满空气,好像是马利筋的果实一样。③

摩洛哥人伊本·图法伊尔(Ibn Tufayl)在1185年之前写的《哈伊·本·雅克桑》说:

> 有一印度岛屿,……岛上有一树,像生长水果一样长出女人,马苏第把这些女人说成是瓦克瓦克女子。④

马格里布人伊本·赛义德(Ibn Said)在13世纪说这种树像椰子:

> 据马苏第的记载,山中生长有一种果树,结一种类似椰子的果实,并且能生出一些少女来,而且是用头发悬在树上的,每个少女都发出一种瓦克瓦克的呼声,如果有人将头发割断,并将她们从树上放下来,她们就会一命呜呼。⑤

大马士革人迪马斯基(Dimaškī)约在1325年写的《海陆奇迹荟萃》说:

> 瓦克瓦克岛位于附海中,在乌斯蒂孔山脉以远地区,紧靠海岸,人们经由中国海而到达那里。这个群岛由于一种中国的树而得名,这种树与核桃树或者肉桂树很相似,树上结的果实如同人的脑袋一般。当一个果子从树上掉下来时,就可以听到重复多次的瓦克瓦克的

---

① [美]劳费尔著、林筠因译:《中国伊朗编》,商务印书馆,1964年初版,2015年再版。

② [法]费琅辑注,耿昇、穆根来译:《阿拉伯波斯突厥人东方文献辑注》,中华书局,1989年,第134页。

③ 同上,第657页。

④ 同上,第217页。

⑤ 同上,第369页。

呼喊音，然后落在地上。这些岛屿和中国的居民都能从中推测出各种征兆。①

叙利亚人伊本·瓦尔迪（Ibn al-Wardī）在约写于1340年的《奇迹书》中说，果实很像女人：

这个岛上生长着一种奇怪的树，其果实的外貌很像是人，它们的身体、眼睛、手、脚、头发、乳房以至阴部都与女人相似。她们的面庞漂亮，以头发为线悬挂在树上。她们从类似一个大皮包的套子里钻出来，当暴露于光天化日之下时，就发出了一种瓦克瓦克的呼叫声，直到有人剪断她们的头发为止。②

阿拉伯人说瓦克瓦克（Wakwak）国在非洲东南部，埃及人努伟理（Nuwayrī）于1332年之前写的《阿拉伯文苑》说：

印度洋及其岛屿起始于中国东部，位于赤道以上（南），它从西边开始，经过瓦克（wak）地区，向僧祇人的索发拉延伸，接着又通向僧祇人地区，一直到达弼琶罗（贝伯拉）地区，此处有一个海峡。③

贝伯拉（Berbera）在今索马里西北海岸，海峡即曼德海峡，所以此处的描述其实是从东向西，则瓦克瓦克在今莫桑比克的索发拉（Sofala）之南，在今非洲东南部。阿拉伯人称黑人为僧祇（Zanji），即今桑给巴尔岛（Zanjibar）和坦桑尼亚的由来。

阿拉伯人马苏第（Masūdī）在943年所写的《黄金草原》说：

中国海与新罗国相连，而僧祇海的海界一直延伸到索发拉国和盛产金子及其他珍奇、气候炎热而土地肥沃的瓦克瓦克国。④

突尼斯人伊本·哈勒敦（Ibn Khaldūn）约写于1375年的《绪论》说：

接着是科摩罗（Komor）岛，它呈长形，从索发拉对面开始一直向东延伸，向北方的倾斜度很大。就这样，它一直与中国的上部海岸（也就是说南海岸）相接壤。在南边是瓦克瓦克群岛，东边是新罗群岛。⑤

因为阿拉伯人描述海洋经常从东方一直说到非洲，误认为瓦克瓦克与中国不远，所以说瓦克瓦克和新罗邻近，其实瓦克瓦克靠近非洲大陆。所谓索发拉对岸的科摩罗岛不是科摩罗群岛，而是马达加斯加岛，马达加斯加岛的西海岸正是从西南向东北延伸，则瓦克瓦克就在马达加斯加岛附近。

因为瓦克瓦克邻近非洲大陆，有时甚至与大陆上的国家混淆，摩洛哥人埃德里奇（Edrīsī）在1154年写的《诸国风土记》里说：

这古塔城是金子国索发拉之最后一城邦，……该城及其所在地区产金子，比索发拉国其它任何地区都要多。该国与瓦克瓦克国相毗邻，瓦克瓦克有两座城邦：一座叫达鲁

---

① ［法］费琅辑注，耿昇、穆根来译：《阿拉伯波斯突厥人东方文献辑注》，第415页。
② 同上，第461页。
③ 同上，第436页。
④ 同上，第125页。
⑤ 同上，第514页。

(Daru),一座叫纳布哈纳(Nabhana)。①

费琅注纳布哈纳说:"即伊尼亚巴内(Inhambane),在莫桑比克港内。"有的文献说瓦克瓦克(Wakwak)在索发拉之南,伊本·哈勒敦《绪论》说:

> 它的海岸,从南端开始依次是僧祇人地区和伯贝拉地区(位于亚丁湾)……随后,这个海,陆续流经摩加迪沙城、索发拉地区、瓦克瓦克地区和其他民族的地区。②

如果我们把瓦克瓦克解释为马达加斯加岛附近,则这个顺序也能成立,因为从阿拉伯到马达加斯加的距离比到索发拉远。

英国学者巴兹尔·戴维逊(Basil Davidson)说阿拉伯人一般把索法拉以南的地方称作瓦克瓦克(Wakwak)。东非的加拉语中有"瓦克"二字,指上帝;古代库施语的天堂也是这个词,这个词从古代起也为索马里人所使用。③

我认为 Wakwak 源自奥罗莫语(Oromo)的黄金 warqee,阿拉伯人说瓦克瓦克产黄金。奥罗莫语是亚非语系库施语族中使用人数最多的一种语言,分布在埃塞俄比亚和肯尼亚,南到马林迪,因此奥罗莫人可以接触到非洲东南海上事物。非洲南部的主要商品是黄金和象牙,因此在内陆崛起了津巴布韦古国,沿海兴起了索法拉、基尔瓦(Kilwa)、桑给巴尔、拉穆(Lamu)、曼达(Manda)等斯瓦希里商业城邦。马达加斯加也产黄金,费琅说塞舌尔的古名 zarin 出自波斯语的黄金 zer,但是塞舌尔不产黄金。④ 我认为,塞舌尔是转运非洲南部黄金的枢纽,所以有金岛之名。

13 世纪阿塞拜疆人卡兹维尼(Kazwīnī)的《世界奇异物与珍品志》说:"瓦克瓦克群岛此岛与阇婆格岛相毗邻,只要沿着星辰运动的方向前进就可以达到那里。据传说,这一群岛实际上是由一千七百多小岛屿所组成。"⑤阇婆格(Java)在今印度尼西亚,瓦克瓦克群岛在其西部,有 1 700 多个小岛,指今塞舌尔群岛。瓦克瓦克树就是塞舌尔普拉兰(Praslin)岛和库瑞(Curieuse)岛的特产海椰子树(Lodoicea maldivica),伊本·赛义德说瓦克瓦克树类似椰子树,正是海椰子。因为果实分为两瓣,又名复椰子(double coconut),两瓣果实拼合,形似人脑,所以穆塔哈尔·本·塔希尔·马克迪西的《创世与历史》说像人头,迪马斯基的《海陆奇迹荟萃》说像人脑。

杜氏说在大食之西,段成式说在西南,还是段成式说得准确,塞舌尔在阿拉伯的西南海上,不是西方。段成式说人头形的花果听到人的笑声就会落下,因为 wakwak 的读音很接近人的笑声哇哈哈。由此看来,段成式的记载非常可信,他的资料直接来自阿拉伯人。《西游记》第二十四回说人参果丁(丁是江淮话的粘)在枝头,手脚乱动,点头晃脑,风过处似乎有声。点头晃脑,风吹有声,都是源自阿拉伯人的记载。

海椰子果实有肉质而多纤维的外皮,所以又传说类似核桃。因为外面有壳,又分成两瓣,中间联结,所以巴佐尔·本·萨赫里亚尔又说像葫芦,但是比葫芦大得多。

---

① [法]费琅辑注,耿昇、穆根来译:《阿拉伯波斯突厥人东方文献辑注》,第 202—203 页。

② 同上,第 513 页。

③ [英]巴兹尔·戴维逊著,屠尔康、葛信译:《古老非洲的再发现》,生活·读书·新知书店,1973 年,第 228、435 页。

④ [法]费琅著、冯承钧译:《苏门答剌古国考》,中华书局,2002 年,第 134 页。

⑤ [法]费琅辑注,耿昇、穆根来译:《阿拉伯波斯突厥人东方文献辑注》,第 327 页。

图1　塞舌尔海椰子的果实

19世纪末，英国将军查尔斯·戈登在访问塞舌尔群岛时，认为《圣经》中描绘的禁果并非苹果而是海椰子果。因为海椰子果像女性的身体，又得俗名女阴果，这就是阿拉伯文献中传说瓦克瓦克树结出女人的由来。

塞舌尔群岛连接马尔代夫、查戈斯群岛与马达加斯加岛、科摩罗群岛，公元前就有马来人沿着这些岛链到达马达加斯加岛。阿拉伯人很早就发现了塞舌尔，塞舌尔曾有阿拉伯人墓地。① 费琅指出，阿拉伯人记载的阇林群岛即塞舌尔。② 查戈斯群岛的主岛迪戈·加西亚(Diego Garcia)岛曾发现宋元福建沿海仿龙泉青瓷。③ 我认为《郑和航海图》巴龙溜（今马尔代夫苏瓦迪环礁）南面五个小岛是查戈斯群岛。巴龙溜西面同纬度有呈环形的五个岛，中间有一个岛，南面还有三个岛呈南北向分布，西北是非洲麻林地（肯尼亚马林迪）。塞舌尔群岛恰好是环形，南面的三个岛是塞舌尔西南诸群岛的示意图。④

元代苏州人李泽民根据阿拉伯人的世界地图，绘制了《声教广被图》。这幅图在明代初年被宫廷画师改绘为《大明混一图》，又被朝鲜使者摹绘，带回朝鲜，改绘为《混一疆理历代国都之图》。我首次指出，《混一疆理历代国都之图》非洲东南海上的哇阿哇就是瓦克瓦克（Wakwak)。⑤ 我考证了这幅地图的海外地名，很多地名来自阿拉伯地图。⑥

因为海椰子果能从塞舌尔漂到马尔代夫，南亚人误以为是海底的椰子，又名海底椰，其学名中的maldivica来自马尔代夫（Maldives)。海椰子果重达25千克，是世界上最大的果实，海椰子树又名巨籽棕。海椰子树高大，树叶宽大，树龄可达千年，可连续结果850年。海椰子树有雌雄

---

① ［英］居伊·利奥内著、南京师范学院地理系翻译组译：《塞舌尔》，江苏人民出版社，1978年，第33页。

② ［法］费琅著、冯承钧译：《苏门答剌古国考》，第134页。

③ ［美］埃里克·威斯特著、刘淼译：《印度洋迪戈·加西亚岛发现的贸易陶瓷》，邓聪、吴春明主编《东南考古研究》第4辑，厦门大学出版社，2010年，第430—436页。

④ 周运中：《郑和下西洋新考》，中国社会科学出版社，2013年，第296—297页。

⑤ 周运中：《中国南洋古代交通史》，厦门大学出版社，2015年，第401—404页。

⑥ 周运中：《混一疆理历代国都之图南洋地名的五个系统》，《元史及民族与边疆研究集刊》第31辑，上海古籍出版社，2016年。

图 2 《混一疆理历代国都之图》日本本光寺本的非洲南部部分

之分,常并行生长,树根缠绕。雄树高达 30 多米,比雌树高出很多,又名爱情树。海椰子树是世界奇树,成为塞舌尔的国树,画在塞舌尔的国徽正中,果实经常作为国礼。每年收获的成熟种子很少,仅有 1 200 颗左右,禁止出口。

现存最早的西游文学是南宋《大唐三藏取经诗话》,其中已经有人参果的故事了,卷中《入王母池之处第十一》说:

> 猴行者即将金镮杖,向盘石上敲三下,乃见一个孩儿,面带青色,爪似鹰鹞,开口露牙,从池中出。行者问:"汝年几多?"孩曰:"三千岁。"行者曰:"我不用你。"又敲五下,见一孩儿,面如满月,身挂绣缨。行者曰:"汝年多少?"答曰:"五千岁。"行者曰:"不用你。"又敲数下,偶然一孩儿出来。问曰:"你年多少?"答曰:"七千岁。"行者放下金镮杖,叫取孩儿入手中,问:"和尚,你吃否?"和尚闻语,心敬便走。被行者手中旋数下,孩儿化成一枝乳枣,当时吞入口中。后归东土唐朝,遂吐出于西川,至今此地中生人参是也。

唐宋时期人参果故事已进入西游文学,池中的盘石明显是来自杜环《经行记》的海中方石。这个故事是在王母蟠桃之下,中国人把人参果和蟠桃牵合起来。在后来的西游文学中,两个故事又分开。可能因为人参果和西王母的蟠桃被联系起来,所以人参果的位置被安插在西域,出现在《西游记》前面。

人参果的名字应该源自人身果,指海椰子果的样子像人形,讲故事的人讹传为人参。人参是名贵药材,海椰子也很珍贵,所以混淆了二者。

人参本来就有人形，又有成精的传说，南朝刘敬叔《异苑》卷二：

> 人参一名土精，生上党者佳，人形皆具，能作儿啼。昔有人掘之，始下铧，便闻土中呻吟声。寻音而取，果得人参。

因为人参也有人形，所以民间有人参娃娃的传说。至于人参果变成乳枣，可能是因为中国人混淆了西亚的椰枣和海椰子。椰枣是阿拉伯人的常用食物，唐代中国人已经熟悉椰枣，段成式《酉阳杂俎》卷一八记载椰枣，刘恂《岭表录异》说椰枣从波斯被移植到广州。

唐代长沙窑通过扬州大量出口到西亚，很多唐代长沙窑瓷器上都有椰枣纹，这些图案是专门为阿拉伯人设计的。长沙铜官镇唐代窑址出土的瓷片上有椰枣图案，我发现出土椰枣纹长沙窑瓷片的宁波、玉环、揭西等地，可连成一条航路。① 广东省博物馆展示的揭西县出土长沙窑瓷器，说明牌误标为葡萄纹。

图 3　长沙铜官镇窑址、宁波和义路出土瓷片上的椰枣纹样

图 4　广东揭西、浙江玉环唐代长沙窑椰枣图案瓷器

① 李枝霞主编：《玉环文物概览》，文物出版社，2011 年，第 258 页。

二、斯哈哩国火焰山在意大利西西里岛

吴承恩《西游记》第五十九回,说唐僧师徒四人来到火焰山:

> 八戒道:"原来不知,西方路上有个斯哈哩国,乃日落之处,俗呼为天尽头。若到申酉时,国王差人上城,擂鼓吹角,混杂海沸之声。日乃太阳真火,落于西海之间,如火淬水,接声滚沸;若无鼓角之声混耳,即振杀城中小儿。此地热气蒸人,想必到日落之处也。"大圣听说,忍不住笑道:"呆子莫乱谈!若论斯哈哩国,正好早哩。似师父朝三暮二的,这等担阁,就从小至老,老了又小,老小三生,也还不到。"

原来这段典故出自南宋福建路市舶提举赵汝适记载海外地理的名著《诸蕃志》,该志卷上说:

> 茶弼沙国,城方一千余里。王着战袍,缚金带,顶金冠,穿皂靴。妇人着真珠衫。土产金宝极多。人民住屋有七层,每一层乃一人家。其国光明,系太阳没入之地。至晚日入,其声极震,洪于雷霆。每于城门用千人吹角、鸣锣、击鼓,杂混日声,不然则孕妇及小儿闻日声惊死。
>
> 斯加里野国,近芦眉国界,海屿阔一千里,衣服、风俗、语音与芦眉同。本国有山穴至深,四季出火,远望则朝烟暮大,近观则火势烈甚。国人相与扛舁大石重五百斤或一千斤,抛掷穴中,须臾爆出,碎如浮石。每五年一次,火从石出,流转至海边复回。所过林木皆不燃烧,遇石则焚爇如灰。

茶弼沙即阿拉伯人传说的日落之处 Djabulsa,《诸蕃志》和《西游记》的斯哈哩国基本相同,斯哈哩来自斯加里野国,靠近芦眉国,芦眉就是罗马(Roma),在一个很大的海岛上,还有活火山,无疑就是意大利的西西里岛。斯加里就是西西里(Sicily),西西里岛有埃特纳(Etna)活火山,火山高达 3 200 米,是欧洲最高的活火山。① 文献中记载有 500 多次喷发,是世界上喷发最多的活火山,历史上造成很多伤亡。因为靠近希腊、罗马,非常有名。因为斯哈哩(斯加里野)在当时人认为的极西之地,所以孙悟空嘲笑唐僧三代也走不到。《西游记》这段话根源在南宋,赵汝适《诸蕃志》作于宝庆元年(1225),这段话具体进入《西游记》的原因已不可考。

三、五指山源自王直五峰

吴承恩之前的《西游记》话本、杂剧中,未出现孙悟空海上起兵的情节。吴承恩一生主要生活在嘉靖朝,此时正是倭寇势头最盛的时代。吴承恩家乡淮安府也受到倭寇侵扰,吴承恩不可能不关注倭寇。嘉靖三十四年(1555),倭寇从日照到淮安,淮安人状元沈坤率乡兵数千人打败倭寇。沈坤是吴承恩的儿时同学,又是亲家,吴承恩为沈坤的父母撰写了《赠翰林院修撰儒林郎

---

① (宋)赵汝适著、杨博文校释:《诸蕃志校释》,中华书局,2000 年,第 132—134 页。

沈公合葬墓志铭》，该墓志 1981 年被发现，现藏吴承恩纪念馆。嘉靖三十六年(1557)，倭寇侵扰通州、如皋、泰兴、扬州、宝应、安东(今涟水)等地，在淮安府治山阳县(今淮安)海边的庙湾场蛤蜊港(今阜宁县合利村)兵败逃走。嘉靖三十八年(1559)，倭寇又在淮安姚家荡(今顺河镇姚庄)被打败，尸首被堆成土墩，今名埋倭山。沈坤抗倭有功，从南京国子监祭酒升为北京国子监祭酒。但是他被同乡给事中胡应嘉构陷为私练乡勇、图谋造反、擅自杀人，冤死在狱中。吴承恩最亲近的人抗倭有功反被害死，这促使吴承恩反思明朝用武力镇压倭寇的政策是否得当，促使吴承恩更加痛恨明朝腐朽的制度。

嘉靖五年(1526)，福建人邓佬越狱下海，诱引夷人到双屿港(今舟山六横岛)贸易。十九年(1540)，许松、许楠、许栋、许梓兄弟，勾引葡萄牙人到双屿贸易。王直与叶宗满等人造海船，置硝、黄、丝、绵等违禁货物，抵日本、暹罗、西洋等国，往来贸易，五六年大富。嘉靖二十四年(1545)王直往市日本，诱博多津(今福冈)倭助才门等三人来市双屿。次年又到内地，南直、浙江倭患始生。二十五年(1546)，许楠与朱獠、李光头等诱引番人，寇掠闽浙。次年，胡霖诱引倭夷来市双屿，林剪自彭亨国(今马来西亚彭亨)诱引贼众，与许氏兄弟等劫掠闽浙，边方骚动。

日本僧人南浦文之(1555—1620)的《南浦文集・铁炮记》记载，日本天文十二年(嘉靖二十二年，1543)，三个葡萄牙人漂流到日本种子岛，其中有明朝儒生王五峰，即王直。王直开始是许栋的掌柜，但是能力更强，获得日本人和葡萄牙人的信任。① 他号为五峰船主，一说来自家乡徽州的五峰，一说来自日本九州岛之西的五岛群岛。

嘉靖二十七年(1548)，浙江巡抚、提督浙闽海防的朱纨摧毁双屿港，次年在漳州打败葡萄牙人，迫使葡萄牙人退回广东。朱纨损害了东南沿海士绅下海通商的利益，被人诬陷而死。许栋在双屿之战中，下落不明。王直逃脱，屯兵金塘岛的烈港，福建人吴美干、陈思盼屯兵长涂岛的横港，不久陈思盼火并吴美干，王直又生擒陈思盼并献给明朝。王直一统海上武装，成为霸主。三十一年(1552)，王直派倭寇，乘巨舰百艘，浙江东西、长江南北的数千里海岸，同时报警。倭寇攻温州，破黄岩，攻海盐，到嘉兴，明军战死三千多人。破乍浦，而澉浦、金山、松江、上海、嘉定、青村、南汇、太仓、昆山、崇明、苏州仅保孤城，城外都遭焚劫。繁荣的吴越大地废墟处处，白骨累累。三十二年(1553)，明军在烈港、马迹潭等处打败王直。王直退到日本的平户："据萨摩洲之松浦津，僭号曰京，自称徽王，部署官署，咸有名号，控制要害，而三十六岛之夷，皆其指使。时时遣夷汉兵十余道，流劫滨海郡县。延袤数千里，咸遭荼毒。"木宫泰彦之书引日本《大曲记》称，王直定居在平户，中国的商船和"南蛮"(葡萄牙)的黑船络绎不绝，京都、堺港商人云集，号称西都。万表《玩鹿亭稿》说，投奔王直的人有沿海百姓，还有边防军官，一呼即往，自以为荣，其实是贪图厚利。

嘉靖三十四年(1555)，总督胡宗宪派人到日本招降王直，优待王直母亲、妻子、儿女。三十五年(1556)，王直手下的徐海、陈东攻打松江、嘉兴，想占领南京为都，被胡宗宪破杀。王直回到舟山岑港，被胡宗宪以官位、重金招降，杀于狱中。王直在海上数十年，杀害无辜平民和官吏将士数十万，破坏了明朝最精华的江南地区，还在海上称王建都，决不能为明朝所容。王直死后，他的余部仍然在海上反抗明朝，但是江浙的海岛势力大为衰退。嘉靖末年，潮州海盗势力兴起，明末又有闽南海盗兴起。

---

① [日]木宫泰彦著、胡锡年译：《日中文化交流史》，商务印书馆，1980 年，第 619 页。

孙悟空开始到东方的傲来国取兵器,吴承恩《西游记》第三回,四猴道:

我们这山,向东去有二百里水面,那厢乃傲来国界。那国界中有一王位,满城中军民无数,必有金银铜铁等匠作。大王若去那里,或买或造些兵器,教演我等,守护山场,诚所谓保泰长久之机也。

傲来国在花果山之东二百里,吴承恩笔下的花果山的原型是江苏连云港的云台山,向东不正是日本吗?傲来的读音非常接近倭人,傲来暗指趾高气扬,正是日本武士的神态。《西游记》第三回说:

共有七十二洞,都来参拜猴王为尊。每年献贡,四时点卯。也有随班操演的,也有随节征粮的。齐齐整整,把一座花果山造得似铁桶金城。各路妖王,又有进金鼓,进彩旗,进盔甲的,纷纷攘攘,日逐家习舞兴师。

东方海上的武装首领王直,也自己称王,也有大小部将,不就是现实世界的孙悟空吗?孙悟空最终被如来佛压在五指山下,而王直的号就是五峰,不正是五指山吗?连云港花果山上没有五指山等类似地名,吴承恩之所以要说孙悟空被压在五指山下而不是别的地名,正是为了影射王直。

孙悟空被玉皇大帝诱降,不就是暗指王直被胡宗宪诱降吗?王直受降前曾经求官,孙悟空也是被弼马温、齐天大圣等小官、虚衔迷惑。但是玉皇大帝最终没有打败孙悟空,孙悟空是被西天如来打败,西天如来正是隐喻王直的西洋靠山葡萄牙人。胡宗宪擒获倭寇最大的头目王直、徐海等人,功勋卓著,所以现存吴承恩的《射阳存稿》中有一篇嘉靖三十五年(1556)的《贺总制梅林胡公奏捷障词》。有人说这是吴承恩想要投笔从戎,蔡铁鹰认为是吴承恩代他人所作,因为其中的学剑、请缨无法落实。① 我认为是吴承恩代他人所作,未必是吴承恩的本意,但是证明吴承恩和胡宗宪等人有间接联系。

四、菩提祖师源自葡萄牙人

王直的靠山是葡萄牙人,而孙悟空的高强本领来自西洋须菩提祖师,《西游记》第一回说:“猴王参访仙道,无缘得遇,在于南赡部洲,串长城,游小县,不觉八九年余。忽行至西洋大海,他想着海外必有神仙,独自个依前作筏,又飘过西海,直至西牛贺洲地界。”须菩提祖师被安排在西洋,在吴承恩之前找不到典籍依据。葡萄牙人正是来自西洋,菩提和葡萄牙的读音很近。典籍中的神仙很多,吴承恩编出孙悟空师从西洋须菩提祖师的故事,无疑是暗指王直依靠来自西洋的葡萄牙人。

吴承恩的老师淮安府沭阳县人胡琏,曾经是中国最早战胜葡萄牙人船队的官员,欧洲火器得以传入中国境内。万历《淮安府志》卷一四《名贤传》载:

胡琏,字重器,沭阳人,弘治乙丑进士,以南京刑部郎中,出为闽广二藩兵宪职。剿贼不以杀为功,多所全活。岛寇佛郎机牙,肆行海上。公选锋猝入夺其火器,俘之。其器猛烈,

---

① (明)吴承恩著、蔡铁鹰笺校:《吴承恩集》,中国社会科学出版社,2014年,第135页。

盖夷所常恃者。得之,遂为中国利,因号佛郎机。迁藩臬长,晋中丞。巡抚遍历两京、户部,右堂致仕。遇征安南,荐起督饷。卒年七十三。天性孝友,历官以廉称,而不事标显,礼宾济乏特厚。邃于经术,教授生徒甚众。……其子孙已逝者,知府效才、京府判效忠、经魁应征、都给事应嘉悉知名。[1]

构陷沈坤的都给事中胡应嘉就是胡琏的孙子,胡家在淮安势力很大,自然不把平民出身的沈坤放在眼中。吴承恩曾经从胡琏学习,吴承恩《射阳先生存稿》卷二《寿胡内子张孺人六秩序》,称胡琏为:"我师南津翁。"胡内子张孺人即胡琏长孙胡应恩的妻子,卷二《寿胡母牛老夫人七秩障词》:"自惟累叶周亲,亦是连枝娇客。"吴承恩也是胡家的亲戚,自然可能听说葡萄牙人的故事。

正德十六年(1521)到嘉靖元年(1522),广东海道副使汪鋐在今香港的屯门打败葡人,汪鋐因功升任广东按察使。嘉靖元年(1522),胡琏接任广东海道副使。康熙《新安县志》的陈文辅《都宪汪公遗爱祠记》记载汪鋐驱逐葡人之战,[2]汪鋐的《奏陈愚见以弭边患事》说他在正德十六年(1521)正月,接到东莞县白沙巡检司巡检何儒报告,因到葡萄牙人的船上收税,认识为葡人效劳的中国人杨三、戴明,听说他们在葡人军中很久,知晓造船铸铳方法。汪鋐随即派何儒以卖酒米为由,私通杨三。夜间用小船接回杨三,为明朝铸造火铳。汪鋐后来打败葡人,全靠火铳。又从葡人手中获得火铳二十余管,与杨三铸造相同。[3] 所以《明史》卷三二五说,汪鋐进上佛郎机铳。

胡琏在广东看到葡萄牙人的火铳,退休回到淮安,很可能把葡萄牙人的故事告诉淮安人,包括他的学生吴承恩。吴承恩一向关心怪力乱神之事,曾经收集各种志怪之事,编成《禹鼎志》,吴承恩《射阳集》所收的此书自序称:"余幼年即好奇闻,在童子社学时,每偷市野言稗史。……虽然吾书名为志怪,盖不专明鬼,时纪人间变异。"当时人认为洋人就是番鬼,葡萄牙人的事迹很可能受吴承恩关注,被写入《西游记》。

五、金箍棒源自葡萄牙火枪

孙悟空的武器金箍棒原来是东海龙王的定海神针,吴承恩《西游记》第三回说:"原来两头是两个金箍,中间乃一段乌铁,紧挨箍有镌成的一行字,唤做如意金箍棒一万三千五百斤。"

元代杨景贤《西游记杂剧》第三本,孙悟空从耳朵里取出的是生金棍,生金就是生铁。在吴承恩之前,金箍棒不是两头金的铁棒,也不能可大可小、任意变化。我认为,金箍棒就是葡萄牙人传来的火铳,因为早期的火铳就类似一根铁管,而所谓两头的金箍,正是火铳两头固定枪管的铁环,而且多是金黄色,所以吴承恩称为金箍棒。

明代叶权的《贤博编》说:

---

① 万历《淮安府志》,《天一阁藏明代方志选刊续编》,上海书店,1990年,第711页。

② 张一兵校点:《深圳旧志三种》,海天出版社,2006年,第471页。

③ (明)黄训:《名臣经济录》卷四三《兵部职方下》,《影印文渊阁四库全书》第444册,台北:台湾商务印书馆,1986年。

鸟嘴铳即佛郎机之手照,日本国制稍短,而后有关捩可开。佛郎机制,长而后闭。人持一支,如中国之带弓矢。最贵重者,上错黄金,可值银百两。乃以精铁先炼成茎,立而以长锥钻之,其中光莹,无毫发阻碍,故发则中的。非若中国工人卤莽,裹铁心而合之,甚至三节接凑,然后钻锉,其中既不圆净,又忽断裂,万不及也。余亲见佛郎机人投一小瓶海中,波涛跳跃间,击之,无不应手而碎。恃此为长技,故诸番舶惟佛郎机敢桀骜。……然以之押阵守城及舟车之战,可蹶上将,以之倏忽纵横,即便利不及他器矣。①

佛郎机(葡萄牙)人的火铳很长,而日本的火铳较短。最贵重的火铳,夹以黄金,裹铁管合成,我认为就是金箍棒的原型。叶权亲眼看到葡萄牙人把瓶子投入海中,再用火铳击碎!葡萄牙人带来的西洋火铳给中国人极大的震撼,所以吴承恩笔下的孙悟空也即王直等人的武器,就是金箍棒,其实就是火铳。

明代郑若曾《筹海图编》卷一三《兵器》"佛郎机图"说:

其制出于西洋番国,嘉靖之初年,始得而传之。中国之人,更运巧思而变化之,扩而大之,以为发矿。发矿者,乃大佛郎机也。约而精之,以为铅锡铳。铅锡铳者,乃小佛郎机也。其制虽若不同,实由此生之耳。

欧洲火铳有大有小,中国人可以按比例改造,但是威力都很大,都是铁棒的形状。

严从简《殊域周咨录》卷九《佛郎机》引《月山丛谈》说:

佛郎机与爪哇国用铳,形制俱同,但佛郎机铳大,爪哇铳小耳。国人用之甚精,小可击雀。中国人用之,稍不戒,则击去数指,或断一掌一臂。铳制须长,若短则去不远。孔须圆滑,若有歪斜涩碍,则弹发不正。惟东莞人造之,与番制同,余造者往往短而无用。铉入宰吏部,值北虏吉囊入寇,请颁佛郎机铳于北边,凡城镇关隘皆用此以御寇。②

欧洲火铳必须长,枪膛必须圆滑,外形看上去就是一根细长的圆铁棒,这不就是金箍棒?东莞人还能仿制,中国人很快就能掌握制作技术。因为汪铉北调,所以北边也都用以御敌。

清代印光任、张汝霖《澳门记略》卷下《澳蕃篇》说:

鸟铳,有长枪,有手枪,有自来火枪,其小者可藏于衣之中,而突发于咫尺之际。皆精铁分合而成之,分之二十余事,合之牝牡橐籥相茹纳,纽纂而入。外以铁束之五六重,围四寸,修六七寸。

火铳有大有小,所以吴承恩说金箍棒可大可小。因为小的火铳可以放在衣袖中,所以吴承恩说金箍棒可以放在耳朵中。

我在深圳南山区博物馆和马来西亚国立历史博物馆都见过早期葡萄牙人的火枪,16世纪的葡萄牙火枪不仅在枪口处有金色圆环箍住枪管,在枪身的中部也有一道或两道金色圆箍。

---

① (明)叶权撰、凌毅点校:《贤博编》,中华书局,1987年,第23—24页。

② (明)严从简著、余思黎点校:《殊域周咨录》,中华书局,1993年,第322页。

图5　马来西亚国立历史博物馆藏16世纪葡萄牙火枪

图6　火枪中间的金色圆箍

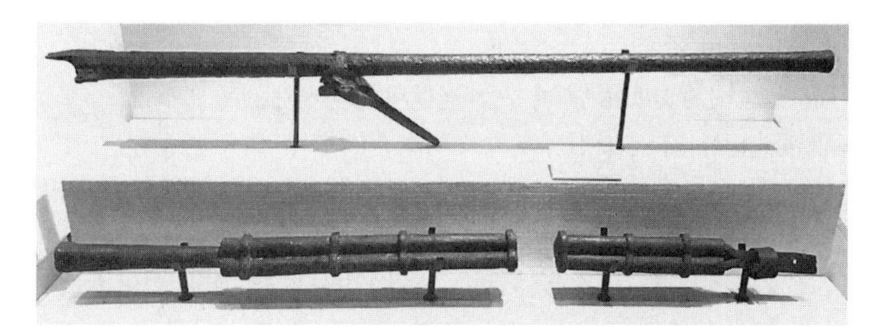

图7　深圳南山区博物馆的明代小佛郎机和三眼铳

西洋火铳,初到中国,所向披靡,震惊东方。中国人仿制成功,风行内地,吴承恩生长在江苏,又在浙江做官,他的老师胡琏据说是把西洋火铳引入中国的人,吴承恩岂能不知大名鼎鼎的西洋火铳?吴承恩把王直的故事添加到孙悟空身上,王直就是把西洋火铳传入日本的人,所以吴承恩给孙悟空新配的武器就是西洋火铳!

嘉靖皇帝爱好方术,死于道士的仙丹。吴承恩《西游记》笔下的各国昏君,信任道士,为非作歹。乌鸡国王被信任的道士窃取王位;车迟国王以道士为国师;朱紫国王,久不上朝,被赛太岁强夺皇后;比丘国王,要用小儿的心肝为药引,这些都直指嘉靖帝!朱紫国出现了司礼监,比丘国出现了锦衣卫。第九十三回言天竺国:“自太祖太宗传到今,已五百余年。现在位的爷爷,爱山水花卉,号做怡宗皇帝,改元靖宴,今已二十八年了。"王国光指出,靖宴就是讽刺嘉靖的年号。可惜他误以为太祖、太宗"到今已五百年"是指宋太祖、宋太宗到明朝嘉靖为五百年。[①] 其实从太祖朱元璋到嘉靖帝仅有一百多年,被吴承恩拉长三倍为五百年,这是掩人耳目。王国光认为靖宴的宴就是嘉,靖宴就是嘉靖倒过来。我认为不是,古代皇帝去世叫晏驾,也写成宴驾。所以靖宴很可能是指嘉靖已经去世,这是公然指责嘉靖帝因为方术而暴毙。吴承恩如此痛恨嘉靖帝,自然同情在海上起兵的王直,所以孙悟空的大闹天宫故事之所以写得非常成功,原因正是吴承恩融入了社会现实,笔端又饱含深情。

吴承恩的好友李春芳官至首辅,他帮助吴承恩出狱又去荆王府任职。吴承恩死后,《西游记》才出版,署名是华阳洞天主人校。吴承恩另一个老同学朱曰藩也是进士,李春芳、沈坤、朱曰藩的八股文比吴承恩好,但是今天的名气则远远不及吴承恩。吴承恩的《对酒》诗云:"剥琢闻叩门,良友时过余。延之入密室,共展千年书。顾愁忽已失,花鸟同欣如。"前人指出,吴承恩和好友在密室看的千年书就是《西游记》。为好友博取功名利禄的时文早已化为乌有,唯有吴承恩的《西游记》还流传千年。

结论:《西游记》成功的原因

唐代阿拉伯人流传的塞舌尔海椰子故事,传到东方,变成大食西南海岛的小儿果、人头果故事。其中可能混入了椰枣因素,又掺杂中国本土的大枣和人参因素,演变成宋代《大唐三藏取经诗话》中的人参果。经过宋元明的发展,成为现在我们看到的人参果故事。非洲海岛上的一种奇特植物经过西亚商人传入东方,成为家喻户晓的故事,又传播到世界,本身就是一个有趣的历程。《西游记》中不仅记载了非洲的植物,还记载了欧洲的火山和火枪。《西游记》的伟大之处就在于不仅有南亚文化,还融合了中国各地的多种文化,更有非洲、欧洲的文化因素。《西游记》因为融合了三大洲诸多地域的文明精华,才成为全世界最受欢迎的一部小说。

玄奘的《大唐西域记》原本是中国和域外文明融合的产物,唐宋西北宣讲佛教故事的人使之中国化、通俗化,在山西形成了最早的西游文学,这是西游文学的第一阶段。南宋西游文学来到杭州,北方文化和南方文化深入融合,说书艺人们集体创作出了《西游记》小说的祖本,这是西游文学的第二阶段,代表是《大唐三藏取经诗话》。元代,中外文化、南北文化再次大汇聚,西游文学也在持续发展,出现很多杂剧、平话。明代《西游记》又被淮安人吴承恩改写为现在我们看到的百回长篇小说。淮安在南北交界处,也在海陆交界处;吴承恩把孙悟空的老家从华南的山上移到东洋的海上,影射嘉靖倭寇风潮;又增加对道士的丑恶描写,批判嘉靖帝迷信道术:这些都增加了全书的社会意味,用诙谐笔法,写活了原本不重要的猪八戒等配角,平衡了批判和戏谑,使全书得到升华。《西游记》不仅融合了中外多种文化,也融合了中国各地文化。

我们透过《西游记》的仙山云海,看到隋唐西北的强盛,看到宋金山西的繁荣,看到宋元杭州的热闹,看到明清江淮的兴旺。因为《西游记》这本书本身就在一千年间,跋山涉水,向各地文化取经求法,所以最终修成正果,成为家喻户晓的世界文学名著。

---

① 王国光:《西游记别论》,学林出版社,1990年,第134页。

1920—1930年代上海侠义叙事的兴盛背景

——以精英文化和底层文化形成过程为中心*

[韩]安承雄**

摘　要：上海作为国际城市，是汇集世界各种知识和信息的地方，因此上海成为知识分子比任何城市都集中的城市。上海的进步知识分子从国际形势中认识到中国的处境，为了抵抗西方列强的侵略，自然而然地颂扬尚武精神。许多知识分子在中国历史和民间传统中挖掘侠客，赞颂他们的尚武精神。另一方面，上海是一个劳动移民的城市。世界大战后，随着西欧的资本集中到上海，国际城市上海成长为中国最大的工商业城市。因此，上海聚集了各个国家、不同人种、不同地区的居民。移民们为了他们的生存和利益，按行业和出身地区组成了各种各样的组织，这些组织为了凝聚团体，积极吸收接纳了民间的侠义精神。综上所述，近代的上海，从上层知识分子的精英文化到底层民众的底层文化，形成了人人赞扬的侠义精神的文化。这与近代上海成长为吸引知识与知识分子、资本与劳动者的东北亚海域人文网络中心城市有着密切的关系。同时，这也成为20世纪20—30年代上海侠义叙事兴盛的主要背景。

关键词：近代　东北亚海域　人文网络　上海　侠义叙事　尚武精神　侠客　精英文化　底层文化

前　言

从中国"进口"的侠义叙事①可以说是深入、广泛地渗透到韩国生活中的文化现象，其文化

* 该论文曾发表在韩国《中国学》第68期(2019年9月)，且是2017年在大韩民国教育部和韩国研究基金会的支持下进行的(NRF-2017S1A6A3A01079869)。2020年3月，笔者把它翻译成中文。

** 安承雄，韩国釜庆大学人文社会科学研究所HK研究教授。

① 在韩国的大众文化中，一提到"武侠"就会想起古代带刀的侠客。因此，与时代无关，我们需要一个将各种各样侠客的故事融为一体的术语。本文里使用了比武侠更具全面意义的"侠义"一词。侠义是指"站在正义一边帮助弱者的事或那种气质"。也就是说，本文里使用的"侠义叙事"不仅包括武侠小说和武侠电影，还可以包括各种动作片和幻想小说等广义概念。我认为，关于侠义叙事的用语和概念问题，以后还需要进行更多的研讨。

含义也不简单。① 但出于对“B级通俗文化”的成见,韩国国内的研究并不多。② 从研究著作出版的情况来看,多是系统地整理并介绍武侠小说或武侠电影相关的资料,或探索武侠小说和武侠电影内在的社会文化意义。个别研究论文大多是关于武侠小说作家和作品的介绍;而部分论文则将武侠书和时代背景联系起来,进行了有深度的分析。但是,这种研究大体上体现出见木不见林的局限性。换句话说,局限于武侠小说或武侠电影等特定体裁,而对包含武侠小说和武侠电影的侠义叙事本身,存在很难体现文化的局限。这从大众文化现象的宏观角度看,缺乏对侠义叙事的诞生、传播、变化过程的研究。众所周知,侠义叙事是大众文化的代表性体裁,也是理解东北亚大众文化的关键。侠义叙事不仅是近代城市发达和同时登场的大众普遍性欲望的反映,而且与包含了儒佛道的东亚文化传统价值观有关。侠义叙事在满足大众对近代欲望的同时,也是对传统文化的价值取向。由于反映了东亚的近代欲望和传统价值观,侠义叙事以东北亚为中心,出现多种体裁,到目前为止一直广受欢迎。

因此,为了从宏观视野探求大众侠义叙事的诞生、传播和变化的过程,有必要从“近代化时期东北亚”这一更广阔的视野去审视。在这种情况下,我们应该再次关注近代“东北亚海域人文网络”及其中心城市“上海”。③

东北亚海域中心城市上海的国际信息比任何城市都丰富,出现了过去封建史上从未有过的各种工作机会。因此,海域城市上海成为同时吸引着知识分子和劳动者这两种截然不同阶层的“魔都”。渴望得到国际形势和信息的知识分子为学习来到上海,饥饿的百姓为寻找生存的工作机会来到上海。即,由于东北亚海域人文网络中心城市的特征,在短时间内,上海不同层次的不同文化同时具备其自身的特色并得到发展。

但值得注意的是,上海的两个不同阶层的文化,即上层知识分子的精英文化和底层劳动者的底层文化(sub-culture)都因近代这一时期的特殊性而重视“侠义精神”。知识分子为了拯救

---

① 从中国“进口”的侠义文化对韩国的大众文化产生了很大的影响。从武侠小说的情况看,1962 年尉迟文翻译的《剑海孤者》是最初的情侠志小说,之后直到 20 世纪 70 年代,卧龙生、司马翎等中国作家的大量作品大受欢迎。1980 年代以后,金庸的英雄系列小说,古龙、梁羽生等的武侠小说正式被翻译出版并在书店的销售中占据大量份额。从武侠电影的情况看,20 世纪 60 年代有王羽主演的《独臂刀》;70 年代是李小龙的电影风靡的时代;80 年代是成龙、洪金宝、元彪的喜剧电影时代;90 年代是李连杰的“黄飞鸿”和“东方不败”系列的香港武侠电影自豪的时代;还有 2000 年代,李安的《卧虎藏龙》和周星驰的《功夫》等充满个性的电影。来自中国的侠义叙事对韩国国内的侠义叙事也产生了很大的影响。20 世纪 70—80 年代,盗用中国武侠小说作家卧龙生、司马翎名字者,在韩国国内武侠小说市场中占据了剧本所的墙面。以电影为例,从 20 世纪 60 年代到 80 年代初,曾大量制作过不知国籍的武侠影片。

② 研究书刊方面有《한국 무협소설사(韩国武侠小说史)》(이진원,2008)、《무협의 시대 : 1966—1976 (武侠的时代: 1966—1976)》(송희복, 2009)、《무협소설의 문화적 의미(武侠小说的文化意义)》(전형준,2004)等。个别的研究论文方面有《〈剑侠传〉전에 타나난 고전협의 형상과 주제의식에 관한 연구(《〈剑侠传〉里出现的古典侠义现象和主体意识相关研究》) (우강식,2016)、《김용의 무협세계(金庸的武侠世界)》(정동보,2000)、《무협장르와 홍색경전(武侠体裁和红色经典)》(유경철, 2005)、《무협소설의 협객과 〈檀香刑〉의 협객이 구성하는 역사(武侠小说的侠客与〈檀香刑〉的侠客构成的历史)》(유경철, 2005)、《무협텍스트의 근대적 변용 — 영화를 통한 문화적 재현에 관한 일고(武侠文字的现代化变容——通过电影的文化性再现)》(김경석, 2011)等。

③ 东北亚的近代化始于海路。随着东北亚各国开放港口,西欧的近代化文明正式传入各国。而且,东北亚的海港城市并不仅仅停留在单方面吸收西方文明的程度。海港城市间定期的人与物的交流,促进了东北亚各国的近代化。该海域网络把国家的单位空间和关系视为问题,并超越国家和民族的分析单位。通过海域可以摆脱国家主义这一狭隘的视野,掌握民间文化的自发性流通过程。这有利于把握超越国境的大众文化潮流。

处于危机中的中国，从爱国启蒙的角度赞扬了尚武精神和侠义精神；而底层劳动者则为了生存，希望自己成为侠客。

从东北亚海域人文网络的观点来看，本文将观察19世纪末到20世纪初上层的精英文化和底层文化的形成过程。通过这些，揭开20世纪20—30年代上海侠义叙事发达的原因。① 这与“城市的发展”“大众小说的流行”“电影媒体的引进”等侧面的观察相比，让人期待从更加深远的层面上分析侠义叙事的兴盛原因。

一、知识分子的都市上海和精英文化里的尚武精神

（一）外来文明的聚集和知识分子对中国现实的认知

上海位于中国1.8万千米南北海岸线的中间，在划分中国南北的长江的入海口。长江，不仅水深，而且深深连接着中国内陆，历史上长江流域早已利用船舶运送物资。由于上海的这一地理特点，1840年鸦片战争以后，英、法、美等西方列强争先恐后地在上海设立租界，将其作为侵华的桥头堡。而且，随着西欧资本主义国家势力的涌入，上海以相当快的速度成为贸易中心，并成为东亚交通中心：

> 1850年，英国P&O轮船在上海至香港之间开辟了一条定期航线，把伦敦至香港之间的联络网一直延伸到上海。接着，法国帝国邮轮于1861年和1863年分别在西贡和上海之间、马赛和上海之间开通了定期航线，直接连接了东南亚和欧洲大陆和上海。此后，美国太平洋邮轮也于1867年在旧金山和香港之间开通了航线，停靠在横滨和上海等地。②

上海因此成长为往来于北美西海岸、日本、中国、东南亚、欧洲的航线必须经过的东北亚海域中心城市。上海已成为中国领略世界的地方，也成为提前体验西方的城市。也就是说，上海已成长为集有关西方的多种多样的信息于一体的国际城市。而且，上海的这一特点起到了吸引渴望西方信息的知识分子的作用。1882年康有为访问上海时说：“上海之繁盛，益知西人治术之有本。”③此举进一步推动了中国知识分子和政治家访问上海、学习上海。④

但是上海能够吸引知识分子，并不仅仅是因为上海是贸易和交通的中心。外国传教士和中国留学生的人文活动也起了很大的作用。换句话说，上海成为外国传教士“科学传教”的中心，

---

① 1928年，江湖奇侠传的一部分以“火烧红莲寺”为题目，在明星映画社印行，掀起了武侠热。此后，中国各地纷纷出版了武侠小说。“南派中有顾明道的《荒江女侠》、赵焕亭的《奇侠精忠传》等，北派中有还珠楼主李寿民的《蜀山剑侠传》、白羽的《十二金钱镖》等，我大致数了一下作品数量，有数百部。”（한상언：《원앙호접파와 식민지 조선의 무협영화[鸳鸯蝴蝶派和殖民地朝鲜的武侠电影]》，《현대영화연구[现代电影研究]》第6卷，2008年，第183页）1928年《火烧红莲寺》上映后，直到1931年，又连续制作了18部作品。20世纪30年代初期，40多家制片商共制作了227部武侠影片。（임대근、곽수경等：《20 세기 상하이 영화 ： 역사와 해제[20世纪上海电影：历史和解题]》，釜山：산지니[老鹰社]，2010年，第19页）

② 刘建辉：《魔都上海——日本知识人の近代体验》，东京：筑摩书房，2010年，第80页。

③ 《康南海自编年谱》，中华书局，1978年，第116页。

④ 이철원：《 중국의 근대문화 형성과정에서中상해 조계의 영향(中国的近代文化形成过程中上海租界的影响)》，《중국문화 연구(中国文化研究)》，2009年12月，第541页。

成为归国的中国留学生们活动的舞台,双方关系非常密切。

19世纪50年代,上海发展得比任何一个口岸都快,于是分散在各口岸的传教士为了方便传教,开始聚集到贸易和交通网络的中心——上海。传教士为了出版中文版的《圣经》设立了出版社,在1843年首次设立了墨海书馆。墨海书馆是1843年由伦敦会传教士Walter Henry Medhurst首次在上海创建的伦敦会所属出版社,出版汉译《圣经》25万册,汉文典籍171种,科学典籍171万册。当时上海的传教士们除了翻译《圣经》,还翻译了天文、地理等相关的多种学科的西方科学图书。墨海书馆在出版汉译西洋书籍的过程中,吸引了像王韬、李善兰这样的专业人士来到上海。墨海书馆在大约20年时间里,通过出版汉译西方书籍,成为传播西方信息的窗口,吸引了无数中国知识分子前往上海。清政府主导的洋务运动也在一定程度上是像郭嵩焘这样的官员在上海体验过墨海书馆的结果。①

另一方面,上海由于留学生的派遣和流入,也逐渐成为人文网络的中心城市。自1860年代洋务运动开始以来,1872年第一批30名官费留学生踏上美国留学之路的起点城市就是上海。从1910年开始进行的勤工俭学运动使许多青年踏上了法国留学之路,而当时的出发点也全都是上海。蔡元培、李石曾、周恩来、邓小平等在中国近现代历史上影响深远的人士也都是从上海迈出留学之路的。而且,形成出版市场的上海也是留学生回国后想展示自己所学的地方。很多通过上海踏上留学之路的留学生,回国后在上海定居,很多人将在西方学到的东西翻译成中文,或以出版为职业。从日本留学归国的陈独秀可以在上海创办《新青年》的前身《青年杂志》,也是因为上海就像吸引信息和年轻知识分子的黑洞,是一个可以实现这一目标的地方。

那么,在上海的中国知识分子对于西方的信息和知识持有怎样的观点和态度呢?这可以从在其他地区出版而后又在上海再次印刷出版的《海国图志》和《天演论》来考察。

《海国图志》是参与鸦片战争的魏源受林则徐之托从1842年开始著述的中国最早的海外地理书籍。② 1852年全书达到100卷,该书叙述了世界各国的历史、地理、政治、经济、军事、技术、宗教、文化等。当时的知识分子认为世界是平常的,中国是世界的中心,《海国图志》给他们带来了很大的冲击,同时该书也成为促进当时的知识分子认识并思考中国应该在世界史的潮流中前进的图书。魏源在书的序言里说:"是书何以作?曰为以夷攻夷而作,为以夷款夷而作,为师夷长技以制夷而作。"③但是魏源表示应该将向西方国家学习的内容偏向一个方向。魏源说:"夷之长技有三:一战舰,二火器,三养兵、练兵之法。"④都与西方的军事技术有关,是从鸦片战争战场上狭隘地体验西方文明的观点中提炼出来的。由此可见,与系统地学习西方文明相比,其中应培养军事力量并击退"外夷"的忧国精神更为强烈。

《海国图志》在军事方面笼统地显示出忧国精神,《天演论》则是强调中国处于危机中的书籍。《天演论》是严复对英国生物学家赫胥黎的《进化与伦理》的翻译和解释,于1897年在天津

---

① 参见刘建辉《魔都上海——日本知识人の近代体验》,第95—98页。

② 《海国图志》于1847—1848年由魏源在扬州增补为60卷,刊出当时在中国国内并未引起多大影响,1851年在日本传播后,则先后印刷了15次以上。因其在日本的高人气影响,1895年该书重新在上海的稷山书局再次印刷出版。

③ (清)魏源著、陈华等点校注释:《海国图志》筹海篇三《议战》,岳麓书社,1998年,第30页。

④ 同上,第30页。

的《国闻汇编》刊出，并于 1898 年在湖北沔阳第一次刊发完结本。[①]《天演论》把多元进化论的主要概念——生存竞争、自然淘汰应用于人类社会，把优胜劣汰、适者生存的冷漠规律告诉了中国知识分子。在这里，《天演论》的历史意义并不仅仅停留在单纯地介绍西方思想的层面，而是上升到通过主导的翻译和解说"拯救民族"的层面。它为知识分子的爱国启蒙运动燃起了熊熊烈火。据统计，自 1905 年上海商务印书馆出版《天演论》以来，到 1927 年的 20 多年间，该书重印了 24 次，[②]足见《天演论》对当时中国知识分子的爱国启蒙运动产生了怎样的影响。

中国知识分子通过《海国图志》《天演论》等书籍，逐渐客观地认识到中国在世界史的潮流中所处的状况。而且，西方列强以舰船和大炮为前哨的侵略现实刺激了中国知识分子的尚武精神。在富国强兵的时代要求和适者生存的紧迫感下，民主、平等等西方发达的政治文化只能让位给尚武精神。

（二）从武士精神的赞扬到侠客精神的称赞

从"修身齐家治国平天下"之语，可知中国传统知识分子自负天下安危的使命意识很强。近代的知识分子，在国家存亡犹如风中之烛的时候，其使命感就更加强烈了。因此，近代精英文化在爱国启蒙运动中，尚武精神之教养占了重要位置。而 20 世纪初备受世界瞩目的日本武士道精神，更是鼓舞了知识分子精英文化中的尚武氛围。日本人新渡户稻造于 1901 年 1 月在美国费城出版了以"Bushido，the Soul of Japan（武士道，日本之魂）"为题的图书（1899 年作）。该书的宗旨是，克服明治维新以来日本人对西方的自卑意识，反省西方优越主义，强调日本固有的传统和文化。[③] 虽然这是拥护日本帝国主义化的文章，但在当时的时代背景下，成为很多国家关注的焦点。1905 年，该书的德语、波希米亚语、波兰语版出版，俄语也翻译完成。[④] 特别是日本在 1904 年的日俄战争中取得胜利后，对武士道精神的评价达到了极点。

在中国极力推崇这种"武士道"精神的人是梁启超。戊戌变法失败后，逃亡日本的梁启超在旅行中的偶然机会里寻到经验：

> 冬腊之间，日本兵营士卒，休憩瓜代之时，余偶信步游上野。满街红白之标帜相接，……盖兵卒入营出营之时，亲友宗族相与迎送之，以为光宠者也。……余于就中见二三标，乃送入营者，题曰"祈战死"三字。余见之矍然肃然，流连而不能去。[⑤]

梁启超受启发于"祈战死"的日本武士道精神，在此刺激下，提倡要寻找可以改造中国人的"奴隶"本性及愚昧、伪善、懦弱、卑怯等国民劣根性的精神。在中国历史中，发掘那些不怕死亡、奉行正义的侠客，像豫让、聂政、荆轲等侠客的故事，撰写《中国之武士道》这本书：

> 故今搜集我祖宗经历之事实，贻最名誉之模范于我子孙者，叙述始末而加以论评，取日

---

① 上海富文书局和商务印书馆分别于 1901 年、1905 年出版该书。

② 参见张秉伦、卢继德《进化论在中国的传播和影响》，《中国科技史料》1982 年第 1 期，第 18 页。

③ 参见한동주《니토베 이나조의 '무사도' 와 미국의 일본인식（新渡户稻造〈武士道〉和美国对日本的认识）》，《동양사연구（东洋史学研究）》第 121 集，2012 年 12 月，第 354 页。

④ 同上，第 361 页。

⑤ 梁启超：《饮冰室自由书·祈战死》，《梁启超全集》，北京出版社，1999 年，第 356 页。

> 本输入通行之词,名之曰:中国之武士道。①

梁启超认为,中国人也曾有过为国家或民族献出生命、效忠的"武士道"精神,但随着时代的发展,这种精神被割断了。为此,他发掘了一些古代人物,以振奋被割断的尚武精神。

虽然,这种尚武精神已经被切断,但中国传统侠客为实践这一思想不惜献出生命的精神却在民间文化中源远流长。闻一多在《关于儒、道、土匪》的文章里引用赫胥黎所说的一句话:"在大部分的中国人的灵魂里,斗争着一个儒家,一个道家,一个土匪。"开始讲述在中国文化里的游侠传统故事。② 游侠传统可以说是自春秋战国时期形成以来,经历历史变迁而渗透到社会基层的独特的精神文化。特别是"重义轻利""知恩图报"的游侠精神,成为民间社会朴素的伦理道德准则。

自从梁启超谈到中国武士道精神的复活和尚武精神的振作以来,中国知识分子开始自觉弘扬自己家乡民间文化中的侠义精神。郭沫若下面的文章就很典型地说明了这一点:

> 土匪的爱乡心是十分浓厚的。他们尽管怎样的凶横,但他们的规矩是在本乡十五里之内决不生事。他们劫财神,劫童子,劫观音(乡土中土匪绑票用的专语,男为财神,幼为童子,女为观音),乃至明火抢劫,但决不曾抢到过自己村上的人。他们所抢的人大概是乡下的所谓"土老肥"——一钱如命的恶地主。这些是他们所标榜的义气。③

郭沫若回忆起儿时,赞扬土匪的侠气。郭沫若的这种论调表明,20 世纪 20 年代,知识分之间广泛展开对中国传统侠客的讨论,揭示出在知识分子的文化中,侠义精神占据了多么重要的位置。19 世纪 20—30 年代,中国现代文学家的代表老舍、沈从文,也通过文学作品推崇侠义。老舍在《赵子曰》里,描绘那个企图暗杀军阀而被杀的李景纯,塑造了一个不怕死的现代侠客形象。沈从文在《虎雏》中,描写了枪杀民警后逃逸的家乡后辈,以赞扬虎子不息的侠客勇气和自由精神。特别是,沈从文在自己故乡的回顾文《凤凰》里这么写道:

> 这种游侠者精神既浸透了三厅子弟的脑子,所以在本地读书人观念上也发生影响。军人政治家,当前负责收拾湘西的陈老先生,年过六十,体气精神,犹如三十许青年壮健,平时律己之严,驭下之宽,以及处世接物,带兵从政,就大有游侠者风度。少壮军官中,如师长顾家齐、戴季韬辈,虽受近代化训练,面目文弱和易如大学生,精神上多因游侠者的遗风,勇鸷剽悍,好客喜弄,如太史公传记中人。诗人田星六,诗中就充满游侠者霸气。山高水急,地苦雾多,为本地人性格形成之另一面。游侠者精神的浸润,产生过去,且将形成未来。④

"豪爽好义,肝火相传,侠义之心强烈的楚地人民的固有热情"⑤普遍存在于湘西地区的底层社会,"个人浪漫情绪与历史上遗留下来的宗教情绪相结合"⑥就是创造出了游侠精神。他还认为游侠精神浸润了过去,并将创造未来。

---

① 梁启超:《饮冰室自由书·祈战死》,《梁启超全集》,第 1386 页。
② 参见陈山《中国武侠史》,上海三联书店,1995 年,第 2 页。
③ 郭沫若:《少年时代》,新文艺出版社,1955 年。
④ 沈从文:《湘西·凤凰》,《沈从文文集》第 9 卷,花城出版社,1991 年,第 412 页。
⑤ 同上,第 399 页。
⑥ 同上,第 399 页。

也就是说，如果说梁启超在日本受到武士道精神的影响，唤醒了中国古代的侠客，那么上海的知识分子则受到梁启超的影响，唤醒了留在中国民间和传统文化中的侠客精神。这也反映了东北亚海域的人文网络中，知识和信息是如何流通、被接纳甚至是如何被创造出来的。

总之，国际城市上海是集中国客观知识和信息于一体的地方。为了获得这些知识和信息，很多知识分子停留在上海，上海由此形成特有的爱国启蒙主义精英文化。由于当时受到列强侵略的时代特征，启蒙主义精英文化中的尚武精神得到了弘扬和宣传，而不是以前文治教化的传统，这在上海形成了大众化的侠义叙事，成为流行的重要源泉。

二、移民的都市上海和底层文化里的侠义精神

（一）租界的扩张和不同种族、地区居民的价值取向

开埠前，上海的人口只有50多万，1880年突破了100万，1930年代则超过300万，中华人民共和国成立之前更超过了545万。① 人口急剧增加的现象表明，上海是移民城市。② 移居者涌入上海的原因与上海成长为东北亚海域的中心城市有着密切的关系。具体说来如下。

首先，是租界的成立和扩张。在中国国内外的混乱时期，租界曾是许多外国人和中国人的避难所。1842年，根据《南京条约》，上海开埠；1845年，又缔结了《上海土地章程》；1846年，英国租界开设。接着，1848年，美国租界设立，并于1863年与英国租界合并为公共租界。1849年，在上海县城和英国租界之间设立了法国租界。租界扩张自1848年英国租界扩张开始，1899年公共租界扩大，1861年、1900年、1914年法国租界逐年扩大。建设租界的管理主体不是中国，而是英国、法国、美国这样的帝国主义国家。租界成为中国权力无法到达的"国中之国"，租界另外设立了行政、立法、司法组织来管理该地区。原来租界不能居住中国人，自从1853年小刀会起义军占领上海县城，2万多名中国难民逃往租界，外国人与中国人分离居住的原则便被打破。以此为契机，租界当局建立起军队组织，并建立新的管理机构。为了让租界接纳中国人，他们改变了规定，并维持了可以保护租界的军队。为了躲避太平天国运动、军阀间的战争等，更多的人聚集到上海。

其次，为工商业的发展。开埠后上海逐渐发展成为贸易港，工商业、金融业、房地产业、建筑业、医疗事业等多种多样的新型商业发达。特别是租界的治外法权，由于保护了外国资本的权益，所以外商投资大举。在全面抗战之前，除去东北三省，外国资本占中国商业的81%、金融投资的76.2%、工业投资的67.1%。而76.8%的房地产业集中在上海。③ 特别是以第一次世界大战为起点，上海开始大规模建设近代工厂。从1914年到1928年的15年时间里，共有1 229家

---

① 参见郭彦军《近代上海社团发展及其社会管理意义研究》，中共中央党校博士学位论文，2013年，第164—165页。

② 据1885年以来的人口统计，公共租界的非上海人口大约在80%以上，华界的非上海人口则在75%以上。参见김승욱《근대 상하이 도시공간과 기억의 굴절(近代上海城市空间和记忆的折射)》，《중국근현대사영구(中国近现代史研究)》第41集，2009年3月，第130页。

③ 위엔진：《상하이는 어떻게 중국 근대의 문화중심이 될 수 있었는가(上海是如何成为中国近代的文化中心的)》，《한국힉명구(韩国学研究)》第20集，2009年5月，第16页。

工厂建立。① 1933 年,上海工业总产值达到 11 亿元,占中国全部工业总产值的一半。② 经济的繁荣使上海成为梦想一夜暴富的人和寻找工作的人梦想前往的城市。

然而,由于移民的突然增加,上海成为中国人口密度最高的城市。开埠前每平方千米仅有 626.6 人,1914 年达到 3 600 人,至 1935 年达到每平方千米 7 000 人,人口高度密集。1949 年,密度高的地区甚至达到 14 万人次。③ 据 1949 年公布的性别比例资料显示,全国性别比平均值为 110,但上海的性别比为 156,比全国平均值高出 46。④ 从这样的人口密度和性别比来看,上海是一个犯罪率较高的城市。实际上,外国人和移民在上海这一特殊环境下很容易违法犯罪。

开放港口时的特点就是向外国人开放。既是殖民地城市又是巨大商业城市的上海,成为世界各国人聚居的地方。开埠初期外国人只有 26 人,1865 年增加到 2 757 人,1905 年增加到 12 328 人,1933 年增加到 73 504 人,20 世纪 40 年代达 150 931 人,与当时的纽约一起成为外国人最多的城市。⑤ 在上海的外国人中,也有想接触被殖民国家的独立运动家⑥或想接触西方文物的东方人。但随着上海被称为"冒险家乐园",想要一夜暴富的人开始蜂拥而至。而且,这些外国人大部分文化水平较低,甚至有很多犯罪分子。当时英国的领事说:

> "来自各国的这群外国人,生性卑贱,无有效的管束,为全世界所诟病,亦为中国的祸患",他们无疑是"欧洲各国人的渣滓"。⑦

美国小说家 Eddie Miller(爱狄·密勒)说:"上海如果把一切外来的坏蛋都驱逐掉,那在中国境内,留下的白种人就没有几个了。"⑧这不禁让人猜测,当时涌入上海的西方人是什么样的人。但问题是,这些居于上海的顽劣的外国人中的一部分被归入上海的"上流"阶层,主导了上海不健康的社会风气。他们的不法行为使拜金主义、机会主义、侥幸主义、投机主义等在上海蔓延开来。

正如上海的很多外国人都出身于底层一样,很多外省移民也是如此。来上海找工作的移民虽然有很多阶层,但大部分都是农民、手工业者、小商人等。在这些人中,特别是以下几个团体中很容易产生犯罪分子。首先,有很多江苏、浙江等离上海较近地区来的农民和佃农。这些人利用农耕的闲暇季以及离上海较近的地理优势,来到上海从事劳力搬运等工作。他们也大都居

---

① 최지혜:《중국 上海의 근대도시로의 이행과정에 대한 연구(1843—1943)(中国上海向近代城市的转型过程研究[1843—1943])》,首尔:汉阳大学硕士学位论文,2012 年 8 月,第 157 页。

② 위엔진:《상하이는 어떻게 중국 근대의 문화중심이 될 수 있었는가》,《中国近现代史研究》第 41 集,第 16 页。

③ 邹依仁:《旧上海人口变迁的研究》,上海人民出版社,1983 年;转引自郭彦军《近代上海社团发展及其社会管理意义研究》,第 168 页。

④ 参见郭彦军《近代上海社团发展及其社会管理意义研究》,第 168 页。

⑤ 邹依仁:《旧上海人口变迁的研究》;转引自郭彦军《近代上海社团发展及其社会管理意义研究》,第 173 页。

⑥ "在成为中国革命人士活动舞台的上海,聚集着世界革命人士、流亡者、危险人物、腐败分子、浪人等各种人物。在这种情况下,东亚的革命人士也来到上海。韩国、越南、印度、马来西亚、泰国等地爱国人士的身影也出现在上海。上海成为东亚民族运动和殖民地解放运动的根据地。"김희곤:《중국관내 한국독립운동단체연구(中国境内韩国独立运动团体研究)》,首尔:지식산업사(知识产业社),1995 年,第 33 页。

⑦ 丁明楠等:《帝国主义侵华史》第 1 卷,人民出版社,1977 年,第 82 页;转引自郭彦军《近代上海社团发展及其社会管理意义研究》,第 173 页。

⑧ [美]爱狄·密勒:《冒险家的乐园》,上海文化出版社,1956 年,第 12 页;转引自郭彦军《近代上海社团发展及其社会管理意义研究》,第 173 页。

住在贫民区，因而是比较容易滋生犯罪的。

其次，有很多破产的手工业者。随着帝国主义的侵略，便宜的外国工业品蜂拥而至。因此，农村和中小城市的个体户大量破产、失业。他们为了谋生聚集到上海。上海的犯罪组织头目中有很多这样的手工业者。

再次，有很多从事内河运输职业的人(船工)。咸丰元年，许多运输由河运改为海运，造成大量船工失业。很多失去工作的船工涌向上海富足的大街。这些人与中国传统的秘密结社组织有很多关联，因此对上海的秘密结社犯罪组织产生了很大的影响。

最后，还有很多没落的地主或富农子弟。他们为了躲避战乱等而移居上海，但却陷入上海的享乐主义文化中而没落。当时上海有很多利用赌博、鸦片、娱乐等手段引诱这些富裕阶层的子弟抢夺财产的犯罪组织，因此失去财产的富有阶层的子弟容易被引入犯罪行列的例子较多。

由于容易成为犯罪分子的流入地，上海成为利益高于法规、推崇力量和权力的世界。普通百姓为了在这样的生存环境中生存，必须让自己变得强大。如果说知识分子为了国家而高呼“坚强”，那么上海的底层人民为了生存而“坚强”。为了在“无法无天”的世界上生存下来，他们结成自己的组织，团结在一起，开始形成只属于他们自己的“侠义”文化。

(二) 从流浪者到“侠客”的生活

虽然上海有很多新工作机会，但无法容纳所有移民。大城市对于没有力量的底层居民来说，是不容易生活的地方。他们无依无靠，语言和生活习惯各不相同，只能忍受外国统治者和中国统治者的威胁和蔑视。在这种时候，没有力量的人为了生存，以同乡、行业为中心结成团体。例如，广东出身的人结成了“联益社”“群益社”等，宁波出身的人结成了“焱盈社”“保安水手公所”等类似的团体组织。在这些下层组织中，还有清代运河运输船工的秘密组织“青帮”和明末清初形成的历史悠久的秘密组织“洪门”等。然而，移民者、秘密帮会和社会环境这三者之间有很紧密的关联。① 移民的秘密结社在上海不健康的社会风气、恶劣的社会环境、统治权力的无能等特殊情况下，很可能变成犯罪团伙。特别是无能的租界管理者对上海的犯罪组织起了“培养”作用。这些人为了维持秩序扶植巡捕，在这些巡捕中，像黄金荣便成长为犯罪组织的头目。犯罪组织掌握了上海租界的鸦片、赌博、卖淫等行业，并向当局交纳一定收入的税款，“合法”维护着他们的势力。② 同时，这些组织为了扩大自己的实力与政治势力联盟，逐渐成长为更大的组织集团。李陆史在1935年《开辟》中的《中国青帮秘史小考——公认“帮会”》一文中提到过上海犯罪组织“青帮”：

> 那么，这个“帮会”的首领，也就是说黑暗中国的头目是谁呢？就像群雄聚居的整个中国社会一样，在“帮会”的社会里，也有杜月笙、黄金荣、张啸林等大人物在支撑。因此，他们既是这个封建家长制的组织的领头人物，又是最高统治者，因此他们实际上是大法兰西租界内的实际上的统治者。
>
> 只要看一看，就可以知道，法租界当局把支配权让给了他们，其支配权就是通过他们活

---

① 参见郭彦军《近代上海社团发展及其社会管理意义研究》，第169页。

② 1865年，法国租界内的鸦片、赌博、卖淫等营业许可相关收入占整体税收的46.6%。截至1906年，卖淫、赌博相关税收都是法国租界重要的财政收入。参见郭彦军《近代上海社团发展及其社会管理意义研究》，第177页。

动获得的大量金钱所得。单看杜月笙就知道,他就是法租界的市参议员。①。

李陆史详细介绍了上海犯罪组织青帮的新头目在租界如何培养他们的势力。青帮的势力中不仅有一般的底层民众,从城市的小商人到法租界的巡查、刑警、官吏、政治家等都有。他们进行人口贩卖、鸦片走私、运输、赌博、枪支贩卖、暗杀等,这些青帮势力还与政治势力勾结,镇压当时的进步势力和普通民众。李陆史估计,上海的青帮势力大概用10万来衡量,这充分说明上海的犯罪组织十分猖獗。但值得注意的是,这些犯罪组织为了保持组织而形成了他们自己的文化——下层文化。“下层文化一般与全社会共有文化不同,其含义是特定下层阶级集团所具有的特殊文化。”②他们的亚文化排斥中国传统文化对西方文化和物质的吸纳,这一点与当时知识分子不同,后者更期待着许多与中国传统意识形态不同的部分。犯罪组织重视师徒关系和兄弟辈分。愿意加入青帮的人为了加入杜月笙的组织,要在红色条子上写道:“通过某某先生的介绍,谨向两位老师敬礼。今后我将认真遵从师训,决无异心。”③如同君师父一样尊崇,对于组织中被奉为师傅的人,要像对待父母一样;如果结拜为兄弟,弟弟就要听从哥哥的话。青帮有十大帮规,它严禁瞒师背信。从第一则不准欺师灭祖、第二则不准藐视前人的内容,就能得知这些组织是非常重视类似以上条款秩序规则的。④

更值得关注的是,他们希望帮会成员像《三国演义》中的桃园结义、《水浒传》中的梁山好汉一样重视江湖义气。加入组织后,除上述10条帮规外,还应熟知10条戒律,但从这些帮规、戒律的内容看,他们并不是单纯的犯罪集团,颇有点“侠客聚会”的意味:

> 自古万恶淫为源,凡事百善孝为先,淫乱无度乱国法,家中十诫淫居前。
> 帮中虽多英雄汉,慷慨好义其本善,济人之急救人危,打劫杀人帮中怨。
> 最下之人窃盗偷,上辱祖先下遗羞,家中俱是英俊士,焉能容此败类徒。⑤

青帮的入会仪式像武侠片中的场景一样严肃,宣誓的内容是“侠义”的内容。这些与“侠义”相关的秩序规则不仅使成员团结起来,而且给他们带来了“他们的组织不是单纯的犯罪组织,而

---

① 李陆史:《中国青帮秘史小考——공인‘깽그단’(中国青帮秘史小考——公认“帮会”)》,《开辟》,1935年;《이육사 전집(李陆史全集)》,首尔:깊은 샘(深井社),2004年,第307页。

② 비판사회학회:《사회학(社会学)》,한울(上天社),2019年,第225页。

③ 参见苏智良、陈丽菲《近代上海黑社会研究》,浙江人民出版社,1991年,第128—137页。

④ 十大帮规:一、不准欺师灭祖,二、不准藐视前人,三、不准提闸放水,四、不准引水代纤,五、不准江湖乱道,六、不准扰乱帮规,七、不准扒灰盗拢,八、不准奸盗邪淫,九、不准大小不尊,十、不准代发收人。参见苏智良、陈丽菲《近代上海黑社会研究》,第131页。

⑤ 十戒:

> 自古万恶淫为源,凡事百善孝为先;淫乱无度乱国法,家中十戒淫居前。
> 帮中虽多英雄汉,慷慨好义其本善;济人之急救人危,打劫杀人帮中怨。
> 最下之人窃盗偷,上辱祖先下遗羞;家中俱是英俊士,焉能容此败类徒。
> 四戒邪言并咒语,邪而不正多利己;精神降殃泄己愤,咒己明怨皆不许。
> 调词架讼耗财多,清家败产受折磨;丧心之人莫甚此,报应昭彰实难活。
> 得人资财愿人亡,毒药暗杀昧天良;昆虫草木尤可惜,此等之人难进帮。
> 君子记恩不记仇,假公济私无根由;劝人积德行善事,假正欺人不可留。
> 休倚安清帮中人,持我之众欺平民;倚众欺寡君须戒,欺压良善骂名存。
> 三祖之意最为纯,少者安之长者尊;欺骗幼小失祖义,少者焉能敬长尊。
> 饮酒容易乱精神,吸食毒品最伤身;安清虽不戒烟酒,终宜减免是为尊。

是实践正义的组织”的安慰，对犯罪行为的合理化起到了美化的作用。

侠义精神成为上海移民团体、秘密结社、犯罪组织的文化之一。这不仅是他们单纯地遵守规约，其中还有些将犯罪生活美化成侠客生活的意味。

结　论

本文从东北亚海域人文网络的角度出发，试图从知识分子精英文化和底层民众的文化角度来看待武侠叙事在上海发展的背景。概括起来就是：

随着西方列强的侵入，由其通过海洋将上海建设成侵略中国的据点城市。在这里，西方列强也传播了多种多样的知识。上海作为国际城市，曾是汇集世界各种信息的地方，也比中国任何城市都能吸引更多的精英知识分子，知识分子为了学习这些知识而涌进上海，于是其他城市出版的《海国图志》《天演论》等作品在上海再次出版。为了抵抗西方列强的侵略，这里自然而然地弘扬尚武精神。而且，当时在上海被介绍给人们的日本武士道精神成为进一步鼓吹当时中国知识分子尚武精神的契机。许多知识分子在中国历史和民间传统中挖掘侠客，赞颂他们的精神。在近代列强的侵略中，中国知识分子抛弃了文治教化的传统，歌颂侠客。上海曾是一个劳动移民城市。世界大战以后，西方的资本集中在上海，国际城市上海成长为中国最大的工商业城市。因此，上海聚集了各国各地的居民。当时来到上海的外国人中有很多是在本国犯罪后逃跑的人或是从事不法职业的人。他们中的一些人进入“上流”阶层，营私舞弊，对拜金主义、机会主义、侥幸主义、投机主义等在上海蔓延的不健康社会风气起着推动作用。另外，国内移民中有很多是贫穷的农民、手工业者、小商人等底层人士，他们为了找工作来到上海。移民为了生存和利益，按行业、出身地区组成了各种组织，其中有些组织在上海混乱的管理和生存竞争中变质为犯罪团伙。在租界的特殊环境中，法律和秩序无法维持，暴力凌驾于法律之上。在这种特殊的环境中，这些犯罪组织美其名曰其精神来自古代的侠义精神。

归根结底，知识分子的精英文化和底层民众的文化，由于特殊的时代背景，都成为大众文化中的侠义叙事题材，促成了侠义叙事的发展。可以说，中国传统大陆文化精髓的侠义文化，在近代这一特殊的时代环境中，在东北亚海域上海这一绝佳的海港城市，重新发展成为大众文化的一种形式。作为大众文化的侠义叙事，之后在中国香港、台湾地区以及日本、韩国等国的东北亚人文网络中发展，甚至在世界体系中发展，这是未来可深入研究的课题。

公元前后的红海贸易

——沉船的视角

吕　鹏*

摘　要：公元前后红海地区海上贸易的兴盛，很大程度上依赖自希腊化时代以来地中海造船技术的发展。尽管红海地区发掘出的沉船数量远不如地中海地区，但我们仍然可以了解到有多种类型的船舶自地中海向东方行驶，换回各种货物再向西返回。红海船舶使用了多种来自地中海地区的技术来造船，当我们再来重建和分析这些船舶的时候，东方元素在红海既有的西方船舰中得到了充分的体现。正是在这种东西合璧的"红海船舶建造传统"中，罗马帝国东方海上贸易得以不断向东发展。

关键词：红海　沉船　贸易　印度洋　地中海

红海是罗马帝国同东方联系的水上通道。考古发掘表明，埃及同阿拉伯、印度有悠久的贸易史：埃及通过红海与阿拉伯的交往可以追溯到公元前2500年。[①] 埃及法老希兰(Hiram)曾派遣水手前往印度；波斯大流士一世曾让其舰队沿着阿拉伯半岛航至埃及；马其顿亚历山大东征为希腊人的红海贸易提供便利之后，塞琉古王朝和托勒密王朝同印度也有密切的来往；罗马帝国建立之后继承了前人的航海遗产，积极参与同东方的海上贸易：

> 大约公元前6世纪末期，波斯帝国大流士一世(Darius the Great)曾派遣舰队沿印度河出海绕阿拉伯到埃及，船长之一正是斯库拉克斯(Scylax of Caryanda)。[②]

比起早期的印度洋贸易格局，公元1世纪最大的变化莫过于罗马的积极开发和参与：

> 由于亚历山大城的商人早就以船只沿着尼罗河、阿拉伯湾直到印度从事贸易活动，我们对这些地区的了解远胜于我们的前辈。无论如何，当加卢斯成为埃及的地方长官之后，我陪着他沿着尼罗河而上，到了塞伊尼和埃塞俄比亚边境地区。我知道有多达120条船从米奥斯·霍尔莫斯(Myos Hornos)启航前往印度。然而，在托勒密诸王时期，只有很少的

---

* 吕鹏，辽宁师范大学历史文化旅游学院硕士研究生。

① M. S. Pandley, "Foreign Trade Routes and Ports in Ancient India", *Journal of the Bihar Research Society*, 59(1973).

② Herodotus, *The Histories*, 5. 33; George F. Hourani, *Arab Seafaring in the Indian Ocean in Ancient and Early Medieval Times*, p.11.

船只敢于冒险前往印度，贩卖印度商品。亚历山大城不仅是大多数这类商品的储存地，也是向外界供应商品的来源。亚历山大里亚可同时收取进出口税，贵重物品则收取较多的关税，对此，国家有垄断权。托勒密八世统治时（？—前116），只有20条船敢于横渡阿拉伯湾，走出海湾的地界。但是，现在有更大的船队甚至远航到印度和埃塞俄比亚边境，从那里把贵重的货物运回埃及，然后再从那里前往其他地方。这与罗马帝国初期尚不可同日而语。①

红海贸易对于理解罗马帝国对外交往非常重要，但是学界却很少从红海沉船这一视角进行解读。目前我们所了解的罗马时期红海航海都是基于有限的船舶残骸与红海港口的证据。对于这些遗址的复原反映了不同船舶的类型与规格。

考古证据表明，地中海盛行的方形帆在红海也有使用，并且使用了东方的木材。② 地中海的造船技术传入红海后，出红海、跨越北印度洋的直航贸易才可能实现。与航行在阿拉伯海的缝接式帆船（Sewing Sailboat）不同，采用地中海造船术制造的船只，船体坚固、载重量大，适合远洋航行。从造船技术看，希腊人、腓尼基人和罗马人多采用榫接式构造。从制造船舶的原料看，他们选用枞木、雪松、柏木等质地坚硬的木材。③

由此可知，罗马帝国的红海船舶不仅有着与地中海相似的造船技术，同时也使用印度与阿拉伯船舶的造船方式。在分析地中海与红海造船技术的基础上，进一步比较地中海、红海与印度洋中的沉船，有助于完善对于红海船舶类型的探讨，从而进一步分析罗马帝国时代红海贸易的模式与性质。

一、地中海、红海与西印度洋的罗马沉船与研究状况

截止到目前，通过考古发掘已经编目的地中海希腊—罗马沉船有接近两千艘，④但印度洋西部却很少发现沉船的踪影。目前，与罗马—印度贸易有关的沉船中，保留较为完好的有印尼、斯里兰卡和泰国等东南亚国家的发掘成果。参与过红海贸易的东非海岸中却鲜有沉船的踪迹，这种意外反差反映了红海和印度洋沿岸诸多的地理、政治与社会问题。⑤

公元前25/24年，为了征讨阿拉伯人，斯特拉波的好友埃及行政长官加鲁斯（Aelius Gallus）在克娄巴特里斯城建造了不下80条船，包括二层桨船、三层桨船和轻便船，这个城

① Strabo, *Geography*, 2. 5. 12; 17. 1. 13.

② Steven E. Sidebotham, “Archaeological Evidence for Ships and Harbor Facilities at Berenike (Red Sea Coast), Egypt”, *Memoirs of the American Academy in Rome*, Supplementary, 6(2008), pp.307 - 308.

③ Lionel Casson, *Ships and Seamanship in the Ancient World*, Princeton University Press, 1971, pp. 205 - 213, 239 - 243.

④ A. J. Parker, *Ancient Shipwrecks of the Mediterranean and the Roman Provinces*, British Archaeological Reports Limited, 1997.

⑤ Paul Lane, “Maritime and Shipwreck Archaeology in the Western Indian Ocean and Southern Red Sea: An Overview of Past and Current Research”, *Journal of Maritime Archaeology* 7: 1(2012), pp.9 - 41.

市在通往尼罗河的古运河附近。但是,让他认识到自己受到了严重欺骗之后,他又建造了130条载重船。①

希腊化时代之前,红海沿岸主要使用缝接式船只。从载重量看,在罗马商队到来之前,航行在红海的船只载重大多仅有10—30吨。② 自托勒密二世时期(前285—前246)起,为了运送战象,萨提洛斯(Satyrus)决定采纳地中海世界的榫接技术,建造载重量大、由风帆驱动的船只。考古材料从一个侧面印证了托勒密—罗马时代贝雷尼赛、米奥斯·霍尔莫斯等埃及红海港口建造或整修榫接式船舶的事实。③ 随着希腊罗马人在红海沿岸频繁活动,结构坚固、风帆伸缩便利、载重量大的榫接式船只出现在红海,为公元前后罗马帝国东部海上贸易提供了保证。大约从公元前6世纪起,人们开始使用榫卯拼接木板,这让船只的密封性能大幅提高。公元1世纪,地中海造船厂创造了一种先构建框架,再建造船体,最后添加船的其余部分的新式造船术。在帝国时期,经常见到庞大的罗马舰队在地中海巡逻,以打击海盗和护送商船。

尽管红海和西印度洋的研究较为丰富,但当今局势下海盗、绑架与政局不稳定都影响到红海相关研究的进度。沉船保存的状态也是一个不可忽略的因素:沉船适合保存在温暖、富殖质丰富的深海中,而暴雨和季风则会冲走停留在浅层海水的沉船。红海海域中快速生长的珊瑚、覆盖在沉船表面的薄砂层都加大了发掘"双耳瓶碎片"的工作量,从而进一步增加红海与西印度洋沉船的保存难度。

尽管如此,我们仍然可以从红海和西印度洋的海床中复原的一些沉船来着手分析。衡量船舶,通常可以从船体结构、规格、吃水深度、最高速度和适航性(manoeuvrability)等角度进行综合分析。结合目前的考古数据,已知的红海沉船介绍如下。

(一) 库赛尔沉船

源自古代米奥斯·霍尔莫斯港,保存得很差,1993年为埃及海洋考古所(INA-Egypt)发现。沉船长度为33米。1994年由道格拉斯·哈丹尼所率领的考古队,在该船上发掘出意大利坎佩尼亚的双耳瓶。④

(二) 福瑞·谢尔斯沉船

源自福斯湾,位于贝莱尼斯遗址东北部35千米,在珊瑚中的浅湾中,年代约公元50—100年。2010年重新发掘,为红海北部保存最好的罗马沉船。很有可能在埃及的某处港口装船,并且在服役期中的某个时候曾经到达过阿拉伯南部,沉船上发掘出34枚双耳瓶,分别摆放成2排,货物包括:20坎帕尼亚葡萄酒,6个亚历山大里亚类型的双耳瓶,7个形状不规整的罗马双耳瓶,还有1件与阿拉伯南部风格相似的储存罐。尽管沉船里没有船舶外壳、木材、钉子、石锚等类型的发现,但是却出土了诸多玄武岩片,这些可能是在阿拉伯南部的卡纳港,或者是在

---

① Strabo, *Geographica*, 16. 4. 22 - 24.

② Tom Vosmer, "Ships in the Ancient Arabian Sea: The Development of a Hypothetical Reed Boat Model", *Proceedings of the Seminar for Arabian Studies*, 30(2000), p.237.

③ Lionel Casson, *Ships and Seamanship in the Ancient World*, pp.195, 209 - 210.

④ Ralph K. Petersen, "The Byzantine Aksumite Period Shipwreck at Black Assarca Island, Eritrea", *Journal of the British Institute in Eastern Africa*, 43(2008), pp.77 - 94.

亚丁港找到的船舶压舱石。而货物的真实数量因从1996年开始的持续性发掘，尚未理清。①

（三）阿布·芬德拉沉船

位于贝莱尼斯东南部135千米，西亚尔岛附近，接近一片覆盖面积为28米×31米的海藻，深度有21—23米。年代为公元1世纪到3世纪中期，2007年开始被娱乐潜水员发现。沉船包括21—42件双耳瓶的混合货物，现在位于海床上。双耳瓶至少有5种类型，大部分是亚历山大里亚与其他的埃及类型。但是也有意大利、法国、北非和一些西班牙的类型。其他的发掘包括2只铜碗、1件铜合金的标枪头、5枚铜钉、3件双头铁锚。铁锚长达2.4—2.9米，属于地中海式样，在贝莱尼斯有类似发现，可能来自第四件锚的铁栓，也有可能属于船体主体架构之一的铅罩。

（四）布莱克·阿萨卡沉船

处在布瑞半岛与达赫拉克群岛之间的马萨瓦海峡中，该海峡与布莱克·阿萨卡岛相连，位于阿杜里斯东北约40千米处，年代为公元4—6世纪。此艘沉船于1995年开展调研，并于1997年发掘，是一艘较小的贸易船，长度为14米。船体中发现了艾拉类型的双耳瓶，该船或许曾经参与了艾拉与阿杜里斯的贸易。②

（五）帕特南独木舟

位于印度的克拉拉邦穆泽里斯古城附近，靠近马拉巴海岸码头。帕特南独木舟停留在一处填平的运河当中，大约6米长，30厘米宽，2007年在港口附近的壕沟中被找到。船舶已经被修补，并且作过防水处理。一些地方运用了双层木头，木头缝隙之间可以看到填充的痕迹，用于填补的是一种特殊的材料，是一种有机物。船体里双耳瓶的平行排列表明这个遗址位于一处交通要道。此外7处木系船柱也几乎与码头和独木舟平行，码头的精心设计便于装货与卸货。罗马帝国时期，独木舟是作为大型船舶停靠港口的卸货辅助舰只来使用的，其形状与规格对我们了解当地大型船舶卸货的轻型装载船只有重要参考价值。③

（六）戈达瓦亚沉船

靠近戈达瓦亚汉班托塔区，斯里兰卡南部沿海，深度33米，年代约为公元前后1世纪。斯里兰卡航海考古所2012—2014年主持的“在印度洋最为古老的沉船”项目对其进行了最新的挖掘。船体木板样本的碳元素测定表明，其与罗马帝国贸易盛期船只类似，剩余的船体被大量的沉积物与金属货物所覆盖。其他细节还有待进一步的研究与发掘。④

---

① Lucy K. Blue, “Red Sea Maritime Archaeology”, *Encyclopedia of Global Archaeology*, Clare Smith ed., Springer, 2014, p.6246.

② Ralph K. Petersen, “Under the Erythraean Sea: An Ancient Shipwreck in Eritrea”, *International Journal of Nautical Archaeology*, 27: 2/3(2000), pp.3-13.

③ P. J. Cherian, V. Selvakumar and K. P. Shajan, *Pattanam Excavations: Interim Report*, 2007. 转引自 Kerala Council, *Historical Research*, 2007, Section 3.2。

④ Deborah Carlson, “INA in Sri Lanka, Pearl of the Indian Ocean”, *INA Annual*, 2010, pp.89-95.

目前为止尚未发现水下的帆,或者是帆的部件。尽管沉船的数据是不完整的,并且数量较少,对于这些数据的简单分析可以看出,公元前后,有多种船舶从事着红海—西印度洋贸易,向东方行驶携带着双耳瓶等货物,换回各种大型的货物向西返回。

二、地中海的造船传统与船舶类型

发掘于阿布·芬德拉的沉船以及红海港口的出土文物表明,红海北部的远洋航船在造船传统方面与地中海航船类似,除了"船体优先—木钉榫眼"的造船技术,红海航船还装备了地中海地区的方形帆和螺旋动力装置。然而,这些船舰可能被认为是组装起来的。因为,它们经常被用来装载来自印度洋的大宗货物(诸如来自印度的棉帆布以及来自印度和东非的柚木、黑木)。这些货物一方面是在它们停泊时作为资源储备的,专门为了海上行船的目的进口;另一方面,这些资源也是为了在地中海的航行而特别定制的。

在红海行驶的货物船舶中,也有一些是地中海的船只。这些船舶的种类从短小的独木舟到巨大的远洋商船、货船、战船以及渔船和作为辅助的补给船,应有尽有。在罗马帝国时期,穿越地中海的船舶主要有两种:一种是军事战舰(naus marka),另外一种是货船(naus strongule, navis oneraria)。在亚历山大征服印度以后,随着造船技术和航海技术的大规模发展,地中海商船的规模在罗马共和国晚期到罗马帝国早期到达顶峰。随着海军舰船的发展,商业船舰配置了新的航海动力(充分利用了新发现的印度洋季风,在罗马帝国早期,季风得到更大规模运用)。在罗马帝国早期,这一现象尤为普遍。

在造船技术方面,罗马帝国时期的货船(nages oneraria)是在帆的下面安装螺旋动力系统,并且造价很低。这些船舶通常采用"较宽、较浅、双层尾的船体。船体尾部翘起,船头是圆形的,比普通船舶更加尖锐向上凸起,且作过防水处理"①。在建造顺序方面,通常是先建造船体,保证梁长比(船梁与船舶长度的比值)为1比4到1比3。同时建造者通过判断船舶的功能和使用场景,来决定船舶是使用圆形船底还是扁形船底,使得船头与船尾向上呈曲线状;类型是否对称;有龙骨或者是没有龙骨。② 通过使用木钉榫眼的紧边地板结构,这样宽的一艘船舶可以方便地在贝莱尼斯与米奥斯·霍尔莫斯这样的港口停靠。

根据历史记载与民族志,在红海贸易路线航行的船舶根据其大小可以被分为三组。

第一组,大型的远洋船舰。可能来自阿拉伯半岛南部、印度或者是地中海,从埃及航行到马拉巴尔海岸,并且在《红海周航记》中被描述为"身躯庞大"。

第二组,可能来自当地海岸的船舶,更多用于区域贸易,时常参与较大规模的捕鱼行动。

第三组,体积较小的驳船、拖船以及在红海被罗马和纳巴泰人雇用的辅助类船只。

使用既有的船舶数据,帕克将红海的罗马船根据规格与年代进一步划分为三个阶段:

1. 小型,重量在75吨货物以下,是最为普遍的;

---

① Lionel Casson, *Ships and Seamanship in the Ancient World*, Figure 137.

② Christopher H. Ericsson, *Navis Oneraria: The Cargo Carrier of Late Antiquity*, *Studies in Ancient Ship Carpentry*, Abo Academi, 1984, p.15.

2. 中型,可载 75—200 吨的货物,在公元前 1 世纪到公元 3 世纪之间使用。

3. 大型,所载货物超过 200 吨,在罗马帝国以及拜占庭早期使用。

相应地,结合已知的港口规定、文献记载与考古材料可以综合得知,罗马帝国时期最大的船舶有超过 1 000 吨装载量的记录。然而,载重量超过千吨的船舶可能在贝莱尼斯港并不容易停靠。在印度洋季风当中,这些大型船只岿然不动,以此来充分保证船舶的操作性,让那些小船和驳船得以靠近卸货。即使在不利的天气情况下,大型船只依然可以有更好的表现,把货物分散到更多数量的中等船舶,把潜在损失降到最低。这些船舶组队出行,并且可以在更小的港口进港。通过这种方式使得船只沉没的风险大幅度降低,货物将会通过大量的小船运输卸下。在古代世界,这种降低商业风险的方法非常重要,因为大部分东方的商业运作都依靠航海贷款"旅行贷款"(pecunia nautica, pecunia traiecticia),轮船及其货物总是作为贷款的担保与抵押。但是在货物丢失与沉船的时候,借款方并不承担责任,而是由贷款方承担损失。①

德·罗马尼斯最近计算了"赫尔马博伦号"货船从印度返航时携带货物的重量,每艘为 20 500 塔兰特,约 95 罗马磅,相当于 625 吨以上。按照地中海的标准来看,这艘货船可以称为大船,具体而言,87%的货物是胡椒,而且胡椒的特定重量约每升 500—550 克,544 吨的胡椒体积大概为 1 000 方。考虑到船舶的弯曲度、剩余的 13%的货物及船组,625 吨的船舶应该设有多个夹层,每个夹层中的货物得以多层摆放。夹板尺寸大概是在 150—200 英尺×25—35 英尺(45—60 米×8—10 米),同时还有 10—12 英尺(3.5 米)的吃水深度。② 考虑到贝莱尼斯潟湖两侧均为珊瑚礁,载重量 625 吨的船在航行时应该较为困难。港口附近的浅滩也迫使船只在潟湖的中间找到一处理想的停泊地,但这一切在时间紧迫的季节中显然是很难完成的。

大量的古代文献,如《红海周航记》《自然史》③表明,船舶从贝莱尼斯航行到穆泽里斯可能搭载了一队"弓箭手"。一艘大型的航船,如"赫尔马博伦号"可能需要一个大型的团队来操作和维护,巨大的船体使得该船在红海多暗礁的情况下,须在更深的港口停泊。"赫尔马博伦号"需要在贝莱尼斯与穆泽里斯之间来回行驶,并且考虑到古代港口的深度以及贝莱尼斯入口潟湖的规模,由此可以推断,2 世纪中期的红海港口是能够接受载重量 625 吨的商船来停泊的。④

除了古代商船规格与容量,吃水深度是可以基于沉船的数据来计算出来的。任何船舶的吃水深度都取决于停泊时的水深、港口的宽度与结构。船舶的吃水深度也可能影响到停锚的位置以及在港口中的大小。

---

① 参看 Pascal Arnaud, "Ancient Sailing-Routes and Trade Patterns: The Impact of Human Factors", *Maritime Archaeology and Ancient Trade in the Mediterranean*, Damian Robinson and Andrew Wilson eds., Oxford Centre for Maritime Archaeology Monographs, 2011, pp.61 - 80;陈思伟:《古典时代雅典私人钱庄与海上贸易融资》,《世界历史》2015 年第 4 期。

② 参看 Federico de Romanis, "Playing Sudoku on the Verso of the 'Muziris Papyrus', Pepper, Malabathron and Tortoise Shell in the Cargo of the Hermapollon", *Journal of Ancient Indian History*, 27(2012), p.89;陈思伟:《埃及与印度次大陆的海上贸易及其在罗马帝国经济中的地位》,《历史研究》2018 年第 1 期,第 120—121 页。

③ *PME* 56; Pliny the elder, *Natural History*, 101.6.

④ Steven E. Sidebotham, *Berenike and the Ancient Maritime Spice Route*, University of California Press, 2011, p.68.

表 1 估算的吃水深度以及不同规格古代地中海沉船龙骨的长度①

估测规格	沉船名称	估测吃水深度	龙骨长度
巨大 (大于 1 000 吨)	伊西斯	8 米	7—10 米
	塞恩	4.5 米	8—12 米
大型 (350—550 吨)	马德拉戈·德·盖因斯	3.5—3.7 米	4.5 米
	阿尔本戈		5.5 米
中型 (130—150 吨)	波尔斯·德·马西烈	2.2—2.3 米	3 米
小型 (50—80 吨)	圣·基维斯	2.36 米	2.8 米
	温德烈港 1 号	1.89 米	1.95 米
	富优美西诺 1 号	1.57 米	2.53 米
	富优美西诺 2 号	1.4 米	2.26 米
超小型 (30 吨以下)	库伦尼亚号	1.2 米	9.33 米

假设贝莱尼斯港能够接受的货船载重是 50—625 吨之间,港口需要容纳的龙骨长度为 1.4—3.7 米。在贝莱尼斯最新发现的木质碎片,包括 2014 年最新考古发掘出的船体架构与架梁,如果认定它是船体的一部分,这就是一艘中等船舰;如果认定它是一处板架,那这就是一艘巨型船舰。但是值得注意的是,虽然地中海传统的船舶在红海与印度洋之间航行,但并不能直接与地中海的船舶原型相比。因为地中海类型船舶是为了特定的海域状况以及计划到达的港口状态而量身建造的。

三、红海船舶的潜在航速

希腊化—罗马时代地中海船舰的表现与航速可以通过古代商船复制品的数据来估测。例如,在公元前 300 年左右沉没的"库伦尼亚号"沉船,长 47 英尺、载重 30 吨,是地中海贸易商船中保存得最好的商船。这艘商船在发掘之后,经历了 20 年的修复。它的复制品试验性航行在地中海以及其他海域提供了相互印证的、极其宝贵的数据。例如:从塞浦路斯到希腊 660 英里的航程表明,"库伦尼亚号"这样带有小团队的船舰可以在冬天顺畅地航行。这样的一艘船在不同的海域与风向的情况下,航行状况非常理想,并且平均速度为 2.95 节②(通常 2—6 节)。"库伦尼亚二号"可以在找到停泊之前在 9—10 级大风和暴风雨中继续航行,5 级大风则是其最理

① Giulia Boetto, "Le Port vu de la mer: l'apport de l'archeologie navale a l'etude des ports antiquies", *Portus, Ostia and the Ports of the Roman Mediterranean Contributions from Archaeology and History* (Bolletino Di Archeologia on Line. Volume Speciale, Roma 2008-International Conference of Classical Archaeology Meetings Between Cultures in the Ancient Mediterranean), 2010, p.118.

② 节(knots),速度单位,即海里每小时,1 节即为 1.8 千米每小时。

想的航行风速。①

"库伦尼亚二号"的复航证明了,研究船舶应把船舶适航性作为优先考虑的因素。但是实际上,船舰的规格与自身载重量却不相匹配。考古队员从沉船打捞了17吨的货物,说明它可能是因为超载,而不是因为船舶的寿命、船体结构等问题才沉没。

从"库伦尼亚号"得到的这些"副本数据",再加上与"对地船速航迹速度"(VMG)②的分析的相互印证,我们可以得知地中海的方形帆船在"对地船速航迹速度"为1.9节的时候,一昼夜的航行里程为45海里。即便在逆风的情况下,诸如科林斯到珀特里(Poteuli)之间670英里的距离,平均速度依然可以达到6.2节。进一步分析表明,在"提速"(与风向相互垂直)以及"运行"(与下风向尽头的任何方向呈30度角)情况下,这样的船舶可以实现平均速度4—6节,潜在速度最大可以达到12节。③

在红海北部,全年盛行北风。而红海走廊的中部却是一种混合的状况:盛行的东北信风与盛行的西风相互结合。而在夏季的红海南部,北风依然盛行。冬天,大部分时间盛行的是东南信风。强劲的季节性洋流沿着盛行风的方向为船舶加速了0.5节。④

根据历史记载,船舶离开埃及在8月,并且在9月的特定时间内到达印度。在印度洋北风刚刚出现的时候应尽快返回,这大约是在12月,并且不能晚于1月初。在越过亚丁湾进入红海以后,这个时间可以允许他们利用东南信风、洋流与离岸风北归。

使用这些数字可以推测,从贝莱尼斯到米奥斯·霍尔莫斯,距离大概为200海里,在VMG1.5节航速的情况下需要5天半,最少需要32个小时。⑤ 传统的观点认为,大部分的旅行者到达这里之后,由于北风的原因到达米奥斯·霍尔莫斯就停止继续向北了。而当顺风航速达到6.2节时,米奥斯·霍尔莫斯就不会再成为地理意义上罗马帝国时期埃及红海沿岸最北端的港口,这可能也就解释了为什么在奥古斯都以后,埃及被分割为若干行省,红海港口得以北抬到艾拉与克里斯马,由此,我们可以将其放到所谓的"吸引力决定范围"⑥的框架下来重新理解这个遗址。

适合帝国时期地中海舰船的帆是可以帮助舰船逆风航行的,除了方形帆以外,舰船船体的形状对于逆风航行也很重要:船体更深,龙骨更长,在逆风的时候就行驶得更加理想。类似于

---

① Michael Katzev, "An Analysis of the Experimental Voyages of Kyrenia Ⅱ", *Tropis* Ⅱ (International Symposium on Ship Construction in Antiquity), Harry Tzalas eds., Athens, 1990, pp.245-256.

② 对地船速航迹速度(VMG),描述了船舰直接迎风行驶的相对速度,是衡量复制船在斯堪的纳维亚舶航可靠性的有效数据。

③ Julian Whitewright, "The Potential Performance of Ancient Mediterranean Sailing Rigs", *The International Journal of Nautical Archaeology*, 40: 1 (2011), pp.9-10.

④ Julian Whitewright, "How Fast is Fast? Technology, Trade and Speed Under Sail in the Roman Red Sea", *Natural Resources and Cultural Connections of the Red Sea*, Janet C. Starkey, Paul Starkey and Tony J. Wilkinson eds. (Society for Arabian Studies Monographs, Vol.12), Archaeopress, 2007b, p.84.

⑤ Federico de Romanis, "Patterns of Trade in the Red Sea During the Age of the Periplus Maris Erythraei", *Connected Hinterlands Proceedings of Red Sea Project* Ⅳ, Lucy K. Blue, John P. Cooper, Ross I. Thomas and Julian Whitewright eds. (Society for Arabian Studies Monographs, Vol.8), Archaeopress, 2009, pp.31-36.

⑥ 统计上评估的因素使得人们倾向于将某片地区当作一种可通过的活动遗址,参看 Anna M. Kotarba-Morley, *Ancient Ports of Trade on the Red Sea Coasts-Human Adaptions to Fluctuating Land- and Sea-scapes*, Naheeb Rasul and Ian Stewart eds., Springer-Verlag, 2017.

托勒密二世的运象船（elephantagoi）这样的底部扁平的船舶，通过运用此类船舶的造船技术，罗马的“地中海”船舰可以到达更远的北部的霍尔莫斯、克里斯马、琉克·科姆和阿西诺港了。

余论：东西合璧——红海西印度洋船舶的东方元素

古代地中海的船舶及其船组，能够最佳地利用风与天气模式的不同。印度洋所使用的三角帆与缝合船体（sewn hull）在西南季风的航行中是很不适合的，而地中海航行的船只与在红海及西印度洋的船舶十分类似。《红海周航记》中提到希腊罗马的水手“使用他们自己的全套装备”①，而印度的泰米尔文献提到“耶婆耶的美丽的海船”，似乎与阿拉伯的水手不同。

红海船舶使用了来自地中海地区的多种技术来造船，但是西印度洋航行的本质只能通过考古发现来感知，来自民族学、图像学以及原材料的研究对于这个问题有一定的启示。从米奥斯·霍尔莫斯港与贝莱尼斯港复原的帆来自印度棉的Z型纺纱传统，由印度的女裁缝制作。船舶的木材和帆的部件总是使用印度的柚木以及非洲的黑木，而绳子来源于椰子外壳的纤维，一些来自藤、棕榈树与芦苇。②

来自红海港口的最新发现似乎展现了一种“罗马船舶”航行到印度的可靠性，不同的船舶类型可能在航行的不同支线来运行。例如缝合船体的阿拉伯半岛南部船只可能在东非—阿拉伯半岛南部—波斯湾这条航线航行，而罗马榫卯船可能直接航行于红海—印度的航线。这并不是说印度洋类型（缝合船体）的商船没有到过红海，抑或是东方货物的贸易只是由地中海商船来完成。目前我们能够确定的是，我们所面对的是一种极端碎片化的历史遗迹，及其有限的西方或者罗马贸易的叙述。

总而言之，目前为止没有坚实的证据表明，在托勒密与罗马时期有固定的红海地区的造船传统。通过推演以及红海港口的特点可以得出，多种既定结构设计的地中海贸易船舶，以及流线型更加自由和延展性更好的印度洋传统船舰，是从事红海贸易更为合适的载体。但是，通过进一步分析少量的民族志、基础的沉船数据以及从红海港口获得的材料，却可以给我们带来更多新的思考：当我们在重建和分析这些船舶的复制品时，在红海和西印度洋，东方的元素在既有的西方船舰中的确有所体现；我们也看到了东方建筑材料与西方传统地中海建造方法的相互结合。考虑到这些船在东方贸易中会停留很多时间，所以真正的“红海船舶建造传统”正是在这种东西合璧及罗马帝国东方海上贸易不断发展的情况下得以渐进式实现的。

---

① *PME* 21.

② Patrice Pomey, Yaacav Kahanov and Eric Rieth, “Transition from Shell to Skeleton in Ancient Mediterranean Ship-Construction: Analysis, Problems, and Future Research”, *The International Journal of Nautical Archaeology*, 41: 2(2012), pp.235 - 314.

时移世易：朝鲜司译院的译官教育与“蒙学”教材的变迁考察

王煜焜*

摘　要：蒙古的崛起促使高丽设置了外语教育机构司译院。朝鲜时期的外语教育就是以译官为对象展开的。他们所承担的是管理同异国接触所包含的一切事务。元朝以后，对于汉语的学习已然无法仅聚焦于儒家经典的文本上，故此编纂合乎时宜的口语教材是必须的。译学教材的发展变迁当可分为三期。初期，朝鲜主要是毫无差别地从语言学习对象国直接引入当地流行的启蒙书籍来使用。经历外来入侵后，司译院终于开始着手编纂新的口语教科书。后期译学书都是在这个阶段完成的教材的基础上修订调整的。初期的蒙学书有《王可汗》等十六种。中期时，《蒙语类解》《蒙语老乞大》和《捷解蒙语》成为三大经典教材。后期皆以词汇集的编纂为主。译官的设置和“蒙学”教材的变迁，显示朝鲜在外交政治博弈中并不拘泥于传统，随势而易。

关键词：朝鲜半岛　译官　司译院　外语教育　蒙学　外语教材

一、朝鲜半岛的学校教育与译官培养

同其他领域所取得的成就相较，历史学界对朝鲜半岛教育的专门研究显得略有不足。① 在西方，教育史是许多学者的偏爱，且多与其他专门领域交集，成果丰硕。即便将该问题放置于韩国学的整体研究框架中审视，亦是相当特殊的。历史的碎片使得过去和现在的连接变得模糊，而这种模糊会使当下对曾经的问题作出错误的研判。

朝鲜半岛的官方教育始于汉字和汉文的教授。② 更早的时间已不太可考，但可知的是，半

---

* 王煜焜，上海理工大学中国近现代国情研究所讲师。

① 研究不足是相对西方学界对教育部分的研究，具体到司译院和蒙古学教材相关的论著则已是汗牛充栋。日韩学界有小仓进平、金文京、石川谦、田川孝三、郑光、田中谦二、中村荣孝、船田善之和吉川幸次郎等人的研究。郑光在相关领域的耕耘成果极多，以《李朝时代の外国语教育》为代表。中国学界的研究亦不少，如胡明扬、丁邦新、陈高华、杨联陞、罗锦堂、蔡美彪和乌云高娃等人的研究。其中，与本文关联较大的研究有乌云高娃的《朝鲜司译院“蒙学”及〈蒙语类解〉》。

② 《三国史记》卷二〇《高句丽本纪》“婴阳王”条，《朝鲜群书大系》第1辑，首尔：朝鲜古书刊行会，1909年；同书卷四《新罗本纪》“真兴王”条亦有相关记载。

岛自三国时代的高句丽、百济和新罗便开始各自设立学校，正式实施汉学教育。① 在高丽王朝时，学校教育的建设进一步推进，不仅增加官学，私学亦如火如荼地发展。② 无法回避的问题是，整个中古时期前的半岛教育始终是沐浴在中华文明的光环下前行的。故此，这个时期的教育内容主要就以儒学教育为主，教材自然便是儒家的经典文本。某种意义上看，半岛身处汉字文化圈中，汉语的学习是否能被视为外语教学尚有商榷余地，但对于当地人而言，汉语和汉字的确并非日常所使用的语言文字，儒学自然等同于外语教育。然而，元朝建立后，情况变化颇大，汉文和汉语学习分离的现象出现。蒙古人凭借其武力，创立了亘古未有的强盛帝国。其武功打通的不仅是东西间的道路，更使得原本汉字文化圈中的语言格局发生改变。元朝的首都大都所通行的“汉儿言语”成为像阿提喀方言为主的希腊共通语那般的“世界语”，结果导致在元代仅靠学习汉文无法真正了解中国。

北方诸民族的政治权威辐射对半岛的压力，间接促使高丽即便无意但也设置了外语教育机构，该机构此后并入通文馆，后又更名为司译院。③ 以汉语学习为核心课程，司译院同时推动其他民族的语言教育。在高丽，尽管担任外语翻译的官员被赋予正式的“译语”职务，④但其身份等级有限。因此，同其他学科比，如以“十学”⑤为例，译学官员显然处于官僚生物链的底端。

尽管朝鲜是由武人建立的国家，但尊崇文人，故而掌权的武人毫不犹豫地从国家层面给予译学积极的辅助政策。王朝建立后不久，太祖就设立六学，便于教授良家子弟学问和技艺。简而言之，六学即兵学、律学、字学、算学、医学和译学。⑥ 显见，译学在其中占有一席之地。此后，朝鲜大致继承了高丽的文物典章制度，司译院继续外语的教学。⑦ 简单而言，朝鲜时期的外语教育是以译官为对象展开的。其根源可追溯到高丽，司译院继承了通文馆的传统，其目标并非单纯培养译官，同时还要培养禁内学馆下级官吏的汉语能力，希冀培养精通汉文、汉吏文和汉语口语的官员。

此外，汉吏文是以元代“汉儿言语”为基础形成的文体。重要的是，吏文在行政系统中使用的范围主要在司法和行政文书。在元代，皇帝任命官，官指示吏，吏仍处于统治阶层中。同民众

---

① 见《三国史记》卷三九“职官”条：“祥文师，圣德王十三年改为通文博士。景德王又改为翰林，后置学士。所内学生圣德王二十年置。”

② 《高丽史》卷七四《志二八》“学校”条：“太祖十三年幸西京，创置学校。命秀才廷鄂为书学博士，别创学院，聚六部生徒教授。后太祖闻其兴学，……兼置医、卜二业。”

③ 《高丽史》卷七六《百官》：“禁内学官秘书、史馆、翰林、宝文阁、御书，同文院也。并式目、都兵马、迎送，谓之禁内九官。时舌人多起微贱，传语之间多不以实。……后置司译院以掌译语。”其中，舌人即指译官。

④ 译官官职所置不少，如译者校尉、汉文都监、译语别将、译语郎将、译语都监等。

⑤ 《太宗实录》卷一二“太宗六年十月辛未”条：“置十学。从左政丞河仑之启也。一曰儒，二曰武，三曰吏，四曰译，五曰阴阳风水，六曰医，七曰字，八曰律，九曰算，十曰乐，各置提调官。其儒学，只试见任三馆七品以下；余九学，勿论时散，自四品以下，四仲月考试，第其高下，以凭黜陟。”

⑥ 《太祖实录》卷四“太祖二年十月己亥”条：“设六学，令良家子弟肄习。一兵学，二律学，三字学，四译学，五医学，六算学。”

⑦ 《太祖实录》卷六“太祖三年十一月乙卯”条。相关经纬内容具体如下，司译院提调偰长寿等上书言：“臣等窃闻，治国以人才为本，而人才以教养为先，故学校之设，乃为政之要也。我国家世事中国，言语文字不可不习。是以殿下肇国之初特设本院，置禄官及教官，教授生徒，俾习中国言语、音训、文字、体式。上以尽事大之诚，下以期易俗之效。臣等今将拟议到习业、考试等项合行事务，开写于后。一，额设教授三员内，汉文二员、蒙古一员，优给禄俸。”

直接接触的吏员用文字将当时的“汉儿言语”直接记录下来，这便是吏文体。① 同样，元朝要求周边朝贡的国家在撰写事大文书时也必须用吏文体来撰写，便于理解。所以，高丽王朝开设了吏文相关的外语教育课程。无论是蒙文的直译体或汉文的吏牍体，从使用效果看都极佳。同为黏着语系的蒙古语和朝鲜语在语法上相近，故此使用上毫无违和感，在高丽末期时发展出特有的朝鲜吏文体。《经国大典》更载有细致规定，朝鲜吏文的特点一展无遗。②

朝鲜时期吏文的研究与教育被称为吏学。太宗时，吏学被追加入“十学”中，就在司译院中教学。太宗十年新设承文院后，汉吏文便转在承文院中进行。汉吏文与朝鲜吏文的区别、吏文与吏牍文的区别显而易见。与此相对，译学就在如斯的背景下诞生，译官的培养需要优质的外语教育，且不能止于语言学习，必须加入适量的政治考量。从地缘政治的角度看，朝鲜周边的国家不仅有中国，尚存强大的北方诸民族和渡海即至的对朝鲜虎视眈眈的日本。故此，司译院在设置之初仅有汉学和蒙古学，但朝鲜王朝建立后又陆续添加倭学和女真语（清学）的教育。

朝鲜初期，译官的工作还包括悉心照顾赴朝的异国人士和陪伴外交使臣等。在壬辰战争和丙子之役后，由于涉外事务的莫名增加，译官工作量大幅提升，如需在国境边界处理入境事务、监督边境的贸易和征收税金等。此外，最为重要的任务是监视釜山倭馆的日本人，但偶尔会兼任日朝贸易的中间人。总而言之，译官所承担的是管理同异国接触所包含的一切事务，属于外交部门中的实务官吏。因此，尽管译官的官僚地位仅处于末流，但在经济、文化上而言绝对是属于顶尖的阶层。朴趾源所撰《许生传》③中出现的朝鲜第一富豪卞承业便是以真实人物为原本的，而卞所任的职务就是倭学译官。并且，卞承业之所以能成为首富的原因就在于译官可以垄断朝鲜对外贸易④所带来的巨额利润，据此积蓄相当的财产。另外，由于经常游历海外，见识不同于国人，在天朝上国能品鉴到许多珍品，若有机会，他们自然会将这些珍品引入本国，因而译官在向朝鲜社会输入海外文化等方面亦是立功不小。在近代朝鲜社会的发展转型中，译官使得官员和民众能接触到不同于传统的文明，进而推动整个国家的近代化。

当然，在朝鲜君臣眼中，译官核心的任务仍是陪同前往中国的燕行使和赴日的通信使从事外交事务。⑤ 毕竟，事大无小事，交邻需稳定。在陪同两大外交系统的使节的译官中，大致有堂

① 相关研究甚多，比较重要的有田中谦二和吉川幸次郎的论文。见［日］田中谦二《元典章文书の构成》，《东洋史研究》第23卷，1965年，第452—477页；［日］田中谦二《蒙文直译体における白话について：元典章おぼえがき》，《东洋史研究》第19卷，1961年，第483—501页；［日］吉川幸次郎《元典章に见えた汉文吏牍の文体》，《东方学报》第24卷，1954年，第367—396页。

② ［韩］金文京：《老乞大——朝鲜中世の中国语会话读本》，东京：平凡社，2002年，第370—371页。

③ 《许生传》写弃学经商的许生和“边山群盗”（即农民起义军）在无人岛上建立了一个作者理想中的平等社会。故事有趣，甚至被改编为电影。尽管作者是个理想主义者，但其故事多有现实依据，见陈冰冰《朴趾源文学与中国文学之关联研究》，北京大学出版社，2017年，第53—62页。

④ 日韩贸易能带给相关人员极大的财富，即便他们只是偶尔往来两地，依旧能够成为富甲一方之人。长崎的通事所撰写的《唐通事心得》中有个故事就说，日本有个财主伊东带着武器前往朝鲜“勾当”了十三次，而对朝贸易为其带来的是“家里银子堆放不起，说来坑厕上”的结果。故此可以想象，能够在其中垄断权力的官员是何等风光。见王煜焜《长崎译司的华语传承：以〈唐通事心得〉为中心的考察》，《元史及民族与边疆研究集刊》第37辑，上海古籍出版社，2019年。

⑤ 《通文馆志》卷三《事大》“赴京使行”条，《朝鲜群书大系续》第17辑，首尔：朝鲜古书刊行会，1913年，第29—30页。

上译官、上通事、押物通事、新递儿和元递儿等十类等级官职。[①] 值得注意的是,在每次出使时,随行的质问从事官会将交流中遇到的新语言、难懂的语言记录在案,并在此后改编译学教材时将其作为参考内容编入其中。可以说,燕行使和通信使中,译官可谓是灵魂人物。并且,通过外交的访问,反过来促进朝鲜的译学发展,这是其外语教育的一大特点。此外,当中国和日本的使节到达朝鲜后,接待他们的也是译官。在某些时刻,译官甚至会被委任为正式使节,如派往对马的堂上译官就是作为正使前往的。实际上,朝鲜是将外交任务完全交付给译官的。由于其重要性无可替代,即便是对外贸易管理比较严苛的朝鲜亦会默认译官出使时的贸易活动,这使其能从独占的生意中攫取更多的财富。因而,朝鲜泰半中流阶层里的优秀人才都希冀能通过努力成为译官。必须承认的是,朝鲜王朝的译学之所以能取得如此成就,正是同可以吸纳相当数量的优秀人才成为译官分不开的。

二、司译院的构造与外语教育

如前所述,担任朝鲜王朝外语教育重任的司译院原为通文馆,是高丽王朝忠烈王二年(1276)时所设。朝鲜王朝建立后,大体延续了前朝体制,而司译院相关的规定则自太祖二年(1393)至甲午改革废止,前后维持了七百余年。纵观世界史,鲜有如朝鲜王朝这般长时间在国家机构中正式培养外交译官的。尽管说,国家层面的外语重视从侧面见证了朝鲜乃至东亚地区的交流频繁、秩序稳定,但从其他角度看,民间力量的萎缩也是严重的,这同西方形成鲜明的对比。从历史方面来看,朝鲜半岛在高丽王朝以前未必没有外语教育的专门机构,但由于现存的记载较为有限,无法更深入探究具体的情况。尽管更早的追溯未必如意,但自高丽、朝鲜以来的传世文献的数量却足以帮助我们复原彼时的语言教育体制。

朝鲜半岛历代以来皆以中原王朝为榜样自不待言,其亦效仿明朝制度运行国事。在涉外工作中,事大文书的制作被交给承文院,而译官的培养则交由司译院去承担。一般而言,承文院被称为槐院,司译院则被称为象院。不过,有时也会参照高丽时的传统,将司译院称为舌院,译官自然就是舌人。基本上,司译院是专门的外语教育机构,其实际的管理人员是教授和训导等。同其他的禄职和译官官职相较,只有他们担任的职务属于实职,且能长期出任。并且,担负教育的译官参照不同的等级,在递儿职中尚有教诲官职。可以说,教诲一职在司译院的教材编纂任务中颇有地位。因为,教诲在赴北京或日本时,会积累修订语言学习教材的素材,及时更新语料库,借此定期对教材中晦涩难懂的部分进行调整修订。

教官的等级大约如下,训上堂上(正三品以上)、常仕堂上(正三品以上)、教授(从六品)、训导(正九品)。堂上译官的教诲一职包括训上堂上和常仕堂上。[②] 到了朝鲜后期,他们都是司译院中实际教授外语的教师。他们同时又兼任外交职务,成为涉外核心,历任通事要职。由于属于正三品机构,司译院的行政官员亦有禄职。在朝鲜,禄职又分为京官职和地方的外官职。作

---

① 《通文馆志》卷五《交邻上》"出使官"条,《朝鲜群书大系续》第 17 辑,第 185—186 页;《通文馆志》卷六《交邻下》"通信使"条,《朝鲜群书大系续》第 17 辑,第 192—194 页。

② 《通文馆志》卷一《沿革》"等第"条,《朝鲜群书大系续》第 17 辑,第 5—9 页。

为京官的司译院有正（正三品）、副正（从三品）、佥正（从四品）、判官（从五品）、主簿（从六品）、奉事（从八品）、副奉事（从九品）、参奉（从九品）等。① 根据时代的发展，相应的官职人数亦有增减。禄官当时承担的任务主要有院务的总辖、账簿出纳、奴婢的管理等。此外，事务性的工作还包括管理租税、各种考试、译科的录取、院试和保管考讲所需的书籍。司译院的核心为司正和佥正，加上两位教授，合称四任官，实际是司译院的核心官吏。②

朝鲜全境中，属于外官体系的译官大致分布在黄州、平壤监营、义州、釜山、安州、海州、宣川、统营、济州和全罗左右水营等地。③ 在此期间，出现过数次人员增减、地位变化和相关机构的废除。他们承担的任务并不亚于司译院的同袍，主要包括迎接明朝的敕使、监督市场的贸易、询问漂流到朝鲜的中日漂流民等。因而，监督管理彼等的文臣都提调和提调都被任命兼任其余官职。一般而言，兼任提调要求二品以上文臣，但实际皆为正一品的大臣，领相偶尔也会兼任此职。④ 由此可见，正是由于“舌人所传语言多有不实”，政府对通事的信任度不高，所以政府才会从高官中抽调人员来兼职管理他们。

对于译官而言，最大的梦想是随同燕行使前往北京，这是无上的荣誉。然而，译官的数量同希冀能前往北京的人数相较，可谓杯水车薪。在一年中至多四次的指标下，每次都会更换人员的残酷选拔条件亦是译官艰苦专心学业的终极目标。故此，译官最关心的问题是赴京等职务的设置、废除和选拔的标准。在燕行使出访时，译官名称等级多样，有上通事、次上通事、教诲、押物通事、年少聪敏、偶语别差、元递儿、别递儿和质问从事官等。出使日本的通信使的情况类似，但人数略有差别。

此外，朝鲜时期外语教育中最值得关注的问题就是语言教材的编纂。元朝以降，汉语的学习已无法仅聚焦于儒家经典文本，故此有必要编纂合乎时宜的口语教材。因此，司译院煞费苦心编纂出来的外语教材也必须据语言变迁的情况而随时增补。基于此，译官水准需要维持在相当的水平线上，这是远超同时期的长崎翻译的华语传承，⑤而彼处的外语教学体系稍显不足。

译学教材的发展可分为三期。自朝鲜建立初期至《经国大典》编纂完成可视为初期。此时，朝鲜主要是无差别地从语言学习对象国直接引入当地的启蒙书籍。自韩语稍成气候，朝鲜开始重视汉字注音、谚解在教材中的影响。其中，尤为值得注意的是汉语教材《老乞大》和《朴通事》。以上是高丽末期曾在元朝大都游历的译官们所编纂的译学书，可谓经典之作，蒙学、清学亦同。经历外来入侵的壬辰战争和丙子之役后，朝鲜学习外语的需求不断变强，司译院终于开始着手编纂新的口语教科书。至此，经历两度战乱后的朝鲜进入第二阶段。经典的教材都在这个时期形成，而后期译学书都是在这个阶段完成的教材的基础上修订调整的。

初期的译学教材，在《世宗实录》和《经国大典》中有详细记载。在汉学中，主要有《诗》《书》、

---

① 《经国大典》卷一《吏典》“司译院”条载：“司译院掌译诸方言语。都提调一员，提调二员。教授、训导外，递儿，两都目。取才居次者差外任。汉语习读官三十员。只解女真译语者，分二番，一年相递。京外诸学训导，仕满九百递。正三品正一员，从三品副一员，从四品佥正一员，从五品判官二员，从六品主簿一员，汉学教授四员，从七品直长二员，从八品奉事三员，正九品副奉事二员，汉学训导四员，蒙学、倭学、女真学训导各二员，从九品参奉二员。”

② 《通文馆志》卷一《沿革》“外任”条，《朝鲜群书大系续》第17辑，第3—5页。

③ 《通文馆志》卷一《沿革》“官制”条，《朝鲜群书大系续》第17辑，第1—3页。

④ 《经国大典》卷三《礼典》“译科初试”条。

⑤ 前引王煜焜《长崎译司的华语传承：以〈唐通事心得〉为中心的考察》，《元史及民族与边疆研究集刊》第37辑。

四书、《直解小学》《孝经》《少微通鉴》《前后汉》《古今通略》《忠义直言》《童子习》《老乞大》和《朴通事》等。[①]《世宗实录》中所能见到的蒙训蒙古语教材有《待漏院记》《贞观政要》《老乞大》《孔夫子》《速八实》《伯颜波豆》《吐高安》《章记》《巨里罗》《贺赤厚罗》等,在《经国大典》中有《王可汗》《守成事鉴》《御史箴》《高难加屯》《皇都大训》《老乞大》《孔夫子》《帖月真》《伯颜波豆》《吐高安》《待漏院记》《速八实》《贞观政要》《章记》《何赤厚罗》《巨里罗》等,大同小异。[②]《世宗实录》中记载的倭训教科书有《消息》《书格》《伊路波》《本草》《童子教》《老乞大》《议论》《通信》《庭训往来》《鸠养物语》《杂语》等,《经国大典》追加了《应永记》《杂笔》和《富士》等,以上所用的都是在日本颇为出名的训蒙教科书。《世宗实录》中未有女真学的记载,但《经国大典》中则有关于女真语写字考试教材的记载,如《千字文》《兵书》《小儿论》《三岁儿》《自侍卫》《八岁儿》《去化》《七岁儿》《仇难》《十二诸国》《贵愁》《吴子》《孙子》《太公》和《尚书》。[③] 有趣的是,后金流行的多是儿童训蒙书及兵书。

中期的译学书中,汉学相关的教材未有明显变化。只是《续大典》的记载中,汉语学习的经典三书《老乞大》《朴通事》《直解小学》中的《直解小学》被《伍伦全备》替代。而《老乞大》和《朴通事》在经历了数次的修订后由崔世珍翻译,且加入许多谚解。另外,汉学书另一个变化是相关人员编纂了许多词汇集,如《译语指南》《名义》《物名》等。此后,又相继刊行了《译语类解》和补充经典三书词汇类解的辞典。在壬辰战争和丙子之役后,蒙学又刊出新的《蒙语老乞大》和《捷解蒙语》。尽管此后一段时期内《待漏院记》《守成事鉴》《伯颜波豆》《御史箴》《孔夫子》等还在使用,但之后却被弃用,《蒙语老乞大》和《捷解蒙语》成为引领经典的两大教材。其中,倭学的变化最大,他们弃用了初期所有的译学书,并重新编写《捷解新语》。这部教材是一位在壬辰战争时被俘虏至日本且待了相当时日后又有幸归朝的晋州人康遇圣在担任倭学译官时编纂的日语会话教材。自 1678 年以来,《捷解新语》成为朝鲜科举考试中唯一的倭学参考书,其余的皆被废弃。不过,《伊吕波》等与假名文字教育相关的基础教材却作为文字辅导书在使用。丙子之役后,满语教育的清学取代了初期的女真学。女真语教材中的女真学书籍理所当然地被改为满语教材,成为清学教材。也就是说,在丙子之役后,申继黯将初期的女真学书改编为清学教材,如《仇难》《巨化》《八岁儿》《小儿论》《尚书》等,后又追加《清语老乞大》和《三译总解》。[④]

在第三阶段的译学书编纂阶段中,司译院主要的工作是主持修订、改修、完善、重译和再版此前的译学书。汉学的修订是以《老乞大》和《朴通事》为主。英祖时,边宪和金昌祚等人编修出版了《老乞大新译》和《朴通事新译》。并且,《老乞大新译》此后再度修订,于 1785 年时由李洙等编修出版《重刊老乞大》。词汇集的《译语类解》也得到补充,于 1775 年由金弘喆等人刊行《译语

---

① 《世祖实录》卷四七"世祖一二年三月戊午"条。其规定极为详细:"汉吏学:《书》《诗》、四书、《鲁斋大学》《直解小学》《成斋孝经》《少微通鉴》《前后汉》《吏学指南》《忠义直言》《童子习》《大元通制》《至正条格》《御制大诰》《朴通事》《老乞大》《事大文书》《誊录》。制述:奏本、启本、咨文。字学:大篆、小篆、八分。译学:汉训,《书》《诗》、四书、《直解大学》《直解小学》《孝经》《少微通鉴》《前后汉》《古今通略》《忠义直言》《童子习》《老乞大》《朴通事》。汉语。蒙训:《待漏院记》《贞观政要》《老乞大》《孔夫子》《速八实》《伯颜波豆》《土高安》《章记》《巨里罗》《贺赤厚罗》。书字:伟兀真、帖儿月真。倭训:《消息》《书格》《伊路波》《本草》《童子教》《老乞大》《议论》《通信》《庭训往来》《鸠养勿语》《杂语》。书字。"

② 《经国大典》卷三《礼典》"译科初试"条。

③ 同上。

④ 《续大典·礼典》"诸科"条目。

类解补》。此后，译官逐渐感到修订领域所面临的瓶颈，于是编撰了全新的汉语教材《华音启蒙》和《华语类抄》。在丙子之役后，被俘虏东还的一些人重新翻译了《蒙语老乞大》，并从1684年开始将其作为蒙学的重要教科书。此后，在使用新编的《捷解蒙语》之际，陆续弃用《待漏院记》《守成事鉴》《伯颜波豆》《御史箴》《孔夫子》等蒙学书。而作为科举考试主要参考书的蒙学教材仅有《蒙语老乞大》《捷解蒙语》和《蒙语类解》，上述所提被统称为“蒙学三书”。至于后期的倭学，司译院主要是改修重刊了《捷解新语》，后又编撰词汇集《倭语类解》。清学情况与其类似，司译院修订重刊了清学四书，编撰了词汇集《同文类解》。

通过以上诸色语言教材的学习后，掌握汉语、蒙古语、日语和满语的精英们通过取才、院试和考讲等考评，特别是外语能力的终极考试——科举考试后便能获取功名。实际上，译学教材的变化和发展带来译科出题参考书的变化。最初，以通事科为名所举办的译科制度是作为译科载入决定朝鲜一切制度的《经国大典》中。① 在司译院四学中，学习汉语、蒙古语、日语和满语的学生具备参加译科考试的资格。并且，四科合格的人数也是在考前就决定好的。不过，这种考试方法随时代发展慢慢出现了变化。最重要的是，四学之间的考试方式有明显的差异。例如，汉学考试采用的是讲书，而其他几科所用的方法主要是写字。所谓讲书，实际上就是背诵和背讲，也就是合上书本将内容记下后背诵并解释；写字的考查就是默写生字。②

同科举一致，朝鲜所有的考试都根据试官的评价分为“通”“略”“粗”三个等第，而基本的考量是根据相应的分数和排名。③ 例如，在各种考试的讲书评价里，获得“通”能得两分，获得“略”能得一分，而得到“粗”评价的考员仅有半分。写字的笔记考试和外语的翻译考试，情况相同。不过，还是有必要解释一下译官获得“通”“略”“粗”的评价标准。例如，尽管考生达不到读出在原文上标音的文章，且解释和模仿注释的表达也有错误，但还是能粗略表达意思，这样的结果就是“粗”。又如，考生能清楚地朗读文章并明确解释无误，但无法解释全部的词语，若如此就是取得“略”。再如，考生如能通读全文、解释无疑且转述精准，那无疑就能获得“通”。显然，录取是优胜劣汰，但仍会视具体情况调整。大致而言，译科、取才、院试和考讲等都采取相同的评分方式，主要根据分数排名，决定最终的通过人员。

三、朝鲜时期的蒙古语教学和蒙学书编纂的变迁

自成吉思汗建立席卷东西的帝国后，蒙古语成为不亚于汉语的国际语言，其影响力一时无二。故此，曾经成为蒙古“女婿”的高丽朝颇热衷于蒙古语的教学。在忽必烈消灭南宋建立元朝后，蒙古语成为中国统治阶层所使用的通行语言，因而周边向元朝朝贡的国家都必须学习蒙古语。从侧面看，是否设立蒙古语教学机构或许已成为政治问题。故此，设立通文馆时，高丽同时开设汉语和蒙古语教学机构，而朝鲜延续了这种传统。尽管元朝政权被推翻，但逃往草原的北元实力仍不容小觑，故朝鲜对其尚有忌惮，不敢轻易放松蒙古语的学习，生怕蒙古何时再度问鼎

① 《续大典·礼典》“取才”条目。

② 《通文馆志》卷二《事大》“院试”条，《朝鲜群书大系续》第17辑，第15—19页。

③ 《经国大典》卷三《礼典》“诸科三年一试”条。

中原。当建州、野人等女真部族崛起后,蒙古人对朝鲜的影响渐次降低。与此相对的是,朝鲜在历经壬辰战争和丙子之役后,同蒙古人的接触却越来越多。原因在于,从明朝派来的援军中有相当数量的蒙古人,而丙子之役的清军中亦有不少蒙古人。不过,此时的蒙古语同成吉思汗时期的蒙古语相比,已有不小差异,故此朝鲜在思量再三后决定施行大规模的蒙古语教材修订。① 夸张的是,甚至还有人认为这同元代的蒙古语根本不属于同一种语言。所以,修订教材后的司译院开始教授这种"新"蒙古语。

司译院之所以如此重视周边民族的语言教育是有其深刻原因的,并非仅是配合《经国大典》中规定的四学。此外,如李瀷在《蒙学三书重刊序》②中所言,当时已不再需要蒙古语的学习,只是为防备蒙古再度崛起后的征伐。因而,当政治惯性形成后,后期仅是传统的延续。然而,从其他例子看,蒙古语的教学却颇有裨益。如当燕行使去北京时,会遇到许多少数民族的使节亦出使中国,朝鲜能从他们身上打听到许多有用的情报。从现有的研究看,燕行使和通信使在出使异域时确实身负情报侦察的任务。③

早期的蒙古语教育当然是学习元朝使用的蒙古语,也就是中世时期的蒙古语。在高丽的通文馆和司译院里学习蒙古语的译官在同元朝交流时担任翻译。朝鲜王朝建立后,在太祖三年时设置了通事科:"通事科,每三年一次考试。无论是无本院生徒,七品以下人,但能通晓四书、小学、吏文、汉、蒙语者但得赴试。……能译文字能写字样,兼写伟兀文字,兼通蒙语者为第二科,出身品级同前。其原有官品者,第一科升二等,第二科各升一等,额数……蒙语,第一科一人,第二科二人,通取一十五人,以为定额。若无堪中第一科者,只取第二科三科。又无堪中第二科者,只取第三科。"④

据此可知太祖时通事科的整体情况。简而言之,通事科是朝鲜王朝建立之初担任司译院提调的偰长寿提议设置的。⑤ 通事科早期所选拔的只是汉语和蒙古语的学生。学习蒙古语的学生里,能获得第一科的人必须精通汉语、八思巴文和畏兀文。若只能写畏兀文的只能算作第二科。第一科只取一人,而第二科取二人。颇为有趣的是,元朝虽然被明朝推翻,且未再使用八思巴字,即便如此,朝鲜仍要求在蒙古语学习时添加这种文字,且能精通蒙古语和畏兀文才会优先考虑被选拔为正式的蒙语通事。这种考量侧面印证了朝鲜在外交政治博弈中常常会有多样的后备选择。

关于蒙古语的教育,前文已有所述,《世宗实录》所载的蒙训约有《待漏院记》《贞观政要》《孔夫子》《老乞大》《速八实》《伯颜波豆》《土高安》《章记》《巨里罗》和《贺赤厚罗》。司译院就是通过上述的讲读教材来教授畏兀字和八思巴字。也就是说,书字的伟兀真⑥是蒙古语和畏兀字的汉字借音,帖儿月真是八思巴字的蒙古语名称的汉字借音。

---

① [韩]郑光:《蒙学三书の重刊について》,《大东文化研究》第25集,1990年,第29—45页。

② [韩]金炯秀据大奎章阁本影印《捷解蒙语》,首尔:弘文阁,1988年,第163页。

③ 丁晨楠:《朝鲜谢恩使郑澈的明朝使行与壬辰战争》,第三届壬辰战争研究工作坊,2019年。该文尚未公开发表。该文主要提出壬辰战争由战转和的过程中,朝鲜谢恩使郑澈一行亲身经历了明廷、明军指挥部、朝鲜朝廷之间的政治博弈。其中,郑澈不仅是一位政治补救者,在过程中更是需要暗地打听明廷的情报,以便回朝后作出更多的决断。

④ 《太祖实录》卷六"太祖三年十一月乙卯"条。

⑤ 同上。

⑥ 《经国大典》卷三《礼典》"取才"条。

《经国大典》卷三中的礼典、译科和蒙学中所载的蒙古语教材同《世宗实录》中记载的大同小异。《经国大典》中载有《王可汗》《守成事鉴》《御史箴》《高难加屯》《皇都大训》《老乞大》《孔夫子》《帖月真》《伯颜波豆》《吐高安》《待漏院记》《速八实》《贞观政要》《章记》《何赤厚罗》《巨里罗》等十六种教材。并且，从书字中删除了伟兀真。

以上史料所载的教材之间稍有区别，汉字的一部分有些差异。例如，《世宗实录》中的《土高安》在《经国大典》中为《吐高安》，《贺赤厚罗》在《经国大典》中为《何赤厚罗》，《帖儿真》在《经国大典》中为《帖月真》。尽管现在关于蒙古语教材的研究相当多，但由于蒙学文本所传有限，到底载有何种内容并不明晰，但可以知晓的是，元代训蒙教科书主要是为教授孩童和入门学生做文章的教材。此外，蒙学教育中的《老乞大》是将经典的汉语版本直接译为蒙古语。

《经国大典》中所载的教材中有六本是《世宗实录》中所未载的，主要是作为临文讲读时使用。《通文馆志》中《科举》“蒙学八册”条载：“初用《王可汗》《守成事鉴》《御史箴》《高难加屯》《皇都大训》《老乞大》《孔夫子》《帖月真》《伯颜波豆》《吐高安》《待漏院记》《速八实》《贞观政要》《章记》《何赤厚罗》《巨里罗》，并用十六册。兵燹之后，只有时存五册。”[①]以上所载的记述同蒙学书的出题参考书为十六册的背景相符。显然，在写字考试时，并非只写汉语，同时要兼备八思巴字和畏兀字。另外，同样名字的书籍在元代时广为流传，说明高丽多是通过使节从元朝直接引入训蒙书。例如《皇都大训》是阿怜帖木儿等将皇帝的训诫翻为蒙古语。这部蒙学书和元代的训蒙教科书是否为同一部书，或者是否有相当的关系，亦未可知。[②]《贞观政要》也是元代仁宗时阿林铁木儿等翻译为蒙古语的相关训蒙书。[③] 此外，《守成事鉴》同元代的《守成事鉴》可能也有关联。[④] 关于以上的问题，小仓进平已有相当的研究成果。[⑤]

值得注意的是《老乞大》的书名。本书是世宗为王时的译学汉训和《经国大典》译科汉学爱用的教材。不仅有汉语版，还有《清语老乞大》和《蒙语老乞大》，且是重点考查的内容。“乞大”是“Kitai”的汉字表记，元代的这个词是指原本纵横北方建立王朝的契丹。尽管契丹早已亡国，但在相当长的时间里还是被用来指称北方地；在蒙古人建立政权后，该词成为指称中国的代名词。根据《元朝秘史》和《华夷译语》等后世文献看，有指称汉人和汉儿为乞塔、乞台、奇塔等表记同“乞大”类似的借音。此外，这个词传入突厥语和波斯语，在西方地区成为指称中国的词。其次，“老”的话，在汉语中代表爱称或者敬称。例如，汉语中会有“老王”的用法，或者叫师傅为“老师”，这里的“老乞大”大致可以理解为通晓中国事务的“中国通”。[⑥] 如果“乞大”是蒙古人对中原人的一种称呼，那么《老乞大》或许就是蒙古人学习汉语的教材，但从内容上看，该书显然是高丽人撰写的。[⑦] 另外一个佐证就是蒙学书中只有《老乞大》而没有《朴通事》。

---

① 《通文馆志》卷二《科举》“蒙学八册”条，《朝鲜群书大系续》第17辑，第14页。

② 《元史》卷三〇《泰定帝本纪》，中华书局，1976年，第668页。其载：“丙寅，翰林承旨阿怜帖木儿、许师敬译《帝训》成，更名曰《皇图大训》，敕授皇太子。考试国子生。”

③ 《元史》卷二四《仁宗本纪》，第544页。其载：“帝览《贞观政要》，谕翰林侍讲阿林铁木儿曰：‘此书有益于国家，其译以国语刊行，俾蒙古、色目人诵习之。’”

④ 《元史》卷一六七《王恽传》，第3935页。其载：“成宗即位，献《守成书鉴》一十五篇，所论悉本诸经旨。”

⑤ [日]小仓进平：《增订朝鲜语学说》，东京：刀江书店，1963年。

⑥ [韩]郑光：《老乞大の成立とその变迁》，《韩国の言语と文化の探索》，首尔：图书出版博而精，2003年，第151—168页。

⑦ 《通文馆志》卷二《科举》“蒙学八册”条。

《老乞大》何时编纂为蒙古语,何时注入谚解等问题在史料中并未存有清晰的记载,但据《通文馆志》看,以《新译老乞大》为名的蒙学书在1684年的译科蒙学中出现。例如,《通文馆志》卷二《科举》下有《守成事鉴》《御史箴》《孔夫子》《伯颜波豆》《待漏院记》《新翻老乞大》《翻经国大典》等七部蒙学书。其注曰:“自康熙甲子年始用《新翻老乞大》。背试二处,而前五册各写一处。”可见,不管是蒙学还是汉学,《老乞大》都是很重要的参考书。而《蒙语老乞大》,据《通文馆志》所载,是乾隆辛酉年(1741)时由蒙学官李最大等投资刊行的。根据《捷解蒙语》附载的《蒙学三书重刊序》所言,《蒙语老乞大》在辛酉年刊行后,又经李亿成和方孝彦的两次修订再度刊行。

在蒙学书中,除了将中国的训蒙书翻为蒙古语外,亦有类似将《老乞大》等由高丽王朝编纂的汉学书翻译为蒙古语的,但也有自始就用蒙古语创作的教材,如《速八实》。据学者郑光言,这当是蒙语“Su ba si”的汉字表记,也就是速老师的意思。① 汉字“速”的话,大概就是许多蒙古人在名字前表记的一个字,如速中忽、速别额合、速别该、速客等。从名字看,这部书大致可推断自初就是用蒙古语创作的。同例尚有《伯颜波豆》一书,其书名是蒙古语“Bayan Padu”的汉字表记。又如“吐高安”为蒙古语的釜,“章记”是消息,“巨里罗”是光明,“贺赤厚罗”是优秀,“王可汗”是大王,“高难加屯”是三岁女儿的意思。② 如此,朝鲜将蒙古人自己创作的训蒙教材引进半岛。

除却《蒙语老乞大》外,以上的蒙学书皆已失传。尽管无法得知其内容如何,但从书名来看,大致可分为四个类别。首先,是将汉语书籍翻译为蒙古语,如《贞观政要》《孔夫子》《守成事鉴》《御史箴》《待漏院记》和《皇都大训》;其次,直接用蒙语编撰的,如《速八实》《伯颜波豆》《吐高安》《章记》《巨里罗》《贺赤厚罗》《王可汗》《高难加屯》;第三,司译院编纂或翻译的,如《老乞大》;第四,学习蒙古文字的教材,如《伟兀真》(畏兀字)和《帖月真》(八思巴文)。

初期的蒙学书有《王可汗》等十六种,经过壬辰战争和丙子之役后,仅余《守成事鉴》《御史箴》《孔夫子》《伯颜波豆》和《待漏院记》等五种。在蒙学的科举考试中,为了对应汉学的册数,从五本教材中指定七大题来书写。从1684年始,蒙学同清学一同将《新翻老乞大》定位为主要的出题参考书。换言之,《通文馆志》卷二“科举”条下的《守成事鉴》《御史箴》《孔夫子》《伯颜波豆》《待漏院记》《新翻老乞大》《翻经国大典》等七部教材都将成为出题的范围。然而,《新翻老乞大》一书便占据两大题,而余下五书每本仅出一题而已。不仅如此,在蒙学的院试、取才和考讲中,《老乞大》所占的地位也是不容小觑的。从现有记录看,无论是汉学、蒙学还是清学,都极重视《老乞大》教材的学习。据丙子之役后最早刊行的国典《受教辑录》载:“蒙学则旧业《守成事鉴》《伯颜波豆》《孔夫子》《待漏院记》之外,添以《新翻老乞大》。”③至此,《新翻老乞大》正式成为国典记载的蒙学书。

由于早期的版本已不存于世,故此《新翻老乞大》和早期蒙学书《老乞大》间的差异无从知晓。但是,前引《通文馆志》已言:“兵燹之后,只有时存五册”中的教材并未包含《老乞大》。进而,大致可推断的是,壬辰战争和丙子之役前的《老乞大》同此后的《新翻老乞大》间存在明显的

---

① [韩]郑光:《李朝时代の外国语教育》,京都:临川书店,2006年,第278页。

② [韩]李基文:《蒙语老乞大研究》,《震檀学报》第26—27合集,1964年。

③ 《受教辑录》,引自 http://www.nl.go.kr/nl/search/search.jsp? all=on&topF1=title_author&kwd=%EC%88%98%EA%B5%90%EC%A7%91%EB%A1%9D(%E5%8F%97%E6%95%8E%E8%BC%AF%E9%8C%84)。

差异。日本天保年间的《象胥纪闻拾遗》记载朝鲜此时的蒙学书中有“《蒙语老乞大》(八本)、《孔夫子》(一本)、《御史箴》(一本)、《守成事鉴》(一本)、《待漏院记》(一本)、《伯颜波豆》(一本)”，共计六种十三本。① 此处所载的《蒙语老乞大》是蒙学官李最大等刊行的，这应该同《受教辑录》中言及的《新翻老乞大》为同一内容。

据《续大典》的《科举》“蒙学书”条载：“蒙学，《蒙语老乞大》《捷解蒙语》。以上写字、文语翻答。其余诸书今发。”②换言之，作为科举考试的参考书，《续大典》仅列举了《蒙语老乞大》和《捷解蒙语》两种。显然，这就是因为“时存五册”的缘故。另外要注意的是，考试增加了文语翻答的题型，即翻译蒙古语的语法和回答试题。此外，据《通文馆志》载：“蒙学八册，《守成事鉴》《御史箴》《孔夫子》《伯颜波豆》《待漏院记》，音义不适时用。故乾隆丁巳筵禀定夺，并去前书，以《新翻捷解蒙语》四卷，行用差与《老乞大》。抽七处写字，以准汉学册数。”③也就是说，在乾隆丁巳年(1737)时，司译院认为蒙古语音义已经不符合时代，废除了五种教材，仅留下四卷《捷解蒙语》和《蒙语老乞大》来应对译官科举考试中的七处考题。

《捷解蒙语》编纂者颇有争议，但据《通文馆志》载：“《捷解蒙语》板，乾隆丁巳蒙学官李世杰等捐财刊板。”④大概只能知晓在 1737 年时，该木版书由蒙学官李世杰等人刊行。由于早期的蒙学教材全部佚失，而《捷解蒙语》又被承认为正式的蒙学教材，所以司译院所编纂的《捷解蒙语》和《蒙语老乞大》逐渐成为科举、取才、考讲等专用的书籍了。此外，司译院所编纂的《蒙语类解》，作为词汇集，它在蒙古语学习时补充相关语言知识方面起到很大的辅助效用，此后也成为译科考试的重要参考书。换言之，最终编纂蒙学书都是由司译院主持的。

后期的蒙学书是司译院修订中期的《捷解蒙语》和《蒙语老乞大》，并重新刊行于世。中期使用的《蒙语老乞大》是蒙学官李最大在乾隆辛酉年(1741)所刊行的。但是，据《捷解蒙语》中增补的李瀷《蒙学三书重刊序》所言，该书由蒙学堂上的李忆成在担任训长之际修订过一次，此后于乾隆庚戌年(1790)再度修订刊行。另外，中期的蒙学书中，在司译院编纂的《捷解蒙语》改名为《新翻捷解蒙语》，其编纂时间差不多同《新翻老乞大》接近，由蒙学官李世杰等于乾隆丁巳年(1737)时刊行。此后，方孝彦再度修订刊行了《蒙语类解》《蒙语老乞大》和《捷解蒙语》。其中，《蒙语类解》的增补又以《蒙语类解补》为名刊行。进入后期，译学书比较显著的变化是词汇集的大量面世。早期主要是韵书式语汇集和类解式语汇集；⑤在中期时，《译语类解》获得相当成功后，借鉴《倭语类解》和《同文类解》的编纂经验，终于在乾隆戊子年(1768)由李忆成刊行《蒙语类解》。

余　论

朝鲜半岛的官方教育始于汉字和汉文的教授，汉字文化圈之名得来有理。三国时代的诸国

① ［日］小田几五郎：《象胥纪闻拾遗》，见 https://webarchives.tnm.jp/dlib/detail/2547;jsessionid=D64BE93A2A8826186CD1175A1D06E79C。

② 《续大典·礼典》“科举”条目。

③ 《通文馆志》卷二《科举》，《朝鲜群书大系续》第 17 辑，第 15 页。

④ 《通文馆志》卷二《科举》“蒙学”条。

⑤ 《通文馆志》卷八《什物》，《朝鲜群书大系续》第 17 辑，第 182—189 页。

各自设立学校,高丽朝学校教育的建设快速推进展开。然而,无法回避的问题是,整个中古时期前的半岛教育始终是在中华文明的影响下前进的。蒙古征服中国全境后,创立了亘古未见的强盛帝国。其武功打通的不仅是东西间的道路,更使得原本汉字文化圈中的语言格局发生巨大变动。政治权威辐射对半岛的压力间接促使高丽设置了外语教育机构,此后并入通文馆,又更名为司译院。朝鲜时期的外语教育就是以译官为对象展开的,主要是为了培养精通汉语口语和汉吏文的译官。这些译官承担着管理同异国接触所包含的一切事务的责任,属于外交部门里的实务官吏。因此,尽管译官的官僚地位仅处于末端,但在经济、文化上却绝对属于顶尖的阶层。元朝以降,对汉语的学习已无法完全仅聚焦于儒家的经典文本上,故此有必要编纂合乎时宜的口语教材。因此,司译院煞费苦心编纂出来的外语教材也必须根据语言和局势的发展而随时修订增补。基于此,朝鲜司译院的译官水准维持在相当的水平线上,远超同时期的长崎翻译。译学教材的发展变迁可分为三期。初期,朝鲜主要是毫无差别地从语言学习对象国直接引入当地流行的启蒙书籍。经历外来入侵的壬辰战争和丙子之役后,朝鲜学习外语的需求不断变强,司译院终于开始着手编纂新的口语教科书。后期译学书都是在这个阶段完成的教材的基础上修订调整的。初期的蒙学书有《王可汗》等十六种,经过壬辰战争和丙子之役后,仅余五种。中期时,《蒙语类解》《蒙语老乞大》和《捷解蒙语》成为三大经典教材。后期译学教材的编纂以词汇集为主。此外,通过译科考试情况和蒙学教材的变迁发展看,尽管元朝被明朝推翻,且未再使用八思巴字,朝鲜在最初仍要在蒙古语学习时添加这种文字,且能精通蒙古语和畏兀文的人才会被优先考虑选拔为蒙语通事。纵观译官的培养和蒙古语教材的变迁,以上的政治考量充分表现出朝鲜在外交上的政治博弈中常会有多样的后备选择,随时、随势而易。

从"东印度女王"到"不健康的城市"：17—18世纪巴达维亚的建设与环境问题研究

陈琰璟*

摘　要：2019年8月，印尼总统佐科宣布，将把印尼首都从雅加达(荷印时期称为"巴达维亚")迁至东加里曼丹省，因为雅加达长期作为印尼政治、商业、金融、贸易与服务中心以及印尼最大空港与海港，负担过于沉重。其实，早在17、18世纪，巴达维亚(荷印时期雅加达的旧称)就已被荷兰人打造成其在东印度地区最为重要的贸易据点及行政中心，是全球人员往来及物资流通重要的中转地，国际化程度相当高。不过，东来的荷兰人照搬其本土的建设方式来打造巴城，并未充分考虑到其特殊的地理环境，致使各种束缚城市发展的问题在18世纪后期频现，其中环境问题尤为突出。当时荷兰殖民者留下了大量文字资料，描述巴城存在的弊病，本文通过对相关荷兰语史料的探寻，厘清东印度公司治下的巴达维亚的发展瓶颈，为现代雅加达的"城市病"找到历史根源。

关键词：巴达维亚　东印度公司　城市建设　环境问题

引　言

雅加达，是印度尼西亚首都和最大城市，也是东南亚第一大城市，位于爪哇岛西北海岸。其早在14世纪就已成为初具规模的港口，当时叫做"巽他噶喇吧"(Sunda Kelapa，简称"吧国")，噶喇吧意为"椰子"，至今华人仍称其为"椰城"。1527年，这座城市被万丹王国的法塔西拉(Fatahillah)所征服，并将其重新命名为查雅加达(Jayakarta，简称雅加达)，意为"胜利之城"。1619年，荷兰人彻底将英国人赶出雅加达，赋予这座城市一个荷兰语名"巴达维亚"，并开始了对它长达330年的统治。在荷兰人的经营之下，巴达维亚逐步发展成为东南亚最为重要的港口城市，是东西方人员往来、物资交换以及知识传播的重要中转站，在17、18世纪时，国际化程度已发展到相当的高度。

到了20世纪50年代，热衷于民族主义的"印尼国父"苏加诺曾在中加里曼丹省首府帕朗卡拉亚(Palangkaraya)举行过新首都建设开工仪式，但由于需要对外打造印尼国际化、现代化的形

---

* 陈琰璟，复旦大学历史地理研究中心博士研究生，上海外国语大学西方语系讲师。

象,苏加诺不得不依托拥有较好基础设施建设但却有着浓厚殖民色彩的雅加达,迁都计划就此作罢。① 20 世纪 80 年代,第二任总统苏哈托也尝试将首都迁离雅加达,但由于耗资巨大,计划最终搁浅。2019 年 8 月,总统佐科宣布,经过可行性研究,将把印尼首都从雅加达迁至东加里曼丹省,因为雅加达越来越不堪重负,难以承担首都行政、商业、金融、贸易与服务业中心等功能。从现代雅加达的城市发展来看,其久治不愈的"城市病"是导致印尼历任总统屡次欲迁都的根本原因,而"病根子"则可追溯到荷兰东印度公司殖民统治时期的巴达维亚。

1812 年,在巴达维亚印刷的一本题为"60 年以来巴达维亚日益严重的健康问题原因及治疗方法"的小册子对 18 世纪下半叶巴城居民的健康状况予以关注:"人们必须认识到,这种不健康的状态是 60 年前首次出现的。1778 年,巴城患病及死亡的人数急剧上升,以至于牵动了每个人的注意,巴城当局将改善这一状况作为自己最重要的实践。"②这一时期,记载巴城环境及健康问题的荷兰语书籍和资料较为丰富,研究当时荷兰人如何建设巴达维亚以及该城市发展中遇到的困境是进一步探讨 17 世纪至 18 世纪荷兰东印度公司殖民地治理模式、殖民地发展状况及人地关系等一系列重要问题的基础,因此极为必要。

一、打造在亚洲的第二故乡

16 世纪后半叶,荷兰资产阶级迅速崛起,在远洋贸易巨额利润的驱使下,陆续有 14 家以东印度贸易为主的公司成立,葡、西两国的垄断格局中迎来了挑战者。不过,精明的荷兰商人很快发现这些体量不等的贸易公司在海外贸易中难以形成合力来抗衡既得利益者,为了避免在国家内部形成恶性的商业竞争,荷兰国家议会决定将各个分散的公司联合起来,组建一家对外能够履行国家职能的商业公司,拓展自身海外利益。由此,联合东印度公司(荷兰语: Vereenigde Oostindische Compagnie,简称 VOC)于 1602 年在阿姆斯特丹成立。东印度公司成立之后,基本上效仿葡萄牙人的模式,通过抢占关键海上运输节点、控制货物原产地等方式,达到垄断贸易的目的。但随着贸易量的增加和竞争的加剧,在亚洲建立一个集行政、决策、贸易、仓储于一体的公司大本营迫在眉睫。

1618 年 1 月 10 日,时任第四任东印度总督的库恩(Jan Pieterszoon Coen)在给东印度公司董事十七绅士的信中就已将目光锁定爪哇岛上的雅加达城:"如果有了必要的物资,我将为您经营一个理想的、位置佳的据点,……足够我们临时性地经营雅加达,哲帕拉(Japara)和坎达拉(Candael)不合适,我才建议雅加达的。"③库恩向东印度公司董事推荐雅加达作为在亚洲最为重要的据点,主要出于两点考量: 首先,雅加达的地理位置较为优越,其靠近东西交通两条重要的航道(马六甲与巽他海峡),可以为来往船只提供淡水、食物以及木柴等物资补给;其二,往来中国与雅加达

---

① Matt Omasta and Drew Chappell, *Play, Performance, and Identity: How Institutions Structure Ludic Spaces*, Routledge, 2015, pp.118 - 119.

② W. M. Keuchnius, *Over de oorzaken der zedert 60 jaaren, toegenomen ongezondheid van Batavia en over de middelen van herstel*, Compagnies Drukkerij, 1812, p.2.

③ H. T. Colenbrander and W. Ph. Coolhaas eds., *Jan Pieterszoon Coen: Bescheiden omtrent zijn bedrijf in Indië*, Vol.1, Nijhoff, 1919, p.309.

的航路是中国海商熟悉且方便到达的，由于华人在荷兰人的贸易网络中扮演着极为重要的角色，能否成功吸引华商将关系到东印度公司的生存及发展。1618年7月26日，库恩在其书信中就表示，在同中国官方建立正式通商关系之前，公司必须接近华人，越接近他们，对公司就越有利。①

同年12月，英国人为了能够在东印度地区争夺商业利益，亦将目光投向雅加达，并派遣舰队对库恩的舰队进行包围。在英国人的攻势下，库恩无奈选择暂时放弃雅加达，逃往马鲁古群岛，重整军备，等待时机反攻。② 1619年5月底，库恩紧急召回在南洋各地的荷兰舰船，准备攻打被英国人占领的雅加达，这场战斗最终以荷方完胜而终，英国势力也在此役之后暂时退出了东印度地区。雅加达被攻陷后，对外，荷兰人很快便独揽了东南亚的香料贸易，势力范围遍及从马六甲以东至马鲁古群岛的海域；对内，法律体系逐步构建，城市管理条例严格推行，税收制度有序落实。1620年底，雅加达已基本奠定了其东印度公司亚洲中心的地位，各项经济活动在一系列规章制度的框架下展开，成效符合库恩对于雅加达的建设预期。③ 因此，在1621年1月8日库恩给予十七绅士的书信中，他自信满满地提到：

> 尊敬的阁下，请你们一定相信周边王国的苏丹们将会为我们做很多事，会适应我们的到来。因此，先生们，也请你们对此提供更多帮助(指资金、人员方面的支持)。这些苏丹们很清楚地知道，作为欧洲最勇敢、最有远见的政治家们在雅加达建立殖民据点意味着什么，并且会产生怎样的影响。④

当时，远在荷兰的十七绅士也通过各种渠道了解到占领雅加达给公司带来的巨大收益，他们在1621年3月4日给库恩的书信中对其贡献给予了高度的肯定，称占领雅加达为“有如神助般的伟大胜利”，正式决定将雅加达定位为亚洲贸易的总部，并极富象征意义地将其命名为“巴达维亚”，⑤荷

---

① H. T. Colenbrander and W. Ph. Coolhaas eds., *Jan Pieterszoon Coen: Bescheiden omtrent zijn bedrijf in Indië*, Vol.1, p.377.

② 戴月芳：《明清时期荷兰人在台湾》，台北：五南图书出版股份有限公司，2013年，第103页。

③ J. F. L. de Balbian Verster and M. C. Kooy-van Zeggelen, *Ons mooi Indië*, Meulenhoff, 1921, pp. 30－31.

④ Johan Karel Jakob de Jonge and Marinus Lodewijk van Deventer, *De Opkomst van het Nederlandsch gezag in Oost-Indië*, Vol.4, Nijhoff, 1869, p.251. 这封标注日期为1621年1月8日的信件，是由库恩写予东印度公司董事的，用以汇报当时雅加达周边的王国、各欧洲势力、中国商人以及商贸进展等情况，被收录于1869出版的《荷兰势力在东印度地区崛起》一书中。在占领雅加达后，荷兰人采取了诸如封锁万丹港、利诱或强迫华人前来贸易、排斥其他欧洲势力介入等方式将雅加达打造成一个国际性的贸易港口，这种垄断的经营方式亦使得周边的王国不得不采取同荷兰人合作的态度。库恩写这封信的底气也源于此。

⑤ H. T. Colenbrander eds., *Jan Pieterszoon Coen: Bescheiden omtrent zijn bedrijf in Indië*, Vol.4, Nijhoff, 1922, pp.496－497. 1619年攻打下雅加达之初，库恩本想将这座城市重新命名为“新豪恩”(Nieuw Hoorn)，以纪念其故乡。但在1621年3月4日的来信中，东印度公司董事命令库恩：“我们注意到，该据点的名字至今还未确定，等待我们的处理。经过漫长决议，我们一致同意并决定，在雅加达王国建立起来的城市以及其中的堡垒，均命名为‘巴达维亚’。日后，在所有的正式文件、信件以及契据上均要使用该名。”虽然信件中没有提及使用“巴达维亚”这一名称的具体原因，但根据其词源我们不难得出这样的结论：巴达维亚是当时荷兰人重要的身份认同标志。“巴达维亚”一词从“巴达维人”(Batavi，是古罗马时代生活在今荷兰一带的日耳曼人部落的一支)衍生而来，意为“巴达维人生活的地方”。当时的荷兰共和国虽已成立40年，但“七省联盟”仍是较为松散的同盟关系，为了能够在欧洲本土及世界其他地区抗击西班牙人，调动参加航海活动的积极性，增强民族凝聚力及自信，荷兰高层对于雅加达的重新命名给予了高度重视，历时近2年。“巴达维亚”无疑是当时最能代表荷兰共和国集体形象的名称。参见 Justus Uitermark, *Dynamics of Power in Dutch Integration Politics: From Accommodation to Confrontation*, Amsterdam University Press, 2012, p.61。

兰诗人杨·德·马勒(Jan de Marre, 1696—1763)在其颂诗《巴达维亚》中则赞美道:"这个名字能够世代保佑我们的祖国。"①可见其特殊地位和使命是其他贸易据点无法比拟的。

其实,荷兰人选择巴达维亚作为东印度公司的亚洲总部还有另一层重要的考量:该地的地理环境与荷兰相似,便于荷兰人将本土的建设经验快速移植。荷兰位于欧洲西部,地处莱茵河、马斯河和斯凯尔特河三角洲地带,地势低洼,约有四分之一的国土面积位于海平面之下。不过,荷兰人并没有被这样的地理环境限制住,自中世纪以来,他们便发明了治理河海的技术并发展了"与水共处"的聚落模式。因此,适合船只停泊的河滨或海岸是荷兰人选择建立城堡与市镇的首选,在殖民地的选址和建设时也不例外。② 巴达维亚的地理位置正是荷兰人较为熟悉的类型,其地处爪哇岛西北海岸,面临爪哇海,城中最重要的河流是吉利翁河(Ciliwung,荷兰语作De Grote Rivier,意为"大河"),它发源自西爪哇的高地,最终注入爪哇海。此外,巴达维亚的南边火山地形造成其地势向北倾斜,吉利翁河长年冲积成自海岸向外延伸的扇形平原,形成了地势较低的平原沼泽地。由于同故土有着极高的相似度,并且原有建筑在库恩攻城时已被毁坏殆尽,荷兰人也因此有机会大展拳脚,将当时本土最新的城市建设理论运用到巴达维亚的建设中去,在亚洲复制一座"理想的荷兰城市"。

17世纪初正值荷兰海外快速扩张之际,许多荷兰工程师都提出了殖民地的建设方案,其中最具影响力的当属来自西蒙·斯蒂文(Simon Stevin, 1548—1620)的"理想城市"(荷兰语:De ideale stad)概念。他是文艺复兴时期荷兰最为重要的城市设计理论学家,继承了意大利文艺复兴早期的城市规划原则,并将荷兰的军事与工程科学进一步发展,撰写了诸多关于军事科技以及城镇规划的著作。对比来看(图1和图2),巴达维亚与斯蒂文的"理想城市"均采用了"三运河"的模式,以中央主运河作为城市主轴线,城市沿着这条轴线延伸与发展,城市内部遍布运河网络与网格状的建筑物街廓,并在城墙处以固定间距设立棱堡,与最外围护城河构成一道防御体系,护城沟渠又同运河网络构成一套完整的城市水网系统。③ 不过,由于巴达维亚是东印度公司的亚洲行政、贸易总部,荷兰人选择将巴达维亚城堡(荷兰语:Casteel Batavia,是巴达维亚的军事及行政中心所在)建在吉利翁河的入海口,以供军备、货物随时上岸,并可监控其他竞争国家的货船;④而在"理想城市"的规划中并没有考虑此类设施的建设,这是两种规划中最为突出的不同。除了城市空间布局之外,荷兰人还力求在巴达维亚打造荷兰风格的建筑样式以及城市景观,许多来自欧洲的旅行家不禁惊叹于其瑰丽的欧式建筑风格。1685年,法国旅行家Abbe de Choisy途经巴达维亚时就曾感叹巴城的建筑风格与荷兰的所有城镇如出一辙:白色的房屋,街道的两旁是运河,河岸边绿树成荫,并有专为上流阶层铺砌的小路,道路中间也铺上了沙子。⑤

---

① Jan de Marre, *Batavia, begrepen in zes boeken*, Vol.3, Adriaan Wor, en de Erve G. onder de Linden, 1740, p.135. 诗人在其23岁时开始了全球航行,1728年起开始创作《巴达维亚》大型诗集,该诗集1740年在阿姆斯特丹正式出版。参见http://wvi.antenna.nl/nl/nest/marre.html。

② Ron van Oers, *Dutch Colonial Town Planning Between 1600 and 1800: Planning Principles & Settlement Typologies*, Asia-Pacific Research Program, "Academia Sinica", 2002, pp. 28 - 29.

③ 王立武:《十七世纪荷兰东亚殖民城市的空间规划:以巴达维亚城与热兰遮市的比较为例》,台南:成功大学建筑学系学位论文,2012年,第53、98页。

④ 同上,第30、31页。

⑤ Henry W. Lawrence, *City Trees: A Historical Geography from the Renaissance Through the Nineteenth Century*, University of Virginia Press, 2008, p.101.文章中亦提到了一位英国旅行家在17世纪初到达巴城后,感叹城市中的运河、街道排布井然有序,建筑整齐和谐,并认为巴城是世界上最整洁和最为漂亮的城市之一。

18 世纪时，荷兰博物学家瓦伦蒂恩在其著作《新老东印度》中将巴达维亚比作“东印度女王”，甚至认为荷兰本土的城市也未必能像其一样优雅、美丽。①

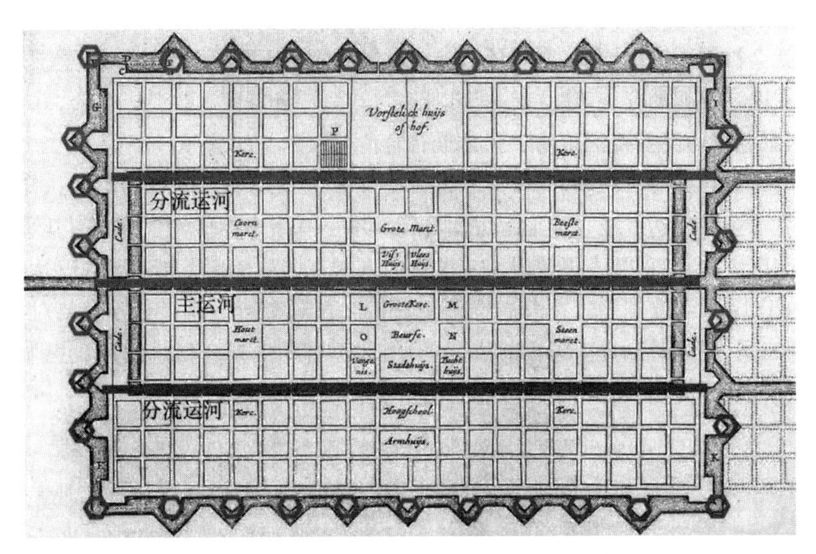

图 1　西蒙 · 斯蒂文的“理想城市”概念图②

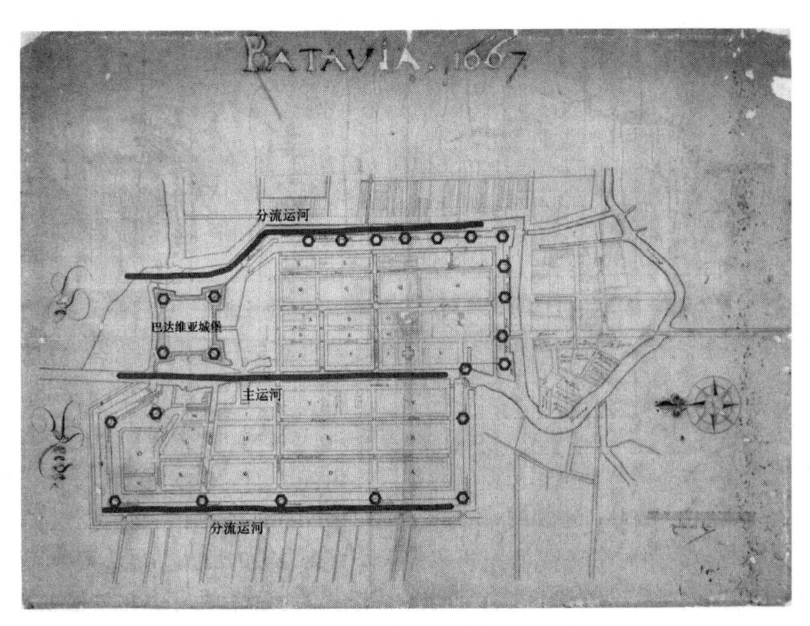

图 2　1667 年巴达维亚城市规划图③

---

① François Valentijn, *Oud en nieuw Oost-Indiën*, *vervattende een naaukeurige en uitvoerige verhandelinge van Nederlands mogentheyd in die gewesten*, Vol.4, Joannes van Braam, 1726, p.229.

② Simon Stevin, *Materiae politicae: Burgherlicke stoffen*, Adryaen Rosenboom, 1649, pp.26 - 27. 图中标示的线条为运河，五边形为棱堡。

③ Nationaal Archief, “Batavia 1667”, *Verzameling Buitenlandse Kaarten Leupe*, *nummer toegang*, 4.VEL, Den Haag, inv. nr. 1182.

从命名到城市建设,荷兰人处心积虑地将巴达维亚打造成"东印度地区的荷兰"无非是出于商业发展以及稳定殖民统治的目的。同东印度地区的其他族群人口(土著、华人、阿拉伯人等)相比,荷兰人的数量处于绝对劣势,如不对城市进行翻天覆地的改造,打破其原有的形态,那么自身很快就会被周围族群同化,身份认同的缺失将导致殖民进程的放缓,甚至被取代。而强化荷兰元素在巴达维亚的存在,建立起一个以荷兰人为主导的多族群混居社会,并依托经济活动这一纽带,服务东印度公司的贸易扩张是最符合荷兰人利益的选择。

一般而言,人类对于某个地区的改造和建设是基于对该地区环境的长时间认知进行的,并不能一蹴而就。虽然巴达维亚在地形等方面与荷兰本土有诸多相似,但东南亚与欧洲的整体环境毕竟存在着巨大差异,荷兰人将建设寒带城市的方式直接移植到炎热潮湿的巴达维亚是欠妥的。不过,由于17世纪欧洲国家在海洋贸易领域的竞争异常激烈,荷兰人不仅要对抗具有先发优势的葡、西二国,更是时刻提防着后起的英国,因此不得不选择仓促上马建设巴城,这种忽视地域环境与气候特质的建设方式最终为巴城的衰落埋下了隐患。

二、巴达维亚的河流污染及健康问题

18世纪末,一位德国旅行家在其旅行日记中哀叹道:"1790年11月21日,我们终于登上船,离开巴达维亚,这座'德国人坟墓'之城。"①在不到80年的时间里,为何这座原本超越任何荷兰城镇的港口城市会如此迅速地衰败?这同城内河流污染引发的健康问题有着千丝万缕的关联。

纵观人类历史,任何文明的发展或是城市的兴盛都离不开河流,河流不仅提供了人类最基本的生存物质,同时也保证了农业灌溉的需要。在近代铁路和公路发展之前,水道还承担了大宗商品以及货物的运输功能。荷兰人在欧洲本土与水斗争,创造了属于自己的土地,当他们来到东印度地区建立自己贸易大本营的时候,自然对于当地的水体环境及其改造相当关注。

巴达维亚城中最重要的河流是吉利翁河,16世纪时巽他王国就将它作为重要的物资输送渠道,负责从港口运送货物至王国的都城帕库安—帕查查兰(Pakuan-Pajajaran,在今茂物附近)。② 正是由于吉利翁河连接港口以及腹地的属性,使其下游入海口处的噶喇吧成为当时巽他王国最重要的货物集散地及交易地,葡萄牙王室药剂师皮列士在其《东方志》中有云:"噶喇吧港是非常壮观的港口,是最为重要也是最好的港口。这里的贸易量最大,货物来自苏门答腊、巨港、Laue、Tamjompura、马六甲、望加锡、爪哇、马都拉以及其他各地。"③当荷兰人入主之后,城市防御设施以及其他功能性建筑亟待建设,以此来防止英国人的反扑并尽快完善其贸易及行政中心的功能。不过,当时的巴城并不具备开展大规模建设的条件,由于其地质松软,实为一片泥沙构成的沼泽地,需要通过一些特殊的手段才能实现建设。于是荷兰人采用了他们最为熟悉以

---

① Fredrik von Wurmb and Baron von Wollzogen, *Briefe des herren von Wurmb und des herren Baron von Wollzogen auf ihren Reisen nach Afrika un Ostindien in den Jahren 1774 bis 1792*, Ettinger, 1794, pp.404 - 405.

② Titi Surti Nastiti, "Old Sundanese Community", in Truman Simanjuntak, M. Hisyam and Bagyo Prasetyo eds., *Archaeology: Indonesian Perspective*; *R.P. Soejonos Festschrift*, LIPI Press, 2006, p.430.

③ Tomé Pires and Francisco Rodrigues, *The Suma Oriental of Tomé Pires and the Book of Francisco Rodrigues*, trans. by Armando Cortesão, Vol.1, Hakluyt Society, 1944, p.172.

及擅长的方式——开挖运河，利用城市内部纵横交错的排水沟渠对沼泽地进行疏干，待沼泽地水位下降、地势提升后再继续开发，这便是巴城早期运河的作用。①

到了 18 世纪初，随着东印度公司对于巴达维亚城的进一步开发，其贸易港口及公司行政中心的功能逐步完善，巴城经历了最为辉煌的时代，不仅海港处汇集了来自各地的大小船只进行交易，城市内部的运河也是一派车水马龙的景象。诗人杨·德·马勒在《巴达维亚》中就对城市运河的繁忙运输景象进行了描绘：“看对岸，千条独木舟在爪哇清澈的河流中运送着这片土地上的物产。”②这些溢美之词虽可能有部分夸张的成分，但诗句中对于运河景象的描写至少从两个方面体现了当时巴城内运河的情况：其一，运河的功能已不局限于排水、疏干土地，运输货物是其当时重要的功能；其二，当时城内的运河环境比较怡人，并未出现污染的情况。

而 18 世纪中叶开始，随着城市的逐步发展、人口增加以及城市工农业的开展，巴城出现了较为严重的环境问题，首先便是城市运河污染。雾气中夹杂着大量沼气引发了健康危机，《60 年以来巴达维亚不断上升的健康问题原因及治疗方法》中提到，巴城内的居民不仅把生活垃圾随意丢弃在城中的水道里，甚至连牲畜的尸体也直接抛入河流之中，造成了严重的水体污染，空气中弥漫着令人作呕的气味。③ 城市水道的污染不仅影响了巴城的城市风貌，在卫生条件落后的年代，水源的污染即意味着死亡，当时对巴城欧洲人死亡率的统计显示：从 1730 年代起，在巴城工作的东印度公司欧洲雇员死亡率开始激增，1762 年至 1767 年间，死亡率竟高达 360.7 人/千人（如图 3 所示）。

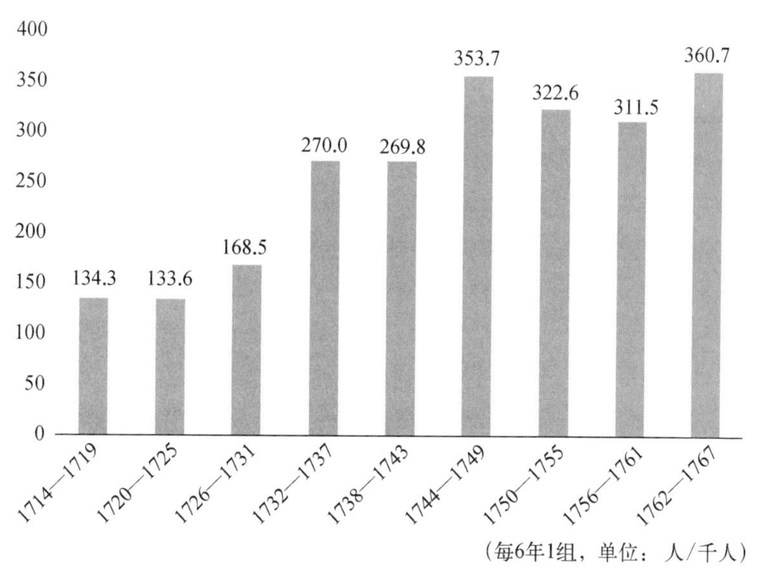

图 3　1714—1767 年巴城东印度公司欧洲雇员平均每年死亡人数④

① Frederik de Haan, *Oud Batavia*, Vol.1, Kolff, 1922, p.248.

② Jan de Marre, *Batavia, begrepen in zes boeken*, p.166.

③ W. M. Keuchnius, *Over de oorzaken der zedert 60 jaaren, toegenomen ongezondheid van Batavia en over de middelen van herstel*, p.31.

④ 该图数据来源：W. J. van Gorkom, *Ongezond Batavia, vroeger en nu*, Javasche Boekhandel & Drukkerij, 1913, pp.13-14.

如此恶劣的生存状况受到当局的重视,当时主流的观点皆认为巴城的污染主要由其特殊的气候和自然灾害引起。巴达维亚城位于南纬 6 度 12 分,东经 106 度 50 分,属于典型的热带雨林气候,常年高温、潮湿、多雨。根据 1820 年威尔特弗雷登(Weltevreden)测量站获得的气象数据来看,巴城全年清晨平均气温为 24.2℃,中午平均气温为 30.4℃,夜间平均为 26.6℃。① 这对于习惯了四季分明的荷兰人来说无疑是需要适应的:

> 在炎热的时候,尤其是早上 9 点到下午 5 点,街上会异常地热,外出的人非常容易就浑身湿透。不过,不管温度多高,气压都不会很低,这同荷兰的夏天一样。高温除了让我们满身大汗,其他倒也没造成很大困扰,我们可以每天多洗一次(两次或三次)澡来解决,这样流汗就不会太难受了。②

一方水土养一方人。巴达维亚常年高温的气候不仅使来到这里的荷兰人改变了生活习惯,久而久之,他们原本的民族特性也悄然发生了变化。1829 年,定居于三宝垄的德国医生魏茨(F. A. C. Waitz)在其《热带地区(尤指荷属东印度)欧洲人常见病防治及气候适应指南》中指出:"由于荷属东印度地区气候的关系,欧洲人原有的诸多积极上进的特质在这里已涣散殆尽,适应了当地气候之后,这些欧洲移民变得慵懒、不爱工作、对诸事淡漠。所幸的是,这些欧洲人的正义感、对是非的判断及对于自由意志的追求仍未发生改变。"③

当然,魏茨医生不仅观察到气候对于欧洲移民的心理影响,同时也关注到高温、潮湿环境对欧洲人产生的生理影响。根据气温高低以及潮湿程度的不同,他将荷属东印度分为三类地区:健康地区(气温不高、空气不太潮湿)、亚健康地区(气温高、空气潮湿)和不健康地区(气温高、空气潮湿且有瘴气),而巴达维亚正位于不健康地区之列。④ 从地理位置来看,巴城地处一片低洼的沼泽地中,较低的地势不易将居民的生活废水排入更大的海洋水体之中,加之频繁发生的海水倒灌,使得巴城西北海岸地带以及部分城市河道内部淤积了大量有害物质,成为许多热带病的温床。当气温升高后,升腾起来的有害气体与潮湿的空气相结合,形成了对人体健康危害极大的瘴气,整座城市都会笼罩在这片雾气之中。因此从 18 世纪中期始,巴城便被称为"欧洲人的墓地"。⑤

在所有热带病中,尤以"巴达维亚热"(荷兰语: Bataviasche koorts)所带来的致死率最高。根据时任第一大军健康部主任医师佩茨(Peitsch)对于该病症的描述,患者的病发过程分为三个阶段:第一阶段,病患会出现困乏、口干、恶心、头疼、胃疼、肝疼、食欲下降、夜间高烧、心率加快、尿液呈红色浑浊状等病征;第二阶段,病人持续高烧不退、舌头干燥变棕黄且僵硬、手足末端发冷并伴随绞痛、时有胆汁酸性腹泻并伴有里急后重;第三阶段,患者症状缓解之后会很快加

---

① Philippus Pieter Roorda van Eysinga, *Handboek der land- en volkenkunde, geschied-, taal-, aardrijks- en staatkunde van Nederlandsch Indië*, L. van Bakkenes, 1842, p.317.

② François Valentijn, *Oud en nieuw Oost-Indiën*, Vol.4, p.230.

③ Friedrich August Carl Waitz, *Onderrigtingen en voorschriften, om de gewone ziekten van Europeanen in heete gewesten te ontgaan, en zich aan het klimaat te gewennen, bijzonder met betrekking tot Nederlansch Indië.*, C. G. Sulpke, 1829, pp.56 - 57.

④ Ibid., p.61.

⑤ Charles-Polydore Forget, *Handboek voor scheeps-geneeskundigen, bevattende de gezondheidsleer, genees- en heelkunde*, Van Bakkenes, 1844, p.416.

重，出现胸闷胸痛、腹部隆起、精神错乱等情况。三个阶段过后可能会出现病人死亡的情况。佩茨医生还提到，“巴达维亚热”一般发病不会超过九天，如果不在第一阶段及时介入治疗，该病极有可能发展成肝病。当时一般认为，除了病患酗酒、摄入过多油脂及荤食等个人饮食习惯之外，巴城雨旱季交替时所产生的瘴气是主要诱因，患者多集中于巴城的沼泽地及排污不畅的城市运河周边，初来巴城的欧洲人由于对于当地环境并不适应，因此特别容易感染。①

通过佩茨医生的介绍，我们不难发现，除了气候以及个人饮食习惯之外，“巴达维亚热”发病也有明显的地域特征，堵塞的城市运河周边是高危地区。不过，根据杨・德・马勒的诗句以及瓦伦蒂恩对于巴城运河的描述来看，在投入使用的初期，运河状况比较稳定，环境优雅，并未出现堵塞或是排污不畅的情况。18 世纪中后期，越来越多的文献资料开始关注运河状态与卫生健康之间的联系，除了人口的增加以及对废物处理不规范外，城市水道状态每况愈下还同当地频发的地震不无关系。②

巴城所在的爪哇岛处于活跃的环太平洋地震带上，地震频发，并时常伴随着海啸的发生，对当地居民的生命、财产皆造成了较大的影响。当时，荷兰人将地震强度分为 5 个等级，从文献记录来看，17 世纪末记录了巴城 2 次特大型地震，18 世纪一共记录了 8 次强烈地震。③ 在这些地震中，尤以 1699 年 1 月 5 日凌晨 2 点的那场最为严重。根据《东印度事务报告》中的记载，此次地震的威力前所未有，并在后续几天内发生了多次余震，巴城内外共有 21 栋石屋、20 间平房倒塌，许多建筑的墙面以及屋顶都出现了不同程度的毁坏，并有 28 人在灾难中丧生。④ 不过，最让时任总督威廉・范・奥特豪恩(William van Outhoorn)头疼的还是城内的河流在震后发生了严重的断流。据记载，当时运河上游及岸边的大量树木倒伏，阻断了水流，并且每天从上游还有大量泥沙涌入下游河道，致使城内多条运河无法正常使用，更糟糕的是，连基本的饮用水都无法保证。根据东印度公司当时的估算，河道的完全清淤以及功能恢复至少需要 3 000 名本地劳力方能实现。⑤ 经过 36 个月的治理，最终吉利翁河及城内运河的环境才恢复到震前的水平，⑥但这些河流的状态并未因此持续改善，萨拉火山(荷兰语：Salak)的喷发及后续大大小小的地震使得吉利翁河的流量不断降低。

以上来看，活跃的地质运动是引起巴城地区河道断流的主因，加之巴城的地势较为低洼，居民生活污水无法顺畅地排出，水体的自净能力已远不如巴城建成之初，至 18 世纪 30 年代，河流

---

① Remmelt Radijs, *Handleiding tot kennis van de oorzaken der buikziekten in het algemeen, waardoor de soldaten en matrozen in Oost-Indië worden aangetast, als ook van de oorzaken en geneeswijze der Bataviasche koorts in het bijzonder: ten nutte der Officieren van Gezondheid bij de Land- en Zeemagt aldaar*, Algemeene Lands-Drukkerij, 1824, pp.46 - 48.

② François Valentijn, *Oud en nieuw Oost-Indiën*, Vol.4, p.231.

③ Philippus Pieter Roorda van Eysinga, *Handboek der land- en volkenkunde, geschied-, taal-, aardrijks- en staatkunde van Nederlandsch Indië*, pp.321 - 322. 17 世纪 2 场地震的发生时间为：1684 年 2 月 13 日及 1699 年 1 月 5 日。18 世纪几场地震的发生时间为：1757 年 8 月 24 日、1758 年 5 月 14 日、1769 年 1 月 25 日、1772 年 5 月 10 日、1775 年 1 月 4 日、1778 年 2 月 12 日、1780 年 1 月 22 日及 1799 年 7 月 28 日。

④ W. Philippus Coolhaas, *Generale missiven van gouverneurs-generaal en raden aan heren XVII der Verenigde Oostindische compagnie*, Vol.6, Nijhoff, 1960, pp.49 - 50.

⑤ Ibid., p.50.

⑥ Redactie Kitlv, “Rapport over een Onderzoek naar den Toestand der Bataviasche Groote Rivier na de aardbeving van den 5den Januari 1699”, *Bijdragen tot de taal-, land- en volkenkunde*, Vol.26, 1878, pp.497 - 501.

污染又进而引发严重的卫生和健康问题,热带疾病肆虐的情况屡见不鲜。18 世纪末,这座承载着荷兰人梦想与光荣的城市,随着卫生条件的不断恶化、贸易环境的改变以及英国势力的崛起,已无再次腾飞的可能,昔日"东印度女王"的形象也因此不复存在。

结 语

1780 年代,鉴于巴城恶劣的生存环境,荷兰人开始着手行政中心迁移的事宜,最初的方案是将公司总部迁至适合居住的爪哇中部城市三宝垄或爪哇东部的泗水。不过,当时的东印度公司已不再是一个世纪前叱咤风云的"海上马车夫",贸易规模的急剧收缩以及公司运营的举步维艰,皆使得迁离计划困难重重。考虑到迁移计划的可行性因素,时任巴城总督范·欧弗斯特拉登(荷兰语: Pieter Gerardus van Overstraten)最终决定将巴城行政中心向南迁移至三英里外地势较高的威尔特弗雷登(Weltevreden,即今雅加达市中心),相较于地处入海口的"老巴城"(荷兰语: Oud Batavia),新城的健康情况稍好,但由于迁移距离有限,整体环境并无显著改观,痢疾等常见热带病在新城依旧常见。① 1809 年,范·欧弗斯特拉登的继任者丹德尔斯(荷兰语: Herman Willem Daendels)执行了该计划,并将原本的巴达维亚城堡、城墙以及棱堡夷为平地,城内的运河亦被填平。② 至此,巴达维亚完成了其东印度公司总部的使命。

巴达维亚是根据文艺复兴时期的城市建设理论打造的一座集商贸与行政功能为一体的城市,按照亚里士多德《政治学》中对城市健康发展的四条标准(即拥有防御坚固、生活健康、市容优雅及适当的政治活动)来看,③巴城在建成初期其硬件配置基本符合要求:入海口处的巴达维亚城堡、带有棱堡的城墙以及城内的军火库均保证了城市免遭外部入侵,同时清澈的河流以及荷兰式的建筑风格让人有置身欧洲城市之感。但从居民政治参与的标准来看,巴达维亚并不能称得上一座合格的城市,由于担心全盘自由化会威胁到自身的利益,东印度公司的高层及殖民政府自始至终未给予过其居民任何政治权利。巴达维亚本身就像一座"超大型的贸易据点"④,居民也只是为了生计的普通雇员而已,这也导致了居民与城市之间的关系疏远,除了贸易之外,巴达维亚内部发展的动力是不足的。18 世纪后期,巴达维亚频现的环境污染问题固然同地理环境以及自然灾害有着密切关系,但城市发展模式单一、居民对城市建设参与度低亦是导致巴城无法恢复荣光的关键原因。种种因素叠加,巴城终究没有逃脱"贸易盛,则城市兴;贸易衰,则城市败"的命运。

---

① Thomas Stamford Raffles, *The History of Java*, Black, Parbury & Allen, 1817, p.Appendix X.

② Leonard Blusse, "An Insane Administration and Insanitary Town: The Dutch East India Company and Batavia (1619 - 1799)", *Colonial Cities*, Springer, 1985, p.83.

③ M. I. Finley, "The Ancient City: From Fustel de Coulanges to Max Weber and Beyond", *Comparative Studies in Society and History*, Vol.19, Cambridge University Press, 1977, p.306.

④ Leonard Blusse, "An Insane Administration and Insanitary Town: The Dutch East India Company and Batavia (1619 - 1799)", *Colonial Cities*, p.69.

在全球史语境中探索东亚海洋史

石晶晶*

摘　要： 近年来，随着东亚各国在世界舞台的地位日益重要、东亚海洋开发的不断加速以及“一带一路”倡议的提出，各国学者对于东亚海洋史的研究热情持续升温。有关东亚海洋史的研究在主题内容和地理范围上都出现了不同程度的转变和深化，并已取得了丰硕成果。在今后的研究中，对东亚海洋与世界形势进行整体分析的趋势将愈加显著。全球史语境将会给东亚海洋史研究带来新的研究视角与方法，这是一种必然也是一种必需。

关键词： 海洋史　东亚海洋史　全球史

蔚蓝海洋始终以它的广阔与神秘使无数人心生向往。从天堑变通途，海洋一直以独特的方式存在于历史长河之中。20世纪末，海洋史逐渐作为一门正式独立的学科兴起，它并非仅是研究航线的确定或是海上贸易的进行，还包括区域之中由人员往来带来的物种、疾病、医药、宗教、思想文化等多维度的交流。人类活动的复杂性决定了在海洋层面交流内容的复杂性，以海洋为平台的交流活动本质上亦是一个多元的系统。随着东亚国家经济的不断发展以及地区交通重要性的不断提高，东亚海洋的研究逐渐成为学界热门的话题。笔者认为，东亚海洋史的进一步拓展与突破需要将其置于全球史的语境之中进行。从全球史角度研究东亚海洋史既是一种必然也是一种必需。

一、东亚海洋史：超越东亚政治界限的地理范围

从政治角度而言，东亚包括中国、日本、韩国、朝鲜和蒙古五个国家。五国在当今世界政治、经济、文化、外交格局之中均不同程度地占有相当地位。尽管东亚五国耕地面积仅占世界耕地面积不到9%，①却能生产出至少占世界产量40%的稻谷。根据国际货币基金组织公布的2018年世界GDP数据可知：2018年东亚各国的GDP总量接近21万亿美元，占全球经济总量的25%，超过当年西欧GDP全球占比约3%，同比较2017年全球GDP占比增长约7%。随着

---

* 石晶晶，上海师范大学人文学院硕士研究生。

① 姜冰等：《基于资源、产能和贸易视角的东亚农业问题比较研究》，《世界农业》2015年第3期。

全球化进程的不断加快,东亚经济一体化的程度也在不断提高。2009年,时任国家副主席的习近平同志在人民大会堂接受日韩主流媒体采访时表示,鸠山首相所提的东亚共同体构想符合亚洲一体化进程的大趋势。愈加紧密的联系既使东亚五国共享发展所带来的繁荣,也使各国需要共同面对各种摩擦和争端。东亚秩序的构建和稳定需要其中每一个成员的参与。对东亚海洋史的研究,既有助于厘清历史上东亚国家发展的脉络,以一个崭新的角度观察国家发展进程,也有利于在未来的发展中,使东亚国家彼此消解误会、减少摩擦,增加政治互信,共同促进区域的政治、经济、文化发展,并增进世界对东亚区域的认识与理解。

从地理角度而言,东亚海洋所涵盖的范围并非单纯上述五国所辖领海,而要涉及从东北亚到东南亚直至南亚整个沿海区域再加太平洋西岸。该区域海岸线曲折,多岛屿及半岛,有着丰富的渔业资源和天然良港。海洋本身的流动性、不确定性与陆地的相对确定性、不可移动性相比有着巨大差异。也正因如此,东亚海洋所涵盖的概念范围相较于东亚陆地更为广阔,边界也更为模糊。

在这片广阔海域中,距今5 000—8 000年前,百越族群就已泛舟出海,利用海洋馈赠的丰富资源在这里生活。他们用文字、器物、建筑印下了东亚海洋文明之初的印记。①随着时间的推移,这片土地上的人们运用各种海上工具开始彼此交流。他们还对更为遥远的西方存在着瑰丽的想象。在中世纪科技尚未介入资本之前,海洋仍然是地理上的天堑。暴风、浪潮、礁石、无法预估的天气都阻挡着人们探索彼岸的步伐。随着船舶制造、远洋航行技术的逐步发展成熟,16世纪的世界迎来了大航海时代。"曾经被视为人类活动'天堑'的海洋成为了人类活动的大型纽带。"②在科技、资本、政权的支持下,人类的足迹从大陆延伸到更为广阔的海洋。东亚通过海洋航线加入到新的世界贸易体系中,迎来了来自西方的白银、矿产、烟草以及其他物品,送去了香料、瓷器、丝绸与无数商品。海洋孕育了东亚崭新的生命力,同时也大大改变着西方的形势。

二、东亚海洋史既有学术成果概述

随着各国对海权的不断重视,学界对于海洋的研究不断加深、主题也不断拓宽。2020年3月在中国知网以"海洋"为关键词进行全文搜索,可搜得相关信息247万余条。以"海洋史"为关键词再次进行搜索,可搜得相关论文1637篇。但海洋史究竟是什么,多年以来始终未有过一个准确的定义。林肯·佩恩在接受《东方历史评论》采访时曾提到:"海洋史是世界史的一个分支,其在地区、国家和区域层面上比传统史学的划分更为复杂。海洋史研究的前提,是通过研究发生在海上与海洋有关的事件,为研究人类事物提供一种独特的视角。它的主题很多,包括船舶、贸易、移民、探险、海军战争和海洋观念。"杨国桢认为海洋史学应当是海洋视野下一切与海洋相关的自然、社会、人文的历史研究。海洋史以海洋为本位,以海洋活动的群体作为历史的主

---

① 杨国桢:《中华海洋文明的时代划分》,《海洋史研究》第5辑,社会科学文献出版社,2013年,第3—13页。

② 鱼宏亮:《超越与重构:亚欧大陆和海洋秩序的变迁》,《南京大学学报》(哲学·人文科学·社会科学)2017年第2期,第76—92页。

体,探讨海洋与陆地的互动关系。① 尽管学界还未曾对此有过明确的定义,但并不妨碍这一学科的成长壮大。近年来,随着东亚海洋开发速度的不断加快以及“一带一路”倡议的提出,各国学者对于东亚海洋史的研究也在不断升温。各国学者在东亚海洋史的研究中旨趣各异,且研究的途径方式、文献资料、思考角度等皆有所不同。本部分将从这些角度对学界在东亚海洋史方面的研究进行归纳。当下杰出的东亚海洋史著作、论文层出不穷,笔者能力所限,难免挂一漏万,恳请各位学者批评指正。

(一) 中国学者对于东亚海洋史的研究

中国学界对于东亚海洋史的研究,最早起源于中西交通史,即中外交流史。20 世纪初,随着西方各种思想冲击,中西交通史脱胎为一门独立学科。陈垣、张星烺、方豪、冯承钧等人即为其中翘楚,研究视野主要集中在内陆地区。50 年代至 70 年代末,向达整理了《郑和航海图》②《两种海道针经》③《西洋番国志》④,朱杰勤发表《我国历代关于东南亚史地重要著作述评》⑤。这些成果标志着中国学界开始将中西交流的研究目光从内陆逐渐扩展到沿海。随着研究队伍的不断壮大,海外交通史的外延不断得到扩展,大量相关文献不断出版。阿拉伯文石刻研究、宋元时期的市舶制度、郑和下西洋、明代后期的私人贸易、海盗与倭寇、朝贡体制与海禁政策等,是我国海交史在 80 年代至 90 年代间学界关注的重点。但此时的海洋研究却未能“改变史学工作者以陆地农业文明为中心的思维定式”⑥。90 年代起,以曲金良、王日根为代表的众多学者开始呼吁把海洋文化作为一门独立的综合性学科进行建设,使海洋史从大陆史观的延伸线上脱离,拥有独立的研究地位。在此期间,众多高校纷纷建立了专门的海洋文化研究所。例如 1997 年成立的中国海洋大学海洋文化研究所、2007 年成立的武汉大学中国边界与海洋研究院、2009 年成立的广东省社会科学院广东海洋史研究中心等。厦门大学历史系也在中国海洋史研究领域占据重要地位。张兰、任灵兰在《近五年来中国的海洋史研究》中总结,自 2006 年至 2010 年,我国学者对海洋史的研究主要集中在海洋文化,海洋管理、政策及对外关系,海洋灾害史与环境保护,领海权问题等四大方面。⑦ 目前,我国已有稳定的海洋史学术会议和海洋史专门期刊,且颇具国际化趋势。

杨国桢提出我们应走出“陆地本位论”,以海洋本身的内在逻辑打破断代以及国家的界限,再对其进行叙述。他将中国的海洋史分为四个阶段。首先是东夷、百越时代,中华海洋文明兴起。此时,“亚洲地中海”文化圈和“南岛语族”文化圈的初期格局奠定。其次是传统海洋时代,自汉武帝元鼎六年(前 111)派遣使者出海开始,传统的海洋文明逐渐积累并迎来繁荣。随后从 1433 年明廷罢下西洋到 1949 年中华人民共和国成立前,由于国家政治层面对民间出海行为的严禁,使得中华海洋文明转型遭遇失败。鸦片战争使得中国被动地被纳入西方世界体系中,导

① 杨国桢:《瀛海方程: 中国海洋发展理论和历史文化》,海洋出版社,2008 年。
② (明)茅元仪著、向达整理:《郑和航海图》,中华书局,1961 年。
③ 向达整理:《两种海道针经》,中华书局,1982 年。
④ (明)巩珍著、向达整理:《西洋番国志》,中华书局,1961 年。
⑤ 朱杰勤:《我国历代关于东南亚史地重要著作述评》,《学术研究》1963 年第 1 期。
⑥ 杨国桢:《瀛海方程: 中国海洋发展理论和历史文化》。
⑦ 张兰、任灵兰:《近五年来中国的海洋史研究》,《世界历史》2011 年第 1 期。

致中华海洋文明传统的停滞与扭曲。最后阶段是 1949 年中华人民共和国成立后,随着国内海洋事业迎来新的起点,我国开始重返海洋时代。①这种分期方式首次打破了朝代界限,以海洋角度重新梳理中国历史,同时也打破了单一的陆地历史观叙述方式。这一思想也体现在由其主持编著的《中国海洋文明专题研究》②、"中国海洋空间丛书"③"海洋与中国研究丛书"④等一系列丛书之中。杨国桢在将这种思想带入中国整体历史的叙述以外,还将其带入区域海洋史的研究。在《闽在海中:追寻福建海洋发展史》中,杨国桢运用大量民间档案、地方志资料、民间传记、文献以及宗教仪式等,对福建的城市发展模式、海洋航路变迁以及民间社会活动等进行了重新解读,也为地方研究提供了新的研究思路。⑤

近年来,海洋史研究著作接连出版问世,按研究内容,大体可分为地域专题史研究和断代专题史研究两大类。地域专题史研究方面,代表作有郭泮溪、侯德彤、李培亮的《胶东半岛海洋文明简史》⑥,蔡鸿生主编的"广州与海洋文明"系列⑦等。断代专题史研究方面亦有不少优秀作品,黄纯艳在其《宋代海外贸易》⑧和《宋代朝贡体系研究》⑨中,通过比较同一时空下宋—辽、宋—金两大朝贡运行体系和汉、唐、宋三朝的朝贡体系,用以小见大的方式从一个新的角度完整构建了东亚政治演变。同时也在东亚大政治背景下反窥了宋朝的地位和作用。李庆新《明代海外贸易制度》⑩一书论述了明代海外贸易体制及其转型过程,把明代海外贸易制度变化置于明朝政治外交与经济发展以及现代世界体系的宏观视野中进行全面而系统的审视,挖掘制度变迁蕴藏的政治文化意义。王日根《耕海耘波:明清官民走向海洋历程》⑪一书,通过探讨明清朝廷的海洋政策与相应的地方治理及民间回应,阐述了国家政权、社会条件和地理条件对海疆开发与发展产生的不同影响,显示出海洋文明与内陆文明具有通融性和排他性,对国家政权具有依赖性和相对独立性。近代方面,吴松弟及其团队多年来致力于中国旧海关内部出版物的整理。自 2003 年起,吴松弟等人开始整理美国哈佛燕京图书馆内一批罕见的旧海关资料,至今已出版《美国哈佛大学图书馆藏未刊中国旧海关史料(1860—1949)》⑫283 册和《中国海关总署档案馆藏未刊中国旧海关史料(1860—1949)》60 册⑬,同时还发表了众多相关论文。吴松弟通过对流散在海内外旧海关史料的收集和整理,推进了近代中国经济、进出口贸易、海洋、生态、交通、条约等多个方面的研究。⑭

---

① 杨国桢:《中华海洋文明的时代划分》,《海洋史研究》第 5 辑,第 3—13 页。

② 杨国桢主编:《中国海洋文明专题研究》(共 10 卷),人民出版社,2016 年。

③ 杨国桢主编:"中国海洋空间丛书"(共 2 册),海洋出版社,2019 年。

④ 杨国桢主编:"海洋与中国研究丛书"(共 26 册),江西高校出版社,2019—2020 年。

⑤ 杨国桢:《闽在海中:追寻福建海洋发展史》,江西高校出版社,1998 年。

⑥ 郭泮溪、侯德彤、李培亮:《胶东半岛海洋文明简史》,中国社会科学出版社,2011 年。

⑦ 蔡鸿生主编:"广州与海洋文明"系列(共 8 册),广东人民出版社,2002 年。

⑧ 黄纯艳:《宋代海外贸易》,社会科学文献出版社,2003 年。

⑨ 黄纯艳:《宋代朝贡体系探究》,商务印书馆,2014 年。

⑩ 李庆新:《明代海外贸易制度》,社会科学文献出版社,2007 年。

⑪ 王日根:《耕海耘波:明清官民走向海洋历程》,厦门大学出版社,2018 年。

⑫ 吴松弟整理:《美国哈佛大学图书馆藏未刊中国旧海关史料(1860—1949)》,广西师范大学出版社,2014 年。

⑬ 中华人民共和国海关总署办公厅、中国海关学会编:《中国海关总署档案馆藏未刊中国旧海关史料(1860—1949)》,中国海关出版社,2018 年。

⑭ 吴松弟:《近代海关文献的出版与海关史研究》,《国家航海》第 16 辑,中国航海博物馆,2016 年,第 1—2 页。

随着"一带一路"倡议的提出,将中国海洋史和东亚海洋史置于全球史话语体系中的趋势明显加强。陈冬梅在《全球史观下的宋元泉州港与蒲寿庚》①中运用全球史以及多学科多维度的视角重新探索了蒲寿庚与泉州港这两个对象。其研究将泉州置于全球的历史坐标下,更为客观和公正地对宋元鼎革时期的泉州港和蒲寿庚进行了研究,同时也摆脱了从传统儒家的道德立场评判历史人物的陈规,从技术层面上进行重新解读。李庆的《16—17世纪梅毒良药土茯苓在海外的流播》②一文为东亚海洋史的研究开拓了新的研究方法。关于海上贸易研究的对象,文章作者将目光从传统海上贸易商品——丝织品和瓷器转移到特殊的日常消耗品"土茯苓"上。同时,文章摆脱了传统叙述中只注重物种与技术单向流传的不足,在结合"早期经济全球化"的大背景下,运用多语种的原始文献梳理了"梅毒东传"与"土茯苓西传"的双向交互过程。陈博翼近年来致力于研究东南亚史以及东亚海洋史,其著作《限隔山海:16—17世纪南海东北隅海陆秩序》③聚焦于明清易代前后的闽粤沿海社会,将西班牙、荷兰在该地区的殖民势力以及周围王朝国家的参与纳入对闽粤沿海以及东南亚国家的社会秩序分析的框架内,视野在国家与地域之间灵活转换,把本来就有的地方社会秩序、殖民势力影响以及王朝易代和社会重组融为一体。

我国台湾地区也有不少学者致力于东亚海洋史的研究。1983年台湾"中研院"开始推行中国海洋发展史研究计划。台湾"中研院"三民主义研究所自1984年开始主持出版了《中国海洋史发展论文集》,至今共8辑,其中集合了大量优秀的海洋史学者作品。曹永和、戴宝村、邱文彦、吴密察等学者在从海洋角度研究台湾本岛历史方面已有卓越建树。李毓中通过收集散落在西班牙、菲律宾、墨西哥、葡萄牙等国的西班牙语文献资料,对台湾早期历史进行了重新梳理,同时通过大量西方文献和古地图对中国南海的历史进行了研究。2014年台湾"中研院"举办"大航海时代的台湾与东亚"国际学术研讨会,并创立刊物《季风亚洲研究》。会议和刊物囊括海内外众多优秀的东亚海洋史研究学者及其作品。

(二)日韩学者对东亚海洋史的研究

日本作为岛屿国家,对海洋的依赖与重视非同寻常。早在二战时期,日本便开始了对朱印船贸易史的研究,随之目光逐渐超越本土放眼至整个亚洲海域。20世纪30年代,藤田丰八在其《宋代市舶司与市舶条例》中对宋朝的海洋贸易管理机构和制度进行了系统的研究。④ 80年代中期,滨下武志提出"亚洲经济圈"理论,为研究亚洲近代史带来了全新的视角,也有力地对长期以来占据话语权的"西方中心论"提出了挑战。其《近代中国的国际契机》⑤《中国近代经济史研究——清末海关财政与通商口岸市场圈》⑥《中国、东亚与全球经济》⑦等著作即从亚洲本身内部的国际秩序、国际贸易体系出发,把握亚洲近代的形态,并以此反观西欧。松浦章是当代日

---

① 陈冬梅:《全球史观下的宋元泉州港与蒲寿庚》,《复旦学报》(社会科学版)2019年第6期。

② 李庆:《16—17世纪梅毒良药土茯苓在海外的流播》,《世界历史》2019年第4期。

③ 陈博翼:《限隔山海:16—17世纪南海东北隅海陆秩序》,江西高校出版社,2019年。

④ 姜旭超、张继华:《20世纪以来中国古代海洋贸易史研究述评》,《中国史研究动态》2012年第4期。

⑤ [日]滨下武志著,朱荫贵、欧阳菲译:《近代中国的国际契机》,中国社会科学出版社,2004年。

⑥ [日]滨下武志著,高淑娟、孙彬译:《中国近代经济史研究——清末海关财政与通商口岸市场圈》,江苏人民出版社,2006年。

⑦ [日]滨下武志著、王玉茹等译:《中国、东亚与全球经济》,社会科学文献出版社,2009年。

本研究中国海洋史的领军人物。他通过对明清档案、各类文献、报刊的充分梳理对中国、朝鲜半岛、日本岛、琉球周边海域的贸易形态、商品流动、人口迁移、社会组织等进行了跨区域的研讨。其东亚海洋史研究著作主要包括《明代末期の中国商船の日本贸易》[①]《清代中国琉球贸易史の研究》[②]《中国的海贼》[③]《清代台湾海运发展史》[④]等。日本学者在海洋史研究方面著作众多,如《海から见た战国日本—列岛史から世界史へ》[⑤]《海から见た历史》[⑥]《くらしがつなぐ宁波と日本. 东アジア海域に漕ぎだす》[⑦]等皆具重要意义。

韩国方面的代表学者及著作包括尹明哲《韩国海洋史》、姜凤龙《刻在海里的韩国史》等。[⑧] 2016年4月,韩国首尔成均馆大学成功举办了"东亚历史上的文化交流与相互认识"的中韩学术年会。年会研讨包括"认识与东亚""交流与东亚""海洋与东亚""出土文字资料与东亚"四个议题,会上有不少学者对海洋体系以及海洋文明等内容提出了自己的想法与意见。[⑨]

(三) 西方学者对于东亚海洋史的研究

在西方,随着1960年国际海洋史委员会(International Commission for Maritime History)的成立,海洋史正式成为历史学科的一个专门领域。至今,海洋史的研究已经历经了两个不同阶段。20世纪60年代起始的传统海洋史将海洋探索、海洋战争史和海洋经济作为重点研究领域。80年代至90年代,美国海洋史博物馆委员会成立海洋史高等教育委员会,吸引了众多人员加入其中。2008年,美国历史学会正式承认海洋史为历史研究的一个专门学科,海洋史的研究由此进入"新海洋史"阶段。进入新阶段,学界更加重视海洋与社会、文化生活的研究,例如奴隶的贩卖、物种的交流、疾病以及宗教的传播等。视野的扩大和角度的切换为海洋史的发展注入了新的活力,也为国别史、世界史的研究提供了不同于以往的研究途径。

其间,也有不少优秀学者将目光投射至东亚的海洋史。美国学者安乐博(Robert Antony)在2013年出版了《海上风云:南中国海的海盗及其不法活动》[⑩]。《海洋史研究》曾刊登其《杨彦迪:1644—1684年中越海域边界的海盗、反叛者及英雄》[⑪]《中国明清海盗研究回顾:以英文论著为中心》[⑫]。美国学者范岱克(Paul A. Van Dyke)近年来对于中国海洋史的研究成

---

① [日]松浦章:《明代末期の中国商船の日本贸易》,大阪:关西大学,1989年。

② [日]松浦章:《清代中国琉球贸易史の研究》,冲绳:榕树书林,2003年。

③ [日]松浦章著、谢跃译:《中国的海贼》,商务印书馆,2011年。

④ [日]松浦章著、卞凤奎译:《清代台湾海运发展史》,台北:博扬文化事业有限公司,2002年。

⑤ [日]荒野泰典、[日]石井郑敏、[日]村井章介:《海から见た战国日本—列岛史から世界史へ》,东京:东京大学出版社,1992年。

⑥ [日]羽田正:《海から见た历史》,东京:藤原书店,1996年。

⑦ [日]小岛毅:《くらしがつなぐ宁波と日本. 东アジア海域に漕ぎだす》,东京:东京大学出版社,2013年。

⑧ 安成浩:《东海海洋文化研究与海洋文化再认识》,《韩国研究》2014年第12辑。

⑨ 林存阳:《东亚历史上的文化交流与相互认识》,《清史论丛》2016年第2辑。

⑩ [美]安乐博著、张兰馨译:《海上风云:南中国海的海盗及其不法活动》,中国社会科学出版社,2013年。

⑪ [美]安乐博:《杨彦迪:1644—1684年中越海域边界的海盗、反叛者及英雄》,《海洋史研究》第9辑,社会科学文献出版社,2016年,第261—281页。

⑫ [美]安乐博:《中国明清海盗研究回顾:以英文论著为中心》,《海洋史研究》第12辑,社会科学文献出版社,2018年。

果卓著。在著作《广州贸易——中国沿海的生活与事业(1700—1845)》①中,范岱克以年鉴学派的典型方式从历史档案获取大量翔实的数据,还原了近代广州历史中平民生活的“潜规则”并提出了“广州体制”的概念。荷兰汉学家包乐史(Leonard Blussé)在《中荷交往史(1601—1989)》②中通过对中荷关系史发展的梳理,对17世纪至20世纪的中荷海上贸易进行了详细的分析。在第三章“走向中国”内还提到为争夺中国贸易利益,荷兰与葡萄牙两国之间所产生的合作与竞争。其另一作品《看得见的城市——东亚三商港的盛衰浮沉录》③,以跨国视角书写了广州、长崎和巴达维亚三座城市的历史,以透视东亚的经济转型和文化变迁。在《航向珠江——荷兰人在华南(1600—2000)》④中,包乐史则重塑了17世纪至21世纪荷兰与广州地区的关系史,内容涉及贸易、制度、文化、市民生活等多个方面。德国汉学家萧婷(Angela Schottenhammer)多年以来始终关注亚太地区,以跨太平洋贸易为主要研究对象。其研究利用中文、日文、拉丁文等多种语言,涉及经济、环境、医药、考古、地理等多个学科。萧婷视角横跨东亚、亚欧、印度洋以及亚太地区的海洋通道和陆地通道,内容既包括传统军事史,还涉及医药、疾病、文化与宗教以及历史上的海洋贸易。⑤欧阳泰(Tonio Andrade)和杭行(Xing Hang)等在《海盗、白银和武士:全球史上的东亚海洋,1550—1700》⑥中提出东亚海洋与大西洋世界和印度洋一样在早期全球化联系的形成中起到了关键性的作用。作品聚焦16世纪至18世纪从马六甲到日本海区域内清政府、德川幕府、荷兰、葡萄牙、西班牙等多股势力汇聚形成的海上网络。这个巨大网络从海洋一直延伸至陆地的区域家族、商贸组织和政治机构之中,且充满了各方的政治博弈。该书囊括多位西方海洋史学者作品,例如荷兰包乐史、意大利白蒂(Patrizia Carioti)、英国亚当·克卢洛(Adam Clulow)等。该书就不同单元问题结合多语种文献史料,包括地方族谱文献和各类官方文档,从不同权力主体角度对这一时期的东亚海洋进行了描述与分析。

2013年9月末,意大利那不勒斯的普罗奇达岛曾举办“16—18世纪海洋东亚史的史料、档案和研究者:成果与展望”(Maritime East Asia in the Light of History, 16th - 18th Centuries: Sources, Archives, Researcher: Present, Result and Perspectives)国际学术研讨会。会议围绕该时段的海洋东亚史相关史料、专题研究,以及海洋东亚史与世界史的关联进行了研讨。参与学者的国家地区分布之广、所涉文献之广、所探主题之广令人耳目一新。⑦

从上述整理不难看出,各国学者之研究旨趣各异,所用方法、理论也不尽相同。中国学者近年来逐渐摆脱意识形态束缚,但仍未能完全摆脱“中国中心观念”,容易在研究中放大中国在东亚海洋中的作用。此外,中国学者在材料引用时偏向中文传统官方文献,易遗漏地方文献、私人文献、非文字形式文献,导致一定程度的分析片面化和扁平化。日本学者更关注经济方面的研

---

① [美]范岱克著,江滢河、黄超译:《广州贸易——中国沿海的生活与事业(1700—1845)》,社会科学文献出版社,2018年。

② [荷]包乐史著,庄国土、程绍刚译:《中荷交往史(1601—1989)》,阿姆斯特丹:荷兰路口店出版社,1989年。

③ [荷]包乐史著,赖钰匀、彭昉译:《看得见的城市——东亚三商港的盛衰浮沉录》,浙江大学出版社,2001年。

④ 蔡鸿生、[荷]包乐史等著:《航向珠江——荷兰人在华南(1600—2000)》,广州出版社,2004年。

⑤ 参考自[德]萧婷主页:https://schottenhammer.net。

⑥ Andrade, T. & Hang, X. & Yang, A. A. & Matteson, K., *Sea Rovers, Silver, and Samurai: Maritime East Asia in Global History, 1550 - 1700*, University of Hawai‘i Press, 2016.

⑦ 聂德宁:《“16—18世纪海洋东亚史”国际学术研讨会综述》,《世界历史》2014年第3期。

究,例如朝贡贸易体系、私人海上贸易、海盗与倭寇等主题。在佛教传播、漂流民等研究方面,日本学者注重中文文献与本国文献的结合使用。但是,日本的海洋研究在一定程度上过于突出本国的重要性,在书写上淡化了中国在东亚海域的影响力。韩国学者对海洋史的研究更注重于在本国史的范围,通过对典型人物、事件的研究突出韩国在东亚海域中的影响力,因此也很难通过东亚海洋的整体历史反观本国海洋史。欧美学者在研究东亚海洋问题时,善于运用材料进行量化研究,从大数据中把握历史走向。但在研究中,欧美学者仍习惯以西方世界分期形式研究东亚海洋问题,忽略东亚海洋本身的发展规律,而将其作为西方世界发展的补充。

从整体而言,各国学者对于东亚海洋史的研究都在不同程度上经历了转变和深化的过程。从纵向发展来看,研究的主题逐渐从传统的海洋政治、海洋经济、海洋军事转移到海洋文化、海洋观念、海外移民、海上群体等,并逐渐摆脱陆地史学观念。从横向发展来看,东亚海洋史包含的实际内容逐渐超越太平洋西岸,扩展至南海以及印度洋海域。与此同时,各国学者将东亚海洋与世界放到一起进行整体分析的趋势也愈加明显。

三、在全球史语境中研究东亚海洋史的必然与必需

1982年,美国成立全球史协会(World History Association),标志着全球史作为历史学的分支学科正式成立。何谓全球史? 自1963年威廉·麦克尼尔(William H. McNeill)《西方的兴起:人类共同体史》①出版后,世界各国学界对此讨论纷纷。作品将视野聚焦于欧亚大陆,突破国别的藩篱,从人类整体角度关注不同文明的互动,向读者展现了世界各个文明相互促进演化的过程。此后如美国斯塔夫里阿诺斯的《全球通史》、杰里·本特利的《新全球史》等全球史著作不断涌现,但学界至今仍未给出一个明确的全球史定义。柯娇燕(Pamela Kyle Crossley)在《什么是全球史》②中将至今为止的全球史研究方法概括为四大范式:“分流”——主要分析人类迁移与文化扩散;“合流”——主要研究不同区域人类社会发展中出现的历史相似性;“传染”——从生态环境角度出发研究人类传染病的传播;“体系”——全球史学者对区域以及世界的体系研究。柯娇燕提出,全球史应当是一种运用全球视野探讨世界发展演变和相互交流、相互影响的历史编纂的方式。刘文明在评价《什么是全球史》时概括认为“这种新兴的全球史既是一种历史编纂方式,又是一种历史分析方法,也是一种历史解释的话语体系”③。钱乘旦认为“新世界史”或“全球史”,不同于从地域、事件、时间、主题和现象叠加研究的纵向表达,而致力于对历史的横向观察,具有很高的学术价值。④ 刘新成认为:“‘把全球化历史化、把历史学全球化’正是全球化的学术取向。”⑤简单而言,全球史更是一种新的历史研究的方式与角度。与国别史和地域史将某个政治体或是地方区域作为研究对象不同,全球史将整个世界和人类作为一个整体,主要

① [美]威廉·麦克尼尔,孙岳、郭方、李永斌译:《西方的兴起:人类共同体史》,中信出版社,2015年。
② [美]柯娇燕著、刘文明译:《什么是全球史》,北京大学出版社,2009年。
③ 刘文明:《全球史的研究范式、趋势与学科性质——评〈什么是全球史〉》,《全球史评论》第2辑,2009年,第215—219页。
④ 大庆整理:《中国人民大学举办“什么是世界史”学术研讨会》,《世界历史》2015年第3期。
⑤ 刘新成等:《论题:什么是全球史》,《历史教学问题》2007年第2期。

通过研究各个文明之间交互的演化来剖析世界发展的历程。全球史相比传统史学更关注群体之间文化交流、人口迁移以及技术传播等命题，也从全新角度给予传统命题以新的研究视角，是一种“新世界史”。

（一）在全球史语境中研究东亚海洋史的必然性

首先，海洋史本身的特点决定其应当在全球史语境中进行探讨和研究。海洋对比陆地，没有成片连绵的山脉或是土地。礁石、岛屿、暗流、天气给国家对海洋的有效管理带来巨大的难度。因此，历史上海洋的边界更为模糊，更易形成权力的“真空地带”，而这种地带恰恰是滨海、岛屿地区内各种族群、民间社会群体进行活动的区域，即“权力真空”中的“权力地带”。在这个区域内，海洋文化、海上商贸、宗教信仰等交流活跃。这个地带受到周边所有国家、民族的影响。若使用传统的国别史进行讨论，就无法避免人为地撕裂研究对象，导致研究的客观性和完整性受到影响。

其次，东亚海洋活动也始终是多国共同活动的舞台，并对世界的发展产生了巨大的推动作用。从《三国志・魏志・东夷传》可知，早在三国时期，中国、日本、朝鲜半岛之间已在海上有了各种形式的交流。随着科技发展以及贸易需求的不断上升，在东亚东部海域，中、日、韩三国的海上贸易不断发展壮大，同时贸易网络逐渐拓展至东南亚和南亚地区，贸易通过中国人、马来人、印度人、波斯人、阿拉伯人、威尼斯人接力的方式同西方世界产生联系。① 海上丝绸之路从这里起源，它不仅是一条贸易的通道，更承载着物种、观念、人群、医疗、科技等多元文化的交融，与西方在海上形成交流的纽带。它拥有自己的成长历史和运行体系。16世纪新航路开辟之后，中国、日本、印度及东南亚国家的海上力量式微，近代以后，它们逐渐在西方巨舰的裹挟下进入资本主义新贸易体系之中，成为西方世界倾销、殖民的对象。第二次世界大战之后，亚洲四小龙兴起，东亚海洋开始了新的发展。因此，尽管各个时段东亚海洋所扮演的角色有所差异，但其始终是多国、多民族、多群体共同活动的多元舞台。

再次，学界对东亚地区的区域史、国别史研究，成果灿若繁星，这为进一步将东亚海洋史纳入全球史语境提供了坚实的基础。全球史不同于传统历史叙述，它不再强调通过原始资料来考察历史事实，更多地是通过二手史料在整体的视角上进行研究。当然，全球史并非区域史或是国别史基础上机械的叠加，但区域史和国别史研究中所积累的史料及所发现的地区之间的关联性、历史现象的相似性都为整体化叙事奠定了基础。有关东亚海洋内的扎实个案研究、区域研究、国别史研究为进一步分析东亚海洋在全球史语境中的位置提供了源头活水。

（二）在全球史语境中研究东亚海洋史的必需性

在全球史语境中研究东亚海洋史有利于冲破“西方中心”的传统历史观点，提升东亚海洋史研究的重要性。自15世纪末16世纪初起，西方首先凭借海洋通道在全球范围内通过暴力和殖民建立了世界霸权，冲击了东亚本身的海洋体系。“在掠夺、殖民的扩张过程中，他们编造的海洋文明、海洋文化等同于西方资本主义，是高于大陆文明、农牧文化的先进文明、先进文化的论

---

① 鱼宏亮：《超越与重构：亚欧大陆和海洋秩序的变迁》，《南京大学学报》（哲学・人文科学・社会科学）2017年第2期，第76—92页。

述,得到广泛的传播,掌控和支配了海洋的国际话语权。”①近年来,随着东亚国家的日益兴起,亚太地区的全球影响日渐显著,传统的“欧洲中心历史主义”已不断受到学界的批判和纠正。不少研究东亚的学者在研究过程中纷纷试图跳出传统历史研究所形成的既定结论,以东亚本身的视角来重新梳理历史脉络,以海洋史为切入点重新认识、了解、研究东亚。杨国桢即从东亚海洋本身的发展特点出发,对东亚海洋史进行了分期。在全球史语境中研究东亚海洋史,不仅能够客观公正地重新评价东亚海洋文明的发展历程和世界意义,也能够丰富世界海洋文化的内涵。

运用全球史的语境研究东亚海洋史也有益于东亚海域范围内个案研究、区域研究的深化。在2014年中国人民大学历史学院主办的“什么是世界史:跨越国界的思考”学术研讨会上,俞金尧提到:“世界史”与“国别史”和“地区史”之间的关系并不是哪一个取代另外一个,而应该是相互结合、相互促进共同发展的关系。② 在世界真正连为一体之前,世界上所发生的大多属于区域史和国别史范畴,这是全球史开始的前奏。尽管全球史仍然研究以往的区域或是主体对象,但视角的转变和视域的扩大会让研究者看到崭新的一面,从而推动个案研究、区域史以及国别史的深入。

最后,运用全球史语境研究东亚海洋史,也是在鼓励各位学者在研究过程中打破国家和民族的藩篱,善于利用本国家、本民族、母语、文字之外的其他材料,突破传统历史研究框架,从曾经被忽略的角度出发,在更广阔的视野上与其他国内外学者在平等、自由、积极的环境中进行学术交流和碰撞。

曾经,东亚凭借其优质的手工业、丰富的物产、深厚的文明滋养着本土与周边的国家和民族。当下,东亚凭借其出色的制造业、高效的交通运输系统、科技创新能力为世界经济的整体发展作出了不可磨灭的贡献。东亚海洋见证了人类社会从无到有、从稚嫩走向成熟的过程。辉煌灿烂的东亚海洋文明,在世界的繁荣发展中扮演着不可或缺的角色。在“一带一路”倡议的提出以及东亚整体化发展进一步提升的历史进程之中,东亚海洋研究不应在孤立中进行,更应当在世界海洋的整体舞台上进行横向的关联与分析。

如何将东亚海洋史与全球史视角进行衔接?以全球史视角重新解析东亚海洋史之后能否对其有更为客观合理的评价?在其中我们应如何统筹区域视角和全球史视角?如何在关注地区特殊性的同时把握世界整体脉络?如何避免在全球史语境之中忽略区域群体的内部规则及其特殊性?这都需要在未来研究中进行不断的探索与思考。相信在跨区域、跨国家的广阔全球史研究视角之下,突破时空界限的跨文化互动会让东亚海洋翻涌更加鲜活的浪花,也将让人类文明的和谐共生迸发新的火花,让这片东亚海洋上曾经的伤痛、硝烟、繁荣和欢乐汇入世界的海洋。

---

① 杨国桢:《海洋丝绸之路与海洋文化研究》,《海洋史研究》第7辑,2015年,第3—8页。

② 大庆整理:《中国人民大学举办“什么是世界史”学术研讨会》,《世界历史》2015年第3期。